北大社普通高等教育"十三五"数字化建设规划教材

大学物理学

（第二版）

（上）

主　编　文双春　王　鑫

副主编　崇桂书　肖艳萍

本书资源使用说明

北京大学出版社

PEKING UNIVERSITY PRESS

内 容 简 介

本书是根据教育部颁发的2010年版的理工科类大学物理课程教学基本要求编写的大学物理教材. 全书注重知识构建过程, 充分利用信息技术, 兼顾专业实际应用, 致力于学生的全面发展. 每章以热点趣味问题开始、以拓展探究问题结束, 旨在培养学生发现问题和解决问题的能力. 全书分为上、下两册.

上册含力学、振动和波动、光学、热学共四篇. 以运动与力、时空对称性与守恒定律为线索展开力学部分; 以机械振动和机械波为重点阐述研究振动和波动的一般理论方法; 光学部分包括波动光学和几何光学; 热学部分主要按现象—规律—机理与本质—实际应用展开, 体现物理学研究问题的一般模式, 兼顾科学认识的发展历程.

下册包括电磁学和近代物理基础两篇. 电磁学以电磁场为研究对象, 基于场的研究方法, 按静电场、恒定磁场、电磁感应与电磁场有序展开; 近代物理基础由狭义相对论、量子物理学基础、激光与固体电子学简介及原子核和粒子物理简介四章构成, 依历史发展脉络和实际应用渐次进行介绍.

本书可作为高等学校理工科各专业"大学物理"课程教材, 也可供相关专业师生及有关人员参考.

前　言

物理学是研究物质运动最一般规律和物质基本结构的学科.作为自然科学的带头学科,物理学研究你的世界及你周围的世界和宇宙,不仅是其他自然科学学科的基础,而且与每个人的生活息息相关.党的二十大报告首次将教育、科技、人才工作专门作为一个独立章节进行系统阐述和部署,明确指出:"教育、科技、人才是全面建设社会主义现代化国家的基础性、战略性支撑."这让广大教师深受鼓舞,更要勇担"为党育人,为国育才"的重任,迎来一个大有可为的新时代.国内外已有许多非常优秀的大学物理教材,我们再编一部的驱动力主要来自四个方面.

其一,大学物理固然是所有理工科专业的基础课,但所有理工科专业对物理基础的要求都是一样的吗?多年的教学实践使我们深切感受到,大学物理作为基础课,其教学既要"有教无类",即让不同专业的学生掌握共同的、基本的物理知识、物理思维和物理方法,还要"因材施教"、精准发力(尤其在大学物理课时不断压缩的情况下),即让物理学更贴近专业,更贴近学生.唯此,一方面更能凸显物理学的基础性,另一方面更能激发出学生的学习兴趣和动力.近两年,我们施行了"物理与科学""物理与工程""物理与信息""物理与文化"等面向学科门类的大学物理教学改革与实践,以"服务"的姿态主动对接学生的专业需要,满足学生的"有用"需求,取得初步成效.我们亟须一部与此相适应的教材.

其二,在互联网和信息时代,一方面,学生获取知识的途径和方式日趋多元化;另一方面,各种电子形式的优质教学资源唾手可得.大学物理教材和教学如何与时俱进?如何既保持必不可少、非讲不可的部分,又吸纳或开辟教与学的新资源、新领地?近几年,我们也开发了系列电子形式的教学资源,包括慕课、微课、仿真实验、演示动画等.我们希望借助互联网和新媒体平台,将自主开发的电子资源和可获取的共享资源与传统的纸质书有机融合,打造一部信息化、立体化教材,更好地促进大学物理教学.

其三,在创新驱动发展的时代,创新能力是大学生的核心竞争力;与此同时,在建设一流大学的征途中,大学必须把培养一流人才作为其中心任务,而一流人才的显著特征是创新.大学物理课程如何更好地培养学生的创新能力?创新始于提出或发现问题,创新能力得益于解决问题.我们力图编写一部以问题为导向的教材,让学生带着问题开启学习或走进课堂,在学习过程中不时碰到问题(思考题),每一章结束后又带着问题进一步"拓展与探究".我们希望通过这一不断反复的过程,使学生不仅掌握知识,还能应用和创造知识,而后者就是创新.

其四,物理学中蕴含丰富的科学精神、科学思维和科学方法,如何将它们挖掘和呈现出来,更好地实现价值塑造、知识传授和能力培养三者融为一体的目标?我们的主要做法是:将著名物理学家的生平、史实、精神、探究和发现的过程等,一是做成电子文档,通过链接接入教材,二是融入思考题、讨论题和习题之中,让学生在学习、讨论和练习时,既巩固知识、学习方法,又感悟精神、提升境界.

全书分为上、下两册,上册(第1章至第12章)由文双春、王鑫主编,下册(第13章至第21章)

由文双春、陈曙光主编.另外,参与编写工作的有:肖艳萍(第1～3章),王鑫(第4章、第11～12章),崇桂书(第5～6章、第18章、第21章),陈曙光(第7～8章、第15章、第17章、第19章),文利群(第9～10章),彭军(第13～14章),蔡孟秋(第16章),李美姮(第20章).

　　本书在编写过程中参考了许多国内外优秀教材和其他参考书,沈辉、陈平、苏梓涵、谷任盟提供了版式和装帧设计方案,在此深表感谢.

　　本书在体系、内容和写法上做了一些新的尝试和探索,限于经验和水平,难免有不足之处,特别在教学资源、问题习题提炼和拓展探究引导等方面的编写还是初步尝试.所有这些尚有待于在教学实践中不断完善,也恳请读者不吝指正.

编者

目 录

第一篇 力 学

第三篇 光 学

第四篇 热 学

第一篇 力学

力学（mechanics）是研究机械运动的学科，是迄今为止人类建立最早且发展最完善的学科之一. 亚里士多德（Aristotle）是第一个试图建立力学普遍规律的人. 他主要研究了物体在最简单情况下的运动问题. 16 世纪以前，亚里士多德的运动理论居统治地位. 伽利略（Galileo）开创了以实验事实为根据并结合严密逻辑推理与数学计算而建立理论的近代科学研究方法，得到落体定律、相对性原理并实际上发现了惯性定律，为牛顿理论体系的建立奠定了基础. 牛顿（Newton）在总结前人科学成果的基础上，提出了著名的三大运动定律和万有引力定律，完成了以力学为中心的物理学的第一次大综合. 1687 年，牛顿的科学巨著《自然哲学的数学原理》的出版，标志着一个完整的普遍的经典力学基本理论体系的建立. 在牛顿建立了经典力学体系后，人们又不断地从各个方面完善它、扩展它，使之向着更深和更广的方向发展.

由于在理论和应用上获得的巨大成功，牛顿力学曾被人们誉为最完美普遍的理论. 直到 20 世纪初，物理学家才发现它在高速和微观领域的局限性，进而促成了相对论和量子力学的建立. 但在一般的工程技术领域，包括机械制造、土木建筑、水利设施，甚至在航空航天技术中，经典力学仍然是不可替代的基础理论. 相对论和量子力学可以看作经典力学概念与思想的发展和改造. 某种意义上看，经典力学仍在物理学中具有基础性地位.

力学通常分为运动学（kinematics）、动力学（dynamics）和静力学（statics）. 运动学描述物体的运动；动力学则研究引起物体运动和运动状态改变的原因，即机械运动和物体之间相互作用的关系；而静力学则是研究物体在相互作用下的平衡问题.

作为大学物理的开篇内容，本篇只涉及以牛顿运动定律为基础的运动学和动力学，属于经典力学的范畴. 本篇包括四章：质点运动学、质点动力学、刚体力学和连续体力学. 质点运动学重点介绍描述质点运动的物理量；质点动力学重点阐述动量、角动量和能量及相应的守恒定律；刚体力学重点讨论刚体定轴转动的问题；连续体力学重点介绍固体的弹性、流体静力学和流体流动的基本规律.

第1章

质点运动学

2021 年 2 月 10 日,我国第一个火星探测器"天问一号"成功开启绕火星之旅——绕、着、巡. 如何描写"天问一号"环绕火星的运动呢?

　　生活中的行走跑跳,自然界的斗转星移、江河水流,机器运转,火箭飞行等,都涉及物体位置的变化. 运动学研究物体位置随时间的变化规律,其基础部分是质点运动学.

　　本章首先引入质点概念以及描述质点运动的四个物理量,即位置矢量、位移、速度和加速度,然后介绍质点运动学的两类典型问题及其处理方法. 质点做平面曲线运动时,我们引入自然坐标系,把加速度沿切向和法向进行分解. 作为平面曲线运动的特例,介绍了圆周运动的角量描述以及角量和线量之间的关系. 最后讨论运动的相对性,推出不同参考系之间运动描述的变换关系.

■■■ 本章目标

1. 理解质点、参考系和坐标系的定义和选取方法.
2. 理解位置矢量、位移、速度和加速度的一般定义.
3. 掌握运动学两类典型问题的求解方法.
4. 能够在自然坐标系下分析质点的运动,尤其是切向加速度和法向加速度的分解及计算.
5. 掌握用角量描述质点圆周运动的方法以及角量和线量之间的关系.
6. 理解运动的相对性及伽利略速度变换的物理内涵,并能够做相关分析和计算.

1.1 参考系 坐标系 质点

1.1.1 参考系 坐标系

力学研究机械运动,而机械运动是物体位置随时间的变化.任何物体的位置总是相对于其他物体而言的,因此,研究物体的机械运动时必须另选一个物体作为参照,被选作参照的物体就叫作参考系(reference frame).例如,研究摩托车的运动,通常是以地面为参考系;研究轮船的航行,常以海面为参考系.

在运动学中,参考系的选择是任意的,视问题的性质和研究的方便而定.研究物体在地面上的运动,一般选择地球作为参考系.在航天器发射(如"天问一号"探测器发射)的初始阶段,取地球作为参考系;但当它开始环绕某一行星运动时,就应该选该行星作为参考系了.

选择的参考系不同,对同一物体运动的描述也会不同.例如,在匀速直线运动的车厢中,一小球自由下落,相对于车厢,小球做直线运动;相对于地面,小球做平抛运动.可见,描述一个物体的机械运动时,必须指明是相对于哪个参考系.运动是绝对的,但运动的描述是相对的.

为了能够定量地对物体的位置及其变化进行描述,需要在参考系上建立适当的坐标系(coordinate system).常用的坐标系有直角坐标系、极坐标系、柱坐标系、球坐标系和自然坐标系等.坐标系的选取也应视待研究问题的性质和方便计算而定.

1.1.2 质点

实际物体都有一定的大小和形状.物体运动时,其上各点的运动情况通常都是不同的.如果物体的大小和形状对于所研究的问题的影响可以忽略,我们就可以将它看作一个具有质量的几何点,称为质点(mass point).质点是物理学中的理想模型之一,是对真实物体的一种科学抽象和简化.

一个物体能否被看作质点,要看所研究问题的性质而非物体的实际大小.例如,研究地球绕太阳公转时,可把地球看作质点;但研究地球的自转时,就必须考虑其大小和形状,不能再把它看作质点.当物体不能被看作质点时,常把整个物体看作由许多质点组成,分析这些质点的运动,便可弄清整个物体的运动情况.可见,研究质点的运动是研究物体更为复杂运动的基础.

1.2 质点运动的描述

1.2.1 位置矢量

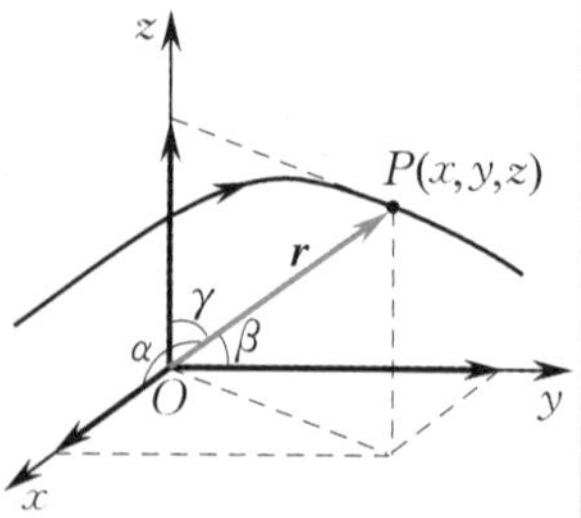

要定量描述质点的运动，首先应表示出它的位置．如图1.1所示，设 t 时刻，质点位于空间某一点 P，为了描述质点的位置，从坐标原点向质点所在位置作有向线段 $\overrightarrow{OP}$，用 r 表示． r 的大小表示质点到坐标原点的距离， r 的方向描述质点在坐标系中的空间方位，距离和空间方位都知道了，则质点的空间位置就确定了．这一用来确定质点的空间位置的矢量 r，称为位置矢量（position vector），简称位矢．

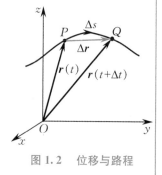

图 1.1　位置矢量

在直角坐标系中，质点的位置坐标为 (x,y,z)，令 i,j 和 k 分别表示 x,y 和 z 轴正方向的单位矢量，则位矢可以写成

$$r = xi + yj + zk. \tag{1.1}$$

位矢的大小为

$$r = |r| = \sqrt{x^2 + y^2 + z^2};$$

位矢的方向可以由方向余弦确定：

$$\cos\alpha = \frac{x}{r}, \quad \cos\beta = \frac{y}{r}, \quad \cos\gamma = \frac{z}{r},$$

且有

$$\cos^2\alpha + \cos^2\beta + \cos^2\gamma = 1.$$

当质点运动时，位矢随时间发生变化，即

$$r = r(t). \tag{1.2}$$

式(1.2)给出了质点在任意时刻的位置，称为质点的运动方程（equation of motion）．在直角坐标系中，质点的运动方程可表示为

$$r = r(t) = x(t)i + y(t)j + z(t)k, \tag{1.3a}$$

其分量形式为

$$x = x(t), \quad y = y(t), \quad z = z(t). \tag{1.3b}$$

消除式(1.3b)中的时间参数 t，得到质点运动的轨迹方程（trajectory equation）

$$f(x,y,z) = 0. \tag{1.4}$$

值得注意的是，运动方程和轨迹方程是两个不同的概念．前者表明了位矢 r 与 t 的函数关系，给出位置随时间变化的具体情况；而后者则只是位置坐标 x,y 和 z 之间的关系，给出轨迹或路径形状．

1.2.2 位移

1. 位移

当质点在空间运动时，位置随时间变化，为了描述质点位置变化的大小和方向，引入位移（displacement）的概念．如图1.2所示，质点在 t 时刻位于 P 点，经过一段时间 Δt，运动到 Q 点，位矢由 $r(t)$ 变为 $r(t+\Delta t)$，

图 1.2　位移与路程

则 Δt 内质点位矢的变化为

$$\Delta \boldsymbol{r} = \boldsymbol{r}(t + \Delta t) - \boldsymbol{r}(t).$$

$\Delta \boldsymbol{r}$ 称为位移,用从 P 点引到 Q 点的有向线段表示.位移是矢量,其大小 $|\Delta \boldsymbol{r}|$ 就是线段 PQ 的长度,方向由 P 点指向 Q 点.需要说明的是,位移的大小 $|\Delta \boldsymbol{r}| = |\boldsymbol{r}(t + \Delta t) - \boldsymbol{r}(t)| \neq |\Delta r|$,因为

$$|\Delta r| = ||\boldsymbol{r}(t + \Delta t)| - |\boldsymbol{r}(t)||.$$

2. 路程

路程是指质点运动走过的实际路径的长度,通常用 Δs 表示,路程是标量.如图 1.2 所示,轨迹上 P,Q 两点间曲线的长度就表示质点在时间 Δt 内所走过的路程.可见,位移和路程是两个不同的概念,一般来说,在同一时间 Δt 内,位移的大小 $|\Delta \boldsymbol{r}|$ 与路程 Δs 不一定相等,但当时间间隔 $\Delta t \to 0$ 时,位移的大小与路程相等.

在国际单位制中,位移与路程的单位都为米(m).

思考

在什么情况下,位移的大小与路程相等?有没有位移的大小为零而路程不为零的情况?

1.2.3　速度

位移给出了质点在某段时间内位置变化的大小与方向,但无法反映质点运动的快慢.为了描述质点位置改变的快慢,引入速度这一物理量.

如图 1.3 所示,设质点在一段时间 Δt 内发生了位移 $\Delta \boldsymbol{r}$,位移 $\Delta \boldsymbol{r}$ 与时间 Δt 的比叫作质点在这一段时间内的平均速度(average velocity),即

$$\overline{\boldsymbol{v}} = \frac{\Delta \boldsymbol{r}}{\Delta t}. \tag{1.5}$$

平均速度也是矢量,其方向就是位移 $\Delta \boldsymbol{r}$ 的方向.

平均速度对时间 Δt 的大小没有限制,当 Δt 较大时,用平均速度来说明位置变化的快慢和方向不够精细.显然,观察时间越短,精细程度越高,当 $\Delta t \to 0$ 时,平均速度的极限值称为瞬时速度(instantaneous velocity),简称速度,即

$$\boldsymbol{v} = \lim_{\Delta t \to 0} \frac{\Delta \boldsymbol{r}}{\Delta t} = \frac{\mathrm{d}\boldsymbol{r}}{\mathrm{d}t}. \tag{1.6}$$

速度的方向就是 $\Delta t \to 0$ 时 $\Delta \boldsymbol{r}$ 的方向.由图 1.3 可见,当 $\Delta t \to 0$ 时,Q 点趋近于 P 点,$\Delta \boldsymbol{r}$ 的方向最后将与轨迹上 P 点的切线方向一致,因此质点的速度方向总是沿着轨迹上质点所在位置的切线,并指向质点前进的方向.速度的大小

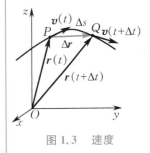

图 1.3　速度

$$v = |\boldsymbol{v}| = \left| \lim_{\Delta t \to 0} \frac{\Delta \boldsymbol{r}}{\Delta t} \right| = \left| \frac{\mathrm{d}\boldsymbol{r}}{\mathrm{d}t} \right| = \frac{|\mathrm{d}\boldsymbol{r}|}{\mathrm{d}t}. \tag{1.7}$$

与速度有关的概念是速率（speed）. 设质点在一段时间 Δt 内走过的路程为 Δs，则称 $\dfrac{\Delta s}{\Delta t}$ 为 Δt 内的平均速率（mean speed）. 当 $\Delta t \to 0$ 时，$\lim\limits_{\Delta t \to 0} \dfrac{\Delta s}{\Delta t} = \dfrac{\mathrm{d}s}{\mathrm{d}t}$，称为瞬时速率（instantaneous speed），简称速率. 显然，速度和速率是两个不同的概念. 前者为矢量，后者为标量. 一般情况下，因为位移的大小 $|\Delta \boldsymbol{r}|$ 不等于路程 Δs，所以平均速度的大小也不等于平均速率. 当 $\Delta t \to 0$ 时，$|\Delta \boldsymbol{r}|$ 和 Δs 相等，从而有

$$v = \lim_{\Delta t \to 0} \frac{|\Delta \boldsymbol{r}|}{\Delta t} = \lim_{\Delta t \to 0} \frac{\Delta s}{\Delta t} = \frac{\mathrm{d}s}{\mathrm{d}t}, \tag{1.8}$$

即速度的大小与速率相等.

在直角坐标系中，速度可以表示为

$$\boldsymbol{v} = \frac{\mathrm{d}\boldsymbol{r}}{\mathrm{d}t} = \frac{\mathrm{d}x}{\mathrm{d}t}\boldsymbol{i} + \frac{\mathrm{d}y}{\mathrm{d}t}\boldsymbol{j} + \frac{\mathrm{d}z}{\mathrm{d}t}\boldsymbol{k}. \tag{1.9}$$

速度沿三个坐标轴方向的分量为

$$v_x = \frac{\mathrm{d}x}{\mathrm{d}t}, \quad v_y = \frac{\mathrm{d}y}{\mathrm{d}t}, \quad v_z = \frac{\mathrm{d}z}{\mathrm{d}t}. \tag{1.10}$$

速度的大小为

$$v = \sqrt{v_x^2 + v_y^2 + v_z^2},$$

速度的方向也可用方向余弦来表示. 在国际单位制中，速度的单位是米每秒（m/s）.

理论上的瞬时速度和瞬时速率都与一定的时刻对应. 在技术上往往用很短时间内的平均速度近似地表示瞬时速度，随着技术的进步，测量可以达到很高的精确度.

1.2.4 加速度

质点的运动速度通常都是随时间变化的，为了描述速度的变化情况，需要引入加速度（acceleration）的概念.

如图 1.4 所示，$\boldsymbol{v}(t)$，$\boldsymbol{v}(t+\Delta t)$ 分别表示质点在 t 和 $t+\Delta t$ 时刻的速度. 定义 Δt 内的平均加速度（average acceleration）为

$$\bar{\boldsymbol{a}} = \frac{\Delta \boldsymbol{v}}{\Delta t}. \tag{1.11}$$

平均加速度 $\bar{\boldsymbol{a}}$ 与一定的时间间隔相对应，反映了 Δt 时间内速度随时间变化的平均值，其方向与速度增量 $\Delta \boldsymbol{v}$ 的方向相同.

当 $\Delta t \to 0$ 时，平均加速度的极限值叫作质点在 t 时刻的瞬时加速度（instantaneous acceleration），简称加速度，即

$$\boldsymbol{a} = \lim_{\Delta t \to 0} \frac{\Delta \boldsymbol{v}}{\Delta t} = \frac{\mathrm{d}\boldsymbol{v}}{\mathrm{d}t} = \frac{\mathrm{d}^2 \boldsymbol{r}}{\mathrm{d}t^2}. \tag{1.12}$$

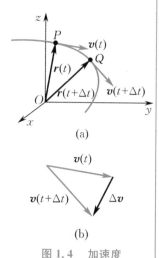

(a)

(b)

图 1.4 加速度

在直角坐标系中,加速度可表示为

$$\boldsymbol{a} = \frac{\mathrm{d}\boldsymbol{v}}{\mathrm{d}t} = \frac{\mathrm{d}v_x}{\mathrm{d}t}\boldsymbol{i} + \frac{\mathrm{d}v_y}{\mathrm{d}t}\boldsymbol{j} + \frac{\mathrm{d}v_z}{\mathrm{d}t}\boldsymbol{k}$$

$$= \frac{\mathrm{d}^2\boldsymbol{r}}{\mathrm{d}t^2} = \frac{\mathrm{d}^2 x}{\mathrm{d}t^2}\boldsymbol{i} + \frac{\mathrm{d}^2 y}{\mathrm{d}t^2}\boldsymbol{j} + \frac{\mathrm{d}^2 z}{\mathrm{d}t^2}\boldsymbol{k} \qquad (1.13)$$

$$= a_x\boldsymbol{i} + a_y\boldsymbol{j} + a_z\boldsymbol{k}.$$

它在三个坐标轴方向上的分量分别是

$$a_x = \frac{\mathrm{d}v_x}{\mathrm{d}t} = \frac{\mathrm{d}^2 x}{\mathrm{d}t^2}, \quad a_y = \frac{\mathrm{d}v_y}{\mathrm{d}t} = \frac{\mathrm{d}^2 y}{\mathrm{d}t^2}, \quad a_z = \frac{\mathrm{d}v_z}{\mathrm{d}t} = \frac{\mathrm{d}^2 z}{\mathrm{d}t^2}.$$

$$(1.14)$$

加速度的大小为

$$a = \sqrt{a_x^2 + a_y^2 + a_z^2},$$

加速度的方向是 $\Delta t \to 0$ 时 $\Delta \boldsymbol{v}$ 的方向. 在国际单位制中,加速度的单位是米每二次方秒($\mathrm{m/s^2}$).

由式(1.6)和式(1.12)可知,若已知运动方程,通过位矢对时间求导的方法可以得到物体的速度和加速度;反之,若已知质点的加速度,则可以通过积分的方法求出物体的速度或者运动方程,有关积分式如下:

$$\boldsymbol{v} - \boldsymbol{v}_0 = \int_{v_0}^{v} \mathrm{d}\boldsymbol{v} = \int_0^t \boldsymbol{a}(t)\mathrm{d}t, \qquad (1.15)$$

$$\boldsymbol{r} - \boldsymbol{r}_0 = \int_{r_0}^{r} \mathrm{d}\boldsymbol{r} = \int_0^t \boldsymbol{v}(t)\mathrm{d}t, \qquad (1.16)$$

式中 $\boldsymbol{r}_0$ 和 $\boldsymbol{v}_0$ 分别表示初始时刻($t = 0$)所对应的初始位矢和初始速度,即质点运动的初始条件(initial condition).

例 1.1 假设某质点的运动方程为 $\boldsymbol{r} = 2t\boldsymbol{i} + (2 - t^2)\boldsymbol{j}$ (m).求:(1)质点运动的轨迹方程;(2)质点的速度和加速度随时间的变化规律.

解 (1)由运动方程 $\boldsymbol{r} = 2t\boldsymbol{i} + (2 - t^2)\boldsymbol{j}$ 可知其分量形式为

$$x = 2t, \quad y = 2 - t^2.$$

消除时间参数 t,可得质点的轨迹方程为

$$y = 2 - \frac{x^2}{4}.$$

可见,质点运动的轨迹为抛物线.

(2)根据速度和加速度的定义式,可得

$$\boldsymbol{v} = \frac{\mathrm{d}\boldsymbol{r}}{\mathrm{d}t} = \frac{\mathrm{d}x}{\mathrm{d}t}\boldsymbol{i} + \frac{\mathrm{d}y}{\mathrm{d}t}\boldsymbol{j} = 2\boldsymbol{i} - 2t\boldsymbol{j}\,(\mathrm{m/s}),$$

$$\boldsymbol{a} = \frac{\mathrm{d}\boldsymbol{v}}{\mathrm{d}t} = \frac{\mathrm{d}^2\boldsymbol{r}}{\mathrm{d}t^2} = \frac{\mathrm{d}^2 x}{\mathrm{d}t^2}\boldsymbol{i} + \frac{\mathrm{d}^2 y}{\mathrm{d}t^2}\boldsymbol{j} = -2\boldsymbol{j}\,(\mathrm{m/s^2}).$$

结果表明,质点的运动是匀变速的.

例 1.2 设质点沿 x 轴做直线运动，加速度与时间 t 的关系为 $a = 1 - 2t + 3t^2 (\mathrm{SI})$. 已知 $t = 0$ 时，$x_0 = 0$，$v_0 = 0$，求质点的运动方程.

解 质点做一维运动，根据加速度的定义有

$$a = \frac{\mathrm{d}v}{\mathrm{d}t},$$

所以

$$\int_0^t a \, \mathrm{d}t = \int_{v_0}^v \mathrm{d}v.$$

代入加速度与时间的关系式并利用初始条件，可得速度随时间变化的函数关系为

$$v = t - t^2 + t^3 (\mathrm{SI}).$$

利用速度的定义 $v = \dfrac{\mathrm{d}x}{\mathrm{d}t}$，有

$$\int_{x_0}^x \mathrm{d}x = \int_0^t v \, \mathrm{d}t = \int_0^t (t - t^2 + t^3) \, \mathrm{d}t,$$

两边积分并代入初始条件，可得质点的运动方程为

$$x = \frac{1}{2}t^2 - \frac{1}{3}t^3 + \frac{1}{4}t^4 (\mathrm{SI}).$$

思考

在图 1.3 中，若时间 $\Delta t \to 0$，则 Q 点趋近于 P 点，位移和速度的方向都沿 P 点切线方向；但在图 1.4 中，$\Delta t \to 0$，Q 点也趋近于 P 点，为什么加速度的方向不沿 P 点切线方向呢？

1.3 切向加速度和法向加速度

1.3.1 自然坐标系

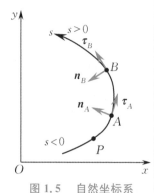

图 1.5 自然坐标系

质点在一个平面内做曲线运动，若运动轨迹已知，则可将此轨迹曲线作为一维坐标的轴线，建立一种新的坐标系，叫作平面自然坐标系（natural coordinate system），简称自然坐标系. 在轨迹曲线（坐标轴线）上任选一点 P 作为坐标原点，任意选定轨迹的某一走向为正方向，质点在轨迹上的位置可用从 P 点算起的弧长 s 来表示，s 称为弧坐标. 与直角坐标系中的 x 类似，s 的值可正可负，如图 1.5 所示. 当质点沿轨迹运动时，s 是时间的函数，即

$$s = s(t). \tag{1.17}$$

式（1.17）称为自然坐标系中质点的运动方程，由它可求得任意时刻 t 质点在轨迹上的位置及相应的速度和加速度.

设 t 时刻质点在轨迹上某处（如图 1.5 中的 A，B 等），取一单位矢量沿轨迹的切线并指向弧坐标增加的方向，叫作切向单位矢量，用 τ 表示；另取一单位矢量沿轨迹法线且指向轨迹的凹侧，叫作法向单位矢量，用

n 表示. 值得注意的是, 在轨迹上的不同点, $\boldsymbol{\tau}$ 与 n 的方向一般不同, 即 $\boldsymbol{\tau}$ 与 n 的方向是随着质点的运动而变化的, 它们一般不是恒矢量. 因为速度总是沿着轨迹的切线方向, 所以在自然坐标系中速度可表示为

$$\boldsymbol{v} = v\boldsymbol{\tau} = \frac{\mathrm{d}s}{\mathrm{d}t}\boldsymbol{\tau}. \tag{1.18}$$

1.3.2 切向加速度和法向加速度

根据式(1.18), 在自然坐标系中, 加速度可以表示为

$$\boldsymbol{a} = \frac{\mathrm{d}\boldsymbol{v}}{\mathrm{d}t} = \frac{\mathrm{d}v}{\mathrm{d}t}\boldsymbol{\tau} + v\frac{\mathrm{d}\boldsymbol{\tau}}{\mathrm{d}t}. \tag{1.19}$$

式(1.19)中, $\frac{\mathrm{d}v}{\mathrm{d}t}\boldsymbol{\tau}$ 反映速度大小随时间的变化, 方向始终沿切向, 称为**切向加速度**(tangential acceleration), 用符号 $\boldsymbol{a}_\tau$ 表示, 即

$$\boldsymbol{a}_\tau = \frac{\mathrm{d}v}{\mathrm{d}t}\boldsymbol{\tau}. \tag{1.20}$$

切向加速度和法向加速度

下面讨论式(1.19)中 $v\frac{\mathrm{d}\boldsymbol{\tau}}{\mathrm{d}t}$ 的物理意义. 先分析 $\frac{\mathrm{d}\boldsymbol{\tau}}{\mathrm{d}t}$. 如图 1.6(a) 所示, 在时间 Δt 内, 质点从 P_1 点运动至 P_2 点, 对应位置切线方向之间的夹角为 $\Delta\theta$. 因为轨迹上各处切向单位矢量大小一样, 所以图 1.6(b) 中的三角形为等腰三角形. 当 $\Delta t \to 0$ 时, P_2 点趋近于 P_1 点, $\Delta\theta \to 0$, 于是有 $|\Delta\boldsymbol{\tau}| = |\boldsymbol{\tau}|\Delta\theta$, 此时 $\Delta\boldsymbol{\tau}$ 的方向与切向单位矢量 $\boldsymbol{\tau}$ 垂直, 即为 P_1 点的法向, 因此有

$$\frac{\mathrm{d}\boldsymbol{\tau}}{\mathrm{d}t} = \lim_{\Delta t \to 0}\frac{\Delta\boldsymbol{\tau}}{\Delta t} = \lim_{\Delta t \to 0}\frac{\Delta\theta}{\Delta t}\boldsymbol{n} = \frac{\mathrm{d}\theta}{\mathrm{d}t}\boldsymbol{n}.$$

利用曲率的定义(见本节小字部分), 可得

$$\frac{\mathrm{d}\boldsymbol{\tau}}{\mathrm{d}t} = \frac{\mathrm{d}\theta}{\mathrm{d}s}\frac{\mathrm{d}s}{\mathrm{d}t}\boldsymbol{n} = \frac{1}{\rho}\frac{\mathrm{d}s}{\mathrm{d}t}\boldsymbol{n} = \frac{v}{\rho}\boldsymbol{n},$$

式中 ρ 为对应点(P_1)处的曲率半径. 这样, 式(1.19)中 $v\frac{\mathrm{d}\boldsymbol{\tau}}{\mathrm{d}t}$ 就可以写为

$$\boldsymbol{a}_n = v\frac{\mathrm{d}\boldsymbol{\tau}}{\mathrm{d}t} = \frac{v^2}{\rho}\boldsymbol{n}. \tag{1.21}$$

因为 $\boldsymbol{a}_n$ 的方向沿轨迹法向, 所以称为**法向加速度**(normal acceleration). 法向加速度反映了速度方向的变化. 这样, 质点加速度就可以分解为法向和切向两个分量, 即

$$\boldsymbol{a} = a_\tau\boldsymbol{\tau} + a_n\boldsymbol{n} = \frac{\mathrm{d}v}{\mathrm{d}t}\boldsymbol{\tau} + \frac{v^2}{\rho}\boldsymbol{n}. \tag{1.22}$$

总加速度的大小为

$$a = \sqrt{a_\tau^2 + a_n^2}, \tag{1.23}$$

加速度与切线方向的夹角为

$$\theta = \arctan\frac{a_n}{a_\tau}.$$

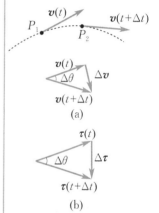

图 1.6 切向单位矢量随时间的改变

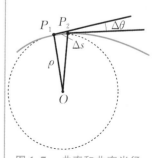

图 1.7 曲率和曲率半径

* **曲率和曲率半径** 如图 1.7 所示, 从曲线上相邻两点 P_1, P_2 各引一条切线,

两切线间的夹角为 $\Delta\theta$，对应弧长为 Δs，则 P_1 点处的曲率定义为

$$k = \lim_{\Delta s \to 0} \frac{\Delta\theta}{\Delta s} = \frac{\mathrm{d}\theta}{\mathrm{d}s}. \tag{1.24}$$

当曲线上两点无限接近时，此两点处的两条切线的夹角 $\mathrm{d}\theta$ 称为邻切角. 以 O 为中心（O 为 P_1,P_2 处法线的交点）过 P_1 点作圆，则该圆的曲率与曲线在 P_1 点的曲率相等，把该圆称为 P_1 点处的曲率圆. 显然，曲率半径为

$$\rho = \frac{1}{k} = \frac{\mathrm{d}s}{\mathrm{d}\theta}. \tag{1.25}$$

可以看出，曲率越大，曲率半径越小，曲线弯曲得越厉害；反之，曲率越小，曲率半径越大，曲线越平缓. 作为特例，同一圆周上各点具有相同的曲率.

例 1.3　如图 1.8 所示，列车自 O 点处进入圆弧轨道，其半径为 $R = 500\ \mathrm{m}$，$t = 0$ 时，列车在 O 点. 假设列车的运动方程为 $s = 30t - t^3$（SI），试求 $t = 1\ \mathrm{s}$ 时列车的速度和加速度.

解　建立如图 1.8 所示的自然坐标系，利用速度的定义，可以得到速度的大小为

$$v = \frac{\mathrm{d}s}{\mathrm{d}t} = 30 - 3t^2.$$

切向加速度和法向加速度的大小分别为

$$a_\tau = \frac{\mathrm{d}v}{\mathrm{d}t} = -6t, \quad a_n = \frac{v^2}{R} = \frac{(30-3t^2)^2}{R}.$$

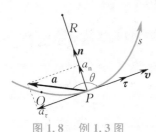

图 1.8　例 1.3 图

将 $t = 1\ \mathrm{s}$ 代入上面的表达式，计算出列车的速度大小和加速度分量分别为

$$v = 27\ \mathrm{m/s}, \quad a_\tau = \frac{\mathrm{d}v}{\mathrm{d}t} = -6\ \mathrm{m/s^2}, \quad a_n = \frac{v^2}{R} \approx 1.46\ \mathrm{m/s^2}.$$

加速度的大小为

$$a = \sqrt{a_\tau^2 + a_n^2} \approx 6.17\ \mathrm{m/s^2}.$$

速度的方向沿切向，加速度与速度的夹角为

$$\theta = \arctan\frac{a_n}{a_\tau} \approx 166°20'.$$

思考

平面曲线运动的加速度的方向是指向曲线凹的一侧还是指向凸的一侧，为什么？

1.4　几种常见的质点运动

1.4.1　直线运动

直线运动是研究曲线运动的基础，一般曲线运动都可看成由 x, y, z 三个方向的直线运动合成的. 质点做直线运动时，常取该直线为 x 轴，若已知其运动方程 $x = x(t)$，则可求得其速度和加速度分别为（其方向由其符号反映）

$$v = \frac{\mathrm{d}x}{\mathrm{d}t}, \quad a = \frac{\mathrm{d}v}{\mathrm{d}t}.$$

若已知加速度随时间的变化关系 $a = a(t)$ 及初始时刻的速度,则可由

$$\int_{v_0}^{v} \mathrm{d}v = \int_{t_0}^{t} a\,\mathrm{d}t \tag{1.26}$$

求得速度随时间的变化关系;若还知道初始时刻的位置坐标,则可由

$$\int_{x_0}^{x} \mathrm{d}x = \int_{t_0}^{t} v\,\mathrm{d}t \tag{1.27}$$

进一步求得运动方程.下面以匀变速直线运动为例对此进行讨论.

匀变速直线运动有恒定的加速度 a,设 $t = 0$ 时,速度为 v_0,则由式 (1.26) 可得

$$v(t) = v_0 + at. \tag{1.28}$$

这就是匀变速直线运动的速度公式.又设 $t = 0$ 时,质点位置坐标为 x_0,将式(1.28) 代入式(1.27) 有

$$\int_{x_0}^{x} \mathrm{d}x = \int_{0}^{t} (v_0 + at)\,\mathrm{d}t,$$

由此得

$$x = x_0 + v_0 t + \frac{1}{2}at^2. \tag{1.29}$$

这就是匀变速直线运动的运动方程.联立式(1.28) 和式(1.29),消除时间参数 t 后,就可得到 v-x 关系式

$$v^2 - v_0^2 = 2a(x - x_0). \tag{1.30}$$

1.4.2 抛体运动

抛体运动是典型的二维平面曲线运动.如图 1.9 所示,设在地球表面附近以初速度 $\boldsymbol{v}_0$ 沿与水平方向成 θ 角的方向斜向上抛出一物体(抛出点为坐标原点),忽略空气阻力,物体在各个时刻的加速度都是重力加速度 g.选取竖直向上为 y 轴正方向,水平向右为 x 轴正方向,则抛出物体的运动可看作是由 x 轴方向的匀速直线运动和 y 轴方向的匀变速直线运动合成的.抛体的运动方程可表示为

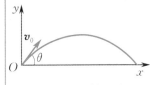

图 1.9 抛体运动

抛体运动

$$\begin{cases} x = (v_0 \cos\theta)t, \\ y = (v_0 \sin\theta)t - \frac{1}{2}gt^2 \end{cases} \tag{1.31}$$

或

$$\boldsymbol{r} = x\boldsymbol{i} + y\boldsymbol{j} = (v_0 \cos\theta)t\boldsymbol{i} + \left[(v_0 \sin\theta)t - \frac{1}{2}gt^2\right]\boldsymbol{j}.$$

消去参数 t,可得轨迹方程为

$$y = x\tan\theta - \frac{g}{2v_0^2 \cos^2\theta}x^2.$$

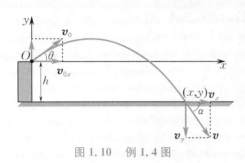

例 1.4 一学生在体育馆高台上以投射角 $\theta = 30°$ 和速率 $v_0 = 20$ m/s 向操场投出一垒球。球离手时距离地面的高度 $h = 10$ m。试问球投出后何时着地，在何处着地，着地时速度的大小和方向如何（g 取 9.8 m/s^2）?

解 以投出点为坐标原点，建立如图 1.10 所示坐标系。由题意可知，当球落地时，$y = -10$ m。由抛体的运动方程 (1.31)，得

$$-10 = (20\sin 30°)t - \frac{1}{2} \times 9.8 \times t^2.$$

图 1.10 例 1.4 图

解此方程得 $t_1 \approx 2.78$ s，$t_2 \approx -0.74$ s（舍去），即得球在出手后 2.78 s 着地。

着地点离投射点的水平距离为

$$x = (v_0\cos\theta)t = 20 \times 2.78 \times \cos 30° \text{ m} \approx 48.15 \text{ m}.$$

着地时球的速度分量分别为

$$v_x = v_0\cos\theta = 20 \times \cos 30° \text{ m/s} \approx 17.32 \text{ m/s},$$

$$v_y = v_0\sin\theta - gt = (20 \times \sin 30° - 9.8 \times 2.78) \text{ m/s} \approx -17.24 \text{ m/s},$$

着地时速度的大小为

$$v = \sqrt{v_x^2 + v_y^2} = \sqrt{17.32^2 + 17.24^2} \text{ m/s} \approx 24.44 \text{ m/s}.$$

速度与 x 轴正方向的夹角为

$$\alpha = \arctan\frac{v_y}{v_x} = \arctan\frac{-17.24}{17.32} \approx -44.9°.$$

1.4.3 圆周运动

圆周运动是在生产和生活中常见的一种运动，例如砂轮转动时，轮上各点（中心轴线上各点除外）均在做半径不同的圆周运动。当质点沿任意曲线运动时，运动轨迹的每一小段均可看作是圆的一部分，因而任意曲线运动可看作是由一系列半径不同的圆周运动组合而成的，所以圆周运动是讨论一般曲线运动的基础。圆周运动除了用位移、速度、加速度等线量来进行描述外，还可用角位移、角速度以及角加速度等角量来进行描述。

1. 圆周运动的角量描述

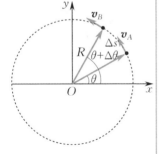

图 1.11 圆周运动的角量描述

如图 1.11 所示，假设质点做半径为 R 的圆周运动，任一时刻质点所在处的位置可用其位矢与参考方向（一般选 x 轴正方向）所成的夹角 θ 表示，θ 称为**角位置**（angular position）或**角坐标**。角位置随时间变化的函数关系

$$\theta = \theta(t) \tag{1.32}$$

是以角度形式表示出来的圆周运动的运动方程。

设 t 时刻,质点在 A 点,角位置为 θ;$t+\Delta t$ 时刻,质点到达 B 点,角位置为 $\theta+\Delta\theta$. 在时间 Δt 内,质点转过的角度为 $\Delta\theta$,称为质点的角位移① (angular displacement).

角位移 $\Delta\theta$ 与时间 Δt 的比值称为在时间 Δt 内质点对 O 点的平均角速度,用符号 $\bar\omega$ 表示,即

$$\bar\omega=\frac{\Delta\theta}{\Delta t}.$$

当 $\Delta t\to 0$ 时,平均角速度的极限值称为质点在 t 时刻对 O 点的瞬时角速度,简称角速度(angular velocity),用符号 ω 表示,即

$$\omega=\lim_{\Delta t\to 0}\frac{\Delta\theta}{\Delta t}=\frac{\mathrm{d}\theta}{\mathrm{d}t}. \tag{1.33}$$

当质点做变速圆周运动时,角速度的大小随时间变化. 设质点在 t 时刻的角速度为 ω,在 $t+\Delta t$ 时刻的角速度为 $\omega+\Delta\omega$,角速度的增量 $\Delta\omega$ 与时间 Δt 之比,称为在时间 Δt 内质点对 O 点的平均角加速度,用 $\bar\beta$ 表示,即

$$\bar\beta=\frac{\Delta\omega}{\Delta t}.$$

当 $\Delta t\to 0$ 时,平均角加速度的极限值称为质点在 t 时刻对 O 点的瞬时角加速度,简称角加速度(angular acceleration),用符号 β 表示,即

$$\beta=\lim_{\Delta t\to 0}\frac{\Delta\omega}{\Delta t}=\frac{\mathrm{d}\omega}{\mathrm{d}t}=\frac{\mathrm{d}^2\theta}{\mathrm{d}t^2}. \tag{1.34}$$

在国际单位制中,角位置和角位移的单位是弧度(rad),角速度的单位是弧度每秒(rad/s),角加速度的单位是弧度每二次方秒(rad/s²).

质点做匀变速圆周运动时,β 为常数,此时

$$\begin{cases}\omega=\omega_0+\beta t,\\ \theta=\theta_0+\omega_0 t+\dfrac{1}{2}\beta t^2,\\ \omega^2-\omega_0^2=2\beta(\theta-\theta_0),\end{cases} \tag{1.35}$$

式中 $\theta,\theta_0,\omega,\omega_0$ 和 β 分别表示角位置、初角位置、角速度、初角速度和角加速度.

2. 线量与角量的关系

如图 1.11 所示,质点做圆周运动时,角位移 $\Delta\theta$ 和经过的路程之间满足关系

$$\Delta s=R\Delta\theta.$$

质点做圆周运动的速度大小(速率)为

$$v=\frac{\mathrm{d}s}{\mathrm{d}t}=R\frac{\mathrm{d}\theta}{\mathrm{d}t}=R\omega. \tag{1.36}$$

对式(1.36)两边求时间的导数,得到质点做圆周运动的切向加速度大

① 有限大的角位移不是矢量,参看本教材第 3 章 3.1.2 节.

小为

$$a_\tau = \frac{\mathrm{d}v}{\mathrm{d}t} = \frac{\mathrm{d}(R\omega)}{\mathrm{d}t} = R\frac{\mathrm{d}\omega}{\mathrm{d}t} = R\beta. \tag{1.37}$$

由式(1.21)可得质点做圆周运动的法向加速度大小为

$$a_n = \frac{v^2}{R} = R\omega^2. \tag{1.38}$$

式(1.36) ～ 式(1.38)给出了质点圆周运动的线量和角量之间的关系. 直线运动可以看作是圆周运动在 $R \to \infty$ 时的一种特例.

例 1.5 列车离站时驶入半径为 $R = 1\,000$ m 的圆弧轨道,其运动方程为 $\theta = (2t^2 + t) \times 10^{-4}$ rad,求列车离站后 $t = 20$ s 时的角速度、速度、角加速度、切向加速度和法向加速度大小.

解 根据式(1.33)和式(1.34),可得

$$\omega = \frac{\mathrm{d}\theta}{\mathrm{d}t} = (4t + 1) \times 10^{-4} \text{ rad/s},$$

$$\beta = \frac{\mathrm{d}\omega}{\mathrm{d}t} = 4 \times 10^{-4} \text{ rad/s}^2.$$

利用角量与线量的关系式(1.36),(1.37)和(1.38),可得

$$v = R\omega = R(4t + 1) \times 10^{-4} \text{ m/s},$$

$$a_\tau = R\beta = 4R \times 10^{-4} \text{ m/s}^2,$$

$$a_n = \frac{v^2}{R} = R(4t + 1)^2 \times 10^{-8} \text{ m/s}^2.$$

将 $R = 1\,000$ m 及 $t = 20$ s 代入上述表达式中,得

$$\omega = 8.1 \times 10^{-3} \text{ rad/s}, \quad \beta = 4 \times 10^{-4} \text{ rad/s}^2, \quad v = 8.1 \text{ m/s},$$

$$a_\tau = 0.4 \text{ m/s}^2, \quad a_n = 6.6 \times 10^{-2} \text{ m/s}^2.$$

1.5　相对运动

研究力学问题时常常需要在不同的参考系中描述同一物体的运动.参考系不同,对同一物体运动的描述也不同.例如,在无风的雨天里,静止于地面的观察者看到雨点沿竖直方向下落,而在雨中行走的观察者,则看到雨点斜向后下落.显然,不同参考系中的观察者得到的结论不同.但他们观察的毕竟是同一物体的运动,两者之间必然有某种联系.

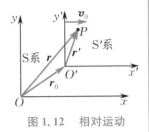

图 1.12　相对运动

如图 1.12 所示,参考系 S' 系相对于 S 系以速度 $\boldsymbol{v}_0$ 运动,运动中相应的坐标轴始终保持平行.设 O' 点相对于 O 点的位置矢量为 $\boldsymbol{r}_0$,空间中处于 P 点处的质点相对于 O 点的位置矢量为 $\boldsymbol{r}$,相对于 O' 点的位置矢量为 $\boldsymbol{r}'$,则它们之间的关系为

$$\boldsymbol{r} = \boldsymbol{r}_0 + \boldsymbol{r}'. \tag{1.39}$$

将式(1.39)两边同时对时间求导,得到

$$\frac{\mathrm{d}\boldsymbol{r}}{\mathrm{d}t} = \frac{\mathrm{d}\boldsymbol{r}_0}{\mathrm{d}t} + \frac{\mathrm{d}\boldsymbol{r}'}{\mathrm{d}t}.$$

根据速度的定义,上式可写为

$$\boldsymbol{v} = \boldsymbol{v}_0 + \boldsymbol{v}', \tag{1.40}$$

式中 $\boldsymbol{v}$ 为质点相对于 S 系的速度, $\boldsymbol{v}'$ 为质点相对于 S′ 系的速度, $\boldsymbol{v}_0$ 为 S′ 系相对于 S 系的速度.式(1.40)称为伽利略速度变换,它给出了同一质点的运动速度在不同参考系之间的变换关系.

再将式(1.40)两边对时间求导,得到

$$\frac{\mathrm{d}\boldsymbol{v}}{\mathrm{d}t} = \frac{\mathrm{d}\boldsymbol{v}_0}{\mathrm{d}t} + \frac{\mathrm{d}\boldsymbol{v}'}{\mathrm{d}t},$$

即

$$\boldsymbol{a} = \boldsymbol{a}_0 + \boldsymbol{a}'. \tag{1.41}$$

如果参考系之间做匀速直线运动,式(1.41)就可以写为

$$\boldsymbol{a} = \boldsymbol{a}'.$$

结果表明,在相互做匀速直线运动的参考系中考察同一质点的运动,测得的加速度相同①.

需要特别指出的是,式(1.40)是参考系之间的速度变换,而不是速度矢量的叠加.变换涉及两个不同的参考系,而矢量叠加则是在同一参考系中的矢量运算.

伽利略

例 1.6　雨天一辆卡车在水平马路上以 20 m/s 的速度朝正东方行驶,雨滴在空中相对于地面以 10 m/s 的速度竖直下落,求雨滴相对于卡车的速度.

解　取地面为 S 系,卡车为 S′ 系,以雨滴为研究对象.利用伽利略速度变换关系,可得

$$\boldsymbol{v}_{\text{雨地}} = \boldsymbol{v}_{\text{雨车}} + \boldsymbol{v}_{\text{车地}},$$

即

$$\boldsymbol{v}_{\text{雨车}} = \boldsymbol{v}_{\text{雨地}} - \boldsymbol{v}_{\text{车地}}.$$

由图 1.13 所示的几何关系,可以得到雨滴相对于卡车的速度大小为

$$v_{\text{雨车}} = \sqrt{v_{\text{雨地}}^2 + v_{\text{车地}}^2} = \sqrt{10^2 + 20^2}\,\text{m/s} \approx 22.4\,\text{m/s}.$$

这一速度与竖直方向的夹角为

$$\theta = \arctan\frac{20}{10} = \arctan 2 \approx 63.4°,$$

即南偏西63.4°

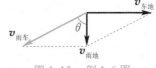

图 1.13　例 1.6 图

---

①　在式(1.39)～式(1.41)的推导过程中,隐含一个假设,即不同参考系具有共同的时间参量,这是绝对时空观的假设,它只在低速($v \ll c$)情况下近似成立.关于时间和长度的概念以及更普遍的变换关系将在本教材下册狭义相对论相关章节中阐述.

思考

伽利略速度变换和速度的合成是一回事吗？

本章小结

1. 质点运动学量

（1）位置矢量 $\boldsymbol{r}$：从坐标原点向质点所在位置所引的有向线段.

（2）位移：$\Delta \boldsymbol{r} = \boldsymbol{r}_2 - \boldsymbol{r}_1$.

（3）速度：$\boldsymbol{v} = \dfrac{\mathrm{d}\boldsymbol{r}}{\mathrm{d}t}$.

（4）加速度：$\boldsymbol{a} = \dfrac{\mathrm{d}\boldsymbol{v}}{\mathrm{d}t} = \dfrac{\mathrm{d}^2\boldsymbol{r}}{\mathrm{d}t^2}$.

2. 切向加速度和法向加速度

（1）切向加速度：$\boldsymbol{a}_\tau = \dfrac{\mathrm{d}v}{\mathrm{d}t}\boldsymbol{\tau}$.

（2）法向加速度：$\boldsymbol{a}_\mathrm{n} = \dfrac{v^2}{\rho}\boldsymbol{n}$.

一般曲线运动的加速度：

$$\boldsymbol{a} = \boldsymbol{a}_\tau + \boldsymbol{a}_\mathrm{n} = \frac{\mathrm{d}v}{\mathrm{d}t}\boldsymbol{\tau} + \frac{v^2}{\rho}\boldsymbol{n}.$$

3. 圆周运动的角量描述

（1）角位移：$\Delta \theta = \theta_2 - \theta_1$.

（2）角速度：$\omega = \dfrac{\mathrm{d}\theta}{\mathrm{d}t} = \dfrac{v}{R}$.

（3）角加速度：$\beta = \dfrac{\mathrm{d}\omega}{\mathrm{d}t} = \dfrac{\mathrm{d}^2\theta}{\mathrm{d}t^2}$.

（4）角量与线量的关系：

$$\Delta s = R\Delta\theta, \quad v = R\omega,$$
$$a_\tau = R\beta, \quad a_\mathrm{n} = R\omega^2.$$

4. 相对运动

伽利略速度变换：$\boldsymbol{v} = \boldsymbol{v}_0 + \boldsymbol{v}'$.

拓展与探究

1.1 如果使时间反演，即把时刻 t 用 $t' = -t$ 取代，质点的速度、加速度及运动学公式$\Big($如 $v = v_0 + at$，$x = x_0 + v_0 t + \dfrac{1}{2}at^2$ 等$\Big)$将会有什么变化？

1.2 伽利略1638年出版的《关于两门新科学的对话》中说道："一只小狗也许能够在它的背上携带和它一样大的两只或三只小狗，但是我相信一匹马甚至驮不起和它大小一样的一匹马."这一段话给你何种物理启示？

1.3 一质点沿螺旋线状的曲线自外向内运动，如图1.14所示.已知其走过的弧长与时间的一次方成正比.试问该质点的加速度大小是越来越大，还是越来越小？

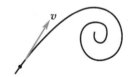

图1.14 探究题1.3图

1.4 古希腊哲学家芝诺有一论断：跑得最快的神话英雄阿基里斯永远赶不上爬得很慢的乌龟.论证如下：设比赛开始前，阿基里斯在后，乌龟在前，两者相距 L，在比赛中，当阿基里斯追到乌龟的出发点时，乌龟已经向前爬了一段，到达前面的某一点，而当他追到该点时，乌龟又已经爬到了更前面的另一点，如此重复下去，只要乌龟不停地奋力向前爬，阿基里斯就永远也追不上乌龟.试从物理学角度对此进行分析.

习 题 1

1.1 一个做直线运动的质点,其位置随时间的变化如图 1.15 所示,求该质点在以下时间间隔内的平均速度:

(1) 0 至 2 s;

(2) 0 至 4 s;

(3) 2 s 至 4 s;

(4) 4 s 至 7 s;

(5) 0 至 8 s.

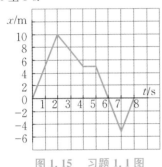

图 1.15 习题 1.1 图

1.2 一质点沿 x 轴运动,其速度随时间的变化如图 1.16 所示,

(1) 画出该质点加速度-时间曲线;

(2) 求该质点在 5 s 至 15 s,0 至 20 s 内的平均加速度.

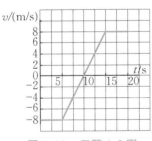

图 1.16 习题 1.2 图

1.3 一质点沿直线运动,运动方程为 $x(t) = 6t^2 - 2t^3$(SI). 试求:

(1) 第 2 s 内的位移和平均速度;

(2) 1 s 末及 2 s 末的瞬时速度,第 2 s 内经过的路程;

(3) 1 s 末的瞬时加速度和第 2 s 内的平均加速度.

1.4 质点沿直线运动,速度 $v = t^3 + 3t^2 + 2$(SI),如果当 $t = 2$ s 时,质点位于 $x = 4$ m 处,求 $t = 3$ s 时质点的位置、速度和加速度.

1.5 一个正在沿直线行驶的汽船,关闭发动机后,由于受到阻力而获得一个与速度方向相反、大小与船速平方成正比例的加速度,即 $\dfrac{\mathrm{d}v}{\mathrm{d}t} = -kv^2$,$k$ 为常数. 试证:

(1) 关闭发动机后,船在 t 时刻的速度大小满足

$$\frac{1}{v} = \frac{1}{v_0} + kt;$$

(2) 在时间 t 内,船行驶的距离为

$$x = \frac{1}{k} \ln (v_0 kt + 1).$$

1.6 按玻尔模型,氢原子处于基态时,它的电子围绕原子核做圆周运动. 电子的速率为 2.2×10^6 m/s,离核的距离为 0.53×10^{-10} m. 求电子绕核运动的频率和向心加速度.

1.7 已知地球赤道半径约为 6 380 km,地球自转周期为 24 h. 一物体位于赤道附近,求:

(1) 物体的法向加速度,并求其与重力加速度的比值(g 取 9.8 m/s^2).

(2) 已知当物体的法向加速度超过重力加速度时,物体将逃离地球而飞向太空. 若物体刚好能够逃离地球,求此时地球的自转周期.

1.8 半径为 14.0 m 的摩天轮绕其中心水平轴匀速转动,其边沿的转动速度为 7.0 m/s,求:

(1) 摩天轮上的乘客通过摩天轮最低点时加速度的大小和方向;

(2) 乘客通过最高点时加速度的大小和方向;

(3) 摩天轮旋转一周所需的时间.

1.9 一枚火箭从地面竖直向上发射,初始速度为零. 在发射后的前 10 s 内,其竖直方向的加速度 $a = 2.80t$(SI). 求:

(1) 10 s 时火箭离地面的高度;

(2) 当火箭离地面 325 m 时的速度.

1.10 女子排球的球网高度为 2.24 m,球网两侧的场地大小都是 9.0 m × 9.0 m. 中国女排名将朱婷的扣杀高度可达 3.27 m,若其采用跳发球姿势发球,其击球点高度为 3.27 m,离网的水平距离是 8.5 m.

(1) 球以多大的速度沿水平方向击出,落地时正好落在对方后方边线上?

(2) 球以(1)中的速度击出,求过网时超出球网的高度.

(3) 计算球落地时的速率(忽略空气阻力).

1.11 一人驾驶摩托车跨跃一个矿坑,他以与

水平方向成22.5°夹角的初速度 65 m/s 从西边起跳，准确地落在坑的东边.已知东边比西边低 7 m,忽略空气阻力,且取 $g = 10 \text{ m/s}^2$,问:

(1) 矿坑有多宽?他飞跃的时间有多长?

(2) 他在东边落地时的速度大小为多少?速度与水平面的夹角为多大?

1.12 一质点沿半径为 0.10 m 的圆周运动,其角位置(以弧度表示)为 $\theta = 2 + 4t^3$(SI).

(1) $t = 2$ s 时,求质点的法向加速度和切向加速度.

(2) 当切向加速度恰为总加速度大小的一半时,θ 为何值?

(3) 在何时,切向加速度和法向加速度恰有相等的值?

1.13 如图 1.17 所示,一个半径为 $R = 1.0$ m 的轻圆盘,可以绕一水平轴自由转动.一根轻绳绕在盘子的边缘,其自由端拴一物体 A.在重力作用下,物体 A 从静止开始匀加速地下降,在 $\Delta t = 2.0$ s 内下降的距离 $h = 0.4$ m.求物体开始下降后 3 s 末,圆盘边缘上任一点的切向加速度与法向加速度.

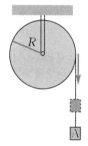

图 1.17 习题 1.13 图

1.14 一升降机以 1.22 m/s^2 的加速度上升,当上升速度为 2.44 m/s 时,有一螺帽自升降机的天花板上松落,天花板与升降机的底面相距 2.74 m.计算:

(1) 螺帽从天花板落到底面所需的时间;

(2) 上述过程中螺帽相对于升降机外固定柱子的下降距离.

1.15 有一架飞机从 A 处向东飞到 B 处,然后又向西飞回到 A 处.已知气流相对于地面的速度为 u,A,B 之间的距离为 l,飞机相对于空气的速率 v 保持不变.

(1) 如果 $u = 0$(空气静止),证明来回飞行的总时间为 $t_0 = \dfrac{2l}{v}$;

(2) 如果气流的速度向东,证明来回飞行的总时间为 $t_1 = \dfrac{t_0}{1 - \dfrac{u^2}{v^2}}$;

(3) 如果气流的速度向北,证明来回飞行的总时间为 $t_2 = \dfrac{t_0}{\sqrt{1 - \dfrac{u^2}{v^2}}}$.

1.16 一个人骑车以 18 km/h 的速度自东向西行进时,看见雨滴垂直下落,当他的速率增至 36 km/h 时,看见雨滴与他前进的方向成120°角下落,求雨滴对地的速度.

第2章

质点动力学

2020 年 7 月 23 日，"长征五号"遥四运载火箭将"天问一号"探测器发射升空，飞行 2 000 多秒后，成功将探测器送入预定轨道，迈出了中国自主开展行星探测的第一步．你知道火箭发射的力学原理吗?

　　质点运动学只研究质点运动状态及运动状态的变化，没有涉及引起质点运动状态改变的原因．实践中，人们需要精确设计和控制机械运动，如高铁的运行、火箭的发射和飞行等，解决这些问题，需要知道物体运动和物体间相互作用的关系，这就是动力学的任务．动力学的基础与核心是质点动力学．

　　本章首先介绍质点力学的基本规律——牛顿运动定律，并讨论其适用范围；通过考察力对时间的累积，引入动量、冲量和动量定理，得到动量守恒定律；通过考察力对空间的累积，引入功、动能、势能，得到动能定理、功能原理和机械能守恒定律．为便于描述转动问题引入角动量概念，并在牛顿运动定律的基础上导出了角动量定理以及角动量守恒定律．

■■■ 本章目标

1. 理解牛顿运动定律的含义及惯性系的概念．
2. 能够利用牛顿运动定律分析并定量解决动力学问题．
3. 了解基本力．
4. 理解惯性力的概念并能利用其解决简单问题．
5. 能够从牛顿运动定律出发，推导动量定理和动量守恒定律，并明确守恒条件．
6. 理解动量定理和动量守恒定律矢量方程的物理意义且能够进行定量计算．
7. 理解功的定义并能够从牛顿运动定律出发推导出动能定理，明确内力做功的特征．
8. 理解保守力和势能的含义及两者的关系，明确机械能守恒的条件．
9. 理解角动量和力矩的定义及角动量定理和角动量守恒的意义，明确角动量守恒的条件．

2.1 牛顿运动定律

牛顿运动定律是动力学的基本定律，它揭示了物体间的相互作用规律以及相互作用对物体运动的影响.

2.1.1 牛顿运动定律

1. 牛顿第一定律

任何物体都有保持静止或匀速直线运动状态的性质，直到其他物体的作用迫使它改变这种状态.

牛顿第一定律包含了两个重要概念.

科学家简介

牛顿

（1）力（force）.力是物体运动状态变化的原因.力产生的效果有两个：加速度或者形变（关于形变将在第 4 章讨论），通过其效果可以分析所受的力.对力的概念还需要注意以下几点：

① 一个物体所受的力，必定是由其他物体施加的.当某一物体受到力的作用时，应首先查明施力者.

② 力是物体运动状态改变的原因，而不是维持物体运动的原因.

静止的物体不受外力的作用不会运动；运动的物体不受外力的作用将保持匀速直线运动.例如，滑块以一定的初速度在水平面上滑动，很快会停下来，这是因为它受到地面的阻力作用.地面越光滑，阻力越小，滑行就越远.如果阻力趋于零，滑块的运动就会趋近于匀速直线运动.可见，匀速直线运动只是一种理想的极限情况.

（2）惯性（inertia）.物体保持自身原有运动状态不变的性质称为惯性.任何物体都具有惯性，它是物体的基本属性.因此，牛顿第一定律也称为惯性定律（law of inertia）.

牛顿第一定律并不是在所有的参考系中都成立，只有在某种特殊参考系中，不受外力作用的物体才能保持静止或做匀速直线运动，这样的参考系称为惯性系（inertial frame）.例如，在一列相对于地面以加速度 a_1 做直线运动的车厢内，有一个质量为 m 的小球放在光滑的桌面上，如图 2.1 所示.若选地面为参考系研究小球的运动，因小球所受的合外力等于零，小球保持静止状态，符合牛顿第一定律，即地面或地球参考系是惯性系.如果取车厢为参考系，小球在水平方向不受任何外力的作用，却以加速度 $-a_1$ 相对于车厢运动.显然，对于车厢这个参考系来说，牛顿第一定律并不成立.

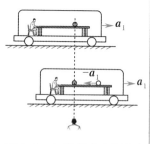

图 2.1 加速运动车厢中牛顿第一定律不成立

具体判断一个实际的参考系是不是惯性系，只能根据实验观察.实验表明，太阳参考系是一个很好的惯性系.由于地球绕太阳公转，也就是说地球相对于太阳有加速度，因此地球参考系不是严格的惯性系.但地球相对于太阳的加速度很小，地球参考系可以近似地看成惯性系，实验观察也证明如此.此外，不难理解，相对于某惯性参考系做匀速直线运动的参考系仍是惯性参考系;而相对于惯性参考系做加速运动的参考系将不再是惯性参考系,它们被称为非惯性系(non-inertial frame).

2. 牛顿第二定律

物体运动的加速度与其所受合外力的大小成正比,与物体的质量成反比,加速度的方向与合外力的方向相同. 牛顿第二定律的数学表达式为

$$\boldsymbol{F} = m\boldsymbol{a}, \tag{2.1}$$

式中 $\boldsymbol{F}$ 表示物体所受的合外力. 在国际单位制中,力的单位为牛[顿](N),加速度的单位为米每二次方秒(m/s²),质量的单位为千克(kg).

牛顿第二定律概括了以下两个基本关系:

(1) 对同一物体(质量一定),加速度与合外力成正比. 换言之,将两个大小不同的力依次作用在同一物体上,力越大,产生的加速度越大.

(2) 合外力一定时,加速度与质量成反比. 也就是说,将大小相等的合外力依次作用在两个不同的物体上,所产生的加速度和它们的质量成反比,即

$$\frac{a_1}{a_2} = \frac{m_2}{m_1}.$$

这个比值和合外力无关,因此可以用它来确定物体的质量. 显然,以相同的合外力施于不同的物体,质量越大的物体,获得的加速度越小,表明物体的运动状态越不容易改变,即物体具有较大的惯性,反之,则惯性越小. 可见,质量是物体惯性大小的量度.

牛顿第二定律还可表示为

$$\boldsymbol{F} = m\boldsymbol{a} = m\frac{\mathrm{d}\boldsymbol{v}}{\mathrm{d}t} = \frac{\mathrm{d}(m\boldsymbol{v})}{\mathrm{d}t} = \frac{\mathrm{d}\boldsymbol{p}}{\mathrm{d}t}, \tag{2.2}$$

式中

$$\boldsymbol{p} = m\boldsymbol{v} \tag{2.3}$$

称为物体的动量(momentum). 动量是描述质点运动状态的物理量. 严格地说,式(2.2)是牛顿第二定律更普遍的表达式. 这是因为动量是比速度、加速度更基本的物理量;另外,当物体运动速度接近光速时,质量显著地随速度变化(这一问题将会在狭义相对论中详细讲解),式(2.1)不再成立. 在宏观低速情况下,物体的质量恒定,牛顿第二定律的两种数学表达式(式(2.1)与式(2.2))是一致的.

在应用牛顿第二定律时应注意以下几点:

(1) 式(2.1)和式(2.2)中的力 $\boldsymbol{F}$ 是物体所受的合外力. 当物体同时受到几个力 $\boldsymbol{F}_1, \boldsymbol{F}_2, \cdots, \boldsymbol{F}_n$ 作用时,合外力

$$\boldsymbol{F} = \sum_{i=1}^{n} \boldsymbol{F}_i = m\boldsymbol{a}. \tag{2.4}$$

(2) 牛顿第二定律的数学表达式是矢量式,在实际应用中常采用其分量式. 在直角坐标系中,其分量式为

$$\begin{cases} F_x = \dfrac{\mathrm{d}p_x}{\mathrm{d}t} = ma_x, \\[2mm] F_y = \dfrac{\mathrm{d}p_y}{\mathrm{d}t} = ma_y, \\[2mm] F_z = \dfrac{\mathrm{d}p_z}{\mathrm{d}t} = ma_z, \end{cases} \tag{2.5}$$

或

$$\begin{cases} F_x = m\dfrac{\mathrm{d}v_x}{\mathrm{d}t} = m\dfrac{\mathrm{d}^2 x}{\mathrm{d}t^2}, \\[2mm] F_y = m\dfrac{\mathrm{d}v_y}{\mathrm{d}t} = m\dfrac{\mathrm{d}^2 y}{\mathrm{d}t^2}, \\[2mm] F_z = m\dfrac{\mathrm{d}v_z}{\mathrm{d}t} = m\dfrac{\mathrm{d}^2 z}{\mathrm{d}t^2}. \end{cases} \tag{2.6}$$

（3）牛顿第二定律表达式中的合外力 $\boldsymbol{F}$ 与加速度 $\boldsymbol{a}$ 具有瞬时对应性. 这表明,物体一旦受到不为零的合外力,便立即产生相应的加速度,合外力一旦为零,加速度便立即为零.

3. 牛顿第三定律

两个物体之间的作用力和反作用力总是同时产生、同时消失、大小相等、方向相反,且沿同一直线,分别作用在两个不同的物体上. 两个物体之间的作用力与反作用力可用 $\boldsymbol{F}_{12}$, $\boldsymbol{F}_{21}$ 表示,牛顿第三定律可以表示为

$$\boldsymbol{F}_{12} = -\boldsymbol{F}_{21}. \tag{2.7}$$

牛顿第三定律指出:

（1）作用力和反作用力成对出现,同时产生并同时消失;

（2）作用力和反作用力分别作用在不同的物体上,各自产生效果,不能相互抵消;

（3）作用力和反作用力是同一属性的力. 若 $\boldsymbol{F}_{12}$ 是万有引力,则 $\boldsymbol{F}_{21}$ 也是万有引力;若 $\boldsymbol{F}_{12}$ 是磁场力,则 $\boldsymbol{F}_{21}$ 也是磁场力.

牛顿运动定律是相互联系的一个整体,是经典力学的支柱,但它们只适用于研究惯性系中做低速(远小于光速)运动的宏观物体.

思考

1. 物体的运动方向与合外力方向一定相同吗?

2. 为什么鸡蛋碰石头,鸡蛋破了而石头却完好无损? 这与牛顿第三定律矛盾吗?

2.1.2 常见力与基本力

1. 工程技术中常见的几种力

1）重力.

处于地面附近的物体要受到地球的吸引,由此而产生的力称为重力(gravity). 任何物体在重力作用下都会产生一个竖直向下的重力加

速度 g. 若用 P 表示重力,则根据牛顿第二定律有

$$P = mg.$$

重力的方向是竖直向下的. 由于地球上的所有物体都会受到重力的作用,因此在分析物体的受力情况时,必须考虑物体所受的重力.

2) 弹性力.

物体受力产生形变时,存在恢复原状的趋势,这种抵抗外力、试图恢复原状的力称为弹性力(elastic force). 在弹性限度内,弹力遵从胡克定律,我们将在 4.1 节中详细阐述. 常见的弹性力有以下三种:

(1) 弹簧的弹力. 在弹性限度内,弹簧的弹力遵从胡克定律:

$$F = -kx, \tag{2.8}$$

式中 k 为弹簧的劲度系数,x 表示弹簧的伸长量或压缩量,负号表示弹簧的弹力 F 的方向与形变的方向相反.

(2) 绳子的张力. 拉紧的绳子对被拉的物体有作用力,作用力的方向总是沿着绳子收缩的方向,这种力叫作张力(tension). 如图 2.2 所示,在绳上某处取任意截面 P,截面两侧的绳子被拉长,产生互拉对方的张力. 若绳子的质量很小,可忽略不计,则绳中各处的张力相同;若绳子的质量不可忽略,则绳中各处的张力一般不同,其分布情况需根据绳子的运动状态、所受的外力等由牛顿运动定律来进行具体分析.

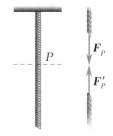

图 2.2 绳子的张力

(3) 压力、支持力. 将物体放在桌面上,物体对桌面有挤压,桌面和物体之间将会有相互作用力,这种相互作用力也是弹性力. 桌面和物体所受的力分别叫作压力和支持力,它们的大小取决于相互挤压的程度,方向总是垂直于接触面并指向对方.

3) 摩擦力.

两个相互接触的物体虽未发生相对运动,但沿着接触面有相对运动的趋势时,在接触面之间会产生一对阻碍相对运动趋势的力,这种力称为静摩擦力(static friction force). 静摩擦力的大小与方向随着外力的变化而变化,当外力增大到一定程度时,物体开始滑动,此时的静摩擦力称为最大静摩擦力. 实验证明,最大静摩擦力 f_{smax} 与两物体间的压力 N 成正比,即

$$f_{smax} = \mu_s N, \tag{2.9}$$

式中 μ_s 称为静摩擦系数(coefficient of static friction),其数值取决于两物体的材料和两物体接触面的表面情况. 显然,静摩擦力的值介于 0 和 f_{smax} 之间. 静摩擦力并非总是阻碍物体的运动,如自行车的后轮轮胎和地面的静摩擦力正是使轮子前进的动力.

当两个相互接触的物体沿接触面发生相对滑动时,在接触面之间会产生一种阻碍相对运动的力,称为滑动摩擦力(sliding friction force). 实验证明,滑动摩擦力 f_k 与接触面上的压力 N 成正比,即

$$f_k = \mu_k N, \tag{2.10}$$

式中 μ_k 称为滑动摩擦系数(coefficient of sliding friction),其数值不仅取决于两物体的材料、接触面的表面情况(粗糙程度、干湿程度等),而

且还与物体间的相对滑动速度有关. 当相对滑动速度很大时, μ_k 也会相应地增大. 实验数据表明, 在一般速率范围内, μ_k 近似为常量. 在本书中, 只考虑 μ_k 为常量的情况.

对于同一对接触面, μ_k 一般小于 μ_s, 而且 μ_k 和 μ_s 都小于 1. 几种常用的静摩擦系数和滑动摩擦系数的值见表 2.1.

表 2.1　摩擦系数

材料	静摩擦系数 μ_s	滑动摩擦系数 μ_k
钢和钢	0.15	0.15
铁和铁	0.15	0.14
钢和铜	0.22	0.19
玻璃和玻璃	$0.9 \sim 1.0$	0.4
木材和木材	$0.36 \sim 0.62$	$0.20 \sim 0.50$
皮带和铸铁	0.61	$0.23 \sim 0.56$
皮带和木材	$0.43 \sim 0.79$	$0.290 \sim 0.352$
橡胶和水泥路面（干）	1.0	0.8
橡胶和水泥路面（湿）	0.30	0.25
涂蜡滑雪板和雪面（0 ℃）	0.10	0.05

2. 基本力

工程技术中常见的几种力都是宏观世界中能观察到的. 微观世界里也存在力, 例如分子与原子之间的吸引力或者排斥力, 原子内的电子和核之间的吸引力等. 近代科学已证明, 自然界中只存在**万有引力、电磁力、强力、弱力**四种基本力, 其他的力都是这四种力的不同表现. 表 2.2 列出了四种基本力的力程和强度.

表 2.2　四种基本力

力的类型	相互作用物体	力的强度	力程
万有引力	所有物体	10^{-34} N	无限远
弱力	大多数粒子	10^{-2} N	小于 10^{-17} m
电磁力	电荷	10^2 N	无限远
强力	核子、介子等	10^4 N	10^{-15} m

1) 万有引力.

所有物体之间都有相互吸引力, 称为万有引力. 其大小满足牛顿的万有引力定律:

$$F = G\frac{mM}{r^2},\qquad(2.11)$$

式中 $G = 6.67 \times 10^{-11}$ N·m²/kg², 称为引力常量, m 和 M 为物体的质量, r 为物体之间的距离.

对万有引力定律, 有以下几点需要注意:

(1) 定律中的物体是质点. 如果物体的大小和形状不能忽略, 则可以把物体看作是由很多质点构成的, 物体间的引力就是各质点间引力的合力.

（2）万有引力的产生不需要物体的直接接触.

（3）万有引力定律和牛顿运动定律是相互独立的. 牛顿第二定律中的质量是描述物体惯性大小的,称为惯性质量;万有引力定律中的质量是引力质量,表征物体相互吸引的性质. 实验证明,引力质量和惯性质量相等,所以质量既描述物体的惯性也描述物体的引力性,对两者不再区分.

（4）有人认为,引力是通过某种粒子作为媒介传递的,这种粒子称为引力子,目前尚在研究中.

2）弱力.

弱力一般称为弱相互作用. 它存在于许多粒子之间,但仅在微观粒子间的某些反应（如 β^- 衰变）中才显示出它的重要性. 弱力是短程力,很弱. 两个质子间的弱力约为 10^{-2} N.

3）电磁力.

电磁力是指带电的粒子或带电的宏观物体间的相互作用力. 两个静止的点电荷间的电场力服从库仑定律;运动电荷间既有电场力又有磁场力. 磁场力和电场力具有同一本源（有关内容将在本教材下册中的电磁学部分介绍）.

4）强力.

强力又称为强相互作用,它存在于原子核内质子、中子等之间. 强力也是短程力,但强度很大. 两个相邻质子间的强力可达 10^4 N.

自然界的四种基本力由弱到强依次为万有引力、弱力、电磁力、强力. 工程技术和日常生活中常见的力本质上都是这四种基本力的宏观表现. 例如,弹性力和摩擦力微观上是分子和原子间的相互作用力,而分子和原子都可看作电荷系统（分子和原子内有带正电的原子核和带负电的核外电子）,它们之间的相互作用力主要是电磁力（万有引力相对太弱）,即弹性力和摩擦力本质上是电磁力.

2.1.3 牛顿运动定律的应用

应用牛顿运动定律求解力学问题一般有以下几个步骤:隔离物体、受力分析、列方程、求解. 质点动力学的问题可以归纳为两类:一类是已知作用力的情况求运动;另一类是已知质点运动情况求力.

例 2.1 一质点在 Oxy 平面内运动,运动方程为 $x = 2t + t^3$, $y = 6 - t^2$,式中 x 和 y 的单位均为 m,t 的单位为 s. 设质点的质量 $m = 2$ kg,求 $t = 2$ s 时作用于质点上的合外力.

解 此题属于已知质点的运动求质点受力情况的动力学问题. 根据牛顿第二定律的表达式(式(2.5)),可得

$$F_x = m\frac{\mathrm{d}^2 x}{\mathrm{d}t^2} = m\frac{\mathrm{d}^2(2t + t^3)}{\mathrm{d}t^2} = 6mt,$$

$$F_y = m\frac{\mathrm{d}^2 y}{\mathrm{d}t^2} = m\frac{\mathrm{d}^2(6 - t^2)}{\mathrm{d}t^2} = -2m.$$

将 $t = 2$ s，$m = 2$ kg 代入上式，可得 $F_x = 24$ N，$F_y = -4$ N. 此时，质点所受合外力的大小为

$$F = \sqrt{F_x^2 + F_y^2} \approx 24.33 \text{ N},$$

其方向与 x 轴正方向的夹角为

$$\theta = \arctan \frac{F_y}{F_x} = \arctan\left(-\frac{1}{6}\right) \approx -9.46°.$$

例 2.2 如图 2.3 所示，细线长度为 l，一端固定于天花板上，另一端系一质量为 m 的小球．初始时拉直的细线与小球处于水平静止状态，松手后小球下落．求细线下摆至与水平方向夹角为 θ 时小球的速率以及细线中的张力．

解 小球在运动过程中受到细线的张力 $\boldsymbol{T}$ 以及重力 $m\boldsymbol{g}$ 的作用，切线方向所受的合力为 $mg\cos\theta$，根据牛顿第二定律有

$$mg\cos\theta = m\frac{\mathrm{d}v}{\mathrm{d}t}.$$

上式两边同时乘以 $\mathrm{d}s$，可得

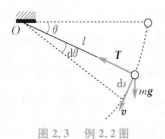

图 2.3 例 2.2 图

$$mg\cos\theta\mathrm{d}s = m\frac{\mathrm{d}v}{\mathrm{d}t}\mathrm{d}s.$$

由于 $\mathrm{d}s = l\mathrm{d}\theta$，$\dfrac{\mathrm{d}s}{\mathrm{d}t} = v$，因此有

$$gl\cos\theta\mathrm{d}\theta = v\mathrm{d}v.$$

小球从水平面开始往下摆，摆角从 0 增至 θ 时，速率由 0 增至 v，上式两边同时积分，有

$$\int_0^\theta gl\cos\theta\mathrm{d}\theta = \int_0^v v\mathrm{d}v,$$

可得

$$gl\sin\theta = \frac{1}{2}v^2,$$

即

$$v = \sqrt{2gl\sin\theta}.$$

小球在法线方向所受的合力为 $T - mg\sin\theta$，根据牛顿第二定律有

$$T - mg\sin\theta = m\frac{v^2}{l}.$$

将 $v = \sqrt{2gl\sin\theta}$ 代入上式，可得细线中的张力

$$T = 3mg\sin\theta.$$

例 2.3 将一质量为 m 的小球在液体中由静止释放，小球在下沉过程中受到液体的阻力为 $\boldsymbol{F}_\mathrm{d} = -k\boldsymbol{v}$，式中 $\boldsymbol{v}$ 是小球的速度，k 为正常数．设小球在下沉过程中的最大速率为 v_T，且在小球被释放时开始计时，求小球下落的速率与时间 t 的函数关系．

解 在液体中，小球被释放后在竖直方向受三个力作用，分别为重力 $m\boldsymbol{g}$、浮力 $\boldsymbol{F}_浮$ 以及液体对小球的阻力 $\boldsymbol{F}_\mathrm{d}$，如图 2.4(a) 所示．以竖直向下为正方向，根据牛顿第二定律，有

$$mg - F_浮 - F_\mathrm{d} = ma = m\frac{\mathrm{d}v}{\mathrm{d}t}. \qquad \text{①}$$

由于阻力的大小随速率的增加而增加，因此小球的加速度将随着速率的增大而减小．当速率达到某一定值时，小球处于平衡状态，所受的合外力将为零，之后小球速率不再增大，该速

率即为小球的最大速率,此时有

$$mg - F_浮 - kv_T = 0. \qquad ②$$

将式 ② 代入式 ① 中,可得

$$kv_T - kv = m\frac{\mathrm{d}v}{\mathrm{d}t}.$$

分离变量,可得

$$\frac{\mathrm{d}v}{v_T - v} = \frac{k}{m}\mathrm{d}t. \qquad ③$$

由于 $t = 0$ 时,小球的速率 $v = 0$,对式 ③ 两边同时积分,解得

$$v = v_T(1 - \mathrm{e}^{-\frac{k}{m}t}). \qquad ④$$

由式 ④ 可知,仅当 $t \to \infty$ 时,$v = v_T$,但实际上,当 $t = 3\frac{m}{k}$ 时,小球的速率 v 已达 $0.95v_T$,即可认为小球已达最大速率 v_T,如图 2.4(b) 所示.

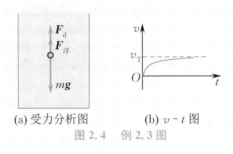

(a) 受力分析图   (b) v-t 图

图 2.4   例 2.3 图

*2.1.4   非惯性系与惯性力

如前所述,在相对于惯性参考系做加速运动的非惯性参考系中,牛顿运动定律不再成立. 为了在非惯性系中使用牛顿运动定律,需要引入惯性力(inertial force)的概念.

非惯性系与惯性力

1. 平动加速参考系中的惯性力

如图 2.5 所示,设有质量为 m 的质点,受到实际合外力 $\boldsymbol{F}$ 的作用,相对于惯性系 $Oxyz$ 的加速度为 $\boldsymbol{a}$,根据牛顿第二定律有

$$\boldsymbol{F} = m\boldsymbol{a}. \qquad (2.12)$$

设想另有一参考系 $O'x'y'z'$ 相对于惯性系 $Oxyz$ 以加速度 $\boldsymbol{a}_0$ 运动,在非惯性系 $O'x'y'z'$ 中,质点的加速度设为 $\boldsymbol{a}'$,则有

$$\boldsymbol{a} = \boldsymbol{a}_0 + \boldsymbol{a}'.$$

将上式代入式(2.12),得

$$\boldsymbol{F} + (-m\boldsymbol{a}_0) = m\boldsymbol{a}'. \qquad (2.13)$$

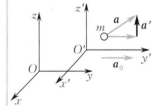

图 2.5   惯性系与非惯性系

由式(2.13)可见,在非惯性系 $O'x'y'z'$ 中,$\boldsymbol{F} \neq m\boldsymbol{a}'$,即质点的质量和加速度的乘积不等于其所受的合外力,牛顿第二定律不成立,这正是参考系 $O'x'y'z'$ 为非惯性系的结果. 为了使牛顿第二定律在非惯性系中的"形式"保持不变,不妨将 $\boldsymbol{F} + (-m\boldsymbol{a}_0)$ 看作质点在非惯性系 $O'x'y'z'$ 中所受的"合外力",记为 $\boldsymbol{F}'$,于是有 $\boldsymbol{F}' = m\boldsymbol{a}'$,即在非惯性系 $O'x'y'z'$ 系中,牛顿第二定律的"形式"仍然成立. 可见,

在非惯性系中,只需认为质点除受实际合外力 $\boldsymbol{F}$ 作用外,还受一个力 $\boldsymbol{f}_i=-m\boldsymbol{a}_0$ 的作用(实际上质点根本不受该力的作用,这个力只是一个假想力),就可以像在惯性系中一样继续使用牛顿第二定律.

$\boldsymbol{f}_i$ 称为惯性力,由 $\boldsymbol{f}_i=-m\boldsymbol{a}_0$ 可知,惯性力大小等于质点的质量与非惯性系相对于惯性系的加速度大小的乘积,方向与非惯性系相对于惯性系的加速度的方向相反.引入惯性力的概念后,式(2.13)是在非惯性系中求解力学问题的基本动力学方程.

例 2.4　如图 2.6 所示,质量为 M 的楔块放在光滑的水平面上,在楔块的光滑斜面上有一质量为 m 的物体从斜面的顶端自由滑下,斜面长度为 l,倾角为 α. 开始时,楔块与物体都处于静止状态,求楔块相对于地面的加速度和物体相对于斜面的加速度.

解　如图 2.6 所示,取地面参考系为 S 系(惯性系),楔块参考系为 S′ 系(非惯性系),建立坐标系 Oxy, $O'x'y'$,分别固定在 S 系和 S′ 系上. 各物体的受力分析如图 2.6 所示,设物体在 S′ 系中的加速度为 $\boldsymbol{a}'$,在 S′ 系中应用牛顿运动定律研究物体时要考虑惯性力 $\boldsymbol{f}_i=-m\boldsymbol{a}_0$($\boldsymbol{a}_0$ 为 S′ 系相对于 S 系的加速度).

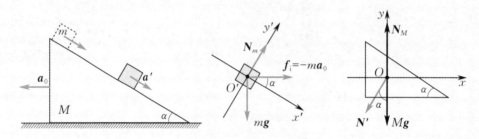

图 2.6　例 2.4 图

在 S 系中,对于楔块,根据牛顿第二定律,有

$$N'\sin\alpha = Ma_0, \qquad\qquad ①$$

$$N'\cos\alpha + Mg = N_M. \qquad\qquad ②$$

在 S′ 系中,对于物体,有

$$ma_0\cos\alpha + mg\sin\alpha = ma', \qquad\qquad ③$$

$$ma_0\sin\alpha + N_m = mg\cos\alpha. \qquad\qquad ④$$

根据牛顿第三定律,有

$$N_m = N'. \qquad\qquad ⑤$$

联立式①、式③、式④ 和式⑤,可得

$$a' = \frac{(m+M)g\sin\alpha}{M+m\sin^2\alpha}, \qquad a_0 = \frac{mg\sin 2\alpha}{2(M+m\sin^2\alpha)}.$$

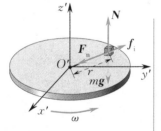

图 2.7　转动参考系

2. 转动参考系中的惯性力

下面分析转动参考系中惯性力的引入.

1) 物体固定在转动参考系上.

如图 2.7 所示,质量为 m 的物块固定于匀速转动的转盘上. 在地面参考系中考察,物块受到了静摩擦力提供的向心力 $\boldsymbol{F}_n$ 的作用. 根据牛顿第二定律,有

$$\boldsymbol{F}_n = m\boldsymbol{a}_n = -m\omega^2\boldsymbol{r}, \qquad\qquad (2.14)$$

即

$$\boldsymbol{F}_n + m\omega^2 \boldsymbol{r} = \boldsymbol{0},\qquad(2.15)$$

式中 r 为物体相对于圆心的位矢，ω 为转盘的角速度．若在转盘(非惯性系)上观察，物块受到向心力的作用却保持静止，这违背了牛顿运动定律．类比于平动加速系，引入一个和向心力方向相反、大小相等的惯性力 $\boldsymbol{f}_i$，物块在这两个力的作用下保持平衡．在转盘这个非惯性系中，就有

$$\boldsymbol{F}_n + \boldsymbol{f}_i = \boldsymbol{0}.\qquad(2.16)$$

对比式(2.15)可得

$$\boldsymbol{f}_i = m\omega^2 \boldsymbol{r},\qquad(2.17)$$

即在转动参考系中，物块除受到静摩擦力这个真实的力作用以外，还受到惯性力 $\boldsymbol{f}_i$ 的作用．物块在它们的共同作用下保持平衡．由于惯性力 $\boldsymbol{f}_i$ 的方向与 r 的方向相同，沿半径向外，因此又被称为惯性离心力(inertial centrifugal force)．我们乘坐交通工具转弯时感受到甩向弯道外侧的作用，就是惯性离心力．

2) 物体相对于转动参考系运动．

若物体相对转动参考系还有运动，除惯性离心力之外，还需引入另一种惯性力，即科里奥利力(Coriolis force)．

设有一圆盘绕垂直通过圆盘中心的竖直轴做匀速转动，角速度为 ω，沿半径方向有一光滑小槽．槽中小球可沿径向运动．设小球的径向速度大小为 v'，初始时刻位于 A 点，如图 2.8 所示．在地面参考系中，若圆盘相对于地面静止不动，在时间 Δt 内，小球会由 A 点沿着径向运动到 B 点，小球只有径向位移，且位移大小为 $v'\Delta t$；若小球相对于圆盘静止而圆盘转动，则在时间 Δt 内，小球会从 A 点出发沿着圆弧线运动到 A' 点，角位移大小为 $\omega\Delta t$，切向位移为 $\overline{OA}\omega\Delta t$；但当圆盘以角速度 ω 旋转，小球又相对于圆盘沿径向做匀速直线运动时，小球实际上是由 A 点沿曲线运动到 B' 点．此时，相对于静止在圆盘上的情况，小球的径向位移不变，但切向位移多出 Δs，且

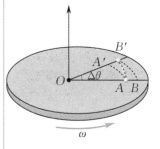

图 2.8 科里奥利力

$$\Delta s = \widehat{BB'} - \widehat{AA'} = \overline{OB}\Delta\theta - \overline{OA}\Delta\theta$$
$$= \overline{OB}\omega\Delta t - \overline{OA}\omega\Delta t = v'\omega(\Delta t)^2,\qquad(2.18)$$

多出的 Δs 是由于圆盘的转动与小球相对于圆盘的运动之间的相互影响而产生的加速度导致的．设该加速度大小为 a，当 $\Delta t \to 0$ 时，Δs 可视为直线，即有 $\Delta s = \frac{1}{2}a(\Delta t)^2$．与式(2.18)相比较，可得 $a = 2v'\omega$；若再考虑三者在方向上的关系，则它们的矢量关系式为 $\boldsymbol{a} = 2\boldsymbol{\omega}\times\boldsymbol{v}'$(角速度的矢量性将在3.1.2节中介绍)．该加速度是由小槽内侧作用在小球上的压力而产生的．在圆盘参考系中，小球并无加速度(因小球仅沿径向做匀速直线运动)，但小球却受到小槽内侧给予的压力作用，为了维持平衡，在切向上小球必还受到一个与压力平衡的力的作用，这个力就是科里奥利力，用 $\boldsymbol{f}_C$ 表示，即

$$\boldsymbol{f}_C = -m\boldsymbol{a} = -2m\boldsymbol{\omega}\times\boldsymbol{v}'.\qquad(2.19)$$

地球可以看作是匀速转动的参考系．1851年，法国物理学家傅科(Foucault)利用安装在法国巴黎万神殿的傅科摆首次证明了地球的自转，如图 2.9 所示．在地球这个转动参考系中，地球上运动的物体都会受到科里奥利力的影响．

由表达式 $\boldsymbol{f}_C = -m\boldsymbol{a} = -2m\boldsymbol{\omega}\times\boldsymbol{v}'$ 可知，北半球的运动物体所受的科里奥利力总是垂直于物体的速度方向并指向物体前进方向的右侧，而在南半球运动的物体所受的科里奥利力垂直于物体的速度方向并指向物体前进方向的左侧，如图2.10所示．据此也可以很好地解释为什么北半球河流的右岸(以流向为前方)被冲刷得比较厉害，铁路的右轨磨损较多，而南半球的情况则刚好相反．

图 2.9 巴黎万神殿的傅科摆

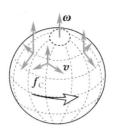

图 2.10　地球上的科里奥利力及其影响

思考

物体从距地面一定高度自由下落时，落地点会比起点稍微偏东，这个现象称为"落体偏东"．请解释这种现象．

2.1.5　力学单位制　量纲

应用牛顿运动定律进行定量计算时，各物理量的单位必须配套，相互配套的一组单位称为单位制．目前，国内外通用的单位制叫作国际单位制（International System of Units），简称 SI.

在确定各物理量的单位制时，总是根据它们之间的相互联系选定少数几个物理量作为基本量，并人为地规定它们的单位，这样的单位叫作基本单位．其他的物理量都可以根据一定的关系从基本量导出，这样的物理量叫作导出量．导出量的单位都是基本单位的组合，称为导出单位．由于基本单位的选择不同，就形成了不同的单位制．

力学中，时间、长度和质量是 SI 的三个基本量．在 SI 中它们对应的单位分别是秒（s）、米（m）、千克（kg）．1 s 定义为铯-133 原子基态两个超精细能级之间跃迁所对应辐射周期的 9 192 631 770 倍．1 m 定义为真空中光在 1/299 792 458 s 内所经过的距离．千克是质量的单位，它由普朗克常量来定义．当普朗克常量 h 以单位 J·s，即 kg·m²/s 表示时，将其固定数值取为 $6.626\,070\,15 \times 10^{-34}$ 来定义千克，其中米和秒分别由光速和铯原子钟的跃迁频率定义．

有了基本单位，就可由它们构成导出量的单位．例如，速度的 SI 单位是米每秒（m/s），加速度的 SI 单位是米每二次方秒（m/s²），而力的 SI 单位是千克米每二次方秒（kg·m/s²），又称为牛［顿］（N）．

以 T，L 和 M 分别表示作为基本量的时间、长度和质量．若只考虑某一导出量是如何由这些基本量组成的，则一个导出量可以用 T，L 和 M 的幂次的组合表示出来．例如，速度、加速度、力等物理量可表示为

$$[v] = \mathrm{LT}^{-1}, \quad [a] = \mathrm{LT}^{-2}, \quad [F] = \mathrm{MLT}^{-2}.$$

这样的表示式叫作各物理量的量纲（dimension）．这里的量纲是它们在 SI 中的表示式，不同的单位制，基本量的选择不同，则同一物理量的量

纲也不同.

量纲的概念在物理学中很重要. 只有量纲相同的项才能进行加、减或用等号连接. 通过量纲分析可以检验等式是否正确,例如匀变速直线运动方程

$$x = x_0 + v_0 t + \frac{1}{2} a t^2,$$

很容易看出,上式中每一项都具有长度量纲(L),按照量纲来核验,就可知该方程是合理的. 当然,只是量纲正确,并不能保证结果就一定正确,因为还可能出现系数错误. 又如,若得出一个等式是 $F = mv^2$,则左边的量纲为 MLT^{-2},右边为 $\mathrm{ML}^2\mathrm{T}^{-2}$. 由于两边的量纲不相符,因此可以断定这一等式是错误的. 有时通过量纲分析,可以明确方程中某一比例系数的量纲,从而定出该比例系数的单位. 例如,万有引力定律的表达式

$$F = G \frac{mM}{r^2}$$

中,G 表示引力常量,$F, m(M)$ 和 r 分别表示力、质量和距离. 从 $F, m(M)$ 和 r 的量纲,可知 G 的量纲为 $\mathrm{M}^{-1}\mathrm{L}^3\mathrm{T}^{-2}$,在 SI 中,$G$ 的单位为 $\mathrm{m}^3/(\mathrm{kg} \cdot \mathrm{s}^2)$.

2.2 动量与动量守恒定律

牛顿运动定律反映了力的瞬时效应,即物体所受的合外力与物体运动状态变化的瞬时对应关系. 而作用在物体上的力通常要持续一段时间,持续的时间不同,产生的效果也不相同,因而有必要研究力的时间累积问题. 例如,投掷铅球时,总是试图伸长手臂,增加手对铅球的作用时间,以提高铅球的出手速度,如图 2.11 所示.

图 2.11 铅球投掷要领

2.2.1 质点的动量定理

牛顿第二定律(式(2.2))的微分形式为

$$\boldsymbol{F} \mathrm{d}t = \mathrm{d}\boldsymbol{p}. \tag{2.20}$$

式(2.20)的左端 $\boldsymbol{F}\mathrm{d}t$ 表示力在 $\mathrm{d}t$ 时间内的累积量,称为合外力 $\boldsymbol{F}$ 在 $\mathrm{d}t$ 时间内的冲量(impulse). 在国际单位制中,冲量的单位是牛[顿]秒(N·s). 在 $t_1 \sim t_2$ 的时间段内,合外力的冲量为

$$\boldsymbol{I} = \int_{t_1}^{t_2} \boldsymbol{F} \mathrm{d}t = \int_{\boldsymbol{p}_1}^{\boldsymbol{p}_2} \mathrm{d}\boldsymbol{p} = \boldsymbol{p}_2 - \boldsymbol{p}_1. \tag{2.21}$$

式(2.20)和式(2.21)均可称为质点的动量定理(theorem of momentum),其物理意义是质点所受合外力的冲量等于质点在同一时间段内动量的增量. 换言之,力对时间的累积效应就是使质点的动量发生变化.

动量定理是矢量规律,在直角坐标系中,其分量形式为

$$\begin{cases} I_x = \int_{t_1}^{t_2} F_x \mathrm{d}t = p_{2x} - p_{1x} = mv_{2x} - mv_{1x}, \\ I_y = \int_{t_1}^{t_2} F_y \mathrm{d}t = p_{2y} - p_{1y} = mv_{2y} - mv_{1y}, \quad (2.22) \\ I_z = \int_{t_1}^{t_2} F_z \mathrm{d}t = p_{2z} - p_{1z} = mv_{2z} - mv_{1z}. \end{cases}$$

式(2.22)表明,合外力在某方向上的冲量等于质点在该方向上动量的增量.

动量定理常用于分析碰撞过程.在碰撞过程中,力的作用时间短暂,物体间的作用力通常很大且随时间改变,称之为冲力(impulsive force).例如,网球作用在拍面上的力、锤子打击在钉子上的力等都是冲力.

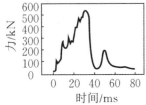

图 2.12 汽车碰撞实验中汽车受墙壁的冲力

图 2.12 所示是汽车碰撞实验中,汽车在短时间内受到的冲力大小随时间变化的曲线.从实验数据可知,冲力是一个很大且随时间急剧变化的力,很难用一个简单的函数式表示出来,需要引进平均冲力的概念.如图 2.13 所示,在 $t_1 \sim t_2$ 时间段内,物体所受冲力随时间变化,物体在这段时间内所受到的平均冲力定义为

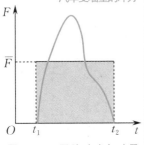

图 2.13 平均冲力与冲量

$$\overline{F} = \frac{\int_{t_1}^{t_2} F \mathrm{d}t}{t_2 - t_1} = \frac{I}{\Delta t}. \quad (2.23)$$

根据平均冲力的定义,可得

$$I = \overline{F} \Delta t. \quad (2.24)$$

例 2.5 如图 2.14 所示,一个质量为 $m = 140$ g 的垒球以 $v = 40$ m/s 的速率沿水平方向飞向击球手(不考虑飞行过程中重力的影响),被球棒击中后它以相同的速率沿与水平方向成 $\theta = 60°$ 的仰角飞出.求垒球受球棒的平均打击力.设球棒和垒球的接触时间为 1.2 ms.

解 垒球被球棒击中的过程是一个变力作用的过程.球棒击球后垒球的速度与水平方向夹角为 θ,可将垒球的动量沿如图 2.14 所示的 x,y 轴方向分解.垒球受球棒的平均打击力在

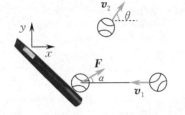

图 2.14 例 2.5 图

x,y 轴方向的分量分别为

$$\overline{F}_x = \frac{\Delta p_x}{\Delta t} = \frac{mv_{2x} - mv_{1x}}{\Delta t}, \quad ①$$

$$\overline{F}_y = \frac{\Delta p_y}{\Delta t} = \frac{mv_{2y} - mv_{1y}}{\Delta t}. \quad ②$$

由于 $v_1 = v_2 = v, v_{1x} = -v, v_{2x} = v\cos\theta; v_{1y} = 0, v_{2y} = v\sin\theta,$ 代入式 ① 和式 ② 可得

$$\overline{F}_x = \frac{mv\cos\theta - m(-v)}{\Delta t} = \frac{0.14 \times 40 \times (\cos 60° + 1)}{1.2 \times 10^{-3}} \text{N} = 7.0 \times 10^3 \text{ N},$$

$$\overline{F}_y = \frac{mv\sin\theta}{\Delta t} = \frac{0.14 \times 40 \times \sin 60°}{1.2 \times 10^{-3}} \text{N} \approx 4.0 \times 10^3 \text{ N}.$$

所求的平均打击力的大小为

$$\overline{F} = \sqrt{\overline{F}_x^2 + \overline{F}_y^2} \approx 8.1 \times 10^3 \text{ N}.$$

此力与水平方向的夹角为

$$\alpha = \arctan \frac{\overline{F}_y}{\overline{F}_x} = \arctan \frac{4}{7} \approx 30°.$$

思考

1. 冲力的方向是否与冲量的方向相同?

2. 为什么高速公路对小客车与货车的限速要求不一样?

2.2.2 质点系的动量定理

在实际问题中,研究对象往往是由多个质点构成的系统,称为质点系(system of particles). 系统内各质点间的相互作用力称为内力(internal force). 系统以外的物体对系统内质点的作用力称为外力(external force). 例如,把地球和太阳看作是一个系统,它们之间的相互作用力就是系统的内力,而其他星体对地球或者太阳的作用力就是外力.

为简单起见,首先讨论由两个质点组成的系统. 设两个质点 1 和 2 的质量分别为 m_1 和 m_2,如图 2.15 所示,质点 1 和 2 所受的外力的合力分别为 $\boldsymbol{F}_1$ 和 $\boldsymbol{F}_2$,两者之间的内力分别为 $\boldsymbol{f}_{12}$ 和 $\boldsymbol{f}_{21}$. 对质点 1 应用动量定理,有

$$\int_{t_0}^{t} (\boldsymbol{F}_1 + \boldsymbol{f}_{12}) \mathrm{d}t = m_1 \boldsymbol{v}_1 - m_1 \boldsymbol{v}_{10}.$$

对质点 2 应用动量定理,有

$$\int_{t_0}^{t} (\boldsymbol{F}_2 + \boldsymbol{f}_{21}) \mathrm{d}t = m_2 \boldsymbol{v}_2 - m_2 \boldsymbol{v}_{20}.$$

把上面两式相加,有

$$\int_{t_0}^{t} \left[(\boldsymbol{F}_1 + \boldsymbol{F}_2) + (\boldsymbol{f}_{12} + \boldsymbol{f}_{21}) \right] \mathrm{d}t$$
$$= (m_1 \boldsymbol{v}_1 + m_2 \boldsymbol{v}_2) - (m_1 \boldsymbol{v}_{10} + m_2 \boldsymbol{v}_{20}).$$

根据牛顿第三定律,有 $\boldsymbol{f}_{12} = -\boldsymbol{f}_{21}$,上式可化简为

$$\int_{t_0}^{t} (\boldsymbol{F}_1 + \boldsymbol{F}_2) \mathrm{d}t = (m_1 \boldsymbol{v}_1 + m_2 \boldsymbol{v}_2) - (m_1 \boldsymbol{v}_{10} + m_2 \boldsymbol{v}_{20}).$$

将上述结果推广到多个质点组成的系统,由于内力总是成对出现的,上述结论仍然成立. 对于任意系统,就有

$$\int_{t_0}^{t} \sum_i \boldsymbol{F}_i \mathrm{d}t = \sum_i m_i \boldsymbol{v}_i - \sum_i m_i \boldsymbol{v}_{i0}, \tag{2.25}$$

其中 $\sum\limits_i \boldsymbol{F}_i$ 就是系统所受的合外力,$\sum\limits_i m_i \boldsymbol{v}_{i0}$ 和 $\sum\limits_i m_i \boldsymbol{v}_i$ 分别表示始、末状态系统的总动量.式(2.25)表明,系统所受合外力的冲量等于系统总动量的增量,这一结论称为质点系的动量定理. 质点系的动量定理表明,力的时间累积效应是使系统的总动量发生变化.

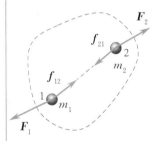

图 2.15 质点系的内力和外力

在直角坐标系中,式(2.25)的分量形式为

$$\begin{cases} \int_{t_0}^{t} \sum_i F_{ix} \mathrm{d}t = \sum_i m_i v_{ix} - \sum_i m_i v_{i0x}, \\ \int_{t_0}^{t} \sum_i F_{iy} \mathrm{d}t = \sum_i m_i v_{iy} - \sum_i m_i v_{i0y}, \\ \int_{t_0}^{t} \sum_i F_{iz} \mathrm{d}t = \sum_i m_i v_{iz} - \sum_i m_i v_{i0z}. \end{cases} \quad (2.26)$$

需要强调的是,系统所受的合外力是指系统内各质点所受外力的矢量和.

2.2.3　动量守恒定律

由式(2.25)可知,当 $\sum_i \boldsymbol{F}_i = \boldsymbol{0}$ 时,有

$$\sum_i m_i \boldsymbol{v}_i = 常矢量, \quad (2.27)$$

即当系统所受合外力为零时,系统的总动量保持不变. 这一结论就叫作动量守恒定律(law of conservation of momentum).

关于动量守恒定律需要做以下说明:

(1) 动量守恒的条件是合外力为零,即 $\sum_i \boldsymbol{F}_i = \boldsymbol{0}$. 但在内力远远大于外力的情况下,可近似地应用动量守恒定律,如炸弹在空中爆炸的过程.

(2) 式(2.27)是矢量方程,在直角坐标系中的分量形式为

$$\begin{cases} \sum_i F_{ix} = 0 \; 时, \sum_i m_i v_{ix} = 常量, \\ \sum_i F_{iy} = 0 \; 时, \sum_i m_i v_{iy} = 常量, \\ \sum_i F_{iz} = 0 \; 时, \sum_i m_i v_{iz} = 常量. \end{cases} \quad (2.28)$$

式(2.28)表明,当系统在某方向上的合外力等于零时,系统总动量在该方向上的分量守恒.

(3) 式(2.27)表示的动量守恒定律是由牛顿运动定律推导出来的,因此它只适用于惯性参考系.

动量的概念不仅适用于宏观物体,对于分子和原子等微观粒子乃至于电磁场同样适用. 近代物理研究证明,动量守恒定律并不依赖于牛顿运动定律,它是自然界中的一个普遍规律.

例 2.6　一辆煤车以 $v = 3 \text{ m/s}$ 的速率从煤斗下方通过,如图 2.16 所示. 若每秒落入车厢中的煤的质量 $\Delta m = 500 \text{ kg}$ 且车厢的速率保持不变,此时需用多大的牵引力拉车厢(忽略车厢与钢轨间的摩擦)?

解　取煤车(含车与车中的煤)为研究对象,以地面为参考系,建立如图 2.16 所示坐标系. t 时刻煤车的总质量为 m,速度为 v,动量为 mv; $t + \mathrm{d}t$ 时刻,煤车的总质量为 $m + \mathrm{d}m$,速度

为 v,动量为 $(m+\mathrm{d}m)v$,则时间 $\mathrm{d}t$ 内煤车水平方向动量的增量为

$$\mathrm{d}p = (m+\mathrm{d}m)v - mv = v\mathrm{d}m.$$

由于钢轨对车厢的摩擦可忽略,假设车厢受到牵引力大小为 F,根据动量定理有

$$F\mathrm{d}t = v\mathrm{d}m, \quad 即 \quad F = v\frac{\mathrm{d}m}{\mathrm{d}t}.$$

已知 $\dfrac{\mathrm{d}m}{\mathrm{d}t} = 500\ \mathrm{kg/s}$,$v = 3\ \mathrm{m/s}$,代入上式,可得

$$F = 1.5 \times 10^3\ \mathrm{N}.$$

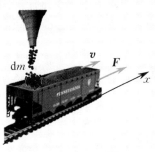

图 2.16　例 2.6 图

例 2.7　在 α 粒子散射过程中,α 粒子和静止的氧原子核发生碰撞,如图 2.17 所示. 实验测出碰撞后 α 粒子沿着与入射方向成 θ 角的方向运动,而氧原子核沿着与 α 粒子入射方向成 β 角的方向反冲.求 α 粒子碰撞前后的速率之比.

解　将 α 粒子和氧原子核选作研究系统,碰撞过程中系统只受内力(内力随两者的作用距离发生改变) 作用,动量守恒.

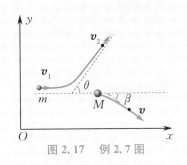

图 2.17　例 2.7 图

设 α 粒子质量为 m,碰撞前后速度分别为 $\boldsymbol{v}_1$ 和 $\boldsymbol{v}_2$;氧原子核质量为 M,碰撞后速度为 $\boldsymbol{v}$,取 α 粒子的入射方向为 x 轴正方向,建立如图 2.17 所示坐标系.根据动量守恒,有

$$mv_2\cos\theta + Mv\cos\beta = mv_1, \quad ①$$
$$mv_2\sin\theta - Mv\sin\beta = 0. \quad ②$$

联立式 ① 和式 ② 求解,可得

$$v_1 = \frac{v_2\sin(\theta+\beta)}{\sin\beta},$$

即

$$\frac{v_1}{v_2} = \frac{\sin(\theta+\beta)}{\sin\beta}.$$

假设 $\theta = 72°$,$\beta = 41°$,计算得出 α 粒子碰撞后的速率约为碰撞前的 71%(读者可以思考这个过程中能量的转化问题).

例 2.8　火箭是依靠燃料燃烧后喷出的气体产生推力向前飞行的.假设空气阻力和重力可忽略不计,火箭的初始质量为 M_i,燃料耗尽时质量为 M_f.火箭初始速度为零,在飞行的过程中,喷出气体相对于火箭的速度 u 为常量.求喷出气体对火箭产生的推力及燃料耗尽时火箭的速度.

解　取火箭(含其中尚存的燃料) 作为研究系统.如图 2.18 所示,t 时刻系统的总质量为 M,相对于地面的速度为 v;时间 $\mathrm{d}t$ 内喷出的气体质量为 $\mathrm{d}m$,气体相对于火箭的速度为 u,相对于地面的速度则为 $v-u$;$t+\mathrm{d}t$ 时刻火箭的速度为 $v+\mathrm{d}v$,质量为 $M-\mathrm{d}m$.根据动量守恒定律,有

$$Mv = (M-\mathrm{d}m)(v+\mathrm{d}v) + (v-u)\mathrm{d}m. \quad ①$$

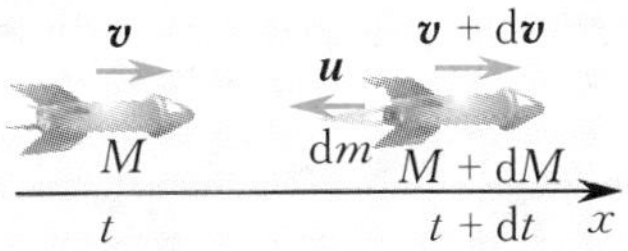

图 2.18　火箭飞行原理说明图

略去式 ① 中的二阶无穷小量 $\mathrm{d}m\mathrm{d}v$,可得

$$M\mathrm{d}v = u\mathrm{d}m. \quad ②$$

若用 dM 表示 dt 时间内火箭质量的增量，则 $-dM$ 表示由于喷出气体而导致火箭质量的减少量，该减少量即是 dt 时间内火箭喷出气体的质量，因而有 $-dM = dm$，代入式 ② 中，可得

$$dv = u\frac{dm}{M} = -u\frac{dM}{M}. \qquad ③$$

设燃料耗尽时火箭的速度为 v_f，对式 ③ 两边同时积分，可得

$$\int_0^{v_f} dv = -\int_{M_i}^{M_f} u\frac{dM}{M}, \qquad ④$$

即

$$v_f = u\ln\frac{M_i}{M_f}. \qquad ⑤$$

式 ⑤ 表明，在忽略外力的条件下，火箭飞行的末速度大小和火箭的始末质量比的自然对数以及喷气速度成正比.

如果以火箭本身作为研究对象，以 F 表示在 dt 时间内喷出的气体对火箭体 $(M - dm)$ 的推力，根据牛顿第二定律，应有

$$F = M\frac{dv}{dt}. \qquad ⑥$$

将式 ② 代入式 ⑥，可得

$$F = u\frac{dm}{dt}. \qquad ⑦$$

式 ⑦ 表明，火箭发动机的推力与燃料燃烧速率 $\frac{dm}{dt}$ 以及喷出气体的相对速率 u 成正比. 例如，一种火箭发动机燃料燃烧速率 $\frac{dm}{dt} = 1.38 \times 10^4$ kg/s，喷出气体的相对速率 $u = 2.94 \times 10^3$ m/s，理论上它产生的推力

$$F = 2.94 \times 10^3 \times 1.38 \times 10^4 \text{ N} \approx 4.06 \times 10^7 \text{ N}.$$

这大约相当于 4 000 t 海轮所受的浮力.

由于火箭始末质量比不能无限地扩大，火箭喷气速度也不可能无限地增加，且实际火箭发射过程中还受到地球引力、空气阻力等因素的影响，为了产生更大的推力，人们研发了多级火箭，用它来运载更重的航天器上天. 1990 年 7 月 16 日，我国成功发射了一种新式的"长征二号"捆绑式运载火箭（级与级之间是并联方式）；2015 年 9 月 20 日，我国新型三级运载火箭"长征六号"首飞，成功实现了一箭 20 星，创造了中国一箭多星发射的新纪录. 2015 年 9 月 25 日首飞成功的"长征十一号"火箭是我国研发的新型四级全固体运载火箭，它能够实现快速机动发射应急卫星，满足自然灾害、突发事件等应急情况下微小卫星发射的需求. 2020 年 7 月 23 日，"长征五号"遥四运载火箭又将"天问一号"探测器成功送入太空.

变质量物体问题的处理

思考

1. 如何理解动量守恒的条件？

2. 汽车发动机内气体对活塞的推力以及各种传动部件之间的作用力能否使汽车前进？为什么？

2.2.4 质心运动定律

质点系的运动往往比较复杂. 例如, 如图 2.19 所示, 体操运动员在做空中翻转动作时, 他的躯干与四肢的运动状态不尽相同, 但有一特殊位置——**质心**(center of mass)的运动则往往有简单规律. 质心及其运动规律可由牛顿运动定律求得.

图 2.19 体操运动员的空中翻转动作

1. 质心的位置

如图 2.20 所示, 假设质点系由 $N(N \geqslant 2)$ 个质点组成, 质点系中第 i 个质点的位置矢量为 $\boldsymbol{r}_i$, 质量为 m_i, 系统的总质量为

$$m = \sum_{i=1}^{N} m_i, \quad i = 1, 2, \cdots, N.$$

定义质心的位置矢量为

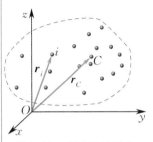

图 2.20 质点系的质心示意图

$$\boldsymbol{r}_C = \frac{\sum_{i=1}^{N} m_i \boldsymbol{r}_i}{m}. \tag{2.29}$$

在直角坐标系中, 质心的位置坐标为

$$x_C = \frac{\sum_{i=1}^{N} m_i x_i}{m}, \quad y_C = \frac{\sum_{i=1}^{N} m_i y_i}{m}, \quad z_C = \frac{\sum_{i=1}^{N} m_i z_i}{m}. \tag{2.30}$$

对于质量连续分布的物体, 质心的位置矢量为

$$\boldsymbol{r}_C = \frac{\int \boldsymbol{r} \mathrm{d}m}{\int \mathrm{d}m} = \frac{\int \boldsymbol{r} \mathrm{d}m}{m}. \tag{2.31}$$

在直角坐标系中, 其位置坐标为

$$x_C = \frac{\int x \mathrm{d}m}{m}, \quad y_C = \frac{\int y \mathrm{d}m}{m}, \quad z_C = \frac{\int z \mathrm{d}m}{m}. \tag{2.32}$$

质心在某个时刻的坐标值与坐标系的选取有关, 但质心相对于质点系内各个质点的位置与坐标系的选取无关. 质量分布均匀的物体, 若它的形状具有某种对称性, 其质心位于其几何中心.

2. 质心运动定律

将式(2.29)中的质心的位置矢量对时间求导数, 可以得到质心的速度为

$$\boldsymbol{v}_C = \frac{\mathrm{d}\boldsymbol{r}_C}{\mathrm{d}t} = \frac{\sum_{i=1}^{N} m_i \dfrac{\mathrm{d}\boldsymbol{r}_i}{\mathrm{d}t}}{m} = \frac{\sum_{i=1}^{N} m_i \boldsymbol{v}_i}{m}, \tag{2.33}$$

因而有

$$m\boldsymbol{v}_C = \sum_{i=1}^{N} m_i \boldsymbol{v}_i.$$

可见, 质点系的总动量 $\boldsymbol{p}$ 等于它的总质量与质心速度的乘积, 即 $\boldsymbol{p} = m\boldsymbol{v}_C$, 对其两边求时间的一阶导数, 得到

$$F = \frac{\mathrm{d}\boldsymbol{p}}{\mathrm{d}t} = m\frac{\mathrm{d}\boldsymbol{v}_C}{\mathrm{d}t} = m\boldsymbol{a}_C. \tag{2.34}$$

式 (2.34) 即为质心运动定律的数学表达式. 质心运动定律指出：不管物体的质量如何分布，也不管外力情况如何，质心的运动就像物体的质量全部都集中于质心且所有外力也都集中作用在质心上时质点的运动一样.

由质心运动定律可知，如果质点系所受的合外力为零，即 $\boldsymbol{F} = \boldsymbol{0}$，则

$$\boldsymbol{a}_C = \boldsymbol{0}, \quad \boldsymbol{v}_C = 常矢量. \tag{2.35}$$

式 (2.35) 说明，当合外力为零时，质心保持静止或者做匀速直线运动，可见内力不会改变质心的运动状态. 质心概念可以为物体运动的研究提供方便.

例 2.9 一枚炮弹发射后在最高点处爆炸分裂为质量均为 m 的两块碎片，其中一块竖直下落，另一块继续向前飞行. 已知炮弹发射的初速度为 $\boldsymbol{v}_0$，发射角为 θ，忽略空气阻力，求两块碎片着地点的位置.

解 建立如图 2.21 所示坐标系，在炮弹爆炸前后，外力只有重力，因此炮弹爆炸前后，其质心运动轨迹不变，着地点不变. 假设炮弹未爆炸，其着地点就是质心的着地点，即

$$x_C = \frac{v_0^2 \sin 2\theta}{g}.$$

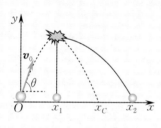

图 2.21 例 2.9 图

炮弹爆炸后，其中竖直下落那一块的着地点坐标为

$$x_1 = \frac{v_0^2 \sin 2\theta}{2g}.$$

根据质心位置的定义，可以得到

$$x_C = \frac{mx_1 + mx_2}{2m}.$$

由上式可得另一块着地点的坐标为

$$x_2 = 2x_C - x_1 = \frac{3v_0^2 \sin 2\theta}{2g}.$$

思考

当自行车后架上的一侧挂有重物时，骑车人的身体总是向着与重物所在一侧相反的另一侧倾斜，为什么？

2.3 功和能

作用在物体上的力通常要使物体沿某一路径发生位移，路径和位移不同，产生的效果也不相同，因而有必要研究力的空间累积问题.

2.3.1 功 功率

1. 功

质点在力 $\boldsymbol{F}$ 的作用下发生一元位移 $\mathrm{d}\boldsymbol{r}$,如图 2.22 所示,力 $\boldsymbol{F}$ 对质点做的功(work)定义为

$$\mathrm{d}A = \boldsymbol{F} \cdot \mathrm{d}\boldsymbol{r}. \tag{2.36}$$

功是标量,其正负可由力与元位移的夹角 θ 确定. 若 $0° \leqslant \theta < 90°$,则 $\mathrm{d}A > 0$,力对质点做正功;若 $90° < \theta \leqslant 180°$,则 $\mathrm{d}A < 0$,力对质点做负功;若 $\theta = 90°$,则 $\mathrm{d}A = 0$,力对质点不做功.

要计算力 $\boldsymbol{F}$(其大小与方向一般都随时间变化)在质点由 a 点沿着路径 L 运动到 b 点的过程中所做的功,需要把路径分成许多小段(每一小段均为无穷小). 任取一小段,对应的元位移为 $\mathrm{d}\boldsymbol{r}$,则整个路径上 $\boldsymbol{F}$ 做的功为

$$A = \int_{a(L)}^{b} \boldsymbol{F} \cdot \mathrm{d}\boldsymbol{r}. \tag{2.37}$$

在国际单位制中,功的单位是焦[耳](J).

2. 功率

功率(power)定义为力在单位时间内所做的功,即

$$P = \frac{\mathrm{d}A}{\mathrm{d}t}. \tag{2.38}$$

由于 $\mathrm{d}A = \boldsymbol{F} \cdot \mathrm{d}\boldsymbol{r}$,因此有

$$P = \frac{\boldsymbol{F} \cdot \mathrm{d}\boldsymbol{r}}{\mathrm{d}t} = \boldsymbol{F} \cdot \boldsymbol{v}. \tag{2.39}$$

在国际单位制中,功率的单位为焦[耳]每秒(J/s),又称为瓦[特](W).

2.3.2 动能定理

1. 质点的动能定理

如图 2.23 所示,质量为 m 的质点,沿路径 L 从 a 点运动到 b 点,质点速度从 $\boldsymbol{v}_a$ 变为 $\boldsymbol{v}_b$,合外力对质点所做的功为

$$A = \int_a^b \boldsymbol{F} \cdot \mathrm{d}\boldsymbol{r} = \int_a^b m \frac{\mathrm{d}\boldsymbol{v}}{\mathrm{d}t} \cdot \mathrm{d}\boldsymbol{r}$$

$$= \int_{v_a}^{v_b} m\boldsymbol{v} \cdot \mathrm{d}\boldsymbol{v} = \frac{1}{2}mv_b^2 - \frac{1}{2}mv_a^2, \tag{2.40}$$

式中我们用到了矢量标积的微分,即

$$\boldsymbol{v} \cdot \mathrm{d}\boldsymbol{v} = \frac{1}{2}(\boldsymbol{v} \cdot \mathrm{d}\boldsymbol{v} + \mathrm{d}\boldsymbol{v} \cdot \boldsymbol{v}) = \frac{1}{2}\mathrm{d}(\boldsymbol{v} \cdot \boldsymbol{v}) = \frac{1}{2}\mathrm{d}(v^2).$$

定义质点的动能(kinetic energy)$E_k = \frac{1}{2}mv^2$. 式(2.40)表明,合外力对质点所做的功等于质点动能的增量,这一结论称为质点的动能定理.

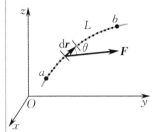

图 2.22 功的定义

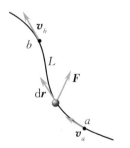

图 2.23 质点的动能定理

2. 质点系的动能定理

假设有 N 个质点 $(m_1, m_2, \cdots, m_N)$ 构成一质点系. 考察其中第 i 个质点 m_i, 设该质点受到的外力为 $\boldsymbol{F}_i$, 内力为 $\boldsymbol{f}_i$, 利用质点的动能定理, 有

$$A_i = \int_a^b (\boldsymbol{F}_i + \boldsymbol{f}_i) \cdot \mathrm{d}\boldsymbol{r} = \int_a^b \boldsymbol{F}_i \cdot \mathrm{d}\boldsymbol{r} + \int_a^b \boldsymbol{f}_i \cdot \mathrm{d}\boldsymbol{r}$$

$$= \frac{1}{2} m_i v_i^2 - \frac{1}{2} m_i v_{i0}^2 = \Delta E_{ki}.$$

令 $A_{i外} = \int_a^b \boldsymbol{F}_i \cdot \mathrm{d}\boldsymbol{r}$ 表示外力对质点 m_i 所做的功, $A_{i内} = \int_a^b \boldsymbol{f}_i \cdot \mathrm{d}\boldsymbol{r}$ 表示系统内力对质点 m_i 所做的功, 质点的动能定理又可以写为

$$A_i = A_{i外} + A_{i内} = \Delta E_{ki}.$$

对系统内所有的质点求和, 可得

$$\sum_{i=1}^N A_{i外} + \sum_{i=1}^N A_{i内} = \sum_{i=1}^N \Delta E_{ki}. \tag{2.41}$$

式 (2.41) 表明, 对于一质点系, 所有外力做的功与所有内力做的功的代数和等于系统总动能的增量. 这一结论称为质点系的动能定理.

应当注意, 内力虽然不改变系统的总动量, 但可以改变系统的总动能, 即系统所有内力做的总功不一定等于零. 例如, 荡秋千的高手, 不需要外人帮助, 可以使秋千越荡越高, 就是内力做功使系统动能增大的结果.

下面讨论系统中一对内力做功的情况. 质量分别为 m_1 和 m_2 的两个质点 1 和 2 构成一质点系, 假设它们相对于某个参考系的位矢分别为 $\boldsymbol{r}_1$ 和 $\boldsymbol{r}_2$, 用 $\boldsymbol{f}_{12}$ 表示质点 1 受到质点 2 施加的作用力, $\boldsymbol{f}_{21}$ 表示质点 2 受到质点 1 施加的作用力, 很明显它们是一对作用力和反作用力. 在时间 $\mathrm{d}t$ 内两个质点分别发生了元位移 $\mathrm{d}\boldsymbol{r}_1$ 和 $\mathrm{d}\boldsymbol{r}_2$, 如图 2.24 所示. 在这段时间内, 这一对内力所做的功为

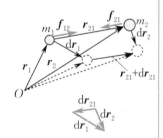

图 2.24　一对内力的功

$$\mathrm{d}A = \boldsymbol{f}_{12} \cdot \mathrm{d}\boldsymbol{r}_1 + \boldsymbol{f}_{21} \cdot \mathrm{d}\boldsymbol{r}_2.$$

因为 $\boldsymbol{f}_{12} = -\boldsymbol{f}_{21}$, 所以

$$\mathrm{d}A = \boldsymbol{f}_{21} \cdot (\mathrm{d}\boldsymbol{r}_2 - \mathrm{d}\boldsymbol{r}_1) = \boldsymbol{f}_{21} \cdot \mathrm{d}(\boldsymbol{r}_2 - \boldsymbol{r}_1) = \boldsymbol{f}_{21} \cdot \mathrm{d}\boldsymbol{r}_{21}, \tag{2.42}$$

式中 $\boldsymbol{r}_2 - \boldsymbol{r}_1 = \boldsymbol{r}_{21}$ 是质点 2 相对于质点 1 的位矢; $\mathrm{d}\boldsymbol{r}_{21}$ 是质点 2 相对于质点 1 发生的元位移 (两质点相对位置发生改变所引起的相对位移), 与参考系的选取无关. 由式 (2.42) 可知, 系统内一对内力所做的功只与相互作用力及相对位移 $\mathrm{d}\boldsymbol{r}_{21}$ 有关, 与参考系无关. 在计算系统中一对内力的功时, 可以选取其中某一质点为参考系, 计算另一质点相对于该参考系所做的功, 结果就等于这一对力所做功的和.

思考

试比较动量定理和动能定理的区别. 它们是否都与惯性系有关? 请举例说明.

2.3.3 保守力与非保守力　势能

1. 保守力与非保守力

根据力做功的特点,可以将力分为保守力和非保守力. 做功与路径无关的力称为保守力(conservative force). 常见的保守力有重力、弹簧弹力、万有引力等. 并非所有的力做功都与路径无关,如摩擦力做功便与路径有关,这样的力称为非保守力(nonconservative force).

1) 重力的功.

如图 2.25 所示,质量为 m 的质点沿任意曲线从 a 点运动到 b 点,在此过程中,重力所做的功为

$$A = \int_a^b m\boldsymbol{g} \cdot \mathrm{d}\boldsymbol{r} = -\int_{z_a}^{z_b} mg\,\mathrm{d}z = -(mgz_b - mgz_a). \quad (2.43)$$

结果表明,重力做功只与质点的始末位置有关(高度变化),而与具体路径无关,可见重力是保守力.

2) 弹簧弹力的功.

如图 2.26 所示,劲度系数为 k 的轻质弹簧与质量为 m 的质点相连,置于光滑的水平桌面上. 设弹簧处于自然伸长状态时质点的位置为坐标原点,水平向右为 x 轴正方向. 在弹簧弹性限度内质点受到的弹力 $f = -kx$,在弹簧伸长量从 x_0 变化到 x 的过程中,弹力所做的功为

$$A = \int_{x_0}^x f\,\mathrm{d}x = -\int_{x_0}^x kx\,\mathrm{d}x = -\left(\frac{1}{2}kx^2 - \frac{1}{2}kx_0^2\right). \quad (2.44)$$

显然,弹力做的功只与质点在始末状态时弹簧的伸长量有关,与质点的运动路径无关. 可见,弹簧弹力是保守力.

3) 万有引力的功.

如图 2.27 所示,考虑由质量分别为 m_1 和 m_2 的质点 1 和 2 构成的系统,质点 2 受质点 1 的万有引力为

$$\boldsymbol{f} = -G\frac{m_1 m_2}{r^3}\boldsymbol{r},$$

式中 $\boldsymbol{r}$ 为质点 2 相对于质点 1 的位矢. 以 $\boldsymbol{r}_a$ 和 $\boldsymbol{r}_b$ 分别表示质点 2 相对于质点 1 的始末状态时的位矢. 当质点 2 沿任意路径 L 由 a 点运动到 b 点时,万有引力 $\boldsymbol{f}$ 对质点 2 所做的功为

$$A = \int_a^b \boldsymbol{f} \cdot \mathrm{d}\boldsymbol{r} = -\int_a^b G\frac{m_1 m_2}{r^3}\boldsymbol{r} \cdot \mathrm{d}\boldsymbol{r}.$$

由于 $\boldsymbol{r} \cdot \mathrm{d}\boldsymbol{r} = r\cos\theta|\mathrm{d}\boldsymbol{r}| = r\,\mathrm{d}r$,上式可表示为

$$A = -\int_{r_a}^{r_b} G\frac{m_1 m_2}{r^2}\,\mathrm{d}r = G\frac{m_1 m_2}{r_b} - G\frac{m_1 m_2}{r_a}. \quad (2.45)$$

式(2.45)说明,万有引力的功只取决于两质点间的始末距离,与路径无关,万有引力是保守力.

因为保守力做功与路径无关,所以物体沿任意封闭路径移动一周时保守力所做的功等于零,即

$$\oint_L \boldsymbol{f}_{\text{保}} \cdot \mathrm{d}\boldsymbol{l} = 0. \quad (2.46)$$

式(2.46)是保守力的数学定义式.

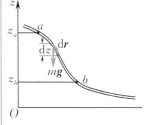

图 2.25　重力的功

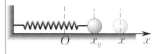

图 2.26　弹簧弹力的功

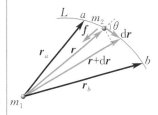

图 2.27　万有引力的功

2. 势能

既然保守力做功只与物体所处的位置有关，就应该存在一个由物体位置所决定的能量. 当保守力做功时，物体位置发生变化，与之相应的能量亦有变化. 定义这个与物体位置相关的能量为势能（potential energy），通常用 E_p 表示. 根据保守力做功的特点，可做如下规定：一个质点相对于另一个质点从 a 点运动到 b 点的过程中，保守力所做的功等于势能的减少，即

$$\int_a^b \boldsymbol{f}_保 \cdot \mathrm{d}\boldsymbol{r} = -(E_{pb} - E_{pa}). \tag{2.47}$$

式(2.47) 只定义了势能差（其实就是势能的定义式）. 只有在确定了势能零点后，空间各点的势能才能确定. 选取式(2.47) 中的 b 点处为势能零点，即 $E_{pb} = 0$，则质点在 a 点处的势能可表示为

$$E_{pa} = \int_a^{势能零点} \boldsymbol{f}_保 \cdot \mathrm{d}\boldsymbol{r}. \tag{2.48}$$

式(2.48) 表明，质点在空间某点处的势能等于质点从该点移动到势能零点的过程中保守力所做的功. 例如，取地面 $z = 0$ 处作为势能零点，则质量为 m 的质点的重力势能 $E_p = mgz$；取弹簧处于自然伸长状态时的弹性势能为零，则其弹性势能 $E_p = \frac{1}{2}kx^2$，其中 x 为弹簧相对于自然伸长状态的伸长量；取两质点相距无穷远时势能为零，则两质点相距为 r 时，万有引力势能 $E_p = -G\frac{m_1 m_2}{r}$.

原则上，势能零点可以根据问题的需要任意选取. 势能零点的选取不同，同一位置的势能值可能不同，但两点之间的势能差与势能零点的选取无关.

关于势能，要注意以下几点：

(1) 势能属于有保守力相互作用的系统，对单个质点谈论势能是没有意义的. 例如，重力势能属于物体和地球组成的系统；万有引力势能属于有万有引力相互作用的两物体；弹簧可看作是由许多微小质元所组成的系统，弹性势能就是各质元之间的相互作用能. 通常讲的"物体的势能"只是简称而已.

(2) 势能只有相对意义，其大小取决于势能零点的选取.

利用势能函数可以画出势能曲线（potential energy curve）. 图 2.28 给出了重力势能、弹性势能和万有引力势能的势能曲线. 势能极小值对应的位置为物体的平衡位置.

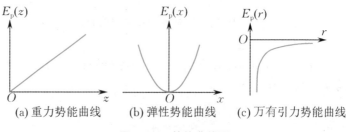

(a) 重力势能曲线　　(b) 弹性势能曲线　　(c) 万有引力势能曲线

图 2.28　势能曲线图

3. 由势能函数求保守力

如图 2.29 所示，质点在保守力 $\boldsymbol{f}$ 的作用下发生元位移 $\mathrm{d}\boldsymbol{l}$，根据势能的定义有

$$-\mathrm{d}E_\mathrm{p} = \boldsymbol{f} \cdot \mathrm{d}\boldsymbol{l} = f\cos\theta \mathrm{d}l,$$

其中 $f\cos\theta = f_l$ 是力 $\boldsymbol{f}$ 在 $\boldsymbol{l}$ 方向上的分量，所以

$$f_l = -\frac{\mathrm{d}E_\mathrm{p}}{\mathrm{d}l}. \tag{2.49}$$

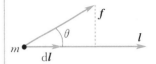

图 2.29　由势能函数求保守力

式 (2.49) 表明，保守力沿某个方向的分量等于对应势能函数沿该方向空间变化率的负值. 应用式 (2.49)，可以得到弹簧弹力 $f = -\frac{\mathrm{d}}{\mathrm{d}x}\left(\frac{1}{2}kx^2\right) = -kx$，万有引力 $f = -\frac{\mathrm{d}}{\mathrm{d}r}\left(-G\frac{m_1 m_2}{r}\right) = -G\frac{m_1 m_2}{r^2}$.

在直角坐标系中，若已知势能函数 $E_\mathrm{p} = E_\mathrm{p}(x,y,z)$，对其求全微分，可得

$$\mathrm{d}E_\mathrm{p} = \frac{\partial E_\mathrm{p}}{\partial x}\mathrm{d}x + \frac{\partial E_\mathrm{p}}{\partial y}\mathrm{d}y + \frac{\partial E_\mathrm{p}}{\partial z}\mathrm{d}z.$$

将上式与式 (2.49) 进行比较，可得

$$f_x = -\frac{\partial E_\mathrm{p}}{\partial x}, \quad f_y = -\frac{\partial E_\mathrm{p}}{\partial y}, \quad f_z = -\frac{\partial E_\mathrm{p}}{\partial z}.$$

于是我们得到保守力的矢量表达式为

$$\boldsymbol{f} = -\left(\frac{\partial E_\mathrm{p}}{\partial x}\boldsymbol{i} + \frac{\partial E_\mathrm{p}}{\partial y}\boldsymbol{j} + \frac{\partial E_\mathrm{p}}{\partial z}\boldsymbol{k}\right).$$

上式通常写为

$$\boldsymbol{f} = -\nabla E_\mathrm{p}, \tag{2.50}$$

式中 ∇ 称为梯度算子 (gradient operator). 式 (2.50) 表明，保守力等于对应势能的负梯度. 在空间直角坐标系中，$\nabla = \frac{\partial}{\partial x}\boldsymbol{i} + \frac{\partial}{\partial y}\boldsymbol{j} + \frac{\partial}{\partial z}\boldsymbol{k}$.

2.3.4　功能原理　机械能守恒定律

研究质点系的功能转换问题时，通常将内力的功分为两类，一类是保守内力的功，另一类是非保守内力的功，即

$$A_内 = A_保 + A_{非保}.$$

当质点系从状态 1 变化到状态 2 时，保守内力所做的功等于质点系势能的减少，即

$$A_保 = -(E_{\mathrm{p}2} - E_{\mathrm{p}1}) = E_{\mathrm{p}1} - E_{\mathrm{p}2}.$$

根据质点系的动能定理可得

$$A_外 + A_保 + A_{非保} = A_外 + A_{非保} + E_{\mathrm{p}1} - E_{\mathrm{p}2} = E_{\mathrm{k}2} - E_{\mathrm{k}1},$$

即

$$A_外 + A_{非保} = (E_{\mathrm{k}2} + E_{\mathrm{p}2}) - (E_{\mathrm{k}1} + E_{\mathrm{p}1}) = E_2 - E_1, \tag{2.51}$$

式中 $E_2 = E_{\mathrm{k}2} + E_{\mathrm{p}2}$，$E_1 = E_{\mathrm{k}1} + E_{\mathrm{p}1}$，分别表示质点系在状态 2 和状态 1 时的动能与势能之和，称为质点系的机械能 (mechanical energy). 式 (2.51) 表明，所有外力和所有非保守内力做功的代数和等于质点系机械能的增量，这一结论称为功能原理.

如果在质点系运动变化的过程中，只有保守内力做功，或者所有外

力和所有非保守内力做功的代数和恒等于零，即

$$A_{外} + A_{非保} \equiv 0,$$

则有

$$E = 常量. \tag{2.52}$$

这一结论称为 机械能守恒定律.

例 2.10 利用机械能守恒定律重新求解例 2.2，求细线下摆至与水平方向夹角为 θ 时小球的速率.

解 取地球和小球作为研究系统. 因为拉力 $\boldsymbol{T}$ 始终与小球速度方向垂直，小球下摆过程中只有重力做功，机械能守恒. 如图 2.30 所示，取细线水平位置，即 $\theta = 0$ 时的位置为势能零点，当小球下摆到 θ 角位置时，有

$$-mgl\sin\theta + \frac{1}{2}mv^2 = 0.$$

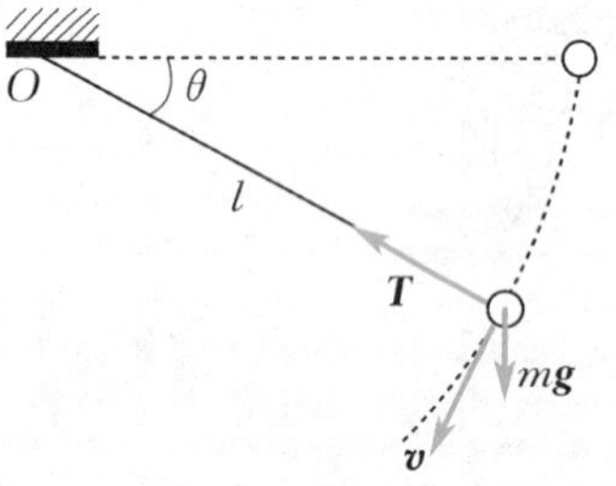

求解上面的方程可得细线下摆至与水平方向夹角为 θ 时小球的速率为

$$v = \sqrt{2gl\sin\theta}.$$

所得结论和例 2.2 相同，但求解过程显著简化，这是因为用机械能守恒定律求解问题时只涉及过程的始末两个状态. 同样的问题，读者还可以尝试用功能原理去求解.

图 2.30 例 2.10 图

例 2.11 如图 2.31 所示，质量为 M 的物块 A 从平板上方 h 高度处自由下落，落在质量同为 M 的平板 B 上，平板 B 下安装有劲度系数为 k 的轻质弹簧. 若物体与平板的碰撞为完全非弹性碰撞，求碰撞后弹簧的最大压缩量.

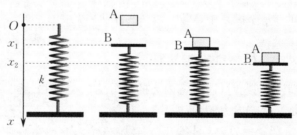

图 2.31 例 2.11 图

解 取物块、平板、弹簧和地球为研究系统. 从物块自由下落到弹簧被压缩到最大限度，可分为 3 个物理过程：(1) 物块 A 自由下落；(2) 物块 A 和平板 B 碰撞；(3) 碰撞后弹簧继续被压缩.

物块 A 自由下落 h 高度后，速度大小为 $v_1 = \sqrt{2gh}$，方向向下. 物块 A 以速度 v_1 和平板 B 做完全非弹性碰撞后，A 和 B 整体获得共同速度 v_2，碰撞过程动量守恒，故有

$$Mv_1 = (M+M)v_2,$$

可得

$$v_2 = \frac{1}{2}\sqrt{2gh}.$$

碰撞后，在弹簧继续被压缩的过程中，物块 A 和平板 B 以及弹簧、地球构成的系统只有保守内力（重力和弹力）做功，机械能守恒.

选取竖直向下方向为 x 轴正方向,取弹簧处于自然伸长状态时的上端点位置为坐标原点,并取坐标原点为弹性势能零点.取弹簧压缩后平板 B 的最低位置为重力势能零点.由受力分析可知平板置于弹簧上处于平衡状态时,弹簧压缩量 $x_1 = \dfrac{Mg}{k}$.设弹簧最大限度被压缩时的压缩量为 x_2.第 3 个过程开始时,系统动能为

$$E_k = \frac{1}{2}(M+M)v_2^2,$$

系统势能为

$$E_p = (M+M)g(x_2 - x_1) + \frac{1}{2}kx_1^2.$$

第 3 个过程结束时,系统只有弹性势能 $\frac{1}{2}kx_2^2$,根据机械能守恒定律,有

$$\frac{1}{2}(M+M)\left(\frac{1}{2}\sqrt{2gh}\right)^2 + (M+M)g(x_2 - x_1) + \frac{1}{2}kx_1^2 = \frac{1}{2}kx_2^2.$$

将 $x_1 = \dfrac{Mg}{k}$ 代入上式,解得

$$x_2 = \frac{2Mg}{k} \pm \sqrt{\left(\frac{Mg}{k}\right)^2 + \frac{Mgh}{k}}.$$

又因为 $x_2 > x_1$,所以弹簧的最大压缩量 $x_2 = \dfrac{2Mg}{k} + \sqrt{\left(\dfrac{Mg}{k}\right)^2 + \dfrac{Mgh}{k}}$.

例 2.12 已知地球的半径为 $R = 6.4 \times 10^6$ m,质量为 M,忽略空气阻力,求质量为 m 的物体逃脱地球引力所需要的最小发射速率(逃逸速率).

解 取地球和物体作为研究系统,选取无穷远处为万有引力势能零点.物体发射离开地球的过程中只有万有引力做功,机械能守恒,于是

$$-G\frac{Mm}{R} + \frac{1}{2}mv^2 = 0 + \frac{1}{2}mv_\infty^2,$$

式中 v 表示物体发射速率,v_∞ 表示物体远离地球时的速率(以地面为参考系).当物体逃脱地球引力时,万有引力势能为零(对应无穷远处);当 $v_\infty = 0$ 时,物体所需发射速率最小,该速率即为逃逸速率.由上式可得

$$v = \sqrt{\frac{2GM}{R}} = \sqrt{2Rg},$$

其中 $g = \dfrac{GM}{R^2}$ 为地面上的重力加速度.代入具体数值,计算可得

$$v = \sqrt{2 \times 6.4 \times 10^6 \times 9.8}\ \text{m/s} \approx 1.12 \times 10^4\ \text{m/s}.$$

这一结果即为第二宇宙速度.第一宇宙速度是指物体可以绕地球运动的最小速率,其值为 7.90×10^3 m/s;第三宇宙速度则是指物体逃脱太阳系所需要的最小速率,其值为 1.67×10^4 m/s.当一个星体的逃逸速率超过光速时,就意味着即便是光都无法逃逸,这就是所谓的黑洞了.

思考

参考系的选择会不会影响系统的能量?会不会影响系统内所有内力的功之和?

2.4 角动量 角动量守恒定律

在实际物体的运动中,存在大量的旋转运动,即对某一位置的绕行运动.例如,质点做圆周运动和行星绕太阳的运动,原子中电子绕原子核的运动等.对旋转运动,为了研究方便,引入角动量 (angular momentum)这个物理量.

2.4.1 质点的角动量

质点相对于参考点 O 的角动量定义为

$$\boldsymbol{L} = \boldsymbol{r} \times \boldsymbol{p} = \boldsymbol{r} \times m\boldsymbol{v}, \tag{2.53}$$

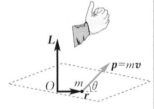

图 2.32 角动量的定义

式中 $\boldsymbol{r}$ 是质点相对于参考点的位矢,$\boldsymbol{p}$ 是质点的动量,如图 2.32 所示.在国际单位制中,角动量的单位是千克二次方米每秒($\mathrm{kg \cdot m^2/s}$).由式 (2.53)可知,角动量的大小

$$L = rmv\sin\theta,$$

式中 θ 是位矢 $\boldsymbol{r}$ 与动量 $\boldsymbol{p}$ 之间的夹角.角动量的方向垂直于 $\boldsymbol{r}$ 与 $\boldsymbol{p}$ 所构成的平面,由右手螺旋定则确定,即右手四指由 $\boldsymbol{r}$ 经小于 π 的夹角弯向 $\boldsymbol{p}$ 时大拇指所指的方向为角动量的方向.显然,角动量不仅和位矢、动量有关,还和参考点的选取有关.

例 2.13 地球绕太阳的运动可以近似地看作匀速圆周运动,求地球对太阳中心的角动量.

解 已知太阳中心到地球的距离 $r = 1.5 \times 10^{11}$ m,地球的公转速度 $v = 3.0 \times 10^4$ m/s,地球的质量 $m = 6.0 \times 10^{24}$ kg.根据式(2.53),可得地球相对于太阳中心的角动量大小为

$$L = rmv\sin\theta = 1.5 \times 10^{11} \times 6.0 \times 10^{24} \times 3.0 \times 10^4 \times \sin 90° \ \mathrm{kg \cdot m^2/s}$$
$$= 2.7 \times 10^{40} \ \mathrm{kg \cdot m^2/s},$$

其方向始终垂直于圆平面,右手四指弯向地球运动方向时,伸直的大拇指的指向即为角动量的方向.

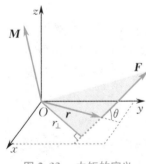

图 2.33 力矩的定义

2.4.2 力矩 质点的角动量定理

1. 力矩

如图 2.33 所示,定义力 $\boldsymbol{F}$ 对参考点 O 的力矩(moment of force)为

$$\boldsymbol{M} = \boldsymbol{r} \times \boldsymbol{F}. \tag{2.54}$$

由式(2.54)可知,力矩的大小 $M = rF\sin\theta = r_{\perp}F$,式中 θ 是位矢 $\boldsymbol{r}$ 与力 $\boldsymbol{F}$ 之间的夹角,$r_{\perp} = r\sin\theta$ 称为力臂.和角动量方向的判断方法类似,力矩的方向也垂直于力与位矢所决定的平面,并由右手螺旋定则确定.在国际单位制中,力矩的单位为牛[顿]米($\mathrm{N \cdot m}$).

2. 质点的角动量定理

质点运动时,角动量可能随时间变化.将式(2.53)两边同时对时间求导,有

$$\frac{\mathrm{d}\boldsymbol{L}}{\mathrm{d}t} = \frac{\mathrm{d}(\boldsymbol{r}\times\boldsymbol{p})}{\mathrm{d}t} = \frac{\mathrm{d}\boldsymbol{r}}{\mathrm{d}t}\times\boldsymbol{p} + \boldsymbol{r}\times\frac{\mathrm{d}\boldsymbol{p}}{\mathrm{d}t}.$$

因为质点的 $\boldsymbol{v}$ 与 $\boldsymbol{p}$ 方向一致,所以有 $\frac{\mathrm{d}\boldsymbol{r}}{\mathrm{d}t}\times\boldsymbol{p} = \boldsymbol{v}\times\boldsymbol{p} = \boldsymbol{0}$.根据牛顿第二定律,有 $\frac{\mathrm{d}\boldsymbol{p}}{\mathrm{d}t} = \boldsymbol{F}$,因此

$$\frac{\mathrm{d}\boldsymbol{L}}{\mathrm{d}t} = \boldsymbol{r}\times\boldsymbol{F}.$$

利用力矩的定义,上式又可以表示为

$$\boldsymbol{M} = \frac{\mathrm{d}\boldsymbol{L}}{\mathrm{d}t}. \tag{2.55}$$

式(2.55)就是质点的角动量定理,即质点受到的合外力矩等于质点角动量随时间的变化率.

式(2.55)是一矢量形式的表达式,在直角坐标系中,容易得到该式在各坐标轴方向的分量式.以 z 轴方向为例,其分量式为

$$\frac{\mathrm{d}L_z}{\mathrm{d}t} = M_z. \tag{2.56}$$

式(2.56)亦称为对轴(现为 z 轴)的角动量定理. M_z 和 L_z 当然是力矩和角动量在 z 轴方向的分量,亦称为对轴的力矩和角动量.为明确其具体含义和计算方法,做进一步分析如下.先看 M_z.如图 2.34 所示,力 $\boldsymbol{F}$ 对参考点 O 的力矩为

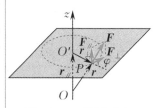

图 2.34　对轴的力矩

$$\begin{aligned}\boldsymbol{M} &= \boldsymbol{r}\times\boldsymbol{F}\\ &= (\boldsymbol{r}_\perp + \boldsymbol{r}_{/\!/})\times(\boldsymbol{F}_\perp + \boldsymbol{F}_{/\!/})\\ &= \boldsymbol{r}_\perp\times\boldsymbol{F}_\perp + \boldsymbol{r}_\perp\times\boldsymbol{F}_{/\!/} + \boldsymbol{r}_{/\!/}\times\boldsymbol{F}_\perp + \boldsymbol{r}_{/\!/}\times\boldsymbol{F}_{/\!/},\end{aligned}$$

式中 $\boldsymbol{r}_{/\!/}$ 与 $\boldsymbol{F}_{/\!/}$ 分别是 $\boldsymbol{r}$ 和 $\boldsymbol{F}$ 在平行于 z 轴方向的分量, $\boldsymbol{r}_\perp$ 与 $\boldsymbol{F}_\perp$ 分别是 $\boldsymbol{r}$ 和 $\boldsymbol{F}$ 在垂直于 z 轴方向的分量.故 $\boldsymbol{r}_{/\!/}\times\boldsymbol{F}_{/\!/} = \boldsymbol{0}$,而 $\boldsymbol{r}_\perp\times\boldsymbol{F}_{/\!/}$ 及 $\boldsymbol{r}_{/\!/}\times\boldsymbol{F}_\perp$ 的方向均与 z 轴垂直,只有 $\boldsymbol{r}_\perp\times\boldsymbol{F}_\perp$ 沿 z 轴,因而 $\boldsymbol{r}_\perp\times\boldsymbol{F}_\perp$ 就是力矩 $\boldsymbol{M} = \boldsymbol{r}\times\boldsymbol{F}$ 在 z 轴方向的分矢量 $\boldsymbol{M}_z$,其数值为 $r_\perp F_\perp \sin\varphi$. M_z 为正时表示该分量沿 z 轴的正方向;反之,沿 z 轴的负方向. M_z 的方向亦可由 $\boldsymbol{r}_\perp\times\boldsymbol{F}_\perp$ 用右手螺旋定则判断.另外,由上述分析可看出, M_z 与参考点 O 在 z 轴上的具体位置无关,无论参考点取在 z 轴上的什么位置,力 $\boldsymbol{F}$ 对参考点的力矩在 z 轴上的分量均相同.

根据图 2.35 及 L_z 的具体含义,同理可得

$$L_z = r_\perp p_\perp \sin\theta. \tag{2.57}$$

与 M_z 类似, L_z 的正负反映 L_z 是沿 z 轴的正方向还是负方向,亦可由 $\boldsymbol{r}_\perp\times\boldsymbol{p}_\perp$ 用右手螺旋定则判断 L_z 的方向,如图 2.35 所示.显然, L_z 也与参考点 O 在 z 轴上的具体位置无关,无论参考点取在 z 轴上的什么位置,角动量在 z 轴上的分量均相同.

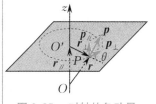

图 2.35　对轴的角动量

2.4.3　质点的角动量守恒定律

根据式（2.55）可知，若 $\boldsymbol{M} = \boldsymbol{0}$，则

$$\boldsymbol{L} = 常矢量. \tag{2.58}$$

式（2.58）表示，如果质点相对于某个参考点所受的合外力矩为零，则质点对该点的角动量保持不变. 这一结论称为质点的角动量守恒定律.

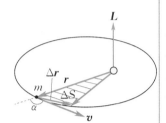

图 2.36　开普勒第二定律的证明

角动量守恒定律和动量守恒定律一样是自然界的一条基本定律. 利用角动量守恒定律可以证明行星运动的开普勒第二定律，即行星相对太阳的矢径在相等的时间内扫过的面积相等. 如图 2.36 所示，行星在太阳引力作用下沿着椭圆轨道运动，由于引力的方向在任何时刻都和行星相对于太阳的位矢平行而反向，不产生力矩，因此角动量守恒. 行星相对于太阳的角动量大小为

$$L = mvr\sin\alpha = m\,\frac{|\mathrm{d}\boldsymbol{r}|}{\mathrm{d}t}r\sin\alpha = m\lim_{\Delta t\to 0}\frac{|\Delta\boldsymbol{r}|}{\Delta t}r\sin\alpha,$$

式中 $|\Delta\boldsymbol{r}|r\sin\alpha$ 等于阴影三角形面积 ΔS 的两倍，所以

$$L = 2m\lim_{\Delta t\to 0}\frac{\Delta S}{\Delta t} = 2m\,\frac{\mathrm{d}S}{\mathrm{d}t} = 常量.$$

例 2.14　如图 2.37 所示，利用航天飞船考察一质量为 M、半径为 R 的行星. 当飞船静止于空间且距行星中心为 $4R$ 时，以速度 $\boldsymbol{v}_0$ 发射一质量为 $m(m \ll M)$ 的仪器. 要使该仪器恰好掠着行星的表面着陆，θ 角应该是多大？仪器着陆速率 v 为多少？

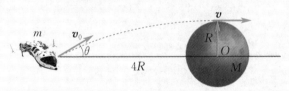

图 2.37　例 2.14 图

解　在不计其他星体对仪器作用的情况下，仪器只处在行星的引力场中，故相对于行星中心的角动量守恒. 仪器与行星系统的机械能守恒，从而有

$$mv_0\,4R\sin\theta = mvR, \tag{①}$$

$$\frac{1}{2}mv_0^2 - G\frac{mM}{4R} = \frac{1}{2}mv^2 - G\frac{mM}{R}. \tag{②}$$

联立方程 ① 与 ②，可解得

$$\theta = \arcsin\left[\frac{1}{4}\left(1 + \frac{3GM}{2Rv_0^2}\right)^{\frac{1}{2}}\right], \quad v = v_0\left(1 + \frac{3GM}{2Rv_0^2}\right)^{\frac{1}{2}}.$$

2.4.4　质点系的角动量定理和角动量守恒定律

设质点系由 N 个质点组成，对其中第 i 个质点应用质点的角动量定

理,可得

$$\boldsymbol{M}_i = \frac{\mathrm{d}\boldsymbol{L}_i}{\mathrm{d}t},$$

式中 $\boldsymbol{M}_i$ 是第 i 个质点所受的合力矩. 用 $\boldsymbol{M}_{i外}$ 表示系统以外的物体作用在第 i 个质点上的力相对于参考点产生的力矩, $\boldsymbol{M}_{i内}$ 表示系统内其他质点作用在第 i 个质点上的内力相对于同一参考点产生的力矩,这样对第 i 个质点而言,角动量定理就可以写为

$$\boldsymbol{M}_i = \boldsymbol{M}_{i外} + \boldsymbol{M}_{i内} = \frac{\mathrm{d}\boldsymbol{L}_i}{\mathrm{d}t}.$$

考虑系统所有质点,可得

$$\boldsymbol{M} = \sum_{i=1}^{N} \boldsymbol{M}_i = \sum_{i=1}^{N} \boldsymbol{M}_{i外} + \sum_{i=1}^{N} \boldsymbol{M}_{i内} = \frac{\mathrm{d}\left(\sum\limits_{i=1}^{N} \boldsymbol{L}_i\right)}{\mathrm{d}t}. \qquad (2.59)$$

如图 2.38 所示,考察质点系中质量分别为 m_i 和 m_j 的两个质点 i 和 j 之间的相互作用力对参考点 O 产生的力矩之和. 设 $\boldsymbol{f}_{ij}$ 是质点 j 对质点 i 的作用力, $\boldsymbol{f}_{ji}$ 是质点 i 对质点 j 的作用力,这一对力相对于 O 点的力矩之和为

$$\boldsymbol{r}_i \times \boldsymbol{f}_{ij} + \boldsymbol{r}_j \times \boldsymbol{f}_{ji} = (\boldsymbol{r}_j - \boldsymbol{r}_i) \times \boldsymbol{f}_{ji}.$$

因为 $(\boldsymbol{r}_j - \boldsymbol{r}_i)$ 的方向与 $\boldsymbol{f}_{ji}$ 的方向沿同一直线,所以上式的结果等于零,即一对内力对同一参考点的力矩之和为零. 由于内力总是成对出现的,因此质点系中所有内力所产生的总力矩 $\sum\limits_{i=1}^{N} \boldsymbol{M}_{i内}$ 为零. 此时,式 (2.59) 就可以写为

$$\boldsymbol{M} = \sum_{i=1}^{N} \boldsymbol{M}_{i外} = \frac{\mathrm{d}\boldsymbol{L}}{\mathrm{d}t}. \qquad (2.60)$$

式 (2.59) 中的 $\boldsymbol{M}$ 是质点系所受的合外力矩,它等于系统角动量对时间的变化率. 这就是质点系的角动量定理.

由式 (2.60) 可知,当质点系所受合外力矩 $\boldsymbol{M} = 0$ 时, $\dfrac{\mathrm{d}\boldsymbol{L}}{\mathrm{d}t} = 0$,即质点系的角动量 $\boldsymbol{L} = $ 常矢量. 这就是质点系的角动量守恒定律.

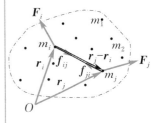

图 2.38 质点系的角动量定理

思考

1. 有人说力矩的方向是顺时针方向或逆时针方向,你以为如何?
2. 若质点所受的合外力为零,质点的角动量是否守恒?

本章小结

1. 牛顿运动定律

(1) 牛顿第一定律又称为惯性定律.

(2) 牛顿第二定律: $\boldsymbol{F} = \dfrac{\mathrm{d}\boldsymbol{p}}{\mathrm{d}t}$.

(3) 牛顿第三定律: $\boldsymbol{F}_{12} = -\boldsymbol{F}_{21}$.

(4) 惯性力：在非惯性系中引入的和参考系本身的加速度有关的力.

2. 动量　动量守恒定律

(1) 动量定理：$\boldsymbol{F}\mathrm{d}t = \mathrm{d}\boldsymbol{p}$.

(2) 动量守恒定律：若 $\sum_i \boldsymbol{F}_i = \mathbf{0}$，则 $\sum_i m_i \boldsymbol{v}_i = $ 常矢量.

(3) 质心的位置矢量：$\boldsymbol{r}_C = \dfrac{\int \boldsymbol{r}\mathrm{d}m}{\int \mathrm{d}m} = \dfrac{\int \boldsymbol{r}\mathrm{d}m}{m}$.

(4) 质心运动定律：$\sum_i \boldsymbol{F}_i = m\boldsymbol{a}_C$.

3. 功　能　机械能守恒定律

(1) 功：$A = \int_{a(L)}^{b} \boldsymbol{F} \cdot \mathrm{d}\boldsymbol{r}$.

(2) 保守力：$\oint_L \boldsymbol{f}_{\text{保}} \cdot \mathrm{d}\boldsymbol{l} = 0$.

(3) 质点的动能定理：

$$A = \int_a^b \boldsymbol{F} \cdot \mathrm{d}\boldsymbol{r} = \frac{1}{2}mv_b^2 - \frac{1}{2}mv_a^2.$$

(4) 势能：$E_{pa} = \int_a^{\text{势能零点}} \boldsymbol{f}_{\text{保}} \cdot \mathrm{d}\boldsymbol{r}$.

(5) 功能原理：$\sum_{i=1}^N A_{i\text{外}} + \sum_{i=1}^N A_{i\text{非}} = \Delta E$.

(6) 机械能守恒定律：当系统外力与系统非保守内力的功之和为零时，系统的机械能守恒.

4. 角动量　角动量守恒定律

(1) 角动量：$\boldsymbol{L} = \boldsymbol{r} \times \boldsymbol{p}$.

(2) 力矩：$\boldsymbol{M} = \boldsymbol{r} \times \boldsymbol{F}$.

(3) 角动量定理：$\boldsymbol{M} = \dfrac{\mathrm{d}\boldsymbol{L}}{\mathrm{d}t}$.

(4) 直角坐标系中，力矩在 z 轴方向的分量：

$$M_z = \frac{\mathrm{d}L_z}{\mathrm{d}t}.$$

(5) 角动量守恒定律：若 $\boldsymbol{M} = \mathbf{0}$，则 $\boldsymbol{L} = $ 常矢量.

拓展与探究

2.1　每年进入夏季，东南沿海一带时常出现台风. 如果对每年气象台发布的台风气旋进行比较，就会发现这些台风形成的气旋都是逆时针旋转的，如图 2.39 所示. 这是为什么？

图 2.39　台风气旋

2.2　购车时汽车的发动机功率高低必然是决定汽车价格的因素之一. 大功率发动机可使汽车在启动时获得更大的加速度. 汽车的驱动力是来自发动机吗？汽车发动机输出的功率越大，汽车的加速度就越大吗？

2.3　随着科技的快速发展，码头、建筑工地上的重型搬运工作已被起重机代替，因为起重机的输出功率大，可快速地搬运更多更重的货物. 但事实上，起重机在工作时都是慢慢吊起，轻轻放下. 请尝试从物理学的角度分析为什么起重机搬运货物时，要缓慢地吊起或者放下货物？

2.4　如图 2.40 所示，啄木鸟啄木的频率约 20 次每秒，一天啄木次数可达 1 万次以上. 每次啄木时，树木给啄木鸟头部的反冲力接近啄木鸟体重的 1 200 倍. 在如此大的冲击力作用之下，啄木鸟何以能安然无恙？

图 2.40　啄木鸟

习题 2

2.1　如图 2.41 所示，一半径为 R 的金属光滑圆环可绕其竖直直径转动. 在环上套有一质量为 m 的珠子. 逐渐增大圆环的转动角速度 ω，试求在不同转动速度下珠子在环上的平衡位置（以珠子平衡位置处圆环的半径与竖直直径的夹角 θ 表示）.

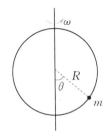

图 2.41　习题 2.1 图

2.2　桌上有一质量为 $M = 1$ kg 的平板,其上放一质量为 $m = 2$ kg 的另一物体,设物体与平板、平板与桌面之间的滑动摩擦系数均为 $\mu_k = 0.25$,静摩擦系数为 $\mu_s = 0.30$(取 $g = 9.8$ m/s²).

(1) 今以水平力 F 拉平板,使两者一起以 $a = 1$ m/s² 的加速度运动,试计算物体与平板、平板与桌面之间的相互作用力;

(2) 要将平板从物体下面抽出,至少需要多大的力?

2.3　如图 2.42 所示,两根弹簧的劲度系数分别为 k_1 和 k_2. 求证:

(1) 它们串联起来时,总劲度系数 k 与 k_1 和 k_2 满足关系式 $\dfrac{1}{k} = \dfrac{1}{k_1} + \dfrac{1}{k_2}$;

(2) 它们并联起来时,总劲度系数 $k = k_1 + k_2$.

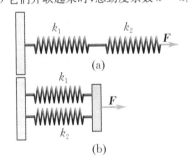

图 2.42　习题 2.3 图

2.4　滑雪运动员从滑道顶端由静止往下滑,摩擦力忽略不计,当运动员下滑 h 高度时,其速率多大(要求用牛顿第二定律求解)?

2.5　如图 2.43 所示,质量为 $m = 0.10$ kg 的小球,拴在长度为 $l = 0.5$ m 的轻绳子的一端,构成一个单摆. 单摆摆动时,绳子与竖直方向的最大夹角为 60°.

(1) 小球通过最低点时的速率为多少? 此时绳中的张力多大?

(2) 在 $\theta < 60°$ 的任意位置时,求小球速度 v 与 θ 的关系式. 这时小球的切向和法向加速度各为多大? 绳

中的张力多大?

(3) 在 $\theta = 60°$ 时,小球的切向和法向加速度各为多大? 绳中的张力有多大?

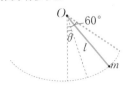

图 2.43　习题 2.5 图

2.6　如图 2.44 所示,在光滑的桌面上放置一个质量为 m_1 的物体,通过滑轮用轻绳与桌面下沿质量为 m_2 的物体相连(忽略绳与滑轮的摩擦阻力). 若将桌子固定在一小车上,求在下列两种情况下两物体相对于小车的加速度和绳中的张力:

(1) 小车以加速度 $\boldsymbol{a}$ 匀加速前进;

(2) 小车以加速度 $-\boldsymbol{a}$ 刹车.

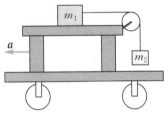

图 2.44　习题 2.6 图

2.7　如图 2.45 所示,一小球在弹簧的弹力作用下沿 x 轴运动. 弹力 $F = -kx$,而位移 $x = A\cos\omega t$,其中 k,A 和 ω 都是常数. 求在 $t = 0$ 到 $t = \pi/2\omega$ 的时间间隔内弹力给予小球的冲量.

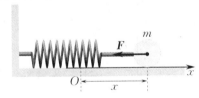

图 2.45　习题 2.7 图

2.8　用棒击打一个质量为 0.3 kg、速率为 20 m/s 的水平飞来的球,球飞到竖直上方 10 m 的高度. 棒给予球的冲量多大? 设球与棒的接触时间为 0.02 s,求球受到的平均冲力.

2.9　如图 2.46 所示,三个物体 A,B,C 的质量都为 M,开始时 B 和 C 挨在一起放在光滑水平桌面上,两者间连有一段长度为 0.4 m 的细绳,B 的另一侧连有另一细绳,该细绳跨过桌边的定滑轮与 A 相连. 已知滑轮轴上的摩擦可忽略不计,绳子长度一定. 问 A 和 B 起动后,经多长时间 C 也开始运动? C 开始运动时的速度是多少(取 $g = 10$ m/s²)?

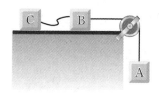

图 2.46　习题 2.9 图

2.10　如图 2.47 所示,在某一十字路口,一辆向东行驶的小车和一辆由南向北行驶的货车相撞,两车相撞后连在一起以 $v = 16$ m/s 朝北偏东 $\theta = 24.0°$ 滑行,在滑行的过程中,两车轮胎均处于制动状态. 已知小车的质量为 950 kg,货车的质量为 1 900 kg,该路段限速 60 km/h,试计算两车在碰撞前的速率并判断它们是否超速(忽略地面摩擦与空气阻力).

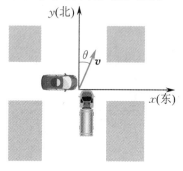

图 2.47　习题 2.10 图

2.11　三个物体 A,B,C 的质量分别为 3 kg,1 kg,1 kg,由轻质杆相连,位置如图 2.48 所示,求该系统的质心坐标.

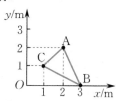

图 2.48　习题 2.11 图

***2.12**　如图 2.49 所示,在半径为 r 的均匀圆盘上,有一个半径为 $\dfrac{r}{2}$ 的圆洞,求此带洞圆盘的质心位置.

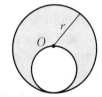

图 2.49　习题 2.12 图

2.13　一个质量为 3 kg 的物体在合力 $F_y = $

$-3y^2 + 4y + 6$(SI) 的作用下由静止开始沿 y 轴从 $y = 0$ 运动到 $y = 3$ m 处. 计算:

(1) 此过程中力 F_y 所做的功;

(2) 该物体位于 $y = 3$ m 处时,力 F_y 的功率.

***2.14**　一质量为 m 的质点拴在细绳的一端,绳的另一端固定,此质点在粗糙水平面上做半径为 r 的圆周运动. 设质点初始速率是 v_0,当它运动 1 周后,速率变为 $\dfrac{v_0}{2}$.

(1) 求摩擦力所做的功;

(2) 求滑动摩擦系数;

(3) 质点在静止下来以前运动了多少圈?

2.15　某双原子分子的原子间相互作用的势能函数为 $E_p(x) = \dfrac{A}{x^{12}} - \dfrac{B}{x^6}$,其中 A, B 为常量,x 为两原子的间距. 试求原子间相互作用力的函数式及原子间相互作用力为零时的距离.

***2.16**　一人骑车上一段坡道,在爬坡前他的速率为 5 m/s,当到达坡道顶端时速率降为 1.50 m/s,坡道顶端比底端高 5.20 m. 已知骑行者与自行车的总质量为 80.0 kg,忽略各种摩擦力,在爬坡过程中,

(1) 外力对骑行者与自行车做的总功是多少?

(2) 骑行者对自行车脚踏板做的总功是多少?

2.17　如图 2.50 所示,物体 A 的质量为 $m = 0.5$ kg,静止于光滑斜面上. 它与固定在斜面底端挡板 B 上的弹簧相距 3 m. 弹簧的劲度系数 $k = 400$ N/m. 斜面倾角为45°. 物体 A 由静止下滑后,弹簧的最大压缩量是多大?

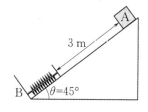

图 2.50　习题 2.17 图

****2.18**　一质量为 m 的物体,从质量为 M 的圆弧形槽顶端由静止滑下,设圆弧形槽的半径为 R,张角为 $\dfrac{\pi}{2}$,如图 2.51 所示,所有摩擦都忽略.

(1) 物体刚离开槽底端时,物体和槽的速度各是多少?

(2) 在物体从 a 滑到 b 的过程中,求物体对槽所做的功.

(3) 求物体到达 b 时对槽的压力.

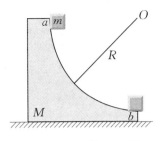

图 2.51　习题 2.18 图

2.19　一个物体的质量为 4 kg,沿一直线以 5 m/s 的速率运动.直线外一点 P 到这条直线的距离为 6 m,求该物体相对于 P 点的角动量.

2.20　如图 2.52 所示,在 Oxy 坐标系中,有一质量为 m 的粒子,沿着一条平行于 x 轴的直线,朝着 x 轴正方向以恒定的速度运动.设粒子对坐标原点的角动量的大小为 L,证明:粒子的位置矢量在单位时间内扫过的面积为 $\dfrac{\mathrm{d}A}{\mathrm{d}t} = \dfrac{L}{2m}$.

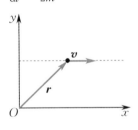

图 2.52　习题 2.20 图

2.21　设人造地球卫星在地球引力作用下沿平面椭圆轨道运动,地球中心点可以看作是固定点,且为椭圆轨道的一个焦点,卫星近地点离地面的距离为 439 km,远地点离地面的距离为 2 384 km.已知卫星在近地点的速度大小为 $v_1 = 8.12$ km/s,求卫星在远地点的速度大小.设地球的平均半径为 $R = 6\,370$ km.

2.22　如图 2.53 所示,有一个在竖直平面内摆动的单摆.

(1) 摆球对悬挂点的角动量守恒吗?

(2) 分析任意时刻摆球对悬挂点的角动量的方向,对于不同的时刻,角动量的方向会改变吗?

(3) 计算摆球在 θ 角时对悬挂点角动量的变化率.

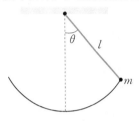

图 2.53　习题 2.22 图

2.23　两个滑冰运动员的质量均为 70 kg,并且以 6.5 m/s 的速率沿相反方向相向滑行,滑行路线间的垂直距离为 10 m.当彼此交错时,各抓住长度为 10 m 的绳索一端,然后相对旋转.

(1) 抓住绳索后系统的角速度是多少?

(2) 他们各自收拢绳索,到绳长为 5 m 时,各自的速率如何?

(3) 绳长 5 m 时,绳中的张力多大?

第3章

刚体力学

风力机叶片上每一点具有相同的角速度.研究表明,风力机的效能会随着叶片尺寸的增大而提高.请问其基本的力学原理是什么?

　　力学中,物体的运动形式包含平动、转动和振动等.研究平动时,物体可以被抽象为质点;研究转动时,如高速旋转的飞轮、自转的地球以及芭蕾舞演员的旋转等,转动物体上每一点的运动情况都各不相同,因此必须考虑物体的大小和形状,甚至大小和形状的改变(形变).在某些问题中,如果物体的形变可以忽略,则把这样的物体称为刚体.刚体和质点一样,都是理想的物理模型.刚体可以看作是特殊的质点系,刚体力学所采用的研究思路和方法与质点力学相同.

　　本章首先从运动学角度引入刚体运动的角量描述,然后为阐明刚体的一般运动,介绍了刚体的平面平行运动.从动力学的角度,本章重点研究刚体定轴转动所遵从的动力学规律,即转动定律;通过力矩对空间的累积,推出刚体定轴转动的动能定理及机械能守恒定律;通过力矩对时间的累积,推出刚体定轴转动的角动量定理及角动量守恒定律.

▪▪▪ 本章目标

1.能够用角量描述刚体的转动,了解刚体的平面平行运动.

2.掌握转动惯量的定义及相关计算.

3.能够利用转动定律解决刚体定轴转动中的一般动力学问题.

4.掌握力矩的功、刚体的转动动能和刚体势能的计算,并能够正确运用动能定理和机械能守恒定律解决刚体定轴转动的问题.

5.理解定轴转动中角动量的概念及计算,掌握角动量守恒定律在定轴转动系统中的应用.

*6.了解进动现象及其在实际中的常见应用.

3.1 刚体运动学

所谓**刚体**(rigid body),是指在任何情况下形状和大小都不发生变化的物体.实际物体在受到力的作用时形状和大小总要发生或大或小的改变,如果在讨论物体的运动时,这种形状和大小的改变可以忽略,就可以把物体当作刚体.把刚体分成若干微小的质元,每一质元可以看作一个质点,因此刚体是特殊的质点系,其特征是:刚体内任意两质点之间的距离在外力作用下始终保持不变.

3.1.1 刚体的平动和转动

平动和转动是两种最简单而又最基本的刚体运动形式,刚体的一般运动都可看成是由这两种基本运动合成的.

在刚体上任作一条直线,如果在刚体运动过程中,该直线的空间指向始终保持平行,则称这种运动为刚体的**平动**(translation),如图 3.1(a) 所示.做平动的刚体上各质元的速度、加速度都相同,刚体上任意一点的运动都可以代表整个刚体的运动(通常用质心的运动代表整个刚体的平动),此时刚体可以看作质点,前面学习的质点力学的规律仍然适用.电梯的升降,气缸中活塞的运动等都是平动.

如果刚体上各点都绕同一点或者同一直线(转轴)做圆周运动,这种运动称为刚体的**转动**(rotation).如果转轴位置固定不动,则刚体的转动又可叫作刚体的**定轴转动**(fixed-axis rotation),如门、窗、钟表指针等的运动都是定轴转动,如图 3.1(b) 所示.本章重点讨论刚体的定轴转动.

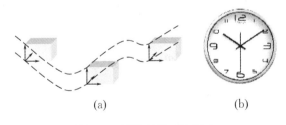

(a)   (b)

图 3.1　刚体的平动和转动

3.1.2 描述刚体转动的运动学量

刚体定轴转动时,相同的时间内各点相对于同一转轴转过的角度都相等,通常采用角量来描述刚体的转动.

首先确定刚体在任意时刻的位置.在刚体上取任意一点 P,作包含 P 点且垂直于转轴的平面(称为**转动平面**),如图 3.2(a) 所示,该平面与

转轴的交点是 O. 过 O 点在转动平面上任取一固定方向作为参考方向，则刚体在任意时刻的角位置可用从 O 点引向 P 点的矢径 r 与参考方向的夹角 θ 来表示；而 dt 时间内所发生的角位移就是 $d\theta$. 角速度和角加速度的定义与第 1 章圆周运动中的定义一致，刚体的角速度定义为

$$\omega = \frac{d\theta}{dt},$$

角加速度定义为

$$\beta = \frac{d\omega}{dt} = \frac{d^2\theta}{dt^2}.$$

当刚体做定轴转动的角加速度 $\beta = $ 常量时，第 1 章中给出的式(1.35)仍然成立.

角速度是矢量，规定其方向沿转轴且与转向成右手螺旋关系，如图 3.2(b) 所示.

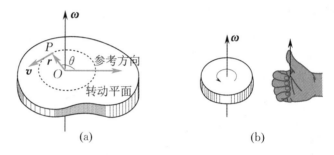

图 3.2 刚体的定轴转动

若用 r_{iO} 表示刚体上任意一点 P 相对于参考点 O 的位矢（见图 3.3），v_i 表示 P 点处质元的速度，则

$$\boldsymbol{v}_i = \boldsymbol{\omega} \times \boldsymbol{r}_{iO} = \boldsymbol{\omega} \times \boldsymbol{r}_i, \tag{3.1}$$

这里 r_i 是 P 点相对于 O' 点的位矢，大小是 P 点到转轴的垂直距离，即矢径 r_{iO} 在转动平面上的投影. P 点处质元的加速度为

$$\boldsymbol{a}_i = \frac{d\boldsymbol{v}_i}{dt} = \frac{d\boldsymbol{\omega}}{dt} \times \boldsymbol{r}_i + \boldsymbol{\omega} \times (\boldsymbol{\omega} \times \boldsymbol{r}_i). \tag{3.2}$$

式(3.2)结果中的第一项是切向加速度，第二项是法向加速度，即

$$a_\tau = r_i\beta, \quad a_n = r_i\omega^2. \tag{3.3}$$

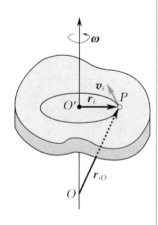

图 3.3 角速度与速度的关系

*矢量有大小和方向，同时还要符合平行四边形法则，服从交换律. 如图 3.4 所示放置的一本书，先绕与书面垂直的 x 轴逆时针转过 $\frac{\pi}{2}$，再绕 y 轴逆时针转过 $\frac{\pi}{2}$，得到图 3.4(a) 的结果. 如果将转动次序颠倒，即先绕 y 轴逆时针转过 $\frac{\pi}{2}$，再绕 x 轴逆时针转过 $\frac{\pi}{2}$，得到图 3.4(b) 的结果. 虽然角位移有大小和方向，但它不满足矢量的交换律，所以有限大的角位移不是矢量.

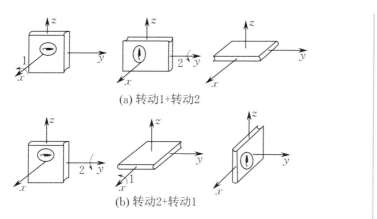

(a) 转动1+转动2

(b) 转动2+转动1

图 3.4　有限大的角位移不是矢量

例 3.1　观看完一部影片,碟片做匀减速转动,其角速度逐渐减小直到最终停止转动.假设碟片的角加速度恒定为 $-10.0\ \mathrm{rad/s^2}$. $t=0$ 时,它的角速度是 $\omega_0=27.5\ \mathrm{rad/s}$,请问在 $t=0.3\ \mathrm{s}$ 时,碟片的角速度是多少? 需要多长时间碟片才会停下来?

解　由题意,碟片的角加速度 $\beta=-10.0\ \mathrm{rad/s^2}$. 根据匀变速圆周运动的公式 $\omega=\omega_0+\beta t$,当 $t=0.3\ \mathrm{s}$,碟片的角速度

$$\omega=\omega_0+\beta t=27.5\ \mathrm{rad/s}+(-10.0\ \mathrm{rad/s^2})\times(0.3\ \mathrm{s})=24.5\ \mathrm{rad/s}.$$

碟片最终停下来的时间

$$t=\frac{\omega-\omega_0}{\beta}=\frac{0-27.5\ \mathrm{rad/s}}{-10.0\ \mathrm{rad/s^2}}=2.75\ \mathrm{s}.$$

思考

1. 主动轮和从动轮皮带上各点的速度都一样,其加速度也是一样的吗? 两轮子的角加速度又怎样呢?

2. 地球自西向东自转,它的自转角速度指向什么方向?

*3.1.3　刚体的平面平行运动

刚体的平面平行运动(plane-parallel motion)是常见的刚体运动,如纯滚动的车轮、玩具悠悠球的运动,如图 3.5 所示.

刚体做平面平行运动时,其上各点的运动都与某一固定平面平行,因此,与该平面垂直的任一直线上各点的运动轨迹、速度和加速度都相同. 这样,在研究刚体平面平行运动时只需要研究刚体上与固定平面平行的一个剖面的运动甚至于该剖面上的一根线段的运动就足够了. 确定该线段的位置需要三个独立变量:两个变量用于确定该线段上某一点的位置(如质心)的坐标,另一个变量用于确定线段方位.

如图 3.6 所示,刚体做平面平行运动,在刚体上选取任意线段 AB,在时间 Δt 内,线段 AB(跟随刚体运动)运动到位置 $A'B'$,这个过程可以分解为两个步骤,首先,线段 AB 平移到 1 位置,再绕 B'(基点)逆时针转过角度 $\Delta\theta$,到达位置 $A'B'$. 当然,也可以看作线段 AB 首先平移到 2 位置,再绕 A'(基点)逆时针转过角度 $\Delta\theta$,到达位置 $A'B'$. 这样,刚体的运动就可以分解为平动和转动. 显然,基点的选取不同,刚体的平动速度也不相同,但是不影响刚体的转动速度.

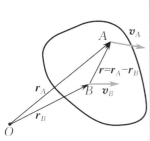

图 3.7　刚体上一点的运动

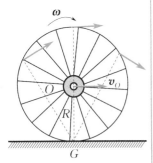

图 3.8　纯滚动轮子的瞬心

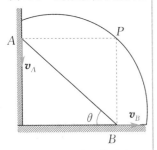

图 3.9　瞬心的确定

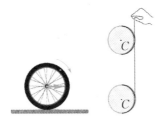

图 3.5　刚体平面平行运动实例

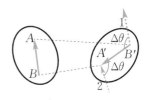

图 3.6　平面平行运动的分解

下面分析刚体上某一点的运动.刚体做平面平行运动时,其上任意一点 A 同时参与刚体的平动和转动.假设某一时刻,选定 B 为基点,如图 3.7 所示,则 A 点的速度 v_A 就等于基点的平动速度 v_B 和 A 点绕通过 B 点的垂直转轴的转动速度的叠加,即

$$v_A = v_B + \boldsymbol{\omega} \times (r_A - r_B),\qquad(3.4)$$

式中 r_A, r_B 分别是 A 点和 B 点相对于参考点 O 的位矢,第二项是 A 点绕通过 B 点的垂直转轴转动的线速度.刚体上任意一点的速度是确定的,它与基点的选取无关.如果把质心选作基点,刚体的平面平行运动就可以描述为质心的平动和绕过质心的垂直轴的转动的叠加.

式(3.4)对刚体上所有点都是成立的.如果在某一时刻, $v_A = 0$, 就称 A 点为刚体的瞬时转动中心,简称瞬心(instantaneous center),其物理意义是:在该时刻刚体剖面上所有点都绕瞬心做瞬时转动.不同时刻,瞬心位置不同;如果瞬心不随刚体运动而改变,就是刚体的定轴转动.瞬心实际是指通过瞬心且垂直于刚体剖面的转轴,是刚体的瞬时转动轴.例如,在平面上做纯滚动的车轮或者圆柱体的着地点 G 就是瞬心,如图 3.8 所示.因为是无滑动的滚动,所以 G 点的速度为零,轮子上的各点的速度矢量都和该点与 G 点的连线垂直.显然,中心 O 点的速度 $v_O = \omega R$. 这正是轮子或圆柱体做纯滚动的条件.

如果能够确定刚体上某两点速度的方向,则过这两点作与各自速度方向垂直的直线,它们的交点就是瞬心.例如,斜靠在墙壁上的梯子,若地面摩擦不足以维持平衡,梯子将发生滑动,其瞬心即为 P 点,如图 3.9 所示.

例 3.2　如图 3.10 所示,半径为 r 的小球在一个半径为 R 的半球形碗中做纯滚动.以 φ 代表极角(取极坐标系),试推导小球滚动的角速度 ω 和 $\dfrac{d\varphi}{dt}$ 的关系.

解　小球的纯滚动可以分解为小球质心 C 的平动和绕过质心 C 的垂直轴的转动.假设质心的平动速度是 v_C, 角速度是 $\boldsymbol{\omega}$. 因为是无滑动的滚动,小球和碗壁的接触点 P 是瞬心,则有

$$v_P = v_C + \boldsymbol{\omega} \times r = 0,$$

所以质心的速度大小 $v_C = \omega r$. 由于质心 C 绕 O 点做半径为 $(R-r)$ 的圆周运动,因此

$$v_C = (R - r)\frac{d\varphi}{dt}.$$

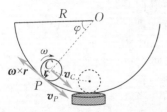

图 3.10　例 3.2 图

这样就得到小球转动的角速度大小为

$$\omega = \frac{v_C}{r} = \frac{R - r}{r}\frac{d\varphi}{dt}.$$

显然,小球绕质心转动的角速度大小和 $\dfrac{d\varphi}{dt}$ 是不同的,而且方向也不相同.如果考虑方向,上式还应添加负号.

试分析匀质圆柱体从粗糙斜面自静止无滑下滚的运动.

3.2 刚体的定轴转动 转动惯量

对转动问题,描述转动状态及其影响因素的基本物理量是角动量和力矩,因此角动量定理是研究转动动力学问题的基本依据. 对于做定轴转动的刚体,应用质点系的角动量定理时只需要考虑沿固定轴方向的分量,结合定轴转动的特点便可得到刚体做定轴转动时的转动定律.

3.2.1 转动定律

设刚体绕某固定轴转动,取该固定轴为 z 轴,如图 3.11 所示. 为了研究刚体的转动规律,把刚体分成许多质元,即把刚体看作特殊的质点系,根据质点系角动量定理的分量形式,有

$$M_z = \frac{\mathrm{d}L_z}{\mathrm{d}t},$$

式中 M_z 和 L_z 分别是刚体所受的总外力矩和总角动量沿 z 轴的分量,即对 z 轴的总外力矩(也称合外力矩)和对 z 轴的总角动量. 刚体对 z 轴的合外力矩可表示为

$$M_z = \sum_{i=1}^{N} M_{iz} = \sum_{i=1}^{N} F_i r_i \sin \varphi_i,$$

式中 F_i 是第 i 个质元所受的合外力(不包括内力)在转动平面内的分量;r_i 是该质元的位置矢量 $\boldsymbol{r}_{iO}$ 在转动平面内的分量,φ_i 是 $\boldsymbol{F}_i$ 与 $\boldsymbol{r}_i$ 的夹角. 设刚体绕 z 轴转动的角速度和角加速度分别为 ω 和 β,则有

$$L_z = \sum_{i=1}^{N} L_{iz} = \sum_{i=1}^{N} r_i \Delta m_i v_i = \sum_{i=1}^{N} \Delta m_i r_i^2 \omega = \Big(\sum_{i=1}^{N} \Delta m_i r_i^2\Big)\omega,$$

式中 $\sum_{i=1}^{N} m_i r_i^2$ 是由刚体自身结构和转轴位置决定的物理量,称为刚体对转轴的转动惯量(moment of inertia),常用 I 表示,即

$$I = \sum_{i=1}^{N} \Delta m_i r_i^2. \tag{3.5}$$

将 $L_z = I\omega$ 代入 $M_z = \dfrac{\mathrm{d}L_z}{\mathrm{d}t}$,可以得到

$$M_z = \frac{\mathrm{d}L_z}{\mathrm{d}t} = \frac{\mathrm{d}(I\omega)}{\mathrm{d}t} = I\frac{\mathrm{d}\omega}{\mathrm{d}t} = I\beta.$$

在约定转轴为 z 轴的情况下,常略去下标 z,因而上式常写为

$$M = I\beta. \tag{3.6}$$

式(3.6)表明,刚体所受的对某一固定转轴的合外力矩等于刚体对同一转轴的转动惯量与刚体所获得的角加速度的乘积. 这就是刚体绕固定轴转动的转动定律.

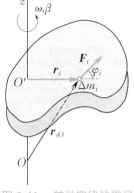

图 3.11 转动定律的推导

在形式上,刚体定轴转动定律与牛顿第二定律相对应,表明合外力矩的瞬时效应是产生角加速度.在应用转动定律时应注意以下几点:

（1）M 是合外力矩,是外力力矩的矢量和,而不是合外力的力矩.

（2）M,I,β 应是对同一转轴而言.

（3）单位需统一.在国际单位制中,M 的单位为牛［顿］米（N·m）, I 的单位为千克二次方米（kg·m²）,β 的单位为弧度每二次方秒（rad/s²）.

思考

如果刚体的角速度很大,作用在刚体上的力一定很大吗?

3.2.2 转动惯量的计算　　转动定律的应用

微课视频
转动惯量的计算

从式（3.6）可以看出,在刚体所受的合外力矩一定的情况下,转动惯量 I 越大,角加速度 β 就越小;反之,转动惯量 I 越小,角加速度 β 就越大.角加速度 β 的大小表征了刚体转动状态的变化快慢,而转动惯量 I 是刚体转动惯性大小的量度（与质量 m 是平动惯性的量度相对应）.

若刚体由有限个分立质点组合而成,可直接用式（3.5）通过求和的方法计算其转动惯量.一般情况下,刚体的质量是连续分布的,这时刚体可视为无穷多质元的刚性组合,转动惯量 I 的求和计算过渡到积分计算,即

$$I = \lim_{N \to \infty} \sum_{i=1}^{N} \Delta m_i r_i^2 = \int r^2 \, \mathrm{d}m. \tag{3.7}$$

转动惯量的大小除了与刚体的形状、大小和质量分布有关外,还与转轴的位置有关,一些常见的均匀刚体的转动惯量见表 3.1.

表 3.1　一些均匀刚体对特殊转轴的转动惯量

刚体	转轴的位置	转动惯量
细圆环 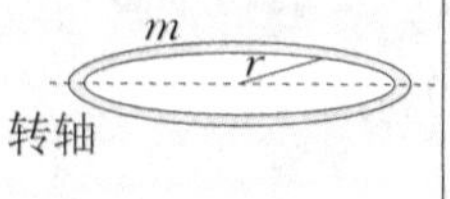	沿直径	$I = \dfrac{1}{2}mr^2$
细圆环 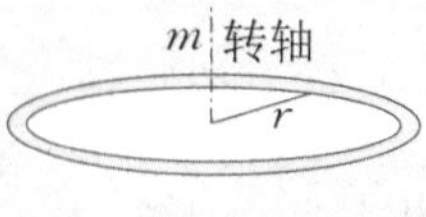	通过中心垂直于环面（中心轴）	$I = mr^2$
薄圆盘 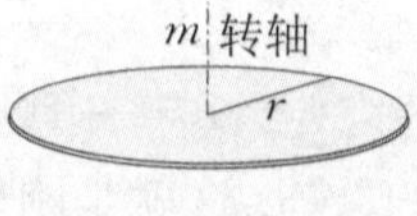	通过盘心垂直于盘面（中心轴）	$I = \dfrac{1}{2}mr^2$

续表

刚体	转轴的位置	转动惯量
细杆	通过一端垂直于细杆	$I = \dfrac{1}{3}mL^2$
细杆	通过中点垂直于细杆	$I = \dfrac{1}{12}mL^2$
圆柱体	沿几何轴	$I = \dfrac{1}{2}mr^2$
圆柱体	通过中心与几何轴垂直	$I = \dfrac{1}{4}mr^2 + \dfrac{1}{12}mL^2$
球体	沿直径	$I = \dfrac{2}{5}mr^2$
薄球壳	沿直径	$I = \dfrac{2}{3}mr^2$

　　在某些转轴不通过质心的情况下,为便于计算转动惯量,可借助下述平行轴定理和垂直轴定理.

1. 平行轴定理

　　同一刚体对不同转轴的转动惯量一般不同,但如果两个转轴平行,且其中一个通过刚体的质心,则刚体对这两个转轴的转动惯量之间有一简单关系.假设刚体的质量为 m,I_C 表示刚体对通过其质心 C 的转轴的转动惯量,则刚体对另一转轴的转动惯量为

$$I = I_C + md^2, \tag{3.8}$$

式中 d 表示两个平行转轴之间的距离,这一关系叫作平行轴定理(parallel axis theorem).

　　* 如图 3.12 所示,通过质量为 Δm_i 的质元 i 作一平面与两平行轴垂直,两轴与平面的交点分别为 C 点(相应轴线通过质心)和 O 点.O 点相对于 C 点的位置矢量为 $\boldsymbol{r}_{OC}$($|\boldsymbol{r}_{OC}| = d$),质元 i 相对于 C 点和 O 点的位置矢量分别为 $\boldsymbol{r}_{iC}$ 和 $\boldsymbol{r}_i$,则 $\boldsymbol{r}_i =$

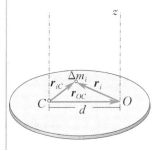

图 3.12　平行轴定理

$\boldsymbol{r}_{iC} - \boldsymbol{r}_{OC}$，所以

$$r_i^2 = \boldsymbol{r}_i \cdot \boldsymbol{r}_i = (\boldsymbol{r}_{iC} - \boldsymbol{r}_{OC}) \cdot (\boldsymbol{r}_{iC} - \boldsymbol{r}_{OC})$$

$$= r_{iC}^2 - 2\boldsymbol{r}_{iC} \cdot \boldsymbol{r}_{OC} + r_{OC}^2 = r_{iC}^2 - 2\boldsymbol{r}_{iC} \cdot \boldsymbol{r}_{OC} + d^2.$$

刚体对过 O 点的转轴的转动惯量为

$$I = \sum_i \Delta m_i r_i^2 = \sum_i \Delta m_i (r_{iC}^2 - 2\boldsymbol{r}_{iC} \cdot \boldsymbol{r}_{OC} + d^2)$$

$$= I_C + \left(\sum_i \Delta m_i\right) d^2 - 2\left(\sum_i \Delta m_i \boldsymbol{r}_{iC}\right) \cdot \boldsymbol{r}_{OC} = I_C + md^2.$$

注意上式的推导过程中利用了质心的定义，即 $\sum_i \Delta m_i \boldsymbol{r}_{iC} = \boldsymbol{0}$.

2. 垂直轴定理

如图 3.13 所示，薄板型刚体相对于 z 轴的转动惯量 I_z 和相对于 x，y 轴的转动惯量 I_x，I_y 有下面的关系：

$$I_z = I_x + I_y. \tag{3.9}$$

这一结论称之为垂直轴定理（perpendicular axis theorem）（读者可以自己证明）.

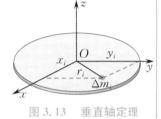

图 3.13　垂直轴定理

例 3.3　求质量为 m、长为 l 的匀质细棒对下列给定转轴的转动惯量：

（1）转轴通过棒的中心并与棒垂直；

（2）转轴通过棒的一端并与棒垂直；

（3）转轴通过棒上离中心为 h 的一点并与棒垂直.

解　细棒质量沿棒长方向均匀分布，以 λ 表示质量线密度（单位长度的质量）. 如图 3.14 所示，取棒长方向为 x 轴，转轴与棒的交点为坐标原点，在坐标 x 处取一长度微元 $\mathrm{d}x$，其质量为 $\mathrm{d}m = \lambda \mathrm{d}x$.

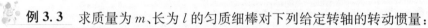

图 3.14　例 3.3 图

（1）当转轴通过棒的中心并与棒垂直时（见图 3.14(a)），根据式（3.7），可得

$$I = \int x^2 \mathrm{d}m = \int_{-\frac{l}{2}}^{\frac{l}{2}} x^2 \lambda \mathrm{d}x = \frac{1}{3}\lambda x^3 \Big|_{-\frac{l}{2}}^{\frac{l}{2}} = \frac{\lambda}{12}l^3.$$

将 $\lambda = \dfrac{m}{l}$ 代入上式，可得

$$I = \frac{1}{12}ml^2.$$

（2）当转轴通过棒的一端并与棒垂直时（见图 3.14(b)），根据式（3.7），可得

$$I = \int x^2 \mathrm{d}m = \int_0^l x^2 \lambda \mathrm{d}x = \frac{1}{3}\lambda l^3 = \frac{1}{3}ml^2.$$

（3）当转轴通过棒上离中心为 h 的一点并与棒垂直时，应用平行轴定理，可得

$$I = I_C + mh^2 = \frac{1}{12}ml^2 + mh^2.$$

显然，对于不同的转轴，同一刚体的转动惯量是不同的.

例 3.4 求质量为 m、半径为 R 的薄圆盘相对于通过中心并与此圆盘垂直的转轴的转动惯量,设圆盘质量均匀分布.

解 薄圆盘质量沿圆面均匀分布,质量面密度 $\sigma = \dfrac{m}{\pi R^2}$. 取半径为 r、宽为 $\mathrm{d}r$ 的细圆环,如图 3.15 所示,该细圆环对中心转轴的转动惯量为

$$\mathrm{d}I = r^2 \mathrm{d}m = r^2 \sigma(2\pi r \mathrm{d}r) = 2\pi \sigma r^3 \mathrm{d}r,$$

则整个圆盘的转动惯量为

$$I = \int \mathrm{d}I = \int_0^R 2\pi \sigma r^3 \mathrm{d}r = \frac{\pi}{2}\sigma R^4.$$

将 $\sigma = \dfrac{m}{\pi R^2}$ 代入上式,得

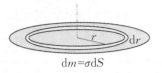

图 3.15 例 3.4 图

$$I = \frac{1}{2}mR^2.$$

例 3.5 如图 3.16 所示,在阶梯状圆柱形滑轮上沿相反的方向缠绕两根轻绳,滑轮质量均匀分布,内、外半径分别为 r, R,绳上分别悬挂质量为 m_1 和 m_2 的物体. 若滑轮对中心轴的转动惯量为 I,忽略转轴摩擦,试求滑轮的角加速度 β 和绳中的张力 T_1, T_2. 假设绳子不可伸长且绳子与滑轮间无相对滑动.

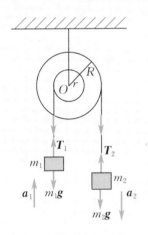

图 3.16 例 3.5 图

解 设 m_1 向上运动,m_2 向下运动,加速度分别为 a_1 和 a_2,滑轮的角加速度为 β. 因绳子与滑轮间无相对滑动,故 $a_1 = r\beta, a_2 = R\beta$. 对两物体应用牛顿第二定律,可得

$$m_2 g - T_2 = m_2 a_2 = m_2 R\beta, \qquad ①$$
$$T_1 - m_1 g = m_1 a_1 = m_1 r\beta; \qquad ②$$

对滑轮应用转动定律,得

$$T_2 R - T_1 r = I\beta. \qquad ③$$

联立式①、式②和式③,得

$$\beta = \frac{(m_2 R - m_1 r)g}{I + m_2 R^2 + m_1 r^2},$$
$$T_1 = m_1(g + r\beta) = m_1 g + \frac{m_1 r(m_2 R - m_1 r)g}{I + m_2 R^2 + m_1 r^2},$$
$$T_2 = m_2(g - R\beta) = m_2 g - \frac{m_2 R(m_2 R - m_1 r)g}{I + m_2 R^2 + m_1 r^2}.$$

例 3.6 质量为 M 且均匀分布的木棍长度为 $2l$. 木棍一端靠在光滑的墙上,另一端置于粗糙地面,假设木棍与地面的摩擦系数为 μ,有一个质量为 m 的猴子爬到距离木棍下端 l_1 的位置,如图 3.17 所示. 试问木棍不滑动的条件是什么?

解 刚体平衡时既无平动亦无转动,因此刚体平衡的充分条件是:(1) 合外力为零;(2) 相对于任意参考点的合外力矩为零. 木棍的受力分析如图 3.17 所示,有

$$\begin{cases} N_A - f = 0, \\ N_B - mg - Mg = 0. \end{cases}$$

方便起见,选 P 点(见图 3.17)作为力矩的参考点,有

$$2lf\sin\theta - mgl_1\cos\theta - Mgl\cos\theta = 0.$$

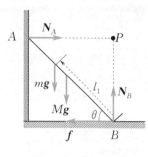

图 3.17　例 3.6 图

联立以上三式,解得

$$N_A = f = \frac{ml_1 + Ml}{2l}g \cot\theta, \quad N_B = (m+M)g.$$

木棍不滑动的条件是 $f \leqslant \mu N_B$,即

$$\frac{ml_1 + Ml}{2l}g \cot\theta \leqslant \mu(m+M)g.$$

下面分两种情况讨论:

（1）如果倾斜角一定,猴子所能爬上的高度为

$$l_1 = \frac{2l\mu(m+M)\tan\theta}{m} - \frac{M}{m}l.$$

显然,倾斜角和摩擦系数 μ 越大,允许攀爬的高度越高.

（2）如果要求攀爬的高度确定,则要求木棍的倾斜角

$$\theta \geqslant \arctan\frac{ml_1 + Ml}{2l\mu(m+M)}.$$

结果表明,摩擦系数 μ 越大,攀爬的高度越低,所允许木棍的倾斜角越小.

思考

1. 质量相等的圆盘和圆环都可以绕过中心且垂直于盘面和环面的轴转动.用同样的力矩使它们从静止开始转动,请问经过相同时间后,哪个转速更大?

2. 演员在表演杂技节目 —— 空中走钢丝时会将手臂水平伸直或者横拿一个细长的直杆.这是为什么呢?

3.3　刚体的动能与势能

在刚体转动过程中,作用在刚体上某质元的力所做的功仍然可用式(2.36)计算,质点系的动能定理和机械能守恒定律仍然适用.

3.3.1　力矩的功

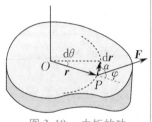

图 3.18　力矩的功

如图 3.18 所示,设刚体所受的外力为 F,且 F 在转动平面内,刚体绕固定轴转过一微小角度 $d\theta$,力 F 的作用点 P 处的质元发生元位移 dr,沿半径为 r 的圆周转过的弧长为 $ds = rd\theta$(在 $\Delta t \to 0$ 时,$|dr| = ds$),力 F 在这段元位移中所做的功为

$$dA = \boldsymbol{F} \cdot d\boldsymbol{r} = F\cos\alpha|d\boldsymbol{r}| = F\cos\alpha ds$$
$$= Fr\cos\alpha d\theta = Fr\sin\varphi d\theta,$$

式中 $Fr\sin\varphi$ 即力 F 对转轴的力矩,故上式可写成

$$dA = Md\theta. \tag{3.10}$$

式(3.10)表明,力矩所做的元功等于力矩 M 和角位移 $d\theta$ 的乘积.刚体从角位置 θ_1 转至 θ_2,力矩 M 所做的功为

$$A = \int_{\theta_1}^{\theta_2} M \mathrm{d}\theta. \qquad (3.11)$$

式(3.11)是力做功在刚体转动中的特殊表达式.刚体定轴转动时,各质元在相同时间内转过相同的角度,质元间的距离恒定不变,任意一对内力大小相等、方向相反且在同一直线上,故一对内力力矩的代数和为零,内力力矩的总功也为零.对定轴转动的刚体,只需考虑合外力矩的功.

3.3.2 刚体的转动动能

刚体的转动动能等于其内部各质元的动能之和.当刚体绕固定轴转动时,各质元的角速度 ω 相等,而速度 v 则不同.设刚体内第 i 个质元的质量为 Δm_i,离转轴的距离为 r_i,整个刚体的转动动能就是各质元的动能之和,即

$$E_k = \sum_i \frac{1}{2} \Delta m_i v_i^2 = \frac{1}{2} \left(\sum_i \Delta m_i r_i^2 \right) \omega^2 = \frac{1}{2} I \omega^2. \qquad (3.12)$$

式(3.12)即为刚体转动动能(rotational kinetic energy)的计算公式.刚体平动时对应的动能称为平动动能.当刚体做平面平行运动等复杂运动时,刚体的转动动能和平动动能可以同时存在.

将等式 $M = I\beta$ 两边同乘以角位移 $\mathrm{d}\theta$,并考虑到 $\beta = \dfrac{\mathrm{d}\omega}{\mathrm{d}t}$,得

$$M\mathrm{d}\theta = I \frac{\mathrm{d}\omega}{\mathrm{d}t} \mathrm{d}\theta = I \frac{\mathrm{d}\theta}{\mathrm{d}t} \mathrm{d}\omega = I\omega \mathrm{d}\omega.$$

上式左边即合外力矩的元功 $\mathrm{d}A$.设在某一段时间内,刚体的角速度由 ω_1 变为 ω_2,角位置由 θ_1 变为 θ_2,而合外力矩所做的功为 A,则由上式两边积分可得

$$A = \int_{\theta_1}^{\theta_2} M\mathrm{d}\theta = \int_{\omega_1}^{\omega_2} I\omega \mathrm{d}\omega = \frac{1}{2} I\omega_2^2 - \frac{1}{2} I\omega_1^2. \qquad (3.13)$$

式(3.13)表明,刚体绕固定轴转动时动能的增量等于合外力矩所做的功.这就是刚体定轴转动的动能定理.这一结论是质点系的动能定理在刚体做定轴转动时的特殊形式.读者可以尝试从质点系的动能定理(考虑定轴转动时,各质元间的相互作用内力的功的总和为零)直接推出式(3.13).

某些机器上会配置飞轮,其目的就是利用飞轮的大转动惯量,把能量以转动动能的形式储存起来,在需要做功时释放出来.例如,冲床冲孔时,由飞轮带动冲头做功,飞轮转动动能减少.这是动能定理在工程技术上的应用.

思考

刚体定轴转动时,动能的增量是否只取决于外力对它做的功,而与内力的作用无关?对于非刚体也是这样吗?为什么?

3.3.3　刚体的势能

如果刚体处在保守力场中,同样可以引入势能的概念.例如,在重力场中的刚体具有一定的重力势能.刚体的重力势能就是各质元重力势能的总和.如图 3.19 所示,设刚体中任意质元的质量为 Δm_i,其重力势能为

$$E_{pi} = \Delta m_i g h_i,$$

则整个刚体的重力势能为

$$E_p = \sum_i E_{pi} = \sum_i \Delta m_i g h_i = g \sum_i \Delta m_i h_i.$$

根据质心的定义,刚体质心的高度为

$$h_C = \frac{\sum_i \Delta m_i h_i}{m},$$

因此

$$E_p = mgh_C. \tag{3.14}$$

式(3.14)表明,刚体的重力势能取决于刚体质心距势能零点的高度,即计算刚体的重力势能时,可把刚体的质量看成集中于质心,计算质心的重力势能即可.

对于包括有刚体的系统,如果在运动过程中只有保守内力做功,则该系统的机械能必然守恒.

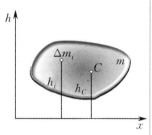

图 3.19　刚体的重力势能

例 3.7　如图 3.20 所示,均匀细棒可以绕过 O 点的光滑固定轴在竖直平面内自由转动,求细棒从水平位置由静止状态下摆至 θ 角时的角加速度和角速度.

解　**方法一**　取细棒为研究对象,垂直于纸面向里的方向为轴线参考正方向.任意时刻 t,细棒受到的合外力矩就是其重力对转轴的重力矩,即

$$M = \frac{1}{2} mgL \cos\theta.$$

细棒对转轴的转动惯量 $I = \frac{1}{3} mL^2$,由转动定律可得细棒的角加速度为

$$\beta = \frac{M}{I} = \frac{\frac{1}{2} mgL \cos\theta}{\frac{1}{3} mL^2} = \frac{3g\cos\theta}{2L}.$$

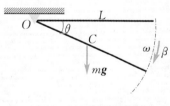

图 3.20　例 3.7 图

又因为 $\beta = \dfrac{\mathrm{d}\omega}{\mathrm{d}t} = \dfrac{\mathrm{d}\omega}{\mathrm{d}\theta} \dfrac{\mathrm{d}\theta}{\mathrm{d}t} = \omega \dfrac{\mathrm{d}\omega}{\mathrm{d}\theta}$,代入上式可得

$$\omega \mathrm{d}\omega = \frac{3g\cos\theta}{2L} \mathrm{d}\theta,$$

两边积分有

$$\int_0^\omega \omega \mathrm{d}\omega = \int_0^\theta \frac{3g\cos\theta}{2L} \mathrm{d}\theta,$$

从而

$$\omega = \sqrt{\frac{3g\sin\theta}{L}}.$$

由计算结果可知,细棒下摆过程中角加速度随 θ 的增大而减小,角速度随 θ 的增大而增大. 当细棒下摆到竖直位置时,$\theta = 90°$,角加速度为零,角速度达到最大值.

方法二 取细棒为研究对象. 细棒除受转轴对它的支持力外,只受重力作用. 而支持力对轴的力矩等于零,重力矩就是合外力矩. 当细棒转至与水平位置成 θ 角的位置时,重力矩为 $M = \frac{1}{2}mgL\cos\theta$,由转动定律得到

$$\beta = \frac{M}{I} = \frac{\frac{1}{2}mgL\cos\theta}{\frac{1}{3}mL^2} = \frac{3g\cos\theta}{2L}.$$

由刚体定轴转动的动能定理,重力矩所做的功 $A = \frac{1}{2}I\omega_2^2 - \frac{1}{2}I\omega_1^2$,可得

$$\int_0^\theta \frac{1}{2}mgL\cos\theta \mathrm{d}\theta = \frac{1}{2}I\omega^2,$$

即

$$\frac{1}{2}mgL\sin\theta = \frac{1}{2}I\omega^2.$$

由此可得细棒的角速度

$$\omega = \sqrt{\frac{mgL\sin\theta}{I}} = \sqrt{\frac{3g\sin\theta}{L}}.$$

由于只有重力做功,本例也可用机械能守恒定律求解.

例 3.8 如图 3.21 所示,质量为 m_1、半径为 R 的定滑轮(当作匀质圆盘)上面绕有细绳. 细绳的一端固定在滑轮上,另一端挂有质量为 m_2 的物体. 忽略轴处摩擦,求物体 m_2 由静止下落 h 高度时的速度. 不计细绳的伸长和质量,细绳与滑轮间无相对滑动.

解 将滑轮、物体、细绳和地球视为研究系统,在物体 m_2 下落的过程中,滑轮随之转动. 轴对滑轮的支持力不做功(因为无位移),细绳的拉力 T 对滑轮做正功 $TR\Delta\theta = Th$,对物体 m_2 做负功 $-Th$,故这一对内力做功的代数和为零. 因此,在系统运动过程中,机械能守恒.

取物体的初始位置为重力势能零点,由机械能守恒定律,得到

$$\frac{1}{2}I\omega^2 + \frac{1}{2}m_2 v^2 - m_2 gh = 0,$$

将 $I = \frac{1}{2}m_1 R^2$,$\omega = \frac{v}{R}$ 代入上式,得

$$m_2 gh = \frac{1}{2}m_2 v^2 + \frac{1}{4}m_1 v^2.$$

求解上式,得

$$v = 2\sqrt{\frac{m_2 gh}{m_1 + 2m_2}}.$$

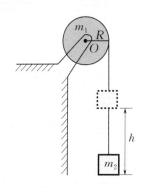

图 3.21 例 3.8 图

如果一个刚体很大，它的重力势能还等于它的全部质量集中在质心时的势能吗？

3.4　刚体转动的角动量及角动量守恒定律

角动量守恒定律

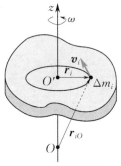

图 3.22　刚体角动量

3.4.1　刚体转动的角动量定理

考虑以角速度 ω 绕固定轴转动的刚体，如图 3.22 所示. 在 3.2.1 节中,已求得其总角动量沿 z 轴的分量为

$$L_z = \sum_i L_{iz} = \sum_i r_i \Delta m_i v_i = \sum_i \Delta m_i r_i^2 \omega = \Big(\sum_i \Delta m_i r_i^2 \Big)\omega = I_z \omega.$$

略去下标 z,刚体转动的角动量可以表示为

$$L = I\omega. \tag{3.15}$$

这样,刚体定轴转动的角动量定理可以表示为

$$M = \frac{\mathrm{d}L}{\mathrm{d}t} = \frac{\mathrm{d}}{\mathrm{d}t}(I\omega).$$

在 $t_0 \sim t$ 时间间隔内,合外力矩对时间的累积为

$$\int_{t_0}^t M\mathrm{d}t = I\omega - I_0\omega_0. \tag{3.16}$$

$\int_{t_0}^t M\mathrm{d}t$ 称为合外力矩 M 在 $t_0 \sim t$ 时间内的冲量矩（moment of impulse）. 式(3.16)表明,在一段时间内,相对于同一转轴的合外力矩的冲量矩等于在这段时间内刚体角动量的增量,这是刚体定轴转动的角动量定理的积分形式,其物理含义是:合外力矩的时间累积效应是使刚体角动量发生变化.

3.4.2　角动量守恒定律

由式(3.16)可知,如果合外力矩 $M = 0$,则

$$I\omega = 常量, \tag{3.17}$$

即当刚体相对于转轴所受的合外力矩等于零时,刚体相对于同一转轴的角动量保持不变. 这一结论称为刚体定轴转动的角动量守恒定律. 式(3.17)是角动量守恒在刚体绕固定轴转动时的特殊形式. 需要指出的是,这一结论不仅仅适用于刚体,对绕固定轴转动的任意物体或系统都成立.

对于绕某固定轴转动的物体,角动量守恒的情况有以下三种:

(1) 刚体定轴转动时,转动惯量不变,角动量守恒表现为角速度不变. 例如,地球的自转运动就近似为这一种情形.

(2) 当定轴转动系统由多个物体组成时,角动量守恒表现为各物体

角动量的矢量和保持不变,即

$$\sum_i I_i \boldsymbol{\omega}_i = 常矢量.$$

（3）物体绕固定轴转动时,如果物体上的质元相对于转轴的距离可变,则物体转动惯量可变,此时角动量守恒表现为当物体的转动惯量增加或减少时,其角速度相应地减少或增加.如图 3.23(a) 所示,人手臂的伸展或收缩改变了转动惯量的大小,转动的角速度随之变快或变慢.舞蹈演员、花样滑冰运动员等就是利用这一原理控制旋转速度.工程上经常采用的摩擦离合器也是角动量守恒定律的应用.如图 3.23(b) 所示,离合器结合前,飞轮 A 以角速度 ω_A 转动,飞轮 B 静止,C 为摩擦啮合器.在结合过程中,它们所受的外力矩为零,因摩擦力矩是内力矩,系统的角动量守恒,即

$$I_A \omega_A = (I_A + I_B)\omega.$$

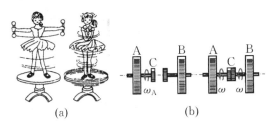

图 3.23　角动量守恒演示

例 3.9　如图 3.24 所示,质量为 M、半径为 R 的转台可绕竖直轴无摩擦地转动,质量为 m 的人站在转台的边缘,人和转台原来都静止.如果人沿转台的边缘匀速走一周,相对于地面来说,人和转台各转了多少角度?

解　以人和转台为研究系统,地面为参考系.系统所受合外力矩为零,因此角动量守恒.开始时系统的角动量等于零,故

$$I_1 \omega_1 - I_2 \omega_2 = 0,$$

式中 I_1, I_2 分别表示转台和人对转台中心轴的转动惯量,ω_1, ω_2 分别表示转台和人相对于地面的角速度,因两者方向相反,故只

图 3.24　例 3.9 图

考虑其大小.将转台的转动惯量 $I_1 = \dfrac{1}{2}MR^2$ 和人的转动惯量 $I_2 = mR^2$ 代入上式,得

$$\frac{1}{2}MR^2\omega_1 - mR^2\omega_2 = 0,$$

于是

$$\omega_1 = \frac{2m}{M}\omega_2.$$

人相对于转台的角速度为

$$\omega = \omega_1 + \omega_2 = \frac{M+2m}{M}\omega_2.$$

人在转台上走一周所需时间为

$$t = \frac{2\pi}{\omega} = \frac{2\pi M}{(M+2m)\omega_2}.$$

人相对于地面所转的角度为

$$\theta = \omega_2 t = \frac{2\pi M}{M+2m}.$$

转台相对于地面所转的角度为

$$\varphi = \omega_1 t = \frac{4\pi m}{M+2m}.$$

显然 $\theta + \varphi = 2\pi$.

例 3.10 一根质量为 M、长为 $2l$ 的均匀细棒,可以在竖直平面内绕通过其中点 O 的水平轴转动. 开始时细棒在水平位置,如图 3.25 所示. 一质量为 m 的小球与细棒的一端做完全弹性碰撞. 若小球与细棒碰撞前瞬间的速度为 u,求碰撞后小球的回跳速度以及细棒的角速度.

解 以 v 表示碰撞后小球的回跳速度,ω 表示细棒的角速度. 考虑小球和细棒组成的系统,由于碰撞过程中冲力远大于小球的重力(仅小球的重力产生外力矩),故可认为角动量守恒,即

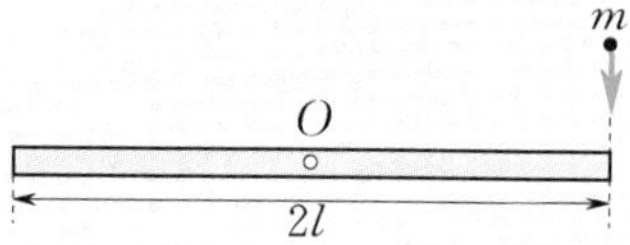

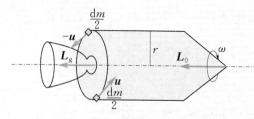

图 3.25 例 3.10 图

$$mul = I\omega - mvl.$$

又因小球与细棒的碰撞是完全弹性的,碰撞前后系统动能相等,即有

$$\frac{1}{2}mu^2 = \frac{1}{2}mv^2 + \frac{1}{2}I\omega^2.$$

已知细棒相对于转轴的转动惯量 $I = \frac{1}{3}Ml^2$,联立上两式,解得

$$v = \frac{u(M-3m)}{M+3m}, \quad \omega = \frac{6mu}{(M+3m)l}.$$

例 3.11 航天飞船对其中心轴的转动惯量 $I = 2 \times 10^3 \text{ kg} \cdot \text{m}^2$,它以 $\omega = 0.2 \text{ rad/s}$ 的角速度绕中心轴旋转,如图 3.26 所示. 航天员用两个切向的控制喷管使飞船停止旋转. 每个喷管的位置与轴线的垂直距离 r 都是 1.5 m. 两喷管的喷气流量恒定,共为 $\alpha = 2 \text{ kg/s}$. 假设废气以恒定的速率(相对于飞船周边)$u = 50 \text{ m/s}$ 喷射. 问要使飞船停止旋转,喷管应喷射多长时间?

图 3.26 例 3.11 图

解 把飞船和排出的废气看作研究系统,废气质量为 m. 可以认为废气质量远小于飞船的质量,原来系统对于飞船中心轴的角动量近似地等于飞船自身的角动量,即

$$L_0 = I\omega.$$

在喷气过程中,以 dm 表示 dt 时间内喷出的气体,这些气体对中心轴的角动量为 $r(\omega r + u)dm$,方向与飞船的角动量相同. 因 $u = 50 \text{ m/s}$ 远大于飞船周边的速率,所以 $r(\omega r + u)dm \approx ru\,dm$. 在整个喷气过程中喷出废气的总角动量 L_g 应为

$$L_g = \int_0^m ru\,dm = mru.$$

当航天飞船停止旋转时,其角动量为零,这时系统的总角动量 L_1 就是全部排出废气的总角动量,即

$$L_1 = L_g = mru.$$

在整个喷射过程中,系统所受的对于飞船中心轴的外力矩为零,系统对于该轴的角动量守恒,由此得

$$I\omega = mru,$$

故废气质量为

$$m = \frac{I\omega}{ru}.$$

所需的时间为

$$t = \frac{m}{\alpha} = \frac{I\omega}{\alpha ru} = \frac{2 \times 10^3 \times 0.2}{2 \times 1.5 \times 50} \text{ s} \approx 2.67 \text{ s}.$$

思考

1. 动量守恒和角动量守恒的条件有什么不同?弹性碰撞过程中动量和角动量一定守恒吗?

2. 航天飞船中的航天员悬立在座舱中.身体不触碰舱壁情况下,只用右脚顺时针画圈,身体就会向左旋转;两臂伸直向后画圈,身体又会向前旋转.试分析其中的物理原理.

*3.5 进动

3.5.1 进动

刚体绕定点的转动通常是复杂的,常见的定点转动有陀螺的转动(见图 3.27). 当陀螺绕自身转轴高速旋转时,其自身转轴又会绕通过顶点 O 的竖直轴转动,这种现象称为进动(precession),陀螺在外力矩作用下产生进动的效应,叫作回转效应 (gyroscopic effect).

进动或者回转效应可以利用角动量定理来说明. 如图 3.28(a) 所示,假设陀螺的质心 C 相对于 O 点的位矢为 r_C,陀螺所受的重力矩 $\boldsymbol{M} = \boldsymbol{r}_C \times m\boldsymbol{g}$ 即为其所受的合外力矩,方向与陀螺绕自身转轴转动的角动量 $\boldsymbol{L}$ 垂直. 因此,在重力矩的作用下,陀螺角动量的大小不变,只有方向改变. 根据角动量定理,

$$d\boldsymbol{L} = \boldsymbol{M}dt,$$

可知角动量增量 $d\boldsymbol{L}$ 的方向和重力矩的方向一致,这正是陀螺产生进动的原因. 从俯视的角度观察,陀螺进动的方向和陀螺绕自身转轴转动的方向一致,因此陀螺不会倒下.

如图 3.28(b) 所示,在 dt 时间内,角动量增量 $d\boldsymbol{L}$ 的大小为

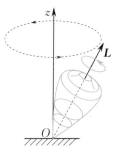

图 3.27 陀螺的运动

进动

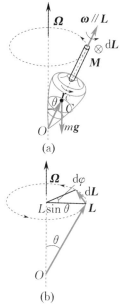

图 3.28　进动的分析

$$|\mathrm{d}\boldsymbol{L}| = L\sin\theta\mathrm{d}\varphi = M\mathrm{d}t.$$

因此,进动的角速度为

$$\Omega = \frac{\mathrm{d}\varphi}{\mathrm{d}t} = \frac{M}{L\sin\theta} = \frac{M}{I\omega\sin\theta}, \qquad (3.18)$$

式中 I 和 ω 分别为陀螺绕自身转轴转动的转动惯量和角速度.显然,进动的角速度 Ω 和外力矩成正比,和陀螺绕自身转轴转动的角动量成反比,和角度 θ 没有关系(式(3.18)中的力矩 M 包含一个 $\sin\theta$ 项).实际观察中,陀螺自转角速度越大,进动越慢就是这一原理.当陀螺的自转角速度不够大时,除了自转和进动外,陀螺的对称轴还会在竖直平面内上下摆动,角度 θ 会呈现出大小的波动,称为章动(nutation).

回转效应在实际中有着广泛的应用.例如,炮膛内的螺旋形来复线,就是为了使炮弹在绕自身轴高速旋转后产生回转效应,从而避免炮弹由于受到空气阻力矩的作用翻转与偏离瞄准方向.

3.5.2　陀螺仪

陀螺仪(gyroscope)(回转仪)是应用陀螺的力学特性制成的陀螺装置.下面介绍常见的两种陀螺仪.

1. 常平架上的陀螺仪

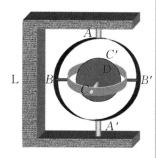

图 3.29　常平架上的陀螺仪

如图 3.29 所示,陀螺仪的核心部分是一个质量较大的转子 D,转子置于一特殊支架(称为常平架)L 上,由内外两个圆环组成,外环可绕由光滑支点 A,A' 所确定的轴自由转动,内环能绕与外环相连的光滑支点 B,B' 所确定的轴自由转动.内外环的轴线相互垂直,转子装在内环上,其质量关于自身轴线 CC' 呈对称分布.转子可绕三个相互垂直的转轴自由转动.当无外力矩作用在转子上时,使转子高速旋转之后,不管支架如何移动或转动,角动量守恒保证了其转轴方向将保持恒定不变,这样就可以利用转轴的指向作为判断空间方位的参考方向.陀螺仪的这一特征通常应用于航空、航海、海洋与气象探测甚至于火箭、导弹的定向导航.为提高其精准性,除了机械陀螺外,科学家还研究了电磁陀螺和光学陀螺,冷原子干涉陀螺仪在惯性导航中也将具有广阔的应用前景.

2. 杠杆陀螺仪

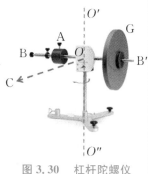

图 3.30　杠杆陀螺仪

图 3.30 所示是杠杆陀螺仪示意图,杆 BB′ 可以在水平面内绕光滑支点转动,也可以随着平衡砝码 A 的移动而偏离水平面产生倾斜.如果首先调节 A 的位置使杆 BB′ 处在水平状态,同时让陀螺仪的转子 G 绕自身转轴高速旋转,此时再调节 A 的位置,会发现一个有趣的现象:杆 BB′ 不倾斜而是在水平面内绕竖直轴 $O'O''$ 发生进动.此时,如果给进动的陀螺加上一个水平方向的力,试图加速进动,杆 BB′ 却又向下倾斜,之后又会回到水平面进动.这样的过程会反复交替出现,端点 B′ 会走出摆线的轨迹,这就是陀螺的章动.这些现象都可以利用角动量定理和力矩的矢量性加以分析解释,请读者自己证明.在自然界中,地球除绕自身轴转动外,也有绕地轴的进动和章动.

思考

试根据进动的原理,说明骑自行车转弯时应该采取的合理动作.

本章小结

1. 描述刚体定轴转动的运动学量

(1) 角速度：$\omega = \dfrac{\mathrm{d}\theta}{\mathrm{d}t}$.

(2) 角加速度：$\beta = \dfrac{\mathrm{d}\omega}{\mathrm{d}t}$.

2. 刚体定轴转动的规律

(1) 刚体定轴转动定律：$M = I\beta$.

(2) 转动惯量：$I = \sum\limits_{i=1}^{N} \Delta m_i r_i^2$.

质量连续分布的刚体：$I = \int r^2 \, \mathrm{d}m$.

(3) 平行轴定理：$I = I_C + md^2$.

(4) 垂直轴定理：$I_z = I_x + I_y$.

3. 力矩的功、转动动能定理

(1) 力矩的功：$A = \int_{\theta_1}^{\theta_2} M \mathrm{d}\theta$.

(2) 转动动能：$E_k = \dfrac{1}{2} I\omega^2$.

(3) 刚体的重力势能：$E_p = mgh_C$.

(4) 刚体定轴转动的动能定理：

$$A = \frac{1}{2} I\omega_2^2 - \frac{1}{2} I\omega_1^2.$$

4. 刚体定轴转动的角动量及角动量守恒定律

(1) 刚体定轴转动的角动量：$L = I\omega$.

(2) 角动量定理的微分形式：$\boldsymbol{M} = \dfrac{\mathrm{d}\boldsymbol{L}}{\mathrm{d}t}$.

(3) 角动量定理的积分形式：$\int_{t_1}^{t_2} \boldsymbol{M}\mathrm{d}t = \boldsymbol{L}_2 - \boldsymbol{L}_1$.

(4) 角动量守恒定律：合外力矩为零时，

$$\boldsymbol{L} = I\boldsymbol{\omega} = 常矢量.$$

*5. 进动

自旋物体在外力矩的作用下，自旋轴发生转动的现象.

6. 质点平动的规律与刚体定轴转动的规律（对照表 3.2）

表 3.2　质点平动与刚体定轴转动的物理量及规律的比较

质点的平动	刚体的定轴转动
位置矢量 $\boldsymbol{r}$	角位置 θ
位移 $\Delta \boldsymbol{r}$	角位移 $\Delta\theta$
速度 $\boldsymbol{v} = \dfrac{\mathrm{d}\boldsymbol{r}}{\mathrm{d}t}$	角速度 $\omega = \dfrac{\mathrm{d}\theta}{\mathrm{d}t}$
加速度 $\boldsymbol{a} = \dfrac{\mathrm{d}\boldsymbol{v}}{\mathrm{d}t} = \dfrac{\mathrm{d}^2\boldsymbol{r}}{\mathrm{d}t^2}$	角加速度 $\beta = \dfrac{\mathrm{d}\omega}{\mathrm{d}t} = \dfrac{\mathrm{d}^2\theta}{\mathrm{d}t^2}$
质量 m	转动惯量 I
力 $\boldsymbol{F}$	力矩 $\boldsymbol{M} = \boldsymbol{r} \times \boldsymbol{F}$
牛顿第二定律 $\boldsymbol{F} = m\boldsymbol{a}$	刚体定轴转动定律 $\boldsymbol{M} = I\boldsymbol{\beta}$
动量 $\boldsymbol{p} = m\boldsymbol{v}$	角动量 $L = I\omega$
动量定理 $\boldsymbol{F} = \dfrac{\mathrm{d}\boldsymbol{p}}{\mathrm{d}t}$	角动量定理 $\boldsymbol{M} = \dfrac{\mathrm{d}\boldsymbol{L}}{\mathrm{d}t}$
冲量 $= \int_{t_1}^{t_2} \boldsymbol{F}\mathrm{d}t = \boldsymbol{p}_2 - \boldsymbol{p}_1$	冲量矩 $= \int_{t_1}^{t_2} \boldsymbol{M}\mathrm{d}t = \boldsymbol{L}_2 - \boldsymbol{L}_1$
动量守恒定律 $\sum\limits_i \boldsymbol{F}_i = \boldsymbol{0}$ 时，$m\boldsymbol{v} = 常矢量$	角动量守恒定律 $M = 0$ 时，$I\omega = 常量$
力的功 $A = \int_a^b \boldsymbol{F} \cdot \mathrm{d}\boldsymbol{r}$	力矩的功 $A = \int_{\theta_1}^{\theta_2} M\mathrm{d}\theta$
动能定理 $A = \dfrac{1}{2}mv_2^2 - \dfrac{1}{2}mv_1^2$	定轴转动动能定理 $A = \dfrac{1}{2}I\omega_2^2 - \dfrac{1}{2}I\omega_1^2$
重力势能 $E_p = mgh$	刚体的重力势能 $E_p = mgh_C$

拓展与探究

3.1 猫从高空落下来翻身转体的过程,称为"猫旋".设想当一只小猫不小心从二楼阳台上摔下时,你一定很担心猫会摔死,可你看到的是小猫不仅没有摔死,反而是在临着地时,尾巴漂亮地一甩,然后"喵""喵"地逃走了,真是有惊无险(见图3.31).不管小猫开始以什么姿势落下,临着地时它总是一甩尾巴,然后四足着地.你知道其中的奥妙吗?

图 3.31 猫旋

3.2 体育舞蹈项目以其优美的姿态、明快的节奏以及强烈的感染力赢得了人们的喜爱.转体是体育舞蹈项目中的一种基本技术,主要是指围绕身体竖直轴单脚或双脚站立的旋转运动.试从力学方面定量分析转体运动的两个阶段:启动阶段、转动阶段.

3.3 图3.32所示为澳大利亚土著使用的一种狩猎飞镖,又叫作飞去来器,投出后会飞回原处.试用刚体力学和流体力学的知识(参看4.3节)分析其运动轨迹并解释飞去来器为什么会飞回原处.

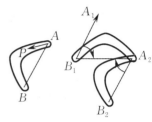

图 3.32 飞去来器

3.4 一根柔软绳索的顶端和一个钢球处在同一个高度并同时开始下落,实验表明,绳索的顶端先着地,如图3.33所示.试对下列问题做半定量解答:

(1) 这个实验结果和比萨斜塔实验结果是否矛盾?简述你的理由.

(2) 试猜测一下绳索下降更快的原因.

(3) 在冰面和水面上做同样的实验,哪种情况下绳索下降得更快?

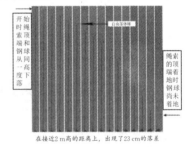

图 3.33 探究题 3.4 图

习题 3

3.1 一汽车发动机的转速在 7.0 s 内由 200 r/min 均匀地增加到 3 000 r/min.

(1) 求发动机的角加速度;

(2) 求这段时间内发动机转过的角度和圈数;

(3) 发动机轴上装有一半径为 $r = 0.2$ m 的飞轮,求它的边缘上一点在第 7.0 s 末的切向加速度、法向加速度和总加速度.

3.2 设地球绕日做圆周运动,求地球自转和公转的角速度.估算地球赤道上一点因地球自转具有的速度和向心加速度.估算地心因公转而具有的速度和向心加速度(自己搜集所需数据).

3.3 音乐被编成代码刻录在CD上,形成由内至外的螺旋状音轨,通过播放器旋转扫描音轨而播放音乐.通常音轨被扫描的速度 $v = 1.5$ m/s,由内至外音轨所处的半径不同,因此其角速度是不相等的.假设半径和相对于中心转过的角度满足关系 $r = r_0 + k\theta$,其中 r_0 是当 $\theta = 0$ 时音轨处的半径,k 是比例常数.取CD盘的旋转方向为正方向,所以 $k > 0$.

(1) 根据所给条件,求沿音轨扫描距离 $s(\theta)$ 与角度 θ 的关系以及角度 $\theta(t)$ 与时间 t 的关系.

(2) 求CD盘绕中心转轴的角速度 ω 和角加速度 β,角加速度是常数吗?

(3) 假设音轨的内径为 25.0 mm, CD 盘旋转使音轨半径以 1.55 mm/r 的速度增加, 播放一张完整 CD 盘需要 74.0 min, 求 k.

(4) 利用计算结果画出 $\omega(t)$ 和 $\beta(t)$ 的曲线.

3.4 如图 3.34 所示, 一半圆形细杆, 半径为 R, 质量为 m. 求细杆对 AA' 轴的转动惯量.

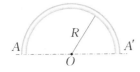

图 3.34 习题 3.4 图

3.5 如图 3.35 所示, 钟摆可绕 O 轴转动. 设细杆长 l, 质量为 m, 圆盘的半径为 R, 质量为 M. 求钟摆对 O 轴的转动惯量.

图 3.35 习题 3.5 图

3.6 如图 3.36 所示, 质量均匀分布的空心圆柱体的质量为 m, 其内、外半径分别为 r_1 和 r_2, 求空心圆柱体对其中心轴的转动惯量.

图 3.36 习题 3.6 图

3.7 如图 3.37 所示, 在质量为 M、半径为 R 的匀质圆盘上挖出半径为 r 的两个圆孔, 两圆孔中心分别位于圆盘同一条直径上的两条半径的中点. 求剩余部分对过大圆盘中心且与盘面垂直的轴的转动惯量.

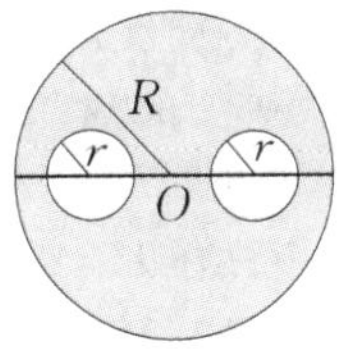

图 3.37 习题 3.7 图

3.8 飞轮质量 $m = 60$ kg, 半径 $R = 0.25$ m, 绕水平中心轴 O 转动, 转速为 900 r/min. 现利用一制

动用的轻质闸杆, 在闸杆一端加竖直方向的制动力 F, 可使飞轮减速. 闸杆尺寸如图 3.38 所示. 闸杆与飞轮之间的摩擦系数 $\mu = 0.4$. 飞轮的转动惯量可按匀质圆盘计算.

(1) 设 $F = 100$ N, 问飞轮需要多长时间停止转动? 这段时间内飞轮转了多少圈?

(2) 若要在 2 s 内使飞轮转速减半, 需加多大的制动力?

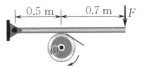

图 3.38 习题 3.8 图

3.9 一轻绳绕于半径为 $R = 0.2$ m 的飞轮边缘, 飞轮挂在天花板下, 可自由转动. 以恒力 $F = 98$ N 拉绳, 如图 3.39(a) 所示, 已知飞轮的转动惯量 $I = 0.5$ kg·m², 轴承无摩擦.

(1) 求飞轮的角加速度;

(2) 绳子拉下 5 m 时, 求飞轮的角速度和动能;

(3) 将重力为 $mg = 98$ N 的物体挂在绳端(见图 3.39(b)), 再求上面的结果.

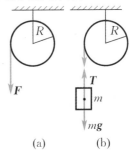

(a)   (b)

图 3.39 习题 3.9 图

3.10 如图 3.40 所示是麦克斯韦滚摆. 假设转盘的质量为 m, 半径为 R, 对盘轴的转动惯量为 I_c. 如果用 r 表示转轴(滚摆轴)的半径, 试求下降时盘的质心加速度和每根绳子中的张力.

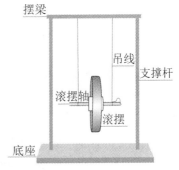

图 3.40 习题 3.10 图

3.11 质量为 m、半径为 R 的匀质圆盘在水平面上绕中心轴转动，如图 3.41 所示．圆盘与水平面的摩擦系数为 μ，圆盘从初角速度 ω_0 到停止转动，共转了多少圈？

图 3.41　习题 3.11 图

3.12 如图 3.42 所示，匀质矩形薄板绕竖直边转动，初始角速度为 ω_0，转动时所受空气阻力垂直于板面，单位面积上所受的阻力与速度平方成正比，比例系数为 k．试计算经过多少时间薄板角速度减为原来的一半．设薄板竖直边长为 b，宽为 a，薄板质量为 m．

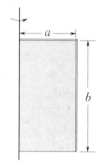

图 3.42　习题 3.12 图

3.13 一端固定的轻质弹簧，劲度系数为 $k = 2.0$ N/m，另一端通过定滑轮和一个质量为 $m_1 = 80$ g 的物体相连，如图 3.43 所示．定滑轮可看作质量为 $m = 100$ g，半径为 $r = 0.05$ m 的匀质圆盘．先用手托住物体 m_1 使弹簧处于自然伸长状态，然后松手．请问物体 m_1 下降高度 $h = 0.5$ m 时的速度为多大？忽略滑轮轴上的摩擦，且绳子在滑轮边上不打滑．

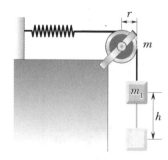

图 3.43　习题 3.13 图

3.14 坐在转椅上的人手握哑铃．两臂张开伸直时，人、哑铃和转椅组成的系统对竖直轴的转动惯量为 $I_1 = 2$ kg·m²．借助外力推动后，系统开始以 15 r/min 的转速转动．当人的两臂收回时，系统的转动惯量变为 $I_2 = 0.80$ kg·m²，此时它的转速多大？人的两臂收回过程中，系统的机械能是否守恒？什么力做了功？做功多少？轴上摩擦忽略不计．

3.15 光碟放在水平转盘上后，可以随转盘绕着过中心的垂直转轴转动．假设光碟的质量为 m，半径为 R，光碟和转盘之间的摩擦系数为 μ_k．如果转盘以角速度 ω 匀速转动，请问光碟刚放上时所受的摩擦力矩为多大？经过多长时间光碟可以达到角速度 ω？在这段时间内，转盘要保持角速度 ω 不变，驱动力共做了多少功？光碟又获得了多大的动能？

3.16 神舟七号于 2008 年 9 月 25 日发射升空，9 月 27 日完成中国人首次太空行走．设想航天飞船中的三个航天员绕着船舱内壁按同一方向跑动以产生人造重力．

(1) 如果想使人造重力等于他们在地面上时受的自然重力，那么他们跑动的速率应多大？设他们的质心运动的半径为 2.5 m，人体当质点处理．

(2) 如果飞船最初未动，当航天员按上述速率跑动时，飞船将以多大角速度旋转？设每个航天员的质量为 70 kg，飞船体对于其纵轴的转动惯量为 3×10^5 kg·m²．

(3) 要使飞船转过 30°，航天员需要跑几圈？

3.17 地球对自转轴的转动惯量为 $0.33MR^2$，其中地球的质量 $M = 5.98 \times 10^{24}$ kg，地球的半径 $R = 6\,370$ km．求地球的自转动能．由于潮汐对海岸的摩擦作用，地球自转的速度逐渐减小，每百万年自转周期增加 16 s．这样，地球自转动能的减小相当于摩擦消耗多大的功率？一年内消耗的能量相当于我国 2004 年发电量 7.3×10^{18} J 的几倍？潮汐对地球的平均力矩多大 $\left(\text{提示：} \dfrac{\mathrm{d}\omega}{\mathrm{d}T} = -\dfrac{2\pi}{T^2}\text{，其中 } \omega \text{ 为地球自转的角速度，} T \text{ 为地球自转的周期}\right)$？

3.18 中子星潜藏在蟹状星云的中心，是一台"巨大的发电机"．自转一周仅需 0.033 1 s，而且自转的周期以 4.22×10^{-13} 的速率递增．它向外以 5×10^{31} W 的功率释放能量．中子星的质量是太阳的 1.4 倍，但被挤在一个只有几千米的超高密度球体之中，其强度是钢铁的 1 000 亿倍．

(1) 试估算中子星的转动惯量．

(2) 把中子星看作是一个质量均匀的实心球体，求在其赤道上一点的速度，它是光速的多少倍？

(3) 估算中子星的质量密度；若普通岩石的密度是 $3\,000\ \text{kg/m}^3$，原子核的密度是 $10^{17}\ \text{kg/m}^3$，则由此可以说明什么(太阳的质量为 $1.99\times10^{30}\ \text{kg}$)?

3.19 两滑冰运动员在相距 $1.5\ \text{m}$ 的两平行线上相向而行，两人质量分别为 $m_1 = 60\ \text{kg}, m_2 = 70\ \text{kg}$，他们的速率分别为 $v_1 = 7\ \text{m/s}, v_2 = 6\ \text{m/s}$，当两人最接近时拉起手开始绕质心做圆周运动，并保持两人的距离为 $1.5\ \text{m}$.

(1) 求系统对通过质心的竖直轴的总角动量；

(2) 求系统的角速度；

(3) 两人拉手前、后的总动能及过程中能量守恒吗?

3.20 长为 l、质量为 m 的均匀细棒，以与细棒长度方向相垂直的速度 v_0 在光滑平面内平动时，与前方固定的光滑支点 O 发生完全非弹性碰撞，碰撞点位于离细棒一端 $\dfrac{l}{4}$ 处，如图 3.44 所示. 求细棒在碰撞后的瞬间，绕过 O 点且垂直于细棒所在平面的轴转动的角速度 ω_0.

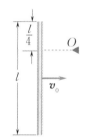

图 3.44　习题 3.20 图

*3.21 如图 3.45 所示，空心圆环可绕光滑的竖直固定轴 AC 自由转动，转动惯量为 I_0，圆环的半径为 R，初始时圆环的角速度为 ω_0. 质量为 m 的小球静止在圆环内最高处 A 点，由于某种微小干扰，小球沿圆环向下滑动，问小球滑到与圆环中心 O 在同一高度的 B 点和圆环的最低处的 C 点时，圆环的角速度及小球相对于圆环的速度各为多大(设圆环的内壁和小球都是光滑的且小球可视为质点，圆环截面半径 $r\ll R$)?

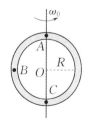

图 3.45　习题 3.21 图

*3.22 用绳子系在绕水平轴快速旋转的轮子转轴一端，并将它悬挂起来，如图 3.46 所示. 设轮子质量为 m，绕质心转动惯量为 I_C，转动角速度为 ω，质心到轴端系绳处的距离为 l. 求轮子进动的角速度.

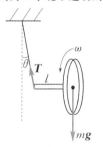

图 3.46　习题 3.22 图

**3.23 如图 3.47 所示，地球的自转轴与它绕太阳公转的轨道平面的垂线间的夹角 $\theta = 23.5°$，由于太阳和月球对地球的引力产生力矩，地球的自转轴绕公转轨道平面的垂线进动，进动周期 $T_1 = 26\,000\ \text{a}(1\ \text{a} = 3.153\,6\times10^7\ \text{s})$. 已知地球的质量 $m = 5.98\times10^{24}\ \text{kg}$，地球的半径 $R = 6.378\times10^6\ \text{m}$. 求：

(1) 地球的自转轴绕公转轨道平面的垂线进动的角速度；

(2) 地球自转角动量变化率的大小 $\left|\dfrac{\text{d}\boldsymbol{L}}{\text{d}t}\right|$；

(3) 太阳和月球对地球的合力矩的大小.

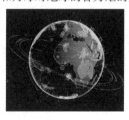

地球公转轨道平面垂线

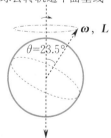

图 3.47　习题 3.23 图

*第4章

连续体力学

2020年5月14日，"海斗一号"全海深自主遥控潜水器成功下潜至最大深度——10 907 m，填补了我国万米级作业型无人潜水器的空白；2020年11月10日，"奋斗者"号全海深载人潜水器创造了10 909 m的中国载人深潜新纪录，标志着我国在大深度载人深潜领域达到世界领先水平.你能估计它们所承载的压强数量级吗？

连续体包括弹性固体和流体（液体和气体），其内部质点可以有相对运动，可以发生宏观的形变或者非均匀流动.通常把连续体处理为有质量的体元（质元），而不再是分离的质点；在连续体力学中，力被看作是作用在质元表面上，而不再是作用在一个个离散的质点上，因而需要引入单位面积上的力（应力）的概念用以描述连续体的受力状态.

本章首先介绍固体的弹性，引入应力、应变和弹性模量的概念；接着分析静止流体的力学性质，尤其是流体压强的基本特征，并讨论液体的表面现象；讨论流体的流动时，首先建立了理想流体模型，基于这一模型分析定常流动的特征、规律和应用；为处理实际问题，介绍了黏滞流体所满足的主要规律.作为知识的拓展，最后介绍了层流和湍流现象.

■■■ 本章目标

1.理解应力、应变的概念.
2.能够利用胡克定律分析实际问题并做简单的定量计算.
3.理解静止流体内部压强的特征.
4.能够利用帕斯卡定律、阿基米德原理分析实际问题及定量计算，了解表面张力及现象.
5.能够利用连续性原理和功能原理推导伯努利方程并分析解决实际问题.
6.了解流体的黏滞性、层流和湍流现象.

4.1　固体的弹性

质点模型忽略了物体的大小和形状;刚体模型忽略了物体大小和形状的改变.但现实中即使最硬的物质(如钻石),在外力作用下都会发生程度不同的形状和大小的改变.本节主要描述这种改变的特征和规律.

在外力作用下,弹性物体发生的形状和大小的改变叫作形变.如果撤除外力后物体可以完全恢复原状,这种形变称为弹性形变;反之,形变超出一定的限度,撤除外力后物体无法恢复原状,称为范性形变.以常见的弹簧为例,过度拉伸的结果,就是弹簧无法恢复原状.

4.1.1　应力和应变

所谓应变(strain),就是物体的相对形变.基本的形变可以分为三类:长变(长度的改变)、切变(形状的改变)和体变(体积的改变).长变和切变是最基本的形变,而体变是在各个方向的均匀长变.更为复杂的形变是弯曲和扭转.

以细棒的拉伸为例.如图 4.1(a) 所示,假设一根长度为 l 的细棒置于光滑平面,两端受到拉力 F 和 $-F$ 的作用后伸长了 Δl,这是细棒的绝对伸长量.对于长度不等即使横截面积相等的细棒,在绝对伸长量 Δl 相等的情况下,所需的外力也会大不一样.显然,用绝对伸长量描述细棒的长变是不够的,需要引入相对伸长量 $\frac{\Delta l}{l}$,称之为线应变(linear strain).材料相同、横截面相同的细棒,若线应变相等,所需的拉力也相等.这一结论对压缩也同样适用.

在平行于表面的力的作用下,物体只改变形状不改变体积的形变称为切变.如图 4.1(b) 所示,在切力 F 和 $-F$ 的作用下,底面固定的长方体(实线)形变为平行六面体(虚线),体积没有发生改变.假设相对位移为 Δx,把 $\frac{\Delta x}{l}=\tan\theta\approx\theta$ 称为切应变(shear strain),代表了垂直于底面的直线所转过的角度.

如图 4.1(c) 所示,把 $\frac{\Delta V}{V}$ 称为体应变(volume strain),用于描述物体体积的改变.

如图 4.1(a) 所示,细棒在外力作用下会达到新的平衡.在细棒内任意取一个横截面 S(其面积也记为 S),把细棒分为左右两段,它们之间存在张力相互作用.对于整个细棒而言,张力属于内力;而对于其中的任一段而言,它又是外力,而且是作用在整个横截面上的合力,大小和外加拉力 F 相等.同样大小的外力,如果作用在不同横截面的细棒上,细棒内的张力处处相等,但是产生的线应变却不相同.因此,在描述发生线应变的细棒内各横截面之间的相互作用时,需要引入应力(stress)的概念,即单位面积上所受的作用力 $\frac{F}{S}$,又称之为胁强.

在图 4.1(b) 中,设想任取与底面平行的截面 S(阴影部分,其面积也记为 S),既然截面以上的部分处于平衡,则下部对上部必有与力 F 大小相等方向相反的力的作用;类似地,上部对下部也有与力 F 大小相等但方向相同的力的作用.它们都是内力且为切力.同样地,引入切应力 $\frac{F}{S}$,即单位面积上的切力,以充分反映切力在切

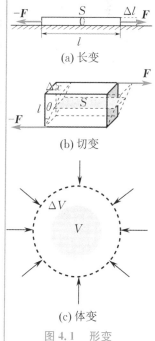

(a) 长变

(b) 切变

(c) 体变

图 4.1　形变

变中所起的作用.

　　应力就是作用在单位面积上的内力. 如果应力的方向和截面垂直,称为**正应力**;与截面平行,称为**切应力**. 本质上,应力反映了发生形变的物体内部的紧张程度. 在国际单位制中,应力的单位是帕[斯卡](Pa),1 Pa = 1 N/m².

思考

　　1. 根据自己的生活经验,举出长变、切变以及弯曲、扭转的 2～3 个例子.

　　2. "应变就是绝对形变",这一说法对吗?

4.1.2　胡克定律

　　实验表明,若形变不超过一定的限度,则应力和相关应变成正比. 这一发现由物理学家胡克(Hooke)在 17 世纪提出,称之为**胡克定律**(Hooke's law).

　　在长变情况下,胡克定律可以表示为

$$\frac{F}{S} = E \frac{\Delta l}{l}, \tag{4.1}$$

式中的比例系数 E 称为**弹性模量**(elastic modulus),又称杨氏模量,它和材料的性质有关. 弹性模量可以理解为材料固有的可伸缩特性,用于衡量材料本身的抗拉或抗压能力.

　　在切变情况下,胡克定律可以表示为

$$\frac{F}{S} = G\theta = G \frac{\Delta x}{l}, \tag{4.2}$$

式中的比例系数 G 称为材料的切变弹性模量,简称**切变模量**(shear modulus).

　　在体变情况下,胡克定律可以表示为

$$\frac{F}{S} = K \frac{\Delta V}{V}, \tag{4.3}$$

式中的比例系数 K 称为**体积模量**(bulk modulus).

　　表 4.1 列出了常见物质的弹性模量的数值.

表 4.1　常见物质的弹性模量的数值

材料	弹性模量 $E/(10^{10}\ \text{Pa})$	切变模量 $G/(10^{10}\ \text{Pa})$	体积模量 $K/(10^{10}\ \text{Pa})$
铝(Al)	6.8	2.5	7.8
铜(Cu)	12.6	4.6	16.1
铁(Fe)	20	8	15
不锈钢	19.7	7.57	16.4
铅(Pb)	1.51	0.54	3.6
金(Au)	8.1	2.85	16.9

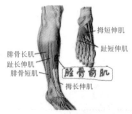

图 4.2　胫骨前肌腱

　　肌腱为肌肉末端的结缔组织纤维索,肌肉借此附着于骨骼或其他结构上. 实验测定,人体的胫骨前肌腱(见图 4.2)的弹性模量为 1.2×10^9 Pa,这一数值比常见固体小一个数量级. 人们日常的行走跑跳中,肌肉所承担的压力就是依赖肌腱的伸展来传递的.据测量,肌腱的伸展可以达到总长度的 2.5%.

4.1.3 形变势能

在弹性限度内,物体在外力作用下发生形变.形变的过程中,外力和内力都会对弹性物体做功.从做功的性质上看,内力与重力、弹力类似,都是保守力.和内力做功相关的势能称为形变势能.

在图 4.1(a) 所示的情况下,拉力所做的功为

$$A = \frac{1}{2} \frac{ES}{l} (\Delta l)^2 \quad (\text{参看 2.3.3 节弹力做功}),$$

这一部分功转化为细棒的形变势能(取形变前为势能零点),故形变势能可以表示为

$$E_p = \frac{1}{2} \frac{ES}{l} (\Delta l)^2 = \frac{1}{2} E \left(\frac{\Delta l}{l} \right)^2 Sl.$$

单位体积内的形变势能

$$w_p = \frac{1}{2} E \left(\frac{\Delta l}{l} \right)^2 \tag{4.4}$$

称为形变势能密度.类似地,可以得到物体在发生体变或切变情况下的形变势能密度分别为

$$w_p = \frac{1}{2} K \left(\frac{\Delta V}{V} \right)^2, \tag{4.5}$$

$$w_p = \frac{1}{2} G \left(\frac{\Delta x}{l} \right)^2. \tag{4.6}$$

上面介绍了三种最简单的形变,实际中还有两种重要的较为复杂的形变,即梁的弯曲和杆的扭转,如图 4.3 所示,这里实际上都发生了切变.分析其应力、应变对实际问题,如桥梁的设计(见图 4.4)、人体骨折(见图 4.5)的发生和预防等具有重要的理论指导意义.相关内容会在相关专业课中学习,这里不再赘述.

4.2 流体静力学

液体和气体都是有流动性的连续介质,统称为流体.流体是一种特殊的质点系,其特征是流动性和连续性.流动是一种新的机械运动形式,流动过程中流体的"前赴后继"(前面流过,后面补上),使得流体中各处的速度不同并且流动规律复杂.利用动能定理研究流体流动是最方便的途径,一方面可以避免速度的矢量性,另一方面又可以避免流体内部相互作用的复杂过程.在研究流体时,压强是最基本也是最重要的概念,体现了流体各部分的相互作用,是压应力在流体中的表现.

4.2.1 流体中的压强

1. 静止流体中的压强

设想在静止流体内任意一点 O 附近取一个小面积元 ΔS,如图 4.6 所示.假设流体有从右向左流动的趋势,为了保持流体的静止,小面积元 ΔS 必然受到一个向右的作用力 $\boldsymbol{F}$ 以抵抗这种流动.对流体而言,不存在切变弹性.任何小的切力都会使流体流动,在静平衡情况下,力 $\boldsymbol{F}$ 不可能存在与 ΔS 平行的分量,即力 $\boldsymbol{F}$ 一定和 ΔS 正交并指向 ΔS,是一种压力.ΔS 上单位面积所受的平均压力的大小 $\frac{F}{\Delta S}$ 即为平均压强,它可以对流体中的压力分布做近似描述;若要精确地描述每一点的压力分布,

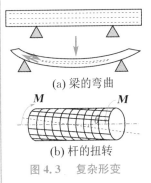

(a) 梁的弯曲

(b) 杆的扭转

图 4.3 复杂形变

图 4.4 双塔单索面斜拉桥

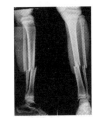

图 4.5 骨折时的切应变

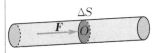

图 4.6 静止流体中的应力

可以定义压强 p，即

$$p = \lim_{\Delta S \to 0} \frac{F}{\Delta S}.\qquad(4.7)$$

可以证明，压强与小面积元 ΔS 的方位无关.

设想在流体内 O 点附近取一个小的直角棱柱体，如图 4.7(a) 所示. 棱高为 h 且和纸面正交，直角棱柱体在纸面内的截面为直角三角形 ACB，如图 4.7(b) 所示. 建立如图 4.7 所示的坐标系，棱高、棱边 BC，AC 和 AB 的长度分别为 $\Delta x, \Delta z, \Delta y,$ $\sqrt{(\Delta y)^2 + (\Delta z)^2}$. 假设作用在三个面上的压强分别为 p_A, p_B, p_C，则作用于三个面的压力就可以表示为

$$F_A = p_A \cdot BC \cdot h = p_A \cdot \Delta z \cdot \Delta x,$$
$$F_B = p_B \cdot AC \cdot h = p_B \cdot \Delta y \cdot \Delta x,$$
$$F_C = p_C \cdot AB \cdot h = p_C \cdot \sqrt{(\Delta y)^2 + (\Delta z)^2} \cdot \Delta x.$$

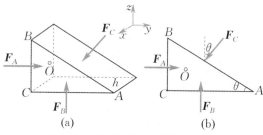

图 4.7 静止流体中压强各向同性

因为压力与面积成正比，当棱柱极小（$\Delta x \to 0, \Delta z \to 0, \Delta y \to 0$）时，压力为二阶无穷小量. 重力和体积成正比，为三阶无穷小量，因此棱柱体所受的重力和上述压力相比可以忽略. 考虑图 4.7(b) 中垂直 BC，AC 方向上的受力平衡，有

$$p_A \cdot BC \cdot h = p_C \cdot AB \cdot h \cdot \sin\theta,$$
$$p_B \cdot AC \cdot h = p_C \cdot AB \cdot h \cdot \cos\theta.$$

由上两式可以得到 $p_A = p_C = p_B$. 棱柱体可以取无限小，角度 θ 也可以取任意值，故棱柱体的方位就是任意的. 因此，静止流体中任意一点的压强为定值，和小面积元的方位无关. 压强各向同性的结论无论对于静止的还是流动的流体都是成立的.

在国际单位制中，压强的单位是帕[斯卡]（Pa），也就是应力的单位.

2. 静止流体中两点的压强差

1) 等高的地方压强相等.

在静止流体中同一水平面上任取两点 A 和 B，如图 4.8(a) 所示. 假设这两点的压强分别为 p_A, p_B，以 AB 为轴线作截面积为 ΔS 的水平柱体，因为柱体内流体静止，所以由平衡条件可得

$$p_A \cdot \Delta S = p_B \cdot \Delta S, \quad 即 \quad p_A = p_B.\qquad(4.8)$$

结果表明，静止流体中等高的地方压强相等.

2) 高度相差为 h 的两点之间的压强差等于 $\rho g h$.

在静止流体中同一竖直线上任取两点 C 和 D，如图 4.8(b) 所示. 假设这两点的压强分别为 p_C, p_D，以 CD 为轴线作截面积为 ΔS 的竖直柱体，因为柱体内流体静止，所以由平衡条件可得

$$p_D \cdot \Delta S = p_C \cdot \Delta S + h \cdot \rho g \cdot \Delta S,$$

即

$$p_D - p_C = \rho g h,\qquad(4.9)$$

式中 ρ 为流体的密度. 式(4.9)表明，静止流体中同一竖直线上任意两点之间的压强差等于 $\rho g h$.

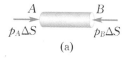

(a)

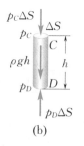

(b)

图 4.8 静止流体中压强的分布

综合式(4.8)和式(4.9),即使 C,D 两点不在同一竖直线上,只要高度差为 h,压强差仍然等于 $\rho g h$.实际中,利用上面两式可以根据已知点的压强求另一点的压强,例如水利工程中的闸门、堤坝等所受的压力.当流体流动时,式(4.8)和式(4.9)一般不再成立.

例 4.1 假设海水的密度为 $\rho = 1.025 \times 10^3$ kg/m^3,试计算海平面下 10 m 处的压强.重力加速度取 $g = 9.81$ m/s^2.

解 根据式(4.9),海平面下 10 m 深处,由海水产生的压强为
$$p_1 = \rho g h = 1.025 \times 10^3 \times 9.81 \times 10 \text{ Pa} \approx 1.006 \times 10^5 \text{ Pa}.$$
考虑到海平面上大气压 $p_0 = 1.013 \times 10^5$ Pa,所以海平面下 10 m 深处的压强为
$$p = p_1 + p_0 = 2.019 \times 10^5 \text{ Pa}.$$

大气压强随高度和气候改变,在科学计算中一个标准大气压通常取 $p_0 = 1.013 \times 10^5$ Pa. 例 4.1 的计算结果显示,海平面下每下降 10 m,海水的压强就会增加约 1 个标准大气压.普通潜水人员不携带任何工具,所以下潜的最大深度就是 10 m. 2020 年 10 月 27 日,我国载人潜水器"奋斗者"号(见图 4.9)在西太平洋马里亚纳海沟成功下潜突破 1 万米,达到 10 058 m,创造了我国载人深潜的新纪录.这同时对新型抗压材料提出了新的挑战,如图 4.10 所示是我国自主研制的新型钛合金材料.

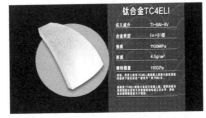

图 4.9 我国载人潜水器 图 4.10 钛合金材料
　　　 "奋斗者" 号

思考

用桨向后划水,在水中沿桨面和垂直于桨面两个面上,哪个面上的压强大?

4.2.2 帕斯卡定律

17 世纪,物理学家帕斯卡(Pascal)在研究流体时指出,密闭容器内不可压缩的流体中任意一点压强的改变都会等值地传送到流体各处及器壁上去,这就是帕斯卡定律(Pascal's law).

利用静止流体中两点之间的压强差等于 $\rho g h$,可以方便地证明帕斯卡定律.当流体中某处(如活塞附近)压强增大了 Δp 时,一定会使流体内每一点的压强都增大同样的量值,才能保证任意两点之间的压强差不变.

如图 4.11 所示是液压机的工作原理.根据帕斯卡定律,大、小活塞下面的压强

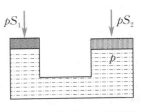

图 4.11 液压机工作原理

都是相等的，由于活塞面积的不同，流体对大、小活塞的作用力会有很大的差别．这样就可以利用较小的力推起很重的货物．

思考

试分析液压机工作过程中大、小活塞做功的关系．

4.2.3 阿基米德原理

公元前 3 世纪，古希腊物理学家阿基米德（Archimedes）指出，物体在流体中所受的浮力等于该物体所排开流体的重量．这一表述称为阿基米德原理（Archimedes' principle）．

阿基米德原理可以用流体静力学的基本原理加以论证．部分或者全部浸没于流体中的物体，表面和流体接触，受到流体的压力．物体表面各个面积元所受到流体压力的合力，构成物体所受到的浮力．首先，假设流体上方没有大气，如图 4.12 所示，物体浸入流体中的表面面积元 dS 所受的力 $dF = \rho g h \, dS$，这里 ρ 是流体的密度，h 为面积元在流体中所处的深度．物体表面所承受的总浮力为

$$F_{浮} = \int_{S'} dF \cos\theta = \rho g \int_{S'} h \cos\theta \, dS = \rho g \int_{V'} dV, \quad (4.10)$$

式中的 S', V' 分别指物体与流体接触的表面和排开流体的体积，这样就证明了阿基米德原理．至于流体上方存在大气的情况或者物体全部浸入在流体中的情况，读者可以试着自己证明．

图 4.12　阿基米德原理

思考

潜艇（见图 4.13）号称"深海杀手"．我国是少数拥有先进潜艇技术的国家之一．我国自主研发的 039 型潜艇已经达到世界领先水准，是我国先进常规舰艇的开路先锋．经历 10 多年的发展，已经发展出 5 个型号，分别是 039，039G，039A，039B，039C，一代比一代强．试利用阿基米德原理简单说明潜艇沉浮的原理．

图 4.13　潜艇

4.2.4 表面张力

除了流体内部的应力，在两种不相溶的液体或者液体与气体之间的分界面上存在着另一种应力，称之为**表面张力**（surface tension）．例如，花瓣和荷叶上的水珠、玻璃板上的水银小球、滴药管缓慢流出的液滴都趋于球形，就是由于表面张力的作用，如图 4.14 所示．

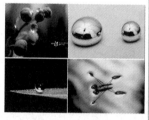

图 4.14　表面张力实例

设想在液体的表面有一条长度为 l 的分界线，将液面分为两部分，这两部分有相互牵引的拉力，这个拉力就是表面张力，如图 4.15 所示，这是一对作用力和反作用力，其大小和分界线的长度成正比，即

$$f = \alpha l. \tag{4.11}$$

表面张力的方向与液体表面相切,并与分界线 l 垂直. 式(4.11)中的比例系数 α 叫作表面张力系数,表示单位长度上分界线两侧液面之间的相互作用力的大小. 在国际单位制中,α 的单位为牛[顿]每米(N/m). 表面张力系数和液体的性质有关,还显著地依赖于液体的温度,并且和液体内杂质浓度有关. 表 4.2 中给出了一些液体在不同温度下的表面张力系数.

图 4.15 表面张力

表 4.2 一些液体在不同温度下的表面张力系数

液体	温度 /℃	$\alpha/(10^{-2} \text{ N/m})$	液体	温度 /℃	$\alpha/(10^{-2} \text{ N/m})$
酒精	18	2.29		10	7.42
汞	18	49.0		18	7.30
苯	18	2.9	水	30	7.12
甘油	20	6.5		50	6.79
肥皂液	20	2.5			

图 4.16 所示是测量表面张力的一种简单装置. 细金属丝框架上装有一根可滑动的细丝. 金属丝框架从液体中缓慢拉起的过程中,下面的重物和表面张力达到平衡,因此重物的重力 $G = 2\alpha l$,因子 2 的出现,是由于实验中的液面有两个表面.

当液面弯曲时,液面两侧会形成压强差.

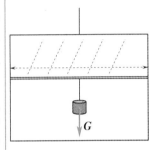

图 4.16 金属丝框架
形成的液膜

例 4.2 计算半径为 R 的球形液滴内外的压强差(设表面张力系数为 α).

解 设想过球心在液滴内作一个半径为 R 的大圆,如图 4.17 所示. 被大圆面分为两部分的液滴通过大圆面产生的表面张力为 $f = \alpha \cdot 2\pi R$,此张力与内外压强差平衡,因此有

$$(p_内 - p_外)\pi R^2 = \alpha \cdot 2\pi R.$$

由上式可得

$$\Delta p = p_内 - p_外 = \frac{2\alpha}{R}.$$

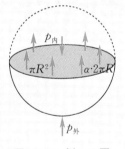

图 4.17 例 4.2 图

由例 4.2 可知,内外压强差越大,液滴半径越小. 这一结论可以通过玻璃管两端吹半径不等的肥皂泡加以验证. 如图 4.18 所示,内外压强差反比于半径,由于小泡内外压强差大,小泡不断收缩,大泡不断扩张.

4.2.5 毛细现象

除液滴外,造成液面弯曲的另一个原因是液面和器壁的接触. 将很细的玻璃管插入液体中,管内液面升高或者下降的现象,叫作毛细现象(capillarity). 实验表明,当玻璃管插入水中时,管内液面升高;而插入水银中,管内液面则降低. 毛细现象与表面张力以及液体和器壁的接触角有关. 所谓接触角,是指接触处的液面与器壁表面切线之间的夹角,如图 4.19(a),(b) 所示,取固体表面的切向指向液体内部,当接触角 $\theta < 90°$ 时,就说液体润湿器壁;当接触角 $\theta > 90°$ 时,就说液体不润湿器壁. $\theta = 0°$ 和 $\theta = 180°$ 分别代表完全润湿和完全不润湿两种情况,水滴在玻璃表面几乎可以完全润湿(见图 4.19(c)),但对石蜡表面是不润湿的;水银不能润湿玻璃(见

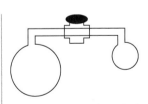

图 4.18 连通的气泡内外
压强差的演示

图 4.19(d))，却可以润湿洁净的铜或铁.根据流体中压强的分布特征,可以推出毛细管内水柱的高度和接触角的关系如下(参考图 4.20,读者可以尝试自己推导):

$$h = \frac{2\alpha/R}{\rho g} = \frac{2\alpha\cos\theta}{\rho g r},\tag{4.12}$$

式中 R 为毛细管内液面的曲率半径, ρ 和 α 分别为水的密度和表面张力系数, r 为毛细管的截面半径, θ 为接触角.式(4.12)对于不润湿的液体同样适用.

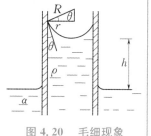

图 4.20　毛细现象

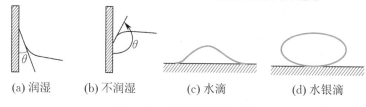

| (a) 润湿 | (b) 不润湿 | (c) 水滴 | (d) 水银滴 |

图 4.19　润湿与不润湿现象

　　生活中有很多毛细现象的实例,海绵吸水的过程,植物从土壤中吸收水分的过程,等等.润湿液体在细管中流动时,如果管中气泡较多,就可能将管子阻塞使流动受阻,这种现象称为气体栓塞.微血管中若出现气泡很容易形成栓塞.潜水员从深水处上升、患者从高压氧舱中出来,都要有适当的缓冲时间,以防在高压时溶解于血液中的过量气体迅速释放,在微血管中造成栓塞.

思考

举出几个生活中毛细现象的例子.

4.3　流体的流动

4.3.1　关于流体流动的几个基本概念

1. 理想流体

　　流体的流动是一个复杂问题,不仅涉及压强、密度和温度条件,还要考虑流体流动的速度和内摩擦等,因此需要先在理论上建立理想模型.液体不易被压缩(一个大气压的改变,水的体积只减小两万分之一),通常看作是不可压缩的;而气体虽然易于压缩但由于其流动性,各处的密度变化不大,因此研究其流动时,也可以视为不可压缩.液体在流动时,各层面之间会有相对滑动而产生内摩擦(黏滞性),由于多数液体的内摩擦力很小,气体的内摩擦力更小,在初步研究时可以忽略.

　　综上所述,为了强调流体的流动性,忽略可压缩性和黏滞性,引入流体的理想模型——理想流体(ideal fluid),即不可压缩和无黏滞性的流体.

2. 定常流动

　　流体是特殊的质点系,流体流动可以看作是所有质点运动的总和.在一定的参考系(如地球)中,流过空间任意一点的质点,在任意时刻都有确定的速度 $\boldsymbol{v}(x,y,z,t)$.如果流动中空间每一点的速度矢量不随时间发生改变,即

$$\boldsymbol{v} = \boldsymbol{v}(x,y,z),\tag{4.13}$$

这时流体的流动称为定常流动(steady flow).需要明确的是,即使在定常流动情况

下,空间各点速度矢量的大小和方向一般也不同. 水龙头流出的细流,水缓慢地流过堤坝,大型水池中放水时水面下降非常缓慢的情况,都可以近似为定常流动.

3. 流线和流管

为了直观地描述流体的流动,在流体流动的空间中画出许多曲线,曲线上的每一点的切向都和流体中这一点的流动速度方向一致,这样的曲线称为流线(stream line),如图 4.21(a) 所示. 对于定常流动,流线的形状和分布不随时间而变化,并且和流体质点运动的轨迹相重合.

在定常流动的流体中取一个面积元,过其周界上的各点作流线,这些流线围成的管子称为流管(stream tube),如图 4.21(b) 所示. 由于流线上每一点的速度和流线相切,流管内的流体不会流出管外,管外的流体也不会流入管内. 根据定义可知,定常流动的流管形状不随时间发生变化. 流动的流体可以分为许多段流管,研究其中任意一段内流体的流动,就可以给出整个流体流动的规律.

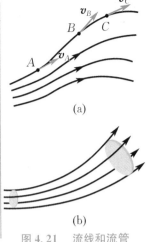

(a)

(b)

图 4.21 流线和流管

思考

流体做定常流动时,流线会不会相交呢?

4.3.2 连续性原理

利用流管的特性和流体质量不会改变的性质,可以推导出流体中的一个重要原理 —— 连续性原理.

在定常流动的流体内取一个很小的流管,如图 4.22 所示,假设流管前后两个固定截面分别为 S_1,S_2;因为截面很小,可以认为通过其上每一点流体的速度都相等,对应截面上的流速分别为 v_1,v_2. 因为是定常流动,流体各点的密度也不随时间而改变,所以时间 Δt 内流过 S_1 的流体的质量和流过 S_2 的流体的质量相等,即

$$S_1 v_1 \Delta t = S_2 v_2 \Delta t,$$

得

$$S_1 v_1 = S_2 v_2. \tag{4.14}$$

式(4.14) 表明,不可压缩的流体做定常流动时,流管的任意截面的面积与所在处流速的乘积等于恒量. 这一结论称为连续性原理(principle of continuity),其本质是流体流动中的质量守恒.

图 4.22 连续性原理

例 4.3 如图 4.23 所示,液体在水平放置的三叉管内做定常流动. 已知 A,B,C 管的横截面的面积分别为 $10 \times 10^{-4} \ \text{m}^2, 8 \times 10^{-4} \ \text{m}^2, 6 \times 10^{-4} \ \text{m}^2$,A,B管中液体的流速分别为 10 m/s,8 m/s,求 C 管中液体的流速.

解 利用连续性原理可得

$$S_A v_A = S_B v_B + S_C v_C,$$

所以

$$v_C = \frac{S_A v_A - S_B v_B}{S_C}$$

$$= \frac{10 \times 10^{-4} \times 10 - 8 \times 10^{-4} \times 8}{6 \times 10^{-4}} \ \text{m/s} = 6 \ \text{m/s}.$$

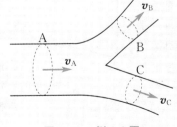

图 4.23 例 4.3 图

血液从动脉流经毛细血管，血流速度为什么会变小呢？

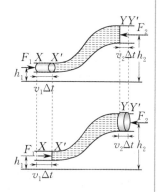

图 4.24　伯努利方程
　　　　的推导

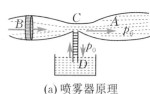

(a) 喷雾器原理

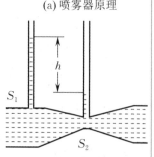

(b) 文丘里流量计

图 4.25　水平流管

4.3.3　伯努利方程

在定常流动的理想流体内取截面很小的流管，如图 4.24 所示，在流管上取两个固定截面 X,Y，面积分别为 S_1,S_2；对应截面上的流速和压强分别为 v_1,v_2 和 p_1，p_2。经过时间 Δt，X,Y 之间的流体流动到 X',Y' 之间。流动过程中，流体受到几个力的作用：重力、两端面的压力 $F_1=p_1S_1$ 和 $F_2=p_2S_2$、平行于流线侧面上所受的压力（和流速垂直，不做功）以及流管外围流体对流管内流体的摩擦力（对于理想流体，此力可以忽略）。这样，运动过程中能够对流体做功的只有重力和两端面的压力 F_1，F_2；重力是保守力，做功的结果可以通过重力势能的变化表示。两端面的压力 F_1，F_2 所做的功为

$$A=p_1S_1v_1\Delta t-p_2S_2v_2\Delta t.$$

对于理想流体，如果用 Δm，ρ 分别表示时间 Δt 内流过截面的流体的质量和密度，那么单位时间内流过截面 X,Y 的流体体积为 $S_1v_1=S_2v_2=\dfrac{\Delta m}{\rho\Delta t}$。联合以上两式，得到

$$A=(p_1-p_2)\frac{\Delta m}{\rho}. \tag{4.15}$$

X,X' 之间和 Y,Y' 之间流体的机械能分别为

$$E_1=\frac{1}{2}\Delta mv_1^2+\Delta mgh_1,\quad E_2=\frac{1}{2}\Delta mv_2^2+\Delta mgh_2.$$

利用功能原理，有

$$\left(\frac{1}{2}\Delta mv_2^2+\Delta mgh_2\right)-\left(\frac{1}{2}\Delta mv_1^2+\Delta mgh_1\right)=(p_1-p_2)\frac{\Delta m}{\rho}.$$

上式两边同时除以 Δmg 并整理得到

$$\frac{v_2^2}{2g}+h_2+\frac{p_2}{\rho g}=\frac{v_1^2}{2g}+h_1+\frac{p_1}{\rho g}. \tag{4.16}$$

式(4.16)中的 v,h,p 都代表同一截面上各量的平均值；在 $v\Delta t$ 的距离中，速度 v 可以当作恒量。如果截面面积 S_1,S_2 趋近零，流管就锐化为流线，当 $\Delta t\to0$ 时，式(4.16)就可以代表流线上某一点的流速、高度和压强之间的关系，即

$$\frac{v^2}{2g}+h+\frac{p}{\rho g}=\text{恒量}. \tag{4.17}$$

式(4.17)表示，理想流体做定常流动时，同一流线上任意一点的 $\dfrac{v^2}{2g}$，h，$\dfrac{p}{\rho g}$ 三项的和为恒量。式(4.16)和式(4.17)都称为伯努利方程(Bernoulli's equation)。式中的每一项都具有长度的量纲，三项依次可以叫作速度头、水头、压力头，它们的和叫作总头。

伯努利方程是 1738 年由伯努利(Bernoulli)首先提出的。这一方程是流体力学中的一个基本规律，其本质是质点系的功能原理在流体流动中的应用。

如果流管是水平的，式(4.16)就可以简化为

$$\frac{v_2^2}{2g}+\frac{p_2}{\rho g}=\frac{v_1^2}{2g}+\frac{p_1}{\rho g}.$$

显然,流速大的地方压强小,流速小的地方压强大.结合连续性原理(式(4.14)),可以定性说明喷雾器的工作原理.如图 4.25(a) 所示,在截面大的 A 处,压强近似等于大气压 p_0,流速小;而在截面小的 C 处,流速大,压强小于大气压 p_0.当 B 处的活塞向右运动时,储液器中液面上的大气压将液体往上压,在 C 处混入气流,被吹散成雾而由喷嘴喷出.这一原理在实际中还有很多应用,如内燃机中的汽化器、水流抽气机,以及文丘里流量计(见图 4.25(b)),等等.

20 世纪初,号称当时世界上最大的远洋货轮"奥林匹克"号行驶在太平洋上.当比它小得多的一艘铁甲巡洋舰在距离它约 100 m 处几乎平行地高速行驶时,这艘铁甲巡洋舰忽然像中了"魔"似地调转船头,猛然朝"奥林匹克"号直冲而去.1942 年,美国的"玛丽皇后"号运兵船,由巡洋舰和驱逐舰护航,载着 1.5 万名士兵开往英国.在航途中,与运兵船并列前进的巡洋舰突然向右急转弯与"玛丽皇后"号船头相撞,被劈成两半.此后,船长的航海指南中对两艘并行船舶的距离和允许靠近的距离都做了明确规定(读者可以根据图 4.26 分析其中的原因).

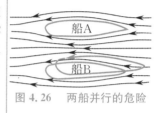

图 4.26 两船并行的危险

例 4.4 小孔流速.如图 4.27 所示,在一个盛满水的大桶侧壁开有一个小孔,求从小孔流出的水的速度和流量.假设小孔距液面高度为 h.

解 把水看作理想流体.由于容器的截面比小孔的截面大得多,液面会缓慢下降,在短时间内高度差 h 几乎不变,因此液体做定常流动.利用连续性原理和伯努利方程,可以得到
$$S_1 v_1 = S_2 v_2,$$
$$\frac{v_2^2}{2g} + h_2 + \frac{p_2}{\rho g} = \frac{v_1^2}{2g} + h_1 + \frac{p_1}{\rho g}.$$
这里 $h_1 - h_2 = h$,$p_1 = p_2 = p_0$,小孔流速
$$v_2 = \sqrt{\frac{2gh}{1 - \left(\frac{S_2}{S_1}\right)^2}} \approx \sqrt{2gh}.$$

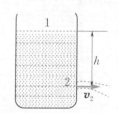

图 4.27 小孔流速

这一结果是在理想流体的前提下得出的,实际流体中存在内摩擦力,小孔流速要比这一结果小.利用这一结果,还可以计算出小孔处水的流量 $Q = S_2 v_2$.

飞机机翼的形状是上下不对称的,如图 4.28 所示,机翼上侧的凸起使得附近流线压缩,流速变大;而下方较为平坦,流速较小,导致在上、下两部分的空气之间产生压强差,从而使飞机获得升力.图 4.29 所示是我国自主设计生产的国产大飞机 C919.

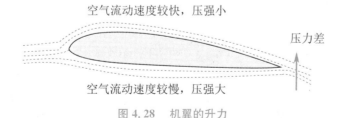

空气流动速度较快,压强小

压力差

空气流动速度较慢,压强大

图 4.28 机翼的升力

图 4.29 国产大飞机 C919

在体育运动中,如球类运动中的乒乓球、足球,非球类运动中的高台滑雪(见图 4.30),投掷飞镖等都有伯努利方程的应用.读者可以自行分析.

伯努利方程也体现在很多自然现象中,如龙卷风在水面上空时,由于四周气压高,中心气压低,水流被吸入风暴中心的空洞,形成绕轴旋转的涡流,上端和云天相连,下端和水面相接,好似一条长龙,形成"龙吸水"现象,如图 4.31 所示.

演示视频

伯努利原理

图 4.30　高台滑雪

图 4.31　龙吸水

思考

1. 伯努利方程成立的条件是什么？
2. 为什么同一方向平行并进的两只船会彼此靠拢甚至导致两船相撞？

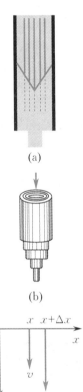

(a)

(b)

$$
\begin{array}{c}
x \quad x+\Delta x \\
\downarrow \quad \downarrow \quad \longrightarrow x \\
\downarrow v \quad \downarrow v+\Delta v \\
v \qquad v+\Delta v
\end{array}
$$

(c)

图 4.32　黏滞流体

4.3.4　黏滞流体

实际问题中，流体通常是非理想流体，需要考虑流体的黏滞性.

首先看一个简单实验的结果，如图 4.32(a) 所示，试管中装有甘油，上半部分被着色，打开管子下部的阀门使甘油缓缓流出，一段时间后，交界面处呈现锥形界面. 这一现象显示，沿着管子轴线处流体的流速最大，距轴线的距离越大，流体流速越小；附着在管壁上的甘油，流速为零. 通常，可以把管中流动的流体看作是一层层同轴的圆柱薄层，如图 4.32(b) 所示，流体流动时，因为各层流速不同，层与层之间会发生滑动. 如图 4.32(c) 所示，显示了流体中层面之间的速度梯度. 相对滑动的两层之间存在相互作用，流速慢的层面试图阻碍流速快的层面；而流速快的层面则使慢的层面加速. 这是一对作用力与反作用力，是内摩擦力，也叫作黏滞力（viscous force）. 它与流层平行，是切力. 流体内存在黏滞力的性质，称为流体的黏滞性.

实验表明，黏滞力和层面的接触面积以及该处的速度梯度成正比，即

$$
F = \eta \frac{\mathrm{d}v}{\mathrm{d}x} S. \tag{4.18}
$$

式 (4.18) 称为牛顿黏滞定律. 式中 η 为黏滞系数，S 为两个层面的接触面积，$\frac{\mathrm{d}v}{\mathrm{d}x}$ 为 x 方向的速度梯度，代表流速对空间的变化率.

在国际单位制中，黏滞系数 η 的单位是帕［斯卡］秒（$\mathrm{Pa \cdot s}$）. 黏滞系数除了和材料有关外，还显著地依赖于温度. 表 4.3 列出了一些常见气体和液体的黏滞系数. 液体的黏滞系数随温度的升高而减小；气体的黏滞系数随温度按 $\sqrt{T}$ 的规律增大（T 为热力学温度）.

表 4.3　常见气体和液体的黏滞系数

液体	$t/℃$	$\eta/(10^{-3}\,\mathrm{Pa \cdot s})$	气体	$t/℃$	$\eta/(10^{-3}\,\mathrm{Pa \cdot s})$
水	0	1.79	空气	20	1.82
	20	1.01		671	4.2
	50	0.55	水蒸气	0	0.9
	100	0.25		100	1.27

续表

液体	$t/℃$	$\eta/(10^{-3}\ \mathrm{Pa \cdot s})$	气体	$t/℃$	$\eta/(10^{-3}\ \mathrm{Pa \cdot s})$
水银	0	1.69	二氧化碳	20	1.47
酒精	0	1.84	氢	20	0.89
轻机油	15	11.3	氦	20	1.96
重机油	15	66	甲烷	20	1.10

流体的黏滞性使得在流体中运动的固体受到阻力作用,这种阻力一般分为两种:一种是附着在固体表面的层流体和相邻流体间的内摩擦力;另一种是由于固体前后流体的压强不同所引起的,称为压差阻力,其实质是由于紧随运动着的固体后面的那部分流体会产生涡旋所致. 如果固体相对于流体运动速度较小,涡旋尚未形成,压差阻力就可以忽略,此时就只有黏滞阻力. 可以证明,对于半径为 r 的球形物体以速度 v 运动时,所受的黏滞阻力为

$$F = 6\pi\eta r v. \qquad (4.19)$$

式(4.19)称为斯托克斯公式. 这一公式可以用来研究阻尼振动,也是大学物理实验中测量液体黏滞系数常用的方法,如图 4.33 所示.

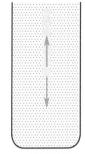

图 4.33　利用斯托克斯公式测量液体黏滞系数

黏滞流体在水平细管中流动时,如图 4.34 所示,液体分层流动(层流)的条件下,通过长为 l、半径为 r、两端压强分别为 p_1, p_2 的细管的流量为

$$Q = \frac{1}{\eta}\frac{\pi r^4}{8l}(p_1 - p_2). \qquad (4.20)$$

式(4.20)称为泊肃叶公式,它间接证明了牛顿黏滞定律的正确性. 这也是测定流体黏滞系数的一种方法.

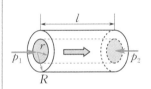

图 4.34　泊肃叶公式的推导

前面的讨论都是在流速不太大的前提下,流体分层流动,相邻两层之间只有相对滑动,没有横向混杂,流体的这种运动称为层流(laminar flow). 随着压强差的增大,流速逐渐增加并超过某一限度后,层流被破坏,流体质点具有垂直于轴线的分速度,各流层之间混淆并出现涡旋,这种流动称为湍流(turbulent flow).

对这一问题的研究首先由实验流体力学家雷诺(Reynolds)在 19 世纪末提出. 雷诺所进行的实验可以用图 4.35 所示的装置演示. 在盛水的容器下方装有水平的玻璃管,可以通过阀门控制水流的流速;另一细管盛有带颜色的液体可以从细管下方小孔流出. 实验中首先开启容器下的阀门让水缓慢流动. 流速较慢时,从细管流出的有色液体呈现线状,各层流互不混杂(见图 4.35(a));但是随着流速的增加,有色液体会和周围流体混杂(见图 4.35(b)),从层流转变到湍流. 生活中,在平静的空气中点燃蜡烛或者香烟,会看到烟柱最初是规则且竖直的,当烟柱上升到一定高度时,就会变得紊乱,这是烟缕向湍流的突变,如图 4.36 所示.

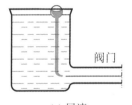

(a) 层流

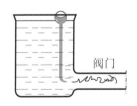

(b) 湍流

图 4.35　层流和湍流

雷诺通过变换实验条件(细管截面、温度等)发现,存在产生湍流的临界速度,而且该速度和一个无量纲组合 $Re = \dfrac{\rho v d}{\eta}$ 的数值有关(现在命名为雷诺数),其中 ρ,η,v,d 分别为流体的密度、黏滞系数、平均流速和细管的直径. 实验表明,当 $Re < 2\ 000$ 时,流动呈现层流;当 $2\ 000 < Re < 3\ 000$ 时,是层流到湍流的转变过程;当 $Re > 3\ 000$ 时,流动呈现为湍流,如图 4.37 所示.

图 4.36　烟缕向湍流的突变　　　图 4.37　湍流

思考

若你在操场踢球时,脚趾出血不止,应如何采取有效的措施?

本章小结

1. 固体的弹性

(1)应力:连续体内单位面积上的相互作用力.

(2)应变:物体内部发生的相对形变.

(3)胡克定律:在弹性限度内,应力和应变成正比.

(4)形变势能密度:长变情况下的形变势能密度为

$$w_p = \frac{1}{2} E \left(\frac{\Delta l}{l} \right)^2.$$

体变或切变情况下的形变势能密度分别为

$$w_p = \frac{1}{2} K \left(\frac{\Delta V}{V} \right)^2 \quad \text{和} \quad w_p = \frac{1}{2} G \left(\frac{\Delta x}{l} \right)^2.$$

2. 流体静力学

(1)静止流体中的压强:各向同性的静止流体中等高的地方压强相等,两点之间的压强差为 $\rho g h$.

(2)帕斯卡定律:密闭容器内不可压缩的流体中任一点的压强的改变都会等值地传送到流体各处及器壁上去.

(3)阿基米德原理:物体在流体中所受的浮力等于该物体所排开流体的重量.

(4)表面张力:在两种不相溶的液体或者液体与气体之间的分界面上存在的一种应力,$f = \alpha l$.

(5)毛细现象:将很细的玻璃管插入液体中,管内液面升高或者下降的现象.

3. 流体的流动

(1)理想流体:不可压缩和无黏滞性的流体.

(2)定常流动:流动中空间每一点的速度矢量不随时间发生改变,即 $v = v(x, y, z)$.

(3)理想流体的连续性方程:$S_1 v_1 = S_2 v_2$.

(4)伯努利方程:$\dfrac{v_2^2}{2g} + h_2 + \dfrac{p_2}{\rho g} = \dfrac{v_1^2}{2g} + h_1 + \dfrac{p_1}{\rho g}$.

4. 流体的黏滞性

(1)黏滞力是内摩擦力,流体内存在黏滞力的性质,称为流体的黏滞性.

(2)牛顿黏滞定律:$F = \eta \dfrac{dv}{dx} S$.

(3)斯托克斯公式:$F = 6\pi \eta r v$.

(4)泊肃叶公式:$Q = \dfrac{1}{\eta} \dfrac{\pi r^4}{8l} (p_1 - p_2)$.

(5)湍流:当流速超过某一限度后,层流被破坏,流体质点具有垂直于轴线的分速度,各流层之间混淆并出现涡旋的现象.

拓展与探究

4.1 细棒的一端连接一段细绳,用手捏住细绳将棒慢慢放入水中. 如果是木棒,总是会倾斜直至最后横躺在水面上;如果是铁棒,则始终竖直浸入直至触到水底而不倾斜. 请解释其中原因并对木棒和绳子的倾斜做定量分析,指出木棒插入水中多深时开始倾斜.

4.2 我国的动车和高铁技术处于世界领先水平,动车速度大约为 250 km/h,高铁速度大约为 300 km/h,而磁悬浮列车可以达到 516 km/h,几乎达到了声速的一半. 列车经过隧道时乘客的耳朵会有不适的感受,这和人体周围气压的改变有关. 请利用伯努利方程对列车通过隧道时车厢内气压的改变做出半定量的分析.

4.3 马格纳斯效应是指旋转物体在黏性流体中会造成环流,使物体获得升力. 这一现象是 19 世纪由马格纳斯首先研究并以他的名字命名的. 马格纳斯效应在球类运动中广泛存在,请根据流体力学的知识,分析足球场上"香蕉球"和乒乓球中"弧旋球"产生的原理.

4.4 把一个很深的圆柱形水桶盛水后放置在秤盘上,然后沿水桶的中轴线射入一颗木质的子弹,子弹入水一定深度后上浮. 请讨论子弹从入水前一刻到浮出水面的全程中,秤指示数 W 的改变,并将结果画到图 4.38 上. 设子弹在全程中基本保持球形,质量为 m,W_0 表示水桶及水的重量. 水桶中的水没有溅出桶外.

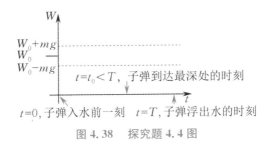

图 4.38　探究题 4.4 图

习题 4

4.1　碳纳米管是一种具有特殊结构(径向尺寸为纳米量级)的一维量子材料,具有良好的力学性能.抗拉强度是钢的 100 倍,密度却只有钢的 1/6;弹性模量与金刚石的弹性模量相当,约为钢的 5 倍.具有理想结构的单层壁碳纳米管(见图 4.39)的弹性模量约为 1 200 GPa,直径为 1 nm.已知这种碳纳米管的线应变达到 0.5 时将会断裂.请问多少根这样的碳纳米管拧在一起,可以提起 1 t 的重物? 估算其横截面的面积.

图 4.39　习题 4.1 图

4.2　钢制小提琴弦的直径为 0.4 mm,在 50 N 的拉力下,长度变为 0.4 m.已知钢的弹性模量和抗拉强度分别为 200 GPa 和 0.5 GPa.求:

(1) 小提琴弦的原长;

(2) 从自然状态拉伸到当前状态,拉力所做的功;

(3) 琴弦所能承受的最大拉力.

4.3　锅炉为圆筒状.假设气体压强为 p,求锅炉内壁的正应力.已知锅炉的直径为 D,壁厚为 d,且 $D \gg d$,应力在筒壁内均匀分布.

4.4　由于刀口不够锋利,在用剪刀剪切钢板时,钢板没有被剪断而发生了切变.假设钢板的横截面积为 $S = 90 \text{ cm}^2$,两个刀口间的距离为 $d = 0.5 \text{ cm}$,当剪切力 $F = 7 \times 10^5 \text{ N}$ 时,已知钢的切变模量 $G = 8 \times 10^{10} \text{ Pa}$.求:

(1) 钢板的切应力和切应变;

(2) 与刀口齐的两个截面所发生的相对滑移.

4.5　自行车刹车依靠的是闸皮与车轮的摩擦力.如果闸皮材料的弹性模量为 E,切变模量为 G,体积模量为 K;闸皮与车轮的接触面积为 S,摩擦系数为 μ.假设某次刹车产生的摩擦力为 f.

(1) 此时发生的形变属于哪一种?

(2) 试推导应力和应变的表达式.

4.6　湘江长沙大坝是中国投资最大的内河航运工程.假设水深为 5.0 m,坝的坡度为 60°.求长为 1 000 m 的水坝所承受的水的总压力.

4.7　利用流体静力学的原理论证当物体全部浸入液体且液面上有大气情况下的阿基米德原理.

4.8　如图 4.40 所示,油箱内盛有水和石油,石油的密度为 0.9 g/cm³,水的高度为 1 m,油的厚度为 4 m.求水自箱底小孔流出的速度.

图 4.40　习题 4.8 图

4.9　如图 4.41 所示,圆锥形的玻璃容器上小下大,高为 H,下底半径为 R.容器盛满密度为 ρ 的液体,瓶口敞开.求:

(1) 液体的总重量;

(2) 瓶底的压强和压力(大气压强为 p_0).

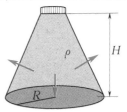

图 4.41　习题 4.9 图

4.10 灭火筒喷水的速率可以达到 60 L/min. 如果喷口处水柱的横截面积为 1.5 cm², 请问喷到 2 m 高处的水柱的横截面积是多大?

4.11 将两张纸平行放置, 用嘴对着它们中间吹气, 两张纸就会贴在一起, 请解释这种现象.

4.12 假设人在静脉注射时, 手臂静脉内血液的压强为 13 mmHg(水银的密度为 1.36×10^4 kg/m³), 请问输液的吊瓶至少要高于针头多高的位置才能正常静脉注射(设药液的密度为 1.05×10^3 kg/m³)?

*4.13** 如图 4.42 所示, 容器截面积为 S, 水位高度为 H, 若容器底部开一截面积为 a 的小孔, 则水从小孔中流出.

（1）当水位降到 h 时需多长时间?

（2）当水全部流完时, 总共需多长时间?

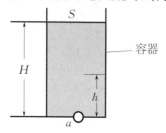

图 4.42　习题 4.13 图

*4.14** 在一高度为 H 的量筒侧壁开些高度 h 不同的小孔, 如图 4.43 所示. 孔高为多大时, 射程最远?

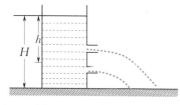

图 4.43　习题 4.14 图

4.15 如图 4.44 所示, 用均匀的虹吸管将水从大容器中吸出. 如果虹吸管的截面积为 5.0 cm², 虹吸管最高点高于水面 1.0 m, 出口在水面以下 0.6 m 处. 当水在虹吸管内做定常流动时, 虹吸管内最高点的压强和虹吸管的体积流量为多少?

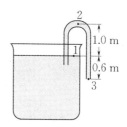

图 4.44　习题 4.15 图

4.16 如图 4.45 所示, 将充满水银的气压计下端浸在一个宽阔的盛水银的容器中, 压强读数为 $p = 0.950 \times 10^5$ N/m².

（1）求水银柱的高度.

（2）考虑到毛细现象后, 真正的大气压强多大? 已知气压计管的直径 $d = 2.0 \times 10^{-3}$ m, 接触角 $\theta = \pi$, 水银的表面张力系数 $\alpha = 0.49$ N/m.

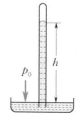

图 4.45　习题 4.16 图

4.17 为测量甘油的黏滞系数, 把密度为 2.56 g/cm³, 直径为 6.0 mm 的玻璃球置于盛满甘油的烧杯中从静止开始下落. 测得小球达到的恒定速率为 3.1 cm/s. 假设甘油的密度为 1.26 g/cm³, 计算甘油的黏滞系数.

4.18 半径为 0.10 cm 的空气泡在密度和黏滞系数分别为 0.72×10^3 kg/m³ 和 0.11 Pa·s 的液体中上升, 求气泡上升的终极速度.

*4.19** 假设水滴的直径是 0.02 mm, 处在速度为 2 cm/s 的上升气流中. 假设空气的黏滞系数为 1.8×10^{-4} Pa·s, 忽略空气的浮力, 请问水滴是否会落向地面?

4.20 试证明: 当盛在圆柱形容器中的流体以角速度 ω 绕中心轴转动时, 流体表面为抛物面.

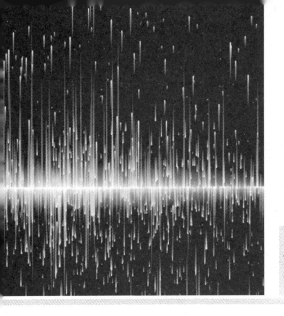

第二篇　振动和波动

　　振动和波动是物质的两种运动形式.广义地讲,任何物理量在某一定值附近做往复变化都称为振动;振动在空间的传播形成波动.振动是波动产生的根源,而波动则是振动传播的过程.振动的形式包括机械振动,分子热运动、电磁运动以及晶体内原子的运动等形成的振动,虽然各自运动规律不同,但作为振动过程却有共同的特征.机械振动产生机械波,电磁振动产生电磁波.近代物理的研究表明,微观粒子也具有波动性,称为物质波.波动是物质的运动形式,具有一定传播速度,伴随能量和信息的传播.各类波动虽具有各自的特征,但波动方程却是类似的,并具有干涉和衍射的共同特性.

　　振动和波动广泛地存在于自然界.振动和波动的理论是声学、地震学、建筑学、机械原理、光学以及计算机信息科学等领域的重要基础,有着极其广泛的应用.

　　各种振动和波动虽然在形式乃至本质上均有所不同,但其主要特征及研究和描述它们的基本方法是相通的.掌握机械振动与机械波的规律是研究其他形式振动与波动的基础.本篇振动部分主要研究简谐振动的基本规律以及简谐振动的合成问题,并介绍阻尼振动、受迫振动和共振现象等.波动部分主要讨论机械波的传播、特征、描述、能量、干涉与衍射等.

第5章

机械振动

2021年5月18日，深圳赛格大厦发生了有感振动事件.经5位工程院院士和勘察设计大师参加的专家组的技术论证和工程诊治，发现大厦有感振动与桅杆动力学性质有关.大厦的振动为何与桅杆动力学性质有关？其内在的物理原理是什么呢？

物体在一定位置附近做来回往复的运动称为机械振动（mechanical vibration）.自然界中，机械振动随处可见，如人体声带的发声、树枝的摇曳、海浪的起伏、地震甚至于晶格振动等.本章虽是从质点力学出发来研究机械振动，但所得到的运动规律、分析方法却不同于一般的质点直线运动和曲线运动.这一套方法、规律和结论对交流电和电磁振荡等其他形式的振动同样适用.

理论上，任何复杂的振动均可看作是由一系列不同频率的简谐振动合成的.本章重点讨论简谐振动，从简谐振动的特征量、描述方法到动力学方程及能量逐步深入展开；基于运动的合成原理讨论简谐振动的合成；最后简要介绍一些实际振动如阻尼振动、受迫振动、共振现象等.

■■■ 本章目标

1. 掌握简谐振动的运动学特征及特征量（振幅、周期、相位），理解相位的概念.
2. 熟练应用旋转矢量法描述简谐振动，尤其是对初相位的确定.
3. 能够从动力学角度分析证明简谐振动.
4. 明确简谐振动的能量特点.
5. 掌握同方向简谐振动的合成方法以及拍和拍频的概念.
6. 了解振动方向相互垂直的简谐振动合成的图像.
7. 了解阻尼振动、受迫振动和共振现象以及它们在实际中的应用.

5.1 简谐振动的描述

5.1.1 简谐振动的运动方程

劲度系数为 k 的轻质弹簧,一端固定,另一端连接质量为 m 的物体(视为质点),置于光滑的水平面上,便构成一弹簧振子系统,如图 5.1 所示. 给系统加一水平方向的初始扰动,系统便沿水平方向振动起来. 取弹簧处于自然长度时物体的位置(又称平衡位置(equilibrium position))为坐标原点,系统在该位置处所受合外力为零,研究发现,物体偏离平衡位置的位移 x 随时间 t 的变化规律为

$$x = A\cos(\omega t + \varphi), \tag{5.1}$$

式中的 A,ω,φ 为与振动有关的常量. 此时我们称弹簧振子做简谐振动.

一般地,若某物理量的取值按式(5.1)的规律随时间变化,则称该物理量做简谐振动(simple harmonic vibration). 式(5.1)称为简谐振动的运动方程.

由式(5.1)可求得任意时刻物体的速度和加速度分别为

$$v = \frac{\mathrm{d}x}{\mathrm{d}t} = -\omega A\sin(\omega t + \varphi) = \omega A\cos\left(\omega t + \varphi + \frac{\pi}{2}\right), \tag{5.2}$$

$$a = \frac{\mathrm{d}^2 x}{\mathrm{d}t^2} = -\omega^2 A\cos(\omega t + \varphi) = \omega^2 A\cos(\omega t + \varphi + \pi). \tag{5.3}$$

式(5.2)和式(5.3)表明,简谐振动的速度、加速度也随时间周期性变化,如图 5.2 所示,其中表示 x-t 关系的一条曲线叫作振动曲线.

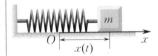

图 5.1 弹簧振子的
简谐振动

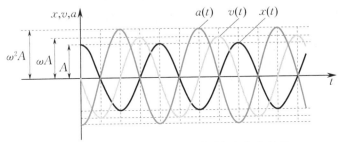

图 5.2 简谐振动的 x,v,a 随时间变化曲线图

思考

实际生活中有哪些简谐振动的例子?

5.1.2 简谐振动的特征量

由式(5.1)可知,简谐振动完全由三个参量 A,ω,φ 决定,这三个参

量称为简谐振动的特征量.

A 称为振幅，表示质点离开平衡位置的最大距离，它给出了质点运动的范围.

由式(5.1)可看出，简谐振动是典型的周期性运动，即每经过一定时间 T，运动情况完全重复一次，T 称为周期(period)，即做一次完全振动所需的时间. 由

$$x = A\cos[\omega(t+T) + \varphi] = A\cos(\omega t + \varphi + 2\pi),$$

得 $T = \dfrac{2\pi}{\omega}$.

把 $\dfrac{1}{T}$ 记为 ν，叫作振动的频率(frequency)，即单位时间内的振动次数. 显然，ω 和 T，ν 具有以下关系：

$$\omega = 2\pi\nu = \frac{2\pi}{T}. \tag{5.4}$$

ω 称为角频率，表示质点在 2π s 内完成全振动的次数，ω 和 ν 表征了质点振动的快慢程度.

在国际单位制中，ω 的单位为弧度每秒(rad/s)，T 的单位为秒(s)，ν 的单位为赫兹(Hz).

$(\omega t + \varphi)$ 称为振动系统在 t 时刻相位(phase)；$t = 0$ 时刻的相位显然为 φ，称为初相位. 相有"相貌"的意思，引申为状态，由运动学知识可知，物体在某一时刻的运动状态，可用位矢和速度来描述. 而由式(5.1)和式(5.2)可看出，对于振幅和角频率都已给定的简谐振动，任意时刻的位置和速度(t 时刻处于什么状态)由相位确定，在一次全振动中，每一时刻的运动状态都是不同的，而这种不同就反映在相位的不同上，相位随时间的变化反映了振动状态随时间的变化，因此，相位($\omega t + \varphi$)是决定简谐振动物体运动状态的物理量. 相位是振动与波动中的重要物理量，在现代物理学中的应用也很广泛.

5.1.3　简谐振动的旋转矢量法

简谐振动可以用一个旋转矢量的投影来表示. 这一描述简谐振动的几何方法称为旋转矢量法(rotation vector method). 这种方法有助于形象地理解振幅、角频率、相位等物理量的意义，也有助于简化简谐振动问题的数学处理.

如图 5.3 所示，以坐标原点 O 为始端作一矢量 $\boldsymbol{A}$，该矢量以角速度 ω 绕 O 点逆时针匀速转动. $t = 0$ 时刻，旋转矢量与 x 轴正方向的夹角等于 φ，则在转动过程中的任意时刻 t，矢量 $\boldsymbol{A}$ 与 x 轴正方向的夹角为 $(\omega t + \varphi)$，其末端在 x 轴上的投影点 P 的坐标为

$$x = A\cos(\omega t + \varphi).$$

可见，P 点的运动是简谐振动. 这样就建立了简谐振动和旋转矢量间的

旋转矢量法

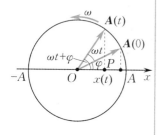

图 5.3　简谐振动的
旋转矢量图

对应关系,把复杂的变速直线运动与简单的匀速圆周运动联系起来. 简谐振动的振幅 A 等于旋转矢量的模(故 $\boldsymbol{A}$ 亦称为振幅矢量),简谐振动的角频率等于旋转矢量的角速度 ω 的大小,简谐振动的初相位 φ 等于旋转矢量的初始角位置,任意时刻 t 简谐振动的相位 $(\omega t+\varphi)$ 等于该时刻旋转矢量的角位置. P 点沿 x 轴振动一次,相当于旋转矢量旋转一周,在相位 $(\omega t+\varphi)$ 从 0 到 2π 的变化过程中,旋转矢量法直观地显示出一个周期中 P 点的运动状态.

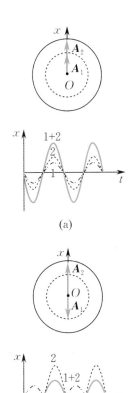

在实际问题中,常常需要比较两个同频率的简谐振动的步调是否一致,这时相位概念就特别有用. 设下列两个简谐振动,其运动方程分别为

$$x_1 = A_1 \cos(\omega t + \varphi_1), \quad x_2 = A_2 \cos(\omega t + \varphi_2).$$

两者在任意时刻的相位差为

$$\Delta\varphi = (\omega t + \varphi_2) - (\omega t + \varphi_1) = \varphi_2 - \varphi_1. \tag{5.5}$$

若 $\Delta\varphi = 0$(或 2π 的整数倍),则旋转矢量 $\boldsymbol{A}_1$ 和 $\boldsymbol{A}_2$ 始终同向,两个简谐振动的步调恰好一致,称为同相(in phase),如图 5.4(a) 所示.

若 $\Delta\varphi = \pi$(或 π 的奇数倍),则旋转矢量 $\boldsymbol{A}_1$ 和 $\boldsymbol{A}_2$ 始终反向,两个简谐振动的步调完全相反,称为反相(out of phase),如图 5.4(b) 所示.

若 $\Delta\varphi$ 为其他值,当 $\Delta\varphi > 0$ 时,则称 x_2 的相位超前 x_1 的相位 $\Delta\varphi$,或 x_1 的相位落后于 x_2 的相位 $\Delta\varphi$;当 $\Delta\varphi < 0$ 时,则称 x_2 的相位落后于 x_1 的相位 $|\Delta\varphi|$. 值得注意的是,由于 $\Delta\varphi$ 的周期是 2π,这种超前和落后不具有绝对性,如 $\Delta\varphi > 0$ 时,既可说 x_2 超前 x_1 的相位 $\Delta\varphi$,也可说 x_1 超前 x_2 的相位 $2\pi - \Delta\varphi$,这两种说法是等价的. 习惯上,一般取 $-\pi \leqslant \Delta\varphi \leqslant \pi$.

图 5.4 振动的相位关系

思考

1. 小球在地面上做完全弹性的上下跳动是简谐振动吗?
2. 两同频率简谐振动的相位差为 π 的偶数倍或奇数倍,则两者的振动关系如何?

5.2 简谐振动的动力学方程

本节从动力学角度来分析物体做简谐振动的内在原因及其所遵循的动力学规律. 下面主要以弹簧振子为例来进行讨论.

如图 5.1 所示,当物体离开平衡位置的位移为 x 时,根据胡克定律,在弹性限度内,物体所受的弹性力为

$$F = -kx. \tag{5.6}$$

习惯上称这种与位移大小成正比,方向与位移相反,且始终指向平衡位置的力为线性回复力(restoring force). 物体受到线性回复力的作用,是物体做简谐振动的动力学原因.

微课视频

简谐振动的微分方程

根据牛顿运动定律,物体运动的微分方程为

$$m \frac{\mathrm{d}^2 x}{\mathrm{d}t^2} = -kx. \tag{5.7}$$

记

$$\omega = \sqrt{\frac{k}{m}}, \tag{5.8}$$

则式(5.7)写成

$$\frac{\mathrm{d}^2 x}{\mathrm{d}t^2} + \omega^2 x = 0. \tag{5.9}$$

式(5.9)称为简谐振动的微分方程,其解为

$$x = A\cos(\omega t + \varphi). \tag{5.10}$$

凡是物理量(如角位移、电流、电压、电场、密度等)的微分方程满足式(5.9)时,其解必为式(5.10),即该物理量做简谐振动. 故式(5.9)亦可看作简谐振动的定义式. 能否找到形如式(5.9)的方程,成为证明物体(或物理量)是否做简谐振动的关键.

由式(5.8)可知,简谐振动系统的角频率仅由振动系统本身的弹性、惯性(质量)决定,称为振动系统的固有角频率. 弹簧振子的固有频率为

$$\nu = \frac{\omega}{2\pi} = \frac{1}{2\pi}\sqrt{\frac{k}{m}}.$$

简谐振动的运动方程中的参数 A 和 φ 可由初始条件(初始状态)确定. 将 $t = 0$ 时的位移 x_0、速度 v_0 代入式(5.1)和式(5.2)中得

$$x_0 = A\cos\varphi, \quad v_0 = -A\omega\sin\varphi. \tag{5.11}$$

由此可解得

$$\begin{cases} A = \sqrt{x_0^2 + \left(\dfrac{v_0}{\omega}\right)^2}, \\ \tan\varphi = -\dfrac{v_0}{\omega x_0}. \end{cases} \tag{5.12}$$

由上面的讨论可知,对简谐振动而言,系统本身的因素(如弹簧振子的 k 和 m)决定了振动系统的角频率 ω;系统以外的因素(初始条件 x_0 和 v_0)决定了振动系统的振幅 A 和初相位 φ.

例5.1 已知简谐振动的振动曲线如图5.5所示,试写出该振动的位移与时间的关系.

解 简谐振动的运动方程为

$$x = A\cos(\omega t + \varphi), \qquad ①$$

关键是要根据振动曲线求振幅 A、角频率 ω 和初相位 φ.

从图5.5可以得到 $A = 6.0 \times 10^{-2}$ m. 当 $t = 0$ 时, $x_0 = A\cos\varphi = \dfrac{A}{2}$,故 $\varphi = \pm\dfrac{\pi}{3}$.

因振动曲线在 $t = 0$ 时的切线斜率(振动速度)为正,可知 $v_0 > 0$,结合 $v_0 = -\omega A\sin\varphi$,

应取 $\varphi = -\dfrac{\pi}{3}$,在图 5.6 的旋转矢量图上,旋转矢量位于第四象限.从振动曲线可得,在 $t=1\ \text{s}$ 时,位移 $x=0$,此时相位 $\varphi_1 = \pm\dfrac{\pi}{2}$.由于在 $t=1\ \text{s}$ 时振动曲线的切线斜率为负,即 $v_1 = -\omega A\sin\varphi_1 < 0$,应取 $\varphi_1 = \dfrac{\pi}{2}$,对应的旋转矢量处于 $\dfrac{\pi}{2}$ 的位置,所以

$$\omega = \frac{\Delta\varphi}{\Delta t} = \left[\frac{\pi}{2} - \left(-\frac{\pi}{3}\right)\right]\ \text{rad/s} = \frac{5\pi}{6}\ \text{rad/s}.$$

将 A,ω,φ 的数值代入式 ①,可得

$$x = 6.0\times10^{-2}\cos\left(\frac{5\pi}{6}t - \frac{\pi}{3}\right)\ \text{m}.$$

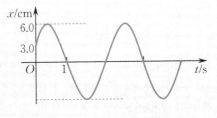

图 5.5 振动曲线

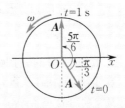

图 5.6 旋转矢量图

当然,本题也可以直接利用解析法求解.由 $t=0$ 的位移获得初相位 φ 的两个可能值,再由振动方向及速度表达式得出 $\sin\varphi$ 的正负,从而确定 φ 值.

例 5.2 一个竖直悬挂的弹簧振子(见图 5.7),已知弹簧的劲度系数 $k=2.5\ \text{N/m}$,物体的质量为 $m=0.1\ \text{kg}$.在初始时刻将物体从平衡位置向下拉 $0.05\ \text{m}$,给予向下的速度 $0.25\ \text{m/s}$.求此弹簧振子的运动方程.

解 设弹簧处于原长时,物体质心在 O' 处;物体受力平衡时,物体质心在 O 处,此时弹簧的伸长量为 b,即物体所受重力与弹性力相平衡,$kb=mg$,O 点为系统的平衡位置.

取平衡时物体质心位置为坐标原点,竖直向下为 x 轴正方向.当质心位置坐标为 x 时,弹簧伸长量为 $(b+x)$,物体所受的合外力为

$$f = -k(x+b) + mg = -kx.$$

由牛顿第二定律得

$$-kx = m\frac{\mathrm{d}^2 x}{\mathrm{d}t^2},$$

即

$$\frac{\mathrm{d}^2 x}{\mathrm{d}t^2} + \frac{k}{m}x = 0.$$

上式表明,物体做简谐振动,运动方程为 $x = A\cos(\omega t + \varphi)$.其中角频率

$$\omega = \sqrt{\frac{k}{m}} = \sqrt{\frac{2.5}{0.1}}\ \text{rad/s} = 5\ \text{rad/s};$$

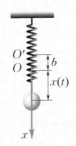

图 5.7 例 5.2 图

A 和 φ 由初始条件确定,由式(5.12)得

$$A = \sqrt{x_0^2 + \frac{v_0^2}{\omega^2}} = \sqrt{(0.05)^2 + \left(\frac{0.25}{5}\right)^2}\ \text{m} \approx 7.07\times10^{-2}\ \text{m},$$

$$\tan\varphi = -\frac{v_0}{\omega x_0} = -\frac{0.25}{5\times0.05} = -1, \quad \varphi = \frac{3}{4}\pi \ \text{或} -\frac{1}{4}\pi.$$

由于 $x_0 = A\cos\varphi = 0.05 \ \text{m} > 0$，$\varphi$ 应位于第一、四象限，因此 $\varphi = -\dfrac{\pi}{4}$. 简谐振动的运动方程为

$$x = 7.07\times10^{-2}\cos\left(5t-\frac{\pi}{4}\right)\text{m}.$$

> 注意，式(5.1)中，x 是指物体偏离平衡位置的位移. 本例是竖直放置的弹簧振子，其平衡位置并不在弹簧自然长度处，而坐标原点则一定要取在平衡位置，否则就得不到简谐振动的特征方程，也得不到式(5.1)形式的运动方程.

例 5.3 游乐园中的大摆锤是一个刺激的游戏项目（见图5.8）. 将大摆锤抽象成质量为 m 的刚体，在重力矩作用下绕光滑固定水平转轴 O 做微小摆动，这样的系统称为复摆（见图5.9）. 设刚体质心 C 到 O 轴的距离为 b，刚体对 O 轴的转动惯量为 I. 试证明：刚体做小幅度自由摆动时，摆角 θ 按简谐振动规律随时间变化，且振动周期为 $T = 2\pi\sqrt{\dfrac{I}{mgb}}$.

图 5.8 大摆锤

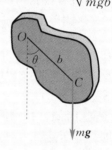

图 5.9 复摆

证明 取图5.9中虚线所示位置（合力与合力矩都为零的位置，即平衡位置）为参考位置，按右手螺旋定则，垂直纸面向外为轴线的参考正方向，OC 绕 O 轴逆时针转过的角度为正，反之为负. 设复摆某时刻的位置如图5.9所示，其摆角为 θ，这时重力矩 $M = -mgb\sin\theta$（负号表示力矩方向与规定的正方向相反），复摆的角加速度 $\beta = \dfrac{\mathrm{d}^2\theta}{\mathrm{d}t^2}$. 根据转动定律 $M = I\beta$，有

$$I\frac{\mathrm{d}^2\theta}{\mathrm{d}t^2} = -mgb\sin\theta.$$

当摆角很小（$\theta < 5°$）时，$\sin\theta \approx \theta$，上式简化为

$$\frac{\mathrm{d}^2\theta}{\mathrm{d}t^2} + \frac{mgb}{I}\theta = 0,$$

上式与式(5.9)形式完全相同. 可见，刚体做小幅度自由摆动时，摆角 θ 近似地按简谐振动规律随时间变化. 由上式可得振动的角频率为

$$\omega = \sqrt{\frac{mgb}{I}},$$

振动周期为

$$T = \frac{2\pi}{\omega} = 2\pi\sqrt{\frac{I}{mgb}}.$$

本例介绍了复摆振动的特征. 需要注意的是, 这里做简谐振动的物理量是角位移 θ; $t = 0$ 时, $\theta = \theta_0$, 是指其初始位置, 并不是初相位. 另外, 单摆可看作是复摆的特例, 可由复摆周期公式得到单摆周期公式.

思考

1. 判断下列运动是否为简谐振动:

(1) 活塞的往复运动;

(2) 小球沿半径很大的水平光滑圆轨道底部小幅度运动.

2. 已知弹簧振子在 $t = 0$ 时处于平衡位置, 能不能由此确定它的初相位? 同一个简谐振动, 能否选不同时刻作为时间的起始点, 即选取不同时刻为 $t = 0$? 它们之间差别何在?

3. 如果把单摆和弹簧振子带到月球上去, 它们的振动周期和振动频率是否变化?

4. 如果把一个单摆移开一个小角度 θ_0, 然后放开让其自由摆动. 试问:

(1) 单摆绕悬点转动的角速度是否就是简谐振动的角频率?

(2) 单摆做简谐振动是指单摆的什么量在做简谐振动?

5.3 简谐振动的能量

物体做机械振动时, 振动的能量由两部分构成: 动能和势能. 本节以水平方向振动的弹簧振子为例来讨论简谐振动的能量问题. 设 t 时刻物体离开平衡位置的位移为 x, 速度为 v, 则振动系统的动能为

$$E_k = \frac{1}{2}mv^2 = \frac{1}{2}m\omega^2 A^2 \sin^2(\omega t + \varphi). \tag{5.13}$$

取平衡位置为弹性势能零点, 振动系统所具有的弹性势能为

$$E_p = \frac{1}{2}kx^2 = \frac{1}{2}kA^2 \cos^2(\omega t + \varphi). \tag{5.14}$$

振动系统的总能量为

$$E = E_k + E_p = \frac{1}{2}m\omega^2 A^2 = \frac{1}{2}kA^2, \tag{5.15}$$

其中用到 $k = \omega^2 m$.

由式(5.13) ~ 式(5.15) 可以得到以下结论:

(1) 简谐振动系统的动能和势能分别随时间做周期性变化. 动能最大时, 势能为零; 势能最大时, 动能为零; 一个周期中, 动能和势能"此消彼长", 但任意时刻的总能量守恒.

(2) 动能和势能的变化频率是弹簧振子振动频率的两倍.

(3) 频率一定时, 简谐振动的总能量与振幅的平方成正比. 这一结论适用于所有简谐振动系统. 振幅不仅给出了简谐振动的幅度, 而且还

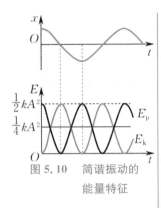

图 5.10　简谐振动的
能量特征

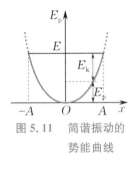

图 5.11　简谐振动的
势能曲线

反映了振动系统总能量的大小，或者说反映了振动的强度.

（4）根据式（5.13）和式（5.14）可求出弹簧振子的动能和势能在一个周期 T 内对时间的平均值分别为

$$\overline{E}_k = \frac{1}{T}\int_0^T E_k dt = \frac{1}{T}\int_0^T \frac{1}{2}m\omega^2 A^2 \sin^2(\omega t + \varphi) dt$$

$$= \frac{1}{2}kA^2 \frac{1}{T}\int_0^T \frac{1}{2}[1 - \cos 2(\omega t + \varphi)] dt = \frac{1}{4}kA^2,$$

$$\overline{E}_p = \frac{1}{T}\int_0^T E_p dt = \frac{1}{T}\int_0^T \frac{1}{2}kA^2 \cos^2(\omega t + \varphi) dt$$

$$= \frac{1}{2}kA^2 \frac{1}{T}\int_0^T \frac{1}{2}[1 + \cos 2(\omega t + \varphi)] dt = \frac{1}{4}kA^2.$$

弹簧振子的势能和动能在一个周期内的平均值相等且等于总能量的一半. 此结论也适用于其他做简谐振动的力学系统. 图 5.10 给出了弹簧振子能量变化的特征.

弹簧振子的势能曲线是一条抛物线，如图 5.11 所示，横坐标表示振子偏离平衡位置的位移，纵坐标为势能，系统的总能量用 E 表示. 可以看出，当振子到达正、负最大位移处时，动能为零，振子开始返回运动；由于动能必须大于零，振子不可能越过这两点运动到更远的区域.

例 5.4　如图 5.12 所示，轻弹簧一端固定，另一端与质量为 m 的物体用细绳相连，细绳跨于桌边定滑轮上，物体悬于细绳下端. 已知弹簧的劲度系数为 k，定滑轮的转动惯量为 I，半径为 R. 将物体用手托起，再突然放手，物体下落而整个系统进入振动状态. 设绳子长度一定，绳子与滑轮间不打滑，滑轮轴承无摩擦，试证物体做简谐振动.

证明　以物体的平衡位置为坐标原点（物体平衡时，弹簧伸长量设为 x_0），取竖直向下的方向为 x 轴正方向建立坐标系，当物体离开平衡位置的位移为 x 时，弹簧伸长量为 $(x_0 + x)$，物体运动速度为 v，定滑轮角速度为 $\dfrac{v}{R}$. 取弹簧原长处为弹性势能零点，物体的平衡位置为重力势能零点，则系统的总能量为

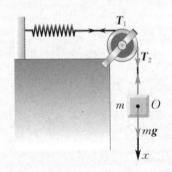

图 5.12　例 5.4 图

$$E = \frac{1}{2}k(x + x_0)^2 - mgx + \frac{1}{2}mv^2 + \frac{1}{2}I\left(\frac{v}{R}\right)^2.$$

由于总能量 E 守恒，上式对时间求导，得

$$0 = k(x + x_0)v - mgv + mva + \frac{I}{R^2}va.$$

由于 $v \neq 0$，利用平衡位置处 $kx_0 = mg$，化简上式得

$$\frac{d^2 x}{dt^2} + \frac{k}{m + \dfrac{I}{R^2}}x = 0,$$

可知物体做简谐振动，且振动角频率为 $\omega = \sqrt{\dfrac{k}{m + \dfrac{I}{R^2}}}$.

1. 当一个弹簧振子的振幅增大到原来的两倍时, 试分析它的下列物理量将受到什么影响: 振动周期、最大速度、最大加速度和振动的能量.

2. 若用手将弹簧振子拉离平衡位置, 并在静止状态放手, 任其做自由振动, 则振幅 A 等于放手时位移 x_0 的绝对值. 试从能量的观点说明理由.

5.4　简谐振动的合成

在实际问题中, 经常遇到一个质点同时参与几个振动的情况. 例如, 声波传入耳朵引起鼓膜振动, 如果同时接收到两个或者两个以上的声波, 鼓膜就会同时参与多个振动, 此时鼓膜的振动就是多个振动的合成. 为简单起见, 首先讨论两个振动的合成.

5.4.1　两个同方向同频率简谐振动的合成

设质点同时参与两个同方向同频率的简谐振动, 其运动方程分别为

$$x_1 = A_1\cos(\omega t + \varphi_1), \quad x_2 = A_2\cos(\omega t + \varphi_2),$$

式中 A_1, A_2 和 φ_1, φ_2 分别是两个简谐振动的振幅和初相位, ω 是简谐振动的角频率, 则合振动方程为

$$x = x_1 + x_2 = A_1\cos(\omega t + \varphi_1) + A_2\cos(\omega t + \varphi_2).$$

利用三角公式, 可得

$$x = (A_1\cos\varphi_1 + A_2\cos\varphi_2)\cos\omega t - (A_1\sin\varphi_1 + A_2\sin\varphi_2)\sin\omega t.$$

令 $A_1\cos\varphi_1 + A_2\cos\varphi_2 = A\cos\varphi, A_1\sin\varphi_1 + A_2\sin\varphi_2 = A\sin\varphi$, 则有

$$x = A\cos\varphi\cos\omega t - A\sin\varphi\sin\omega t,$$

合振动的表达式为

$$x = A\cos(\omega t + \varphi), \tag{5.16}$$

式中合振动的振幅 A 和初相位 φ 分别为

$$A = \sqrt{A_1^2 + A_2^2 + 2A_1A_2\cos(\varphi_2 - \varphi_1)}, \tag{5.17}$$

$$\varphi = \arctan\frac{A_1\sin\varphi_1 + A_2\sin\varphi_2}{A_1\cos\varphi_1 + A_2\cos\varphi_2}. \tag{5.18}$$

由上述讨论可知, 两个同方向同频率简谐振动的合振动仍是简谐振动, 合振动的频率与分振动的频率相同.

通过叠加的方法, 可画出振动曲线的合成图像, 如图 5.13 所示.

同方向同频率简谐振动的合成也可由旋转矢量法得到, 该方法更为简捷直观. 如图 5.14 所示, 旋转矢量 $\boldsymbol{A}_1$ 和 $\boldsymbol{A}_2$ 在 x 轴上的投影分别表示简谐振动 x_1 和 x_2, 则合矢量 $\boldsymbol{A}$ 在 x 轴上的投影就是合振动 $x = x_1 + x_2$. 这样, 求合振动方程的问题归结为求合矢量及其旋转规律. 因为 $\boldsymbol{A}_1$ 和 $\boldsymbol{A}_2$ 以相同的角速度 ω 绕坐标原点 O 逆时针转动, 在转动过程中以 $\boldsymbol{A}_1$ 和

同方向同频率
简谐振动的合成

同方向同频率
简谐振动的合成

A_2 为邻边的平行四边形的形状保持不变，因而合矢量 A 的长度保持不变，并以相同的角速度 ω 旋转。这就证明了合振动仍是同频率的简谐振动，即式（5.16）成立，由图中的几何关系很容易得到式（5.17）和式（5.18）.

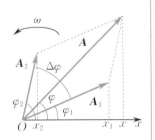

图 5.14　两个同方向同频率简谐振动合成的旋转矢量图法

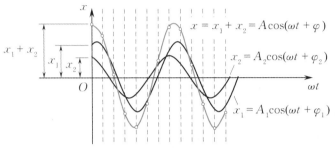

图 5.13　两个同方向同频率简谐振动合成的曲线图法

由式（5.17）可知，合振动的振幅不仅与分振动的振幅有关，还与两个分振动的相位差有关。下面讨论两个重要特例.

（1）两分振动同相，即 $\Delta\varphi = \varphi_2 - \varphi_1 = 2k\pi(k = 0, \pm 1, \pm 2, \cdots)$，$\cos(\varphi_2 - \varphi_1) = 1$，合振幅为

$$A = \sqrt{A_1^2 + A_2^2 + 2A_1A_2} = A_1 + A_2.$$

此时合振幅最大，两个分振动合成的结果是振动加强.

（2）两分振动反相，即 $\Delta\varphi = (2k+1)\pi(k = 0, \pm 1, \pm 2, \cdots)$，$\cos(\varphi_2 - \varphi_1) = -1$，合振幅为

$$A = \sqrt{A_1^2 + A_2^2 - 2A_1A_2} = |A_1 - A_2|.$$

此时合振幅最小，两个分振动合成的结果是振动减弱。特别地，当 $A_1 = A_2$ 时，合成的结果是使质点处于静止状态.

上述结果说明，两个振动的相位差对振动合成起着重要的作用，这种现象在波的干涉与衍射中具有特殊的意义.

5.4.2　多个同方向同频率简谐振动的合成

对于多个同方向同频率简谐振动的合成问题，旋转矢量法仍然是最为直观便捷的方法。如图 5.15 所示，作出各分振动的振幅矢量，然后依次平移各矢量，使它们首尾相接。根据矢量合成的法则，从第一个矢量始端引向最后一个矢量末端的有向线段便是合振幅矢量。合振幅矢量在 x 轴上的投影就是合振动的运动方程

$$x = A\cos(\omega t + \varphi).$$

合振动的振幅为

$$A = \sqrt{A_x^2 + A_y^2}, \tag{5.19}$$

合振动的初相位为

$$\varphi = \arctan\frac{A_y}{A_x}, \tag{5.20}$$

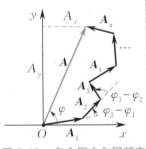

图 5.15　多个同方向同频率简谐振动的合成

式中 $A_x = A_1\cos\varphi_1 + A_2\cos\varphi_2 + \cdots + A_n\cos\varphi_n$，$A_y = A_1\sin\varphi_1 +$

$A_2\sin\varphi_2 + \cdots + A_n\sin\varphi_n$，其中 n 表示分振动个数.

特别地，当 $x_i = A_0\cos(\omega t + i\theta - \theta)(i = 1, 2, \cdots, n)$ 时，根据简单的几何学知识不难得出合振动的振幅和初相位分别为

$$A = A_0\frac{\sin\dfrac{n\theta}{2}}{\sin\dfrac{\theta}{2}}, \quad \varphi = \frac{n-1}{2}\theta.$$

5.4.3 两个同方向不同频率简谐振动的合成 拍

设质点同时参与两个同方向不同频率的简谐振动，其角频率分别为 ω_1 和 ω_2，为了突出频率不同引起的效果，设分振动的振幅相同，且初相位均等于零，分振动方程分别为

$$x_1 = A\cos\omega_1 t, \quad x_2 = A\cos\omega_2 t.$$

合振动方程为

$$\begin{aligned}
x = x_1 + x_2 &= A\cos\omega_1 t + A\cos\omega_2 t \\
&= 2A\cos\left(\frac{\omega_2 - \omega_1}{2}t\right)\cos\left(\frac{\omega_2 + \omega_1}{2}t\right).
\end{aligned} \tag{5.21}$$

同方向不同频率
简谐振动的合成

若角频率差别不大，即 $|\omega_2 - \omega_1| \ll \omega_2 + \omega_1$，则式（5.21）表示的合振动可看作是"振幅"为 $\left|2A\cos\left(\dfrac{\omega_2 - \omega_1}{2}t\right)\right|$、角频率等于 $\dfrac{\omega_2 + \omega_1}{2}$ 的"近似"简谐振动. 由于"振幅"随时间做周期性的缓慢变化，故形成了振幅（或强度）时而加强时而减弱的现象，称为拍（beat）.

拍

单位时间内振动加强或振动减弱的次数，即"振幅" $\left|2A\cos\left(\dfrac{\omega_2 - \omega_1}{2}t\right)\right|$ 随时间做周期性变化的频率叫作拍频. 若用 ν 表示拍频，则有 $\nu = \dfrac{|\omega_2 - \omega_1|}{2\pi} = |\nu_2 - \nu_1|$，即拍频等于两分振动的频率之差. 图 5.16 给出了合振动的振动曲线，显示出合振动的振幅时大时小呈周期性变化.

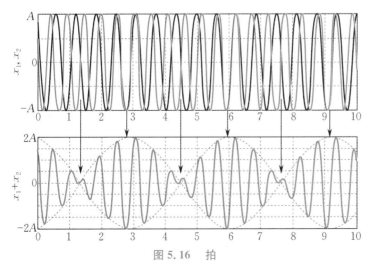

图 5.16 拍

同样可利用旋转矢量法来合成两个同方向不同频率的简谐振动. 在旋转矢量图（参看图 5.14）上，由于 A_1 和 A_2 的角速度不同，它们之间的夹角将随时间而变，其合矢量 A 的大小也随时间改变，合振动不再是简谐振动. 当 A_1 与 A_2 相互重叠时，合振幅最大，$A = A_1 + A_2$，振动加强；随着 A_1 与 A_2 之间夹角逐渐增大，合振幅将逐渐减小，当两者反向（$\Delta\varphi = \pi$）时，合振幅 $A = |A_1 - A_2|$ 最小，振动减弱；此后，合振幅又将随之增加，当 A_1 又与 A_2 重合时，合振幅又达到最大，合振动又加强了. 随着时间的推移，上述过程将周而复始地出现，形成拍现象. 在旋转矢量图上，A_2 相对于 A_1 转动的角速度大小为 $|\omega_2 - \omega_1|$，A_2 相对于 A_1 转一圈所花的时间为 $\dfrac{2\pi}{|\omega_2 - \omega_1|}$，此即 A_1 与 A_2 相邻两次同向或反向之间的时间大小，也就是拍现象的周期；由周期可求得拍现象的频率为 $\dfrac{|\omega_2 - \omega_1|}{2\pi} = |\nu_2 - \nu_1|$，即单位时间内 A_1 与 A_2 重合（振动加强）或反向（振动减弱）的次数 —— 拍频.

拍现象有着广泛的应用. 在声学中利用拍现象来校准乐器，如让标准音叉与待调整的钢琴某一键同时发音，若出现拍音，就表示该键频率与标准音叉的频率有差异，调整该键频率直到拍音消失，该键频率就被校准了. 在电子技术中还利用差频振荡器产生极低频率的电磁振荡. 拍现象还可以用来测量未知频率，将一已知频率的振动与另一频率相近但未知的振动叠加，测出拍频，即可得到未知频率.

5.4.4　两个相互垂直简谐振动的合成

当一质点同时参与两个振动方向垂直的振动时，在一般情况下，质点将做平面曲线运动，其运动轨迹的形状将由两个分振动的周期、振幅和它们的相位差决定.

为简单起见，只讨论两个相互垂直的且具有相同频率的简谐振动的合成. 设两个振动的方向分别沿 x 轴和 y 轴，运动方程分别为

$$x = A_1\cos(\omega t + \varphi_1), \quad y = A_2\cos(\omega t + \varphi_2).$$

这两个方程实际上是质点合振动轨迹的参数方程，消去时间参量 t，即可得到直角坐标系中质点的轨迹方程

$$\frac{x^2}{A_1^2} + \frac{y^2}{A_2^2} - \frac{2xy}{A_1 A_2}\cos(\varphi_2 - \varphi_1) = \sin^2(\varphi_2 - \varphi_1). \tag{5.22}$$

两个相互垂直
简谐振动的合成

式(5.22)所表示的轨迹方程的性质在 A_1, A_2 确定之后，主要取决于相位差 $\Delta\varphi = \varphi_2 - \varphi_1$. 下面讨论几种特殊情况.

（1）若 $\Delta\varphi = \varphi_2 - \varphi_1 = 0$，即两振动同相，令 $\varphi_2 = \varphi_1 = \varphi$，由式(5.22)可得

$$y = \frac{A_2}{A_1}x. \tag{5.23}$$

质点的运动轨迹是一条通过坐标原点，斜率为 $\dfrac{A_2}{A_1}$ 的直线，如

图 5.17(a) 所示. 任意时刻质点离开平衡位置的位移为

$$s = \sqrt{A_1^2 + A_2^2} \cos(\omega t + \varphi).$$

由此可知,合振动也是简谐振动,振动频率与分振动频率相同,振幅等于 $\sqrt{A_1^2 + A_2^2}$.

(2) 若 $\Delta\varphi = \varphi_2 - \varphi_1 = \pi$,即两振动反相,则有

$$y = -\frac{A_2}{A_1}x. \qquad (5.24)$$

质点的运动轨迹是一条过坐标原点、斜率为 $-\dfrac{A_2}{A_1}$ 的直线,如图 5.17(e) 所示. 合振动仍然是简谐振动,振动频率与分振动频率相同,振幅为 $\sqrt{A_1^2 + A_2^2}$.

(3) 若 $\Delta\varphi = \varphi_2 - \varphi_1 = \dfrac{\pi}{2}$,由式(5.22)可得

$$\frac{x^2}{A_1^2} + \frac{y^2}{A_2^2} = 1. \qquad (5.25)$$

质点的运动轨迹是以坐标轴为主轴的椭圆,如图 5.17(c) 所示,图中箭头表示质点的运动方向. 因为 y 比 x 的相位超前 $\dfrac{\pi}{2}$,考虑某时刻,x 为零,$\omega t + \varphi_1 = -\dfrac{\pi}{2}$,此时 y 的取值为 A_2,质点位于椭圆 a 点;再经历 $\dfrac{T}{4}$ 时间,则 $\omega t + \varphi_1 = 0$,此时,x 的取值变为 A_1,y 值减小为 0,质点到达 c 点,因此质点沿椭圆顺时针运动.

(4) 若 $\Delta\varphi = \varphi_2 - \varphi_1 = \dfrac{3}{2}\pi$,质点的运动轨迹仍是以坐标轴为主轴的椭圆,但运动方向相反,如图 5.17(g) 所示.

上述(3),(4) 两种情况中,如果两分振动的振幅相等,则质点做圆周运动.

(5) 若 $\Delta\varphi = \varphi_2 - \varphi_1$ 为其他值,质点的运动轨迹为斜椭圆,椭圆的性质视两个振动的相位差而定. 图 5.17(b),(d),(f),(h) 表示振幅不相等的两振动在不同相位差时的合成图形.

从上面合成的例子,反过来可知,任何简谐振动、匀速圆周运动或椭圆运动都可分解为两个相互垂直、频率相同且有一定相位差的简谐振动. 这一结论在光的偏振、旋转磁场的产生等领域有着重要应用.

如果两个相互垂直的简谐振动的频率不相同,则合振动比较复杂,并且轨迹通常是不稳定的. 下面讨论两种特殊情况.

(1) 若两分振动频率相差很小,可近似看作两同频率的振动的合成,相位差 $\Delta\varphi = (\omega_2 - \omega_1)t + (\varphi_2 - \varphi_1)$ 随 t 缓慢变化. 于是合振动轨迹将按直线、斜椭圆、正椭圆、斜椭圆、直线的形状依次缓慢变化,并重复进行.

(2) 若两分振动的频率成简单整数比且初相位差恒定,则轨迹为稳定的闭合曲线,称为李萨如图形. 曲线的具体形状和两频率的比值及 φ_1 与 φ_2 的大小有关. 作水平方向的直线横贯李萨如图形,使之和李萨如图

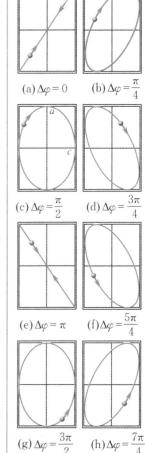

(a) $\Delta\varphi = 0$ (b) $\Delta\varphi = \dfrac{\pi}{4}$

(c) $\Delta\varphi = \dfrac{\pi}{2}$ (d) $\Delta\varphi = \dfrac{3\pi}{4}$

(e) $\Delta\varphi = \pi$ (f) $\Delta\varphi = \dfrac{5\pi}{4}$

(g) $\Delta\varphi = \dfrac{3\pi}{2}$ (h) $\Delta\varphi = \dfrac{7\pi}{4}$

图 5.17　两个相互垂直且同频率简谐振动的合成图形

李萨如图形

形有最多数目的交点,设交点数为 n_x;再作竖直方向的直线横贯李萨如图形,也使之和李萨如图形有最多数目的交点,设交点数为 n_y.若水平方向与竖直方向的简谐振动周期分别为 T_x,T_y,则有 $T_x:T_y = n_x:n_y$(请自行分析论证).图 5.18 给出了几种不同情况下的李萨如图形.在电子技术中,李萨如图形可通过示波器显示出来,人们常用这种方法测量交流电的频率和相位差.

相位差对李萨如
图形的影响

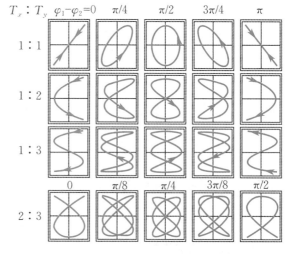

图 5.18 李萨如图形

思考

1. 同方向同频率简谐振动合成时,振动加强和振动减弱的条件是什么?
2. 若两个同方向的简谐振动频率差异较大,它们的合振动有何特点?是否仍会出现拍现象?

5.5 阻尼振动 受迫振动 共振

5.5.1 阻尼振动

前面所研究的都是简谐振动,是没有阻力的自由振动,总能量守恒.实际上,任何振动系统总要受到阻力的作用,由于有阻力存在,振动系统要不断地克服阻力做功,能量将不断减少,振幅也会随时间逐渐衰减,这种振动称为阻尼振动(damped vibration),如图 5.19 所示.依据振幅衰减的原因,阻尼振动可以分为两类:一类是要不断克服摩擦力做功,振动能量逐渐转变为热能而耗散掉,称为摩擦阻尼;另一类是振动能量以波的形式向四周传播,称为辐射阻尼,如簧片振动时不仅因空气阻力而耗散能量,同时也因辐射声波而减少能量.本节主要讨论振动系统受摩擦阻力而使振幅减小的情况.

实验指出,当物体以较小速度在黏性介质中运动时,所受到的阻力

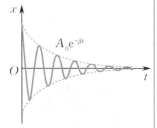

图 5.19 阻尼振动

与其运动速度成正比,方向相反,即

$$f = -\gamma v = -\gamma \frac{\mathrm{d}x}{\mathrm{d}t}, \tag{5.26}$$

式中 γ 为阻力系数,其值取决于介质的性质、运动物体的形状和大小等. 仍以弹簧振子为例,在考虑阻力后,弹簧振子的动力学方程变为

$$m \frac{\mathrm{d}^2 x}{\mathrm{d}t^2} = -kx - \gamma \frac{\mathrm{d}x}{\mathrm{d}t}. \tag{5.27}$$

令 $\omega_0 = \sqrt{\frac{k}{m}}$, $2\beta = \frac{\gamma}{m}$,式中 ω_0 是振动系统无阻尼时的固有角频率,β 叫作阻尼系数,则式(5.27)写为

$$\frac{\mathrm{d}^2 x}{\mathrm{d}t^2} + 2\beta \frac{\mathrm{d}x}{\mathrm{d}t} + \omega_0^2 x = 0. \tag{5.28}$$

根据阻尼系数的大小,方程(5.28)的解可分为三种不同情况.

(1) 当阻力较小,$\beta < \omega_0$ 时,称为**欠阻尼**(如单摆在空气阻力作用下摆动的情形),方程(5.28)的解为

$$x = A_0 \mathrm{e}^{-\beta t} \cos(\omega t + \varphi_0), \tag{5.29}$$

式中 $\omega = \sqrt{\omega_0^2 - \beta^2}$,$A_0$ 和 φ_0 是积分常量,由初始条件决定. $A_0 \mathrm{e}^{-\beta t}$ 是欠阻尼振动的振幅,该振幅按指数规律随时间衰减. 阻力作用越大,振幅衰减得越快. 显然,欠阻尼振动没有严格的周期性,但由于式(5.29)中含因子 $\cos(\omega t + \varphi_0)$,使得质点相继两次沿同一方向通过平衡位置的时间间隔相同,都是 $T = \frac{2\pi}{\omega}$,这说明振动还有某种往复性,因此仍把 T 叫作周期,则欠阻尼振动的周期为

$$T = \frac{2\pi}{\omega} = \frac{2\pi}{\sqrt{\omega_0^2 - \beta^2}}. \tag{5.30}$$

该周期大于无阻尼振动的周期 $T_0 = \frac{2\pi}{\omega_0}$,由于阻力的存在,物体完成一次全振动的时间加长了,振动变慢了.

(2) 当 $\beta > \omega_0$ 时,称为**过阻尼**,方程(5.28)的解为

$$x = C_1 \mathrm{e}^{-(\beta + \sqrt{\beta^2 - \omega_0^2})t} + C_2 \mathrm{e}^{-(\beta - \sqrt{\beta^2 - \omega_0^2})t}, \tag{5.31}$$

式中 C_1, C_2 是由初始条件决定的积分常数. 在这种情况下,阻力太大,没有振动现象发生,将物体拉离平衡位置一定位移后,物体慢慢移向平衡位置,初始能量耗尽.

(3) 当 $\beta = \omega_0$ 时,称为**临界阻尼**,方程(5.28)的解为

$$x = (C_1 + C_2 t) \mathrm{e}^{-\beta t}, \tag{5.32}$$

式中 C_1, C_2 是由初始条件决定的积分常数. 此时,也没有振动现象发生. 和过阻尼情形相比,临界阻尼情形下,物体回到平衡位置并停在那里,所需时间最短. 这一点从图5.20绘出的三种阻尼情况下位移-时间曲线看得十分清楚(图中 θ 为单摆阻尼振动的角位移).

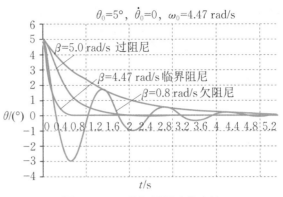

图 5.20　三种阻尼振动的比较

阻尼振动在工程技术上应用较广（见图 5.21）. 例如很多机器上安装的避震器就是能够将频繁的撞击变为缓慢振动并迅速衰减的阻尼装置. 临界阻尼应用于实际的例子有灵敏电流计、天平等, 对体系施加临界阻尼可以使指针尽快地稳定在平衡位置而避免往复摆动.

5.5.2　受迫振动

在实际问题中, 由于阻力的作用, 振动系统要消耗能量, 振动的振幅随时间减小. 如果施加周期性外力（称为策动力）对系统做功, 补充振动过程中所消耗的能量, 便可获得一个等幅振动. 在周期性外力作用下发生的振动, 称为受迫振动（forced vibration）. 受迫振动在日常生活中经常可见, 如机械钟表中的摆动、电话耳机中的膜片等都是在周期性外力作用下而维持振动的. 现仍以弹簧振子为例讨论受迫振动, 但结论有普遍意义.

设策动力为 $H\cos pt$, 其中 H 是策动力的最大值, 叫作力幅, p 是策动力的角频率. 弹簧振子受迫振动的动力学方程为

$$m\frac{d^2x}{dt^2} + \gamma\frac{dx}{dt} + kx = H\cos pt. \tag{5.33}$$

令 $\omega_0^2 = \frac{k}{m}, \beta = \frac{\gamma}{2m}, h = \frac{H}{m}$, 则式（5.33）可改写成

$$\frac{d^2x}{dt^2} + 2\beta\frac{dx}{dt} + \omega_0^2 x = h\cos pt. \tag{5.34}$$

方程（5.34）的解为

$$x = A_0 e^{-\beta t}\cos(\sqrt{\omega_0^2 - \beta^2}\, t + \varphi_0) + A\cos(pt + \varphi). \tag{5.35}$$

式（5.35）中的 A_0 和 φ_0 是由初始条件决定的积分常数. 此解为两项之和, 表明质点运动包含两个分运动. 第一项为阻尼运动, 随时间的推移而趋于消失, 它反映受迫振动的暂态行为, 与策动力无关. 第二项表示与策动力频率相同且振幅为 A 的周期运动. 也就是说, 受迫振动开始时的情形很复杂, 但经过一段时间后, 可达到一种稳定状态, 即当外力所做的功恰好补偿因阻尼而损耗的能量时, 系统的机械能保持不变, 振动稳定下来, 如图 5.22 所示.

阻尼门碰　　阻尼门合页

阻尼马桶盖　灵敏指针仪表

黏滞液体避震器　灵敏天平

汽车和摩托车等的悬架避震器

图 5.21　阻尼振动的应用

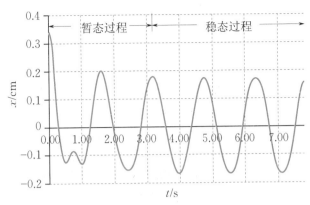

图 5.22 受迫振动曲线

在稳定状态下,受迫振动的振动方程为

$$x = A\cos(pt + \varphi),\tag{5.36}$$

式中振动的角频率就是策动力的角频率,振幅和初相位由 ω_0, β, h 和 p 共同决定,与初始条件无关,有

$$A = \frac{h}{\sqrt{(\omega_0^2 - p^2)^2 + 4\beta^2 p^2}},\tag{5.37}$$

$$\tan\varphi = \frac{-2\beta p}{\omega_0^2 - p^2}.\tag{5.38}$$

5.5.3 共振

式 (5.37) 表明,策动力的力幅 H 一定时,受迫振动的振幅 A 随策动力角频率 p 的变化而变化. 对应不同阻尼系数 β,图 5.23 给出了振幅 A 随角频率 p 的变化曲线,每条曲线都有一个极大值. 由 $\dfrac{\mathrm{d}A}{\mathrm{d}p} = 0$,可以求得振幅最大值所对应的角频率为

$$p_{\mathrm{r}} = \sqrt{\omega_0^2 - 2\beta^2},\tag{5.39}$$

即当策动力的角频率满足式 (5.39) 时,受迫振动的振幅最大,这一现象称为共振 (resonance). p_{r} 由振动系统的角频率和阻尼系数所决定,称为共振频率. 相应的共振振幅为

$$A_{\mathrm{r}} = \frac{h}{2\beta\sqrt{\omega_0^2 - \beta^2}}.\tag{5.40}$$

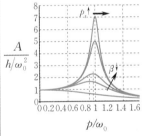

图 5.23 受迫振动振
幅-频率曲线

可见,阻尼越小,共振振幅越大;但事实上 β 不可能为零,所以共振振幅也不能无限大. 实际中,根据需要可通过改变系统固有频率、调整阻尼大小或改变策动力频率去控制策动力对系统的作用. 如建筑播音室时,除了杜绝缝隙外,还常常加厚墙和地板以增大质量,使它们的固有频率比声振动的频率小得多,从而使声振动不易引起墙和地板的振动,以达到隔音的目的. 在制造扬声器时,常用加大阻尼的方法对各种频率的振动实现同等程度的放大.

若策动力的角频率 $p = \omega_0$,振动速度与策动力同相,速度振幅达到

(a) 大桥扭动

(b) 大桥垮塌

图 5.24　塔科马海峡大桥
共振垮塌

最大,这一现象称为**速度共振**.可以证明,速度共振时策动力始终与物体运动方向一致,策动力做正功,系统最大限度地从外界得到能量.前面讨论的共振又常称为**位移共振**,在弱阻尼情况下两者不加区分.

共振现象极为普遍,在声、光、无线电、原子内及工程技术中都常遇到.例如,收音机和电视机的选台就是利用电磁共振,即通过调节机内振荡电路的固有频率,使之等于外来信号的频率来实现;一些乐器是利用共振来提高音响效果.原子核内的核磁共振,是指处于外磁场中具有磁矩的原子核对某一频率的电磁波能量所发生的共振吸收,吸收的情况与样品中原子核的密度、周围环境等因素有关,因此原子核可以看成是安置在样品中的微小探针,核磁共振被利用来进行物质结构的研究以及医疗诊断等.共振也有不利的一面,共振时因为系统振幅过大会造成设备损坏.1940 年美国塔科马海峡大桥垮塌的原因就是风力的作用下引起的共振(见图 5.24).在工程技术问题中应设法用其利而防其弊.

思考

1. 弹簧振子的无阻尼自由振动是简谐振动,同一弹簧振子在简谐策动力持续作用下的稳态受迫振动也有简谐振动的形式,它们有什么不同?

2. 稳态受迫振动的频率由什么决定?在什么情况下发生共振?

*5.6　频谱分析

首先研究频率比为 $1:2$ 的两个简谐振动的合成问题.合振动表示为

$$x = x_1 + x_2 = A_1 \cos\left(\omega t - \frac{\pi}{2}\right) + A_2 \cos\left(2\omega t - \frac{\pi}{2}\right).$$

振动曲线如图 5.25 所示,从图可以看出合振动不再是简谐振动,但仍是周期性振动.合振动的频率与较慢的分振动的频率相同.可以证明,如果多个简谐振动合成,若其中某一分振动的频率最低,而其他分振动的频率都是它的整数倍,则合振动仍具有周期性,其频率就是那个最慢振动的频率.合振动的具体变化规律与分振动的个数、振幅比例以及相位差有关.

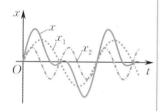

图 5.25　频率比为 $1:2$
的两个简谐
振动的合成

反过来,可以将一个复杂的周期性振动分解为许多简谐振动,它们的频率是周期性复杂振动的频率(基频)的整数倍,这种方法称为**频谱分析**.分解的数学依据是傅里叶级数和傅里叶分析理论.

采用傅里叶分解可将任何一个周期性函数分解成一系列频率为基频整数倍的简谐函数.设有一周期为 T、振动量与时间 t 的函数关系为 $F(t)$ 的周期性振动,根据傅里叶级数可将 $F(t)$ 展开成

$$F(t) = \frac{a_0}{2} + \sum_{k=1}^{\infty}\left[A_k \cos(k\omega t + \varphi_k)\right],$$

方波分解为简谐振动的叠加

式中 a_0 为常数,各分振动的振幅 A_k 和初相位 φ_k 可根据 $F(t)$ 求出.分振动中最低的频率 $\nu = \frac{\omega}{2\pi}$,就是周期函数 $F(t)$ 的频率,叫作基频.其他分振动的频率都是基频的整数倍,2ν 称为二次谐频,3ν 称为三次谐频 ……

图 5.26 说明一个方波函数可以分解为若干个简谐振动. 图中只画出了频率为 $\nu, 2\nu, 3\nu$ 的简谐振动,这三个简谐振动合成的图形已接近方波(见图 5.26(a)),如果再继续分解,还有频率为 $4\nu, 5\nu$ 的若干个简谐振动(见图 5.26(b)).

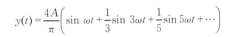

$$y(t) = \frac{4A}{\pi}\left(\sin \omega t + \frac{1}{3}\sin 3\omega t + \frac{1}{5}\sin 5\omega t + \cdots\right)$$

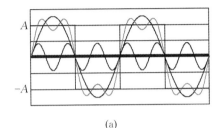 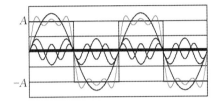

(a)   (b)

图 5.26   曲线图法下傅里叶级数的方波振动近似

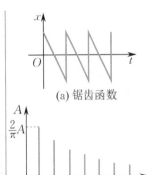

(a) 锯齿函数

(b) 锯齿函数频谱

图 5.27   锯齿函数和
它的频谱

进行频谱分析时,所取级数的项数越多,这些简谐振动之和就越接近被分析的复杂振动. 一般来说,频率越高的简谐振动的振动振幅越小,对合振动的贡献越小. 频谱分析时,所取项的振幅和对应的频率之间的关系称为频谱. 图 5.27 给出了锯齿函数和它的频谱.

周期性振动可以分解为一系列频率为基频整数倍的简谐振动. 而任意一种非周期性振动(如阻尼振动或短促的冲击)则可以分解为频率连续分布的无限多个简谐振动,数学上需用傅里叶变换处理,这里不再做介绍. 周期性振动的频谱是分立的线状谱,而非周期性振动的频谱是连续谱.

频谱分析在机械波、无线电波和光波的理论研究与实际应用中都具有十分重要的意义. 例如,超声发生器发出的超声一般包括好几个频率,为了研究超声对物质的作用特性,就需要知道所发出的超声的频率分布及声强分布. 在无线电技术中为了增强和消除某一频率的振动,也必须知道振动按频率分布的情况. 光学中也常常需要将包含各种频率的光分解成具有单一频率的单色光,这同样涉及振动的分解.

本章小结

1. 简谐振动的特征量

(1) 振幅: A;角频率: ω;初相位: φ.

(2) 相位: $\omega t + \varphi$;频率: $\nu = \dfrac{\omega}{2\pi}$;周期: $T = \dfrac{1}{\nu}$.

2. 简谐振动的描述方法

(1) 函数解析法: $x = A\cos(\omega t + \varphi)$.

(2) 函数曲线法.

(3) 旋转矢量法.

3. 简谐振动动力学方程与能量

(1) 简谐振动特征方程: $\dfrac{\mathrm{d}^2 x}{\mathrm{d}t^2} + \omega^2 x = 0$.

(2) 振幅、初相位由初始条件决定:

$$A = \sqrt{x_0^2 + \left(\frac{v_0}{\omega}\right)^2}, \quad \tan\varphi = -\frac{v_0}{\omega x_0}.$$

角频率由系统本身决定.

(3) 简谐振动能量:

$$E_k = \frac{1}{2}mv^2 = \frac{1}{2}m\omega^2 A^2 \sin^2(\omega t + \varphi),$$

$$E_p = \frac{1}{2}kx^2 = \frac{1}{2}kA^2 \cos^2(\omega t + \varphi),$$

$$E = E_k + E_p = \frac{1}{2}m\omega^2 A^2 = \frac{1}{2}kA^2.$$

4. 简谐振动合成

(1) 同方向同频率简谐振动合成：

$$A = \sqrt{A_1^2 + A_2^2 + 2A_1A_2\cos(\varphi_2 - \varphi_1)},$$

$$\tan\varphi = \frac{A_1\sin\varphi_1 + A_2\sin\varphi_2}{A_1\cos\varphi_1 + A_2\cos\varphi_2}.$$

(2) 同方向不同频率简谐振动合成：拍现象.

(3) 振动方向垂直同频率简谐振动合成：

$$\frac{x^2}{A_1^2} + \frac{y^2}{A_2^2} - \frac{2xy}{A_1A_2}\cos(\varphi_2 - \varphi_1) = \sin^2(\varphi_2 - \varphi_1).$$

(4) 振动方向垂直不同频率简谐振动合成：李萨如图形.

5. 阻尼振动　受迫振动　共振

(1) 欠阻尼振动：$x = A_0 e^{-\beta t}\cos(\omega t + \varphi_0)$.

(2) 受迫振动：在策动力作用下的振动，

$$x = A_0 e^{-\beta t}\cos(\sqrt{\omega_0^2 - \beta^2}\, t + \varphi_0) + A\cos(pt + \varphi).$$

(3) 共振：当策动力的角频率满足式(5.39)时，受迫振动的振幅最大.

*6. 频谱分析

采用傅里叶分解可将任何一个周期性函数分解成一系列频率为基频整数倍的简谐函数.

拓展与探究

5.1　网络流传"关于地震，不震就不震，震了就震了，震多少级，震后才知道，震多少次，震后会告诉大家，请大家放心！"说明大众对地震的担心和无奈. 地震的危害源于其水平振动和垂直振动造成建筑物倒塌，减少地震损失的方法通常是使用过阻尼隔离和反向阻止共振，但鲜有百分之百成功的案例. 如何实现地震提前预报从而有效减少损失呢？

5.2　广播信号的传输是通过电或电磁波实现的，它们的频道和信号频率相关，信号接收时如何选择对应的频道？如何实现频道加密？

5.3　医学核磁共振成像技术利用细胞的电磁属性和电磁场下的振动与吸收特点进行身体检测，请查阅相关资料了解核磁共振技术的原理和应用.

5.4　自然界中的振动有周期性的、准周期性的以及没有周期性的混沌振动. 对周期、准周期振动，它们的频谱是离散的，而混沌振动的频谱是连续的. 查阅资料，了解混沌振动的简单应用.

习题 5

5.1　一物体沿 x 轴做简谐振动，振幅 $A = 0.12\,\text{m}$，周期 $T = 2\,\text{s}$. 当 $t = 0$ 时，物体的位移 $x_0 = 0.06\,\text{m}$，且向 x 轴正方向运动. 求：

(1) 此简谐振动的运动方程；

(2) $t = \dfrac{T}{4}$ 时物体的位置、速度和加速度；

(3) 物体从 $x = -0.06\,\text{m}$ 向 x 轴负方向运动第一次回到平衡位置所需的时间.

5.2　已知一简谐振子的振动曲线如图5.28所示.

(1) a,b,c,d,e 各点的相位及到达这些状态的时刻 t 各是多少？已知周期为 T.

(2) 求简谐振动的运动方程.

(3) 画出旋转矢量图.

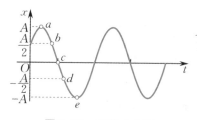

图 5.28　习题 5.2 图

*5.3　如图5.29所示，质量为 10 g 的子弹以速度 $v = 10^3\,\text{m/s}$ 水平射入木块，并陷入木块中，使弹簧压缩而做简谐振动. 设弹簧的劲度系数 $k = 8 \times 10^3\,\text{N/m}$，木块的质量为 4.99 kg，桌面摩擦忽略不计，试求：

(1) 振动的振幅；

(2) 振动的运动方程.

图 5.29 习题 5.3 图

5.4 一重为 P 的物体用两根弹簧竖直悬挂,如图 5.30 所示.试求图示两种情况下,系统沿竖直方向振动的固有频率.

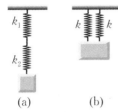

(a) (b)

图 5.30 习题 5.4 图

5.5 一匀质细圆环质量为 m,半径为 R,绕通过环上一点而与环平面垂直的水平轴在铅垂面内做小幅度摆动,求摆动的周期.

＊5.6 横截面均匀的光滑 U 形管中有适量液体,如图 5.31 所示,液体的总长度为 L,求液面上下微小起伏的自由振动的角频率.

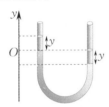

图 5.31 习题 5.6 图

5.7 质量为 10×10^{-3} kg 的小球与轻弹簧组成的系统按 $x = 0.1\cos\left(8\pi t + \dfrac{2\pi}{3}\right)$ 的规律做振动,式中 t 以秒(s) 计,x 以米(m) 计.

(1) 求振动的角频率、周期、振幅、初相位;

(2) 求振动的速度、加速度的最大值;

(3) 求最大回复力、振动能量、平均动能和平均势能;

(4) 画出振动的旋转矢量图,并在图中指明 $t = 1, 2, 10$ s 时矢量的位置.

＊5.8 氢原子在分子中的振动可视为简谐振动.已知氢原子质量 $m = 1.68 \times 10^{-27}$ kg,振动频率 $\nu = 1.0 \times 10^{14}$ Hz,振幅 $A = 1.0 \times 10^{-11}$ m.试计算:

(1) 氢原子做简谐振动的最大速度;

(2) 与振动相联系的能量.

5.9 质量为 0.25 kg 的物体在弹性力作用下做简谐振动,劲度系数 $k = 25$ N/m,如果开始振动时势能为 0.6 J,动能为 0.2 J.

(1) 求振幅.

(2) 位移为多大时,动能恰等于势能?

(3) 计算物体经过平衡位置的速度.

5.10 在一次安全测试中,一辆质量为 1 000 kg 的汽车撞到一堵墙上.碰撞过程中,汽车保险杠类似于一个弹簧,假设劲度系数为 5×10^6 N/m,当汽车撞击后静止时,保险杠压缩量为 3.16 cm.如果碰撞过程中无机械能损失,那么碰撞前汽车的速度为多大?

5.11 两个质点平行于同一直线并排做同频率同振幅的简谐振动.在振动过程中,它们总是在偏离平衡位置的距离为振幅一半的地方相遇,而运动方向相反.求它们的相位差,并用旋转矢量图表示.

5.12 两个同频率同方向的简谐振动的 x-t 曲线如图 5.32 所示.求:

(1) 两个简谐振动的相位差;

(2) 两个简谐振动的合振动的运动方程.

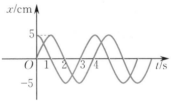

图 5.32 习题 5.12 图

5.13 已知两个同方向简谐振动的运动方程分别为

$$x_1 = 0.05\cos\left(10t + \frac{3\pi}{5}\right) \text{ (SI)},$$

$$x_2 = 0.06\cos\left(10t + \frac{\pi}{5}\right) \text{ (SI)}.$$

(1) 求它们合振动的振幅和初相位.

(2) 另有一同方向简谐振动,其运动方程为 $x_3 = 0.07\cos(10t + \varphi)$ (SI),问 φ 为何值时,$x_1 + x_3$ 的振幅最大? φ 为何值时,$x_2 + x_3$ 的振幅最小?

(3) 用旋转矢量法表示(1),(2) 的结果.

5.14 三个同方向同频率的简谐振动的运动方程分别为

$$x_1 = 0.08\cos\left(314t + \frac{\pi}{6}\right) \text{ (SI)},$$

$$x_2 = 0.08\cos\left(314t + \frac{\pi}{2}\right) \text{ (SI)},$$

$$x_3 = 0.08\cos\left(314t + \frac{5\pi}{6}\right) \text{ (SI)}.$$

(1) 求合振动的角频率、振幅、初相位及运动方程;

(2) 求合振动由初始位置运动到 $x = \dfrac{\sqrt{2}}{2}A$ 所需最

短时间(A 为合振动振幅).

5.15 使频率为 384 Hz 的标准音叉和一待测频率的音叉同时振动,测得拍频为 3.0 Hz,在待测音叉的一端加上一小块物体,则拍频将减小,求待测音叉的固有频率.

˙5.16 示波器的电子束受到两个互相垂直的电场作用.电子在两个方向上的位移分别为 $x = A\cos\omega t$ 和 $y = A\cos(\omega t + \varphi)$.求 $\varphi = 0, \varphi = 30°$ 及 $\varphi = 90°$ 时,电子在荧光屏上的轨迹方程.

5.17 质量为 0.4 kg 的质点同时参与相互垂直的两个振动,运动方程分别为

$$x = 0.08\cos\left(\frac{\pi}{3}t + \frac{\pi}{6}\right),$$

$$y = 0.06\cos\left(\frac{\pi}{3}t - \frac{\pi}{3}\right),$$

式中 x, y 以米(m)计,t 以秒(s)计.

(1) 求运动轨迹方程;

(2) 画出合振动的轨迹;

(3) 求质点在任一位置所受的力.

5.18 一个质量为 16 kg 的物体挂接在一竖直弹簧底部,弹簧的劲度系数 $k = 2.05×10^4$ N/m.空气的阻力 $f = -\gamma v$,阻力系数 $\gamma = 3$ N·s/m.求:

(1) 阻尼振动的频率;

(2) 每一周期中振幅减少的百分比;

(3) 系统能量减少 95% 所需的时间.

5.19 周岁左右的婴儿喜欢在有围栏的婴儿床里蹦蹦跳跳.假设婴儿的质量为 12.5 kg,婴儿床的床垫可以当成一个轻质弹簧模型来处理,劲度系数为 4.3 kN/m.

(1) 婴儿需要以多大的频率弯曲膝盖蹦跳,可以蹦得最高而又不费力气呢?

(2) 将床垫作为蹦蹦床,当振动幅度超过多大时,在振动的某些时间,婴儿可以和床垫脱离接触?

˙5.20 楼内空调用的鼓风机如果安装在楼板上,它工作时就会使整个楼产生令人讨厌的振动.为

了减小这种振动,需要把鼓风机安装在有 4 个弹簧支撑的底座上.鼓风机和底座的总质量为 576 kg,鼓风机的轴的转速为 1 800 r/min.经验指出,驱动频率为振动系统固有频率 5 倍时,可减震 90% 以上.若按 5 倍计算,所用的每个弹簧的劲度系数应多大?

˙˙5.21 如图 5.33 所示,在劲度系数为 k 的弹簧下,挂一质量为 M 的托盘.质量为 m 的物体由距盘底高 h 处自由下落与盘做完全非弹性碰撞,之后两者连在一起做简谐振动,设两物体碰后瞬时为 $t = 0$ 时刻,求振动的运动方程.

图 5.33 习题 5.21 图

˙˙5.22 HCl 分子中两离子的平衡间距为 $1.38×10^{-10}$ m,势能可近似表示为 $E_p(r) = -\frac{e^2}{4\pi\varepsilon_0 r} + \frac{B}{r^9}$,式中 r 为两离子间距离.

(1) 试求 HCl 分子的微小振动的频率.由于 Cl⁻ 的质量比质子质量大得多,可以认为 Cl⁻ 不动.

(2) 在量子力学中,分子内原子振动能量与振动频率 ν 满足 $E = \left(n + \frac{1}{2}\right)h\nu$,其中 h 为普朗克常量,n 为振动量子数.利用上述结论,考虑 HCl 分子处于基态能级($n = 1$),按经典简谐运动计算,求其中质子振动的振幅.

˙5.23 在澳门塔蹦极极限挑战中,一个质量为 65 kg 的挑战者从塔上跳下.假设人身上缆索的原长为 11 m,蹦极者在弹起前到达的最大下降高度为 36 m,蹦极者在缆绳拉力作用下做简谐振动.

(1) 缆绳的劲度系数为多大?

(2) 振动的角频率为多大?

(3) 缆绳被拉长 25 m 所用的时间.

第6章

机械波

安哥拉的一场暴雨会吸引远在 150 km 外的纳米比亚大象前来饮水，大象是怎么知道的?

　　固定绳子的一端，用力抖动绳子的另一端，就会观察到一个扰动在绳上的传播.这就是机械振动在弹性介质中传播形成机械波的简单图像.波动是大量介质质元的集体行为，平面简谐波具有时间和空间双重周期性.基于任意质元的振动都是由波源的振动以波速传播而来这一基本思想，可求得平面简谐波的波函数.波动是振动能量传播的方式.每个质元的动能、势能和总能量均随时间变化，这既是能量得以传播的前提，也是能量传播的结果.

　　本章首先介绍机械波的形成过程、基本特征和描述参量；以平面简谐波为例介绍波函数建立的基本思路，介绍传播速度和弹性介质的关系；分析波动过程的能量传播规律.接着讲解波的传播原理（惠更斯原理）和叠加原理；在此基础上分析了驻波的形成及特征，最后介绍由相对运动引起的频率与波长观测值发生变化的多普勒效应.

■■■ 本章目标

1.理解机械波的形成机制和描述波的四个物理量的意义.
2.掌握建立平面简谐波波函数的基本思路和方法，理解波函数的物理意义.
3.明确波的能量特点及其与简谐振动能量的区别.
4.理解惠更斯原理并能运用其分析波的衍射、反射和折射.
5.明确干涉的本质，能够分析驻波的基本特征，理解半波损失的物理意义.
6.明确多普勒效应的含义并能够做简单计算.
7.了解声波、超声波及次声波的特点以及它们的相关应用.

6.1 机械波的产生和传播

6.1.1 机械波的形成

1. 机械波形成的条件

机械振动在弹性介质(elastic medium)中的传播形成机械波.弹性介质是相互作用为弹性力的质元构成的系统,它可以是固体、液体或气体.弹性介质中的每一个质元都具有各自的平衡位置,当其中某个质元受到外界扰动离开平衡位置时,介质发生了形变,该质元受到邻近质元的弹性力迫使其返回平衡位置;由牛顿第三定律可知,该质元会施予邻近质元以反作用力,从而带动邻近质元偏离平衡位置振动起来,而邻近质元又会引起与它邻近的质元的振动,这样依次带动,弹性介质中一个质元的振动便会依次由近及远地在介质中传播开去而形成波.引起介质质元振动的物体称为波源(wave source).显然,形成机械波应具备两个条件:(1) 波源;(2) 有传播机械振动的弹性介质.

值得注意的是,在波的传播过程中,参与波动的质元并没有随波在传播方向上漂移,它只是在自己的平衡位置附近振动.就每一个质元而言,只有振动;就全部质元而言,振动传播形成波.

2. 横波与纵波

根据振动方向与波的传播方向的关系,可将波分为横波和纵波.振动方向与波的传播方向垂直的波称为横波(transverse wave);振动方向与波的传播方向平行的波称为纵波(longitudinal wave).空气中的声波是典型的纵波,绳子或弦上因横向振动而形成的波则是横波.

3. 波的形成和传播

以沿绳传播的横波为例,图6.1画出了横波的形成过程,图中用圆点表示质元,箭头表示质元的运动方向.$t=0$时质元都在各自的平衡位置,当质元1受到外界扰动离开平衡位置时,介质发生了形变,质元1与质元2之间产生的弹性力带动质元2偏离其平衡位置开始振动.同理,质元2带动质元3,质元3带动质元4,这样依次带动,振动由近及远地在介质中传播开来,形成波.图中画出了几个特殊时刻各质元的位置与运动情况.横波在绳子上交替出现凸起的"峰"和下凹的"谷",并且以一定的速度沿绳传播.

以轻质螺旋弹簧为例,图6.2中画出了纵波的形成过程.纵波外形的特征是弹簧出现交替的"稀疏"和"稠密"区域,并且以一定的速度传播出去.

无论传播的是横波还是纵波,介质质元仅仅在自己的平衡位置附近振动,并未"随波逐流".波的传播不是介质质元的传播,所传播的只是振动状态.振动状态的传播也可说成是相位的传播,某时刻某点的相位将在较晚时刻重现于"下游"某处,即沿波的传播方向,各质元的振动相位逐一落后,这是波动的重要特征.

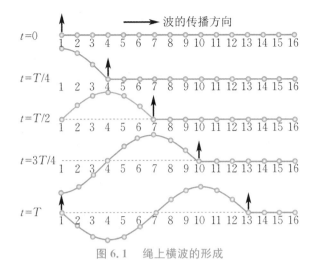

图 6.1　绳上横波的形成

机械波在介质中的传播

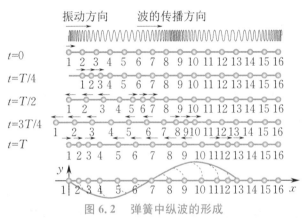

图 6.2　弹簧中纵波的形成

从图 6.1 和图 6.2 中可以看出,传播横波时,介质质元之间发生横向切变;传播纵波时,介质质元发生的是压缩或拉伸的纵向形变(属于体变).只有固体可产生切变,因此横波只能在固体中传播;而纵波可以在固体、液体和气体中传播.还有一些比较复杂的波,如水面波传播时,由于上下振动与水平振动叠加,导致水的微团做圆周或椭圆形运动,如图 6.3 所示.图 6.3(b) 中的矢量为某时刻各处水微团相对其平衡位置的位移矢量,将各位移矢量的端点连接则显现为水面的波形.

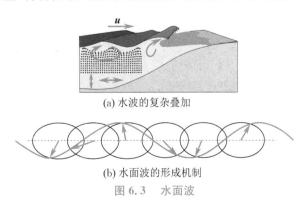

(a) 水波的复杂叠加

(b) 水面波的形成机制

图 6.3　水面波

一般情况下的波是很复杂的（如水面波），如果波源做简谐振动，则波所传到的各介质质元均做简谐振动，这样的波称为**简谐波**（simple harmonic wave）或余（正）弦波. 它是一种最简单最基本的波，任何复杂的波都可看成是由许多简谐波叠加而成的.

6.1.2　波线、波面和波前

为了形象地描述波的传播方向及介质中各质元振动的相位关系，引入波线、波面和波前等几个概念.

如图 6.4 所示，用带箭头的直线或曲线表示波的传播方向，叫作**波射线**或**波线**（wave line）. 把同一时刻介质中各振动相位相同的点所连成的曲面叫作**波阵面**或**波面**（wave surface），而最前面的那个波面叫作**波前**（wave front）. 按波面的形状将波分成**平面波**（plane wave）、**球面波**（spherical wave）和**柱面波**（cylindrical wave）等，它们的波阵面分别是平面、球面和圆柱面. 在各向同性介质中，波线恒与波面垂直. 球面波在无穷远处时可看作平面波.

6.1.3　简谐波的波长、波的周期、频率和波速

波动是大量介质质元的集体振动行为，是振动状态或能量在空间的传播，简谐波具有时间周期性和空间周期性. 波长 λ、波的周期 T（或频率 ν）和波速 u 是描述简谐波特征的重要物理量.

1. 波长

在波的传播方向上两个相邻的振动状态相同（或相位差为 2π）的质元之间的距离称为**波长**（wavelength），用 λ 表示. 波长反映了波的空间周期性. 在国际单位制中，波长的单位是米（m）.

波长的倒数 $\dfrac{1}{\lambda}$ 称为波数，它表示单位长度内包含的完整波的个数.

$k = \dfrac{2\pi}{\lambda}$ 称为角波数，表示 2π 长度内包含的完整波的个数.

2. 周期与频率

波在介质中传播时，介质质元依次在各自的平衡位置附近重复着波源的振动. 把介质质元完成一次全振动所需的时间称为**波的周期**（wave period），用 T 表示. 周期反映了波动的时间周期性. 波的周期的倒数叫作**波的频率**（wave frequency），用 ν 表示. 故波的频率和周期与波源有关.

3. 波速

振动状态的传播速度称为**波速**（wave speed），用 u 表示. 因相位代表了振动状态，故波速也叫作**相速**（phase velocity）.

由于经过一个周期，介质质元的振动状态复原，同时该振动状态已

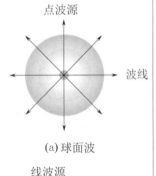

(a) 球面波

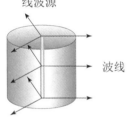

(b) 柱面波

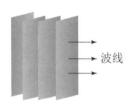

(c) 平面波

图 6.4　波面与波线形状

传出一个波长的距离,因此,波的时间周期性和空间周期性可通过波速
联系起来. 三者之间的关系为

$$\nu = \frac{u}{\lambda}, \tag{6.1}$$

$$u = \frac{\lambda}{T}. \tag{6.2}$$

根据式(6.1),波的频率还可形象地理解为单位时间内通过波线上
某点的完整波的数目. 由式(6.2),波的周期也可理解为一个完整波形
通过某参考点的时间. 角频率 $\omega = 2\pi\nu = \dfrac{2\pi}{T}$ 则表示在 $2\pi\,\mathrm{s}$ 内通过某参考
点的完整波的个数.

机械波的波速与波长(或频率)无关[①],取决于介质的性质(弹性和
惯性,材料对不同的形变有不同的抵抗能力即表现出不同的弹性). 在
无限大均匀各向同性的固体介质中,横波的波速为

$$u = \sqrt{\frac{G}{\rho}}, \tag{6.3}$$

式中 ρ 为介质密度,G 为切变模量.

均匀弹性细杆中,纵波的波速为

$$u = \sqrt{\frac{E}{\rho}}, \tag{6.4}$$

式中 E 为细杆的弹性模量,ρ 为细杆的密度.

同种材料的切变模量总小于其弹性模量,因此地震波的 S 波(横波)
的波速就比 P 波(纵波)的波速小.

张紧的绳或弦线中,横波的波速为

$$u = \sqrt{\frac{T}{\mu}}, \tag{6.5}$$

式中 T 是绳或弦线中的张力,μ 是绳或弦线的质量线密度.

液体和气体中只能传播与体变有关的弹性纵波,波速为

$$u = \sqrt{\frac{K}{\rho}}, \tag{6.6}$$

式中 K 是介质的体积模量,ρ 是介质的密度.

波速 $u = \lambda\nu$ 将表征空间周期性的波长和表征时间周期性的频率有
机联系在一起. 波速由传播介质决定,频率由波源决定,故波长由传播
介质和波源共同决定.

---

① 电磁波在介质中的波速与波长(或频率)有关,称为色散现象.

┌─────────────────┐
│ 思考 │
└─────────────────┘

说明以下几组概念的区别和联系:

(1) 振动和波动,振动速度和波动速度;

(2) 波长、周期和波速的概念适用于非简谐波吗?

6.2　平面简谐波的波函数

本节讨论在无限大各向同性且无吸收的均匀介质中传播的平面简谐波(波面是平面的简谐波),介绍描述平面简谐波的数学表达式,即波函数(wave function).

6.2.1　平面简谐波的波函数

假设平面简谐波沿 x 轴正方向传播, x 轴就是该波的波线. 由于波线上的一点代表一个波阵面,只需研究 x 轴上各质元的运动,便可得到整个平面波的运动规律.

设平面简谐波的波速为 u ,角频率为 ω ;各质元的平衡位置用 x 表示,质元相对于平衡位置的位移用 y 表示,如图 6.5 所示.已知位于坐标原点 O 处质元的振动方程为

$$y = A\cos(\omega t + \varphi). \tag{6.7}$$

在 x 轴正方向上任取一点 P ,其位置坐标设为 x , P 处质元将以同样的振幅和频率重复 O 点的振动.因振动从坐标原点 O 传播到 P 点所需时间为 $\Delta t = \dfrac{x}{u}$,故 P 处质元的振动比 O 处质元的振动在时间上落后 Δt ,即 P 处质元在 t 时刻重复 O 处质元在 $t - \Delta t = t - \dfrac{x}{u}$ 时刻的振动.因此, t 时刻 P 处质元离开平衡位置的位移 $y_P(t) = y_O(t - \Delta t)$,因而有

$$y_P = A\cos\left[\omega(t - \Delta t) + \varphi\right] = A\cos\left[\omega\left(t - \frac{x}{u}\right) + \varphi\right].$$

当 x 取不同值时,上式给出了波线上所有质元的振动方程,去掉角标 P ,将上式写成

$$y(x,t) = A\cos\left[\omega\left(t - \frac{x}{u}\right) + \varphi\right]. \tag{6.8}$$

式(6.8)即为沿 x 轴正方向传播的平面简谐波的波函数.

利用 $\omega = 2\pi\nu = \dfrac{2\pi}{T}$, $u = \lambda\nu$,式(6.8)还可写成

$$y(x,t) = A\cos\left[2\pi\left(\nu t - \frac{x}{\lambda}\right) + \varphi\right], \tag{6.9}$$

$$y(x,t) = A\cos\left[2\pi\left(\frac{t}{T} - \frac{x}{\lambda}\right) + \varphi\right] \tag{6.10}$$

或

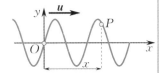

图 6.5　平面简谐波
　　　　波函数的推导

$$y(x,t) = A\cos\left[\left(\omega t - \frac{2\pi}{\lambda}x\right) + \varphi\right]. \tag{6.11}$$

如果平面简谐波沿 x 轴负方向传播,采用同样的方法可求得波函数为

$$y(x,t) = A\cos\left[\omega\left(t + \frac{x}{u}\right) + \varphi\right]. \tag{6.12}$$

式(6.8)～式(6.12)均称为平面简谐波波函数的标准形式. 需要说明的是:

(1) 从式(6.8)～式(6.12)可以看出,如果平面简谐波沿 x 轴正方向传播,时间 t 和位置坐标 x 前符号相反;若沿 x 轴负方向传播,则时间和位置坐标前符号相同. 例如,某列波的波函数为 $y = 0.05\cos\pi(5x - 100t)$,则可以判断这列波是沿 x 轴正方向传播的;将其与波函数的标准形式进行对比,即可求得波的频率、周期、波长、波速、振幅等.

(2) 坐标原点处的质元不一定就是波源,因此 φ 也并不一定是波源的初相位.

(3) 从求波函数的过程可以看到,知道了任意质元的振动方程、波的传播方向与速度,就可在给定坐标系中求得波函数.

(4) 由式(6.11)还可以求得同一时刻沿波的传播方向上位置坐标分别为 x_1, x_2 的两质元振动的相位差为

$$\Delta\varphi = \frac{2\pi}{\lambda}(x_2 - x_1) = \frac{2\pi}{\lambda}\Delta x,$$

即在波的传播方向上,各介质质元的振动相位依次落后;相位差可由上式确定. 利用上述相位关系能够由已知的某个质元的相位,求得其他任意质元的相位和振动方程,从而也能求得波函数. 这也是获得平面简谐波波函数的一种途径与方法.

思考

平面简谐波波函数和简谐振动的振动方程有什么区别和联系?

6.2.2 波函数的物理意义

(1) 若 x 一定,波函数仅是时间的函数,给出的是位置坐标为 x 的质元偏离平衡位置的位移随时间的变化规律,即该处质元的振动方程. 例如,$x = x_0$ 处质元的振动方程为

$$y = A\cos\left(\omega t - \frac{2\pi}{\lambda}x_0 + \varphi\right). \tag{6.13}$$

由式(6.13)可知,x 轴上相距 Δx 的两个质元,它们的振动相位差是恒定的,如图 6.6 所示.

(2) 若 t 一定,则波函数仅是位置坐标 x 的函数,它给出该时刻各质

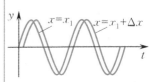

图 6.6 给定位置处质元的振动曲线

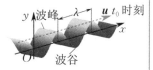

图 6.7　t_0 时刻的波形图

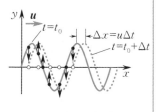

图 6.8　行波

元离开平衡位置的位移.将此时的 y-x 关系用曲线描述出来,则该时刻各质元离开平衡位置的位移的分布便一览无遗,这种曲线称为波形曲线.例如 $t=t_0$ 时,式(6.8)变为

$$y=A\cos\left(\omega t_0-\frac{2\pi}{\lambda}x+\varphi\right). \tag{6.14}$$

式(6.14)给出了 t_0 时刻波线上不同质元离开平衡位置的位移分布情况,即 t_0 时刻的波形,如图 6.7 所示.波形曲线反映了全部介质质元状态分布的静态图像,或者说是某一时刻波形的"照片".显然,不同时刻的波形一般是不同的,但是在 t_0 和 t_0+nT（n 为自然数）时刻,波形曲线完全相同,即波形的演化有周期性.

（3）若 x 和 t 都在变,则波函数表示所有质元偏离平衡位置的位移随时间变化的规律,即随着时间的推移,波形沿着波的传播方向不断向前推进.因此,式(6.8)描述的波又叫作行波.如图 6.8 所示,实线是 t_0 时刻的波形曲线,虚线是 $t_0+\Delta t$ 时刻的波形曲线.经过时间 Δt 后,平面简谐波向前推进了 $\Delta x=u\Delta t$ 的距离①.

例 6.1　一列平面简谐波以波速 u 沿 x 轴正方向传播,波长为 λ.已知在 $x_0=\dfrac{\lambda}{2}$ 处质元的振动方程为 $y=A\cos\left(\omega t-\dfrac{\pi}{2}\right)$.试写出波函数,并在同一张坐标图上画出 $t=0$ 和 $t=\dfrac{T}{4}$ 时的波形曲线.

解　设 P 为 x 轴上任意点,坐标为 x;x_0 处质元的振动状态经时间间隔 $\Delta t=\dfrac{x-x_0}{u}$ 传到 P 点,则 P 点处质元的振动方程为

$$y(x,t)=A\cos\left[\omega(t-\Delta t)-\frac{\pi}{2}\right]=A\cos\left[\omega\left(t-\frac{x-x_0}{u}\right)-\frac{\pi}{2}\right]$$

$$=A\cos\left[\omega\left(t-\frac{x}{u}\right)+\frac{\pi}{2}\right]=-A\sin\omega\left(t-\frac{x}{u}\right).$$

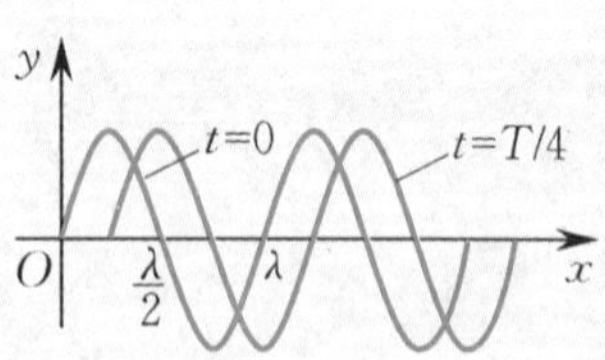

因为 P 点为任意点,所以上式就是所求波函数.

当 $t=0$ 时,$y(x)=A\sin\omega\dfrac{x}{u}$;$t=\dfrac{T}{4}$ 时的波形曲线可以将 $t=0$ 时的波形曲线向右平移 $\Delta x=u\Delta t=\dfrac{\lambda}{4}$ 获得,两时刻的波形曲线如图 6.9 所示.

图 6.9　例 6.1 图

例 6.2　一条长线用水平力张紧,其上产生一列简谐横波向左传播,波速为 20 m/s.在 $t=0$ 时的波形曲线如图 6.10 所示.

（1）求该波的振幅、波长和波的周期;

（2）写出波函数;

① 若介质不均匀,则在相同时间内,不同位置处质元振动状态传播的距离不完全相同,波形将发生畸变.

(3) 写出某处质元的振动速度表达式.

解 (1) 由图 6.10 可直接得到 $A = 4.0 \times 10^{-2}$ m, $\lambda = 0.4$ m, 于是有

$$T = \frac{\lambda}{u} = \frac{0.4}{20} \text{ s} = \frac{1}{50} \text{ s}.$$

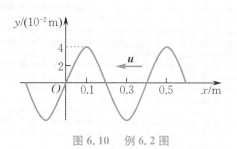

图 6.10 例 6.2 图

(2) 波沿 x 轴负方向传播,由图 6.10 可知 O 点处质元在 $t = 0$ 时刻正通过平衡位置朝 y 轴正方向运动,该处质元做简谐振动的初相位为 $-\frac{\pi}{2}$,从而求得坐标原点 O 处质元的振动方程为

$$y_0 = A\cos\left(2\pi \frac{t}{T} - \frac{\pi}{2}\right).$$

由此可以得到波函数为

$$y = A\cos\left(2\pi \frac{t}{T} - \frac{\pi}{2} + \frac{2\pi}{\lambda}x\right).$$

将上面的 A, T 和 λ 的值代入可得

$$y = 4.0 \times 10^{-2}\cos\left(100\pi t + 5\pi x - \frac{\pi}{2}\right) \text{m}.$$

(3) 位于 x 处质元的振动速度为

$$v = \frac{\partial y}{\partial t} = 4\pi\cos(100\pi t + 5\pi x) \text{ m/s}.$$

注意 质元的振动速度(其最大值约为 12.6 m/s)和波速(为恒定值 20 m/s)的区别:机械波的波速取决于介质的弹性和惯性,质元的振动速度与 A, λ, ω, φ 有关,是时间和位置坐标的周期函数.

思考

1. 波函数 $y = A\cos\omega\left(t - \frac{x}{u}\right)$ 中的 $\frac{x}{u}$ 表示了什么?如果把此式改写为 $y = A\cos\left(\omega t - \frac{\omega x}{u}\right)$, 式中的 $\frac{\omega x}{u}$ 又表示了什么? 如果 t 增加,x 也增加,但相应的 $\left(\omega t - \frac{\omega x}{u}\right)$ 值并没有变化,由此能从波函数中明确什么?

2. 写波函数时,坐标原点是否一定要选在波源所在点?对于 $y = A\cos\omega\left(t - \frac{x}{u}\right)$ 这一波函数,如果波源在 $x = -15$ m,$x = 0$ 或 $x = 3$ m 处,则对上式的使用范围做了怎样的限制?

*6.2.3 波动方程

波在介质中传播时,反映质元受力与运动关系的方程称为波的动力学方程,简称**波动方程**(wave equation).

以绳子中传播的横波为例. 设一绳子质量均匀分布,处于拉紧状态. 在绳上任取一小段,未受扰动时长度为 Δx,该小段内各处都在平衡位置,此时绳子中的张力

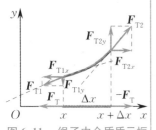

图 6.11　绳子中介质元振动及受力分析图

为 F_T，如图 6.11 所示. 如果绳子受到微小扰动，使得波在绳子中传播，质元 Δx 将偏离平衡位置发生位移，且内部各处偏离平衡位置的位移一般不同，张力也可能发生变化，设 Δx 两端张力分别为 F_{T1}，F_{T2}. 由于质元不会沿波的传播方向发生移动，因此 $F_{T1x} - F_{T2x} = 0$；张力的竖直分量促使介质质元围绕平衡位置沿竖直方向做简谐振动，设绳子的质量线密度为 μ，忽略重力的作用，根据牛顿第二定律有

$$F_{T2y} - F_{T1y} = \Delta m a_y = \mu \Delta x \frac{\partial^2 y}{\partial t^2}. \tag{6.15}$$

因为绳子质元两端所受的张力 F_{T1}，F_{T2} 的方向沿各自相应位置处波形的切向，所以有（考虑到扰动很小，受扰后绳内张力和拉紧时绳内张力大小差异可忽略，即都为 F_T，且有 $\sin\theta \approx \tan\theta$，其中 θ 为绳内张力方向与 x 轴方向的夹角）

$$\frac{F_{T2y}}{F_T} = \left(\frac{\partial y}{\partial x}\right)_{x+\Delta x}, \quad \frac{F_{T1y}}{F_T} = \left(\frac{\partial y}{\partial x}\right)_x. \tag{6.16}$$

联合式（6.15）和式（6.16），整理可得

$$\frac{\left(\frac{\partial y}{\partial x}\right)_{x+\Delta x} - \left(\frac{\partial y}{\partial x}\right)_x}{\Delta x} = \frac{\mu}{F_T}\frac{\partial^2 y}{\partial t^2}. \tag{6.17}$$

波动方程

当 $\Delta x \to 0$，式（6.17）的左端变成了 $\frac{\partial y}{\partial x}$ 对 x 的偏导数，也就是 y 对 x 的二阶偏导数，因此式（6.17）可以写为

$$\frac{\partial^2 y}{\partial x^2} = \frac{\mu}{F_T}\frac{\partial^2 y}{\partial t^2}. \tag{6.18}$$

这就是绳子中横波的波动方程. 将平面简谐波波函数（6.8）代入式（6.18）容易得到

$$\frac{\partial^2 y}{\partial x^2} = \frac{1}{u^2}\frac{\partial^2 y}{\partial t^2}. \tag{6.19}$$

比较式（6.18）和式（6.19）可得绳子中传播的横波波速为

$$u = \sqrt{\frac{F_T}{\mu}}.$$

与弦线波的波速公式（6.5）一致. 由此可知，平面简谐波的波函数式（6.8）是方程（6.19）的解. 进一步分析可知，方程（6.19）还有其他可能的解，因为方程（6.19）中不出现角频率和振幅，只要波速相同，振幅和角频率不同的各种简谐振动（甚至于这些简谐振动的线性组合）都是该方程的解. 根据傅里叶理论，任何周期函数都可以分解为许多正弦函数和余弦函数之和；非周期函数可以表示为频率由 $0 \sim \infty$ 的正弦函数和余弦函数的积分. 因此，不管什么波，只要波形不发生改变且具有相同的传播速度，就是式（6.19）所示波动方程的解.

6.3　波的能量与能流　声压与声强

波动过程中，介质各质元既具有动能又由于介质形变而具有势能，因此波动过程也是能量传播的过程. 本节仍以平面简谐波为例分析机械波的能量特征.

6.3.1　波的能量密度

1. 介质质元的动能
设平面简谐波在密度为 ρ 的介质中沿 x 轴正方向传播，其波函数为

$$y = A\cos\left[\omega\left(t - \frac{x}{u}\right) + \varphi\right].$$

在坐标为 x 处取一体积元 $\mathrm{d}V$(可看作质元),其质量 $\mathrm{d}m = \rho\mathrm{d}V.$ t 时刻,该质元的振动速度为

$$v = \frac{\partial y}{\partial t} = -\omega A\sin\left[\omega\left(t - \frac{x}{u}\right) + \varphi\right],$$

因此质元的振动动能为

$$\begin{aligned}
\mathrm{d}E_k &= \frac{1}{2}(\mathrm{d}m)v^2 \\
&= \frac{1}{2}(\rho\mathrm{d}V)\omega^2 A^2\sin^2\left[\omega\left(t - \frac{x}{u}\right) + \varphi\right].
\end{aligned} \tag{6.20}$$

2. 介质质元的势能

在波的传播过程中,介质因形变而具有势能.可以证明(见下文),在密度为 ρ 的介质中,位置坐标为 x 处的质元 $\mathrm{d}m$ 因发生形变而具有的弹性势能为

$$\mathrm{d}E_p = \frac{1}{2}(\rho\mathrm{d}V)\omega^2 A^2\sin^2\left[\omega\left(t - \frac{x}{u}\right) + \varphi\right]. \tag{6.21}$$

3. 能量密度

体积元的总能量为

$$\mathrm{d}E = \mathrm{d}E_k + \mathrm{d}E_p = (\rho\mathrm{d}V)\omega^2 A^2\sin^2\left[\omega\left(t - \frac{x}{u}\right) + \varphi\right]. \tag{6.22}$$

由式(6.20)、式(6.21)和式(6.22)可以看出,平面简谐波在介质中传播时,每一质元的动能和势能都相等且随时间同步变化,即动能最大时,势能最大;动能等于零时,势能亦等于零;质元的总能量随时间做周期性变化,它从零增加到最大值(从"上游"的质元获得能量),然后又从最大值减小到零(把自身的能量传递给"下游"的质元),表现出与孤立的简谐振动系统总能量守恒完全不同的特征.这是由于每个质元和周围质元间都有弹性力相互作用,进行着能量交换,每一质元都在不断地接收和释放能量,这正是能量在空间传播时的表现.

介质单位体积内波的能量叫作波的能量密度,用 w 表示.由式(6.22)可知,波的能量密度为

$$w = \frac{\mathrm{d}E}{\mathrm{d}V} = \rho\omega^2 A^2\sin^2\left[\omega\left(t - \frac{x}{u}\right) + \varphi\right]. \tag{6.23}$$

显然,波的能量密度是随时间、空间位置变化的.在一个周期内的平均能量密度为

$$\overline{w} = \frac{1}{T}\int_0^T w\,\mathrm{d}t = \frac{1}{2}\rho\omega^2 A^2. \tag{6.24}$$

式(6.24)虽然是由平面简谐波导出的,但它对各种弹性波均适用.

*4. 介质质元弹性势能的推导

如图6.12所示,设平面简谐横波在弹性弦(取为 x 轴)中传播.在弦上取质量为 $\mathrm{d}m = \rho S\mathrm{d}x$ 的质元,式中 S 为截面积,$\mathrm{d}x$ 为质元形变前的长度,ρ 为密度.假设质元在 y 轴方向发生的形变位移为 $\mathrm{d}y$,根据式(4.6)可得此时质元的弹性势能为

$$\mathrm{d}E_p = \frac{1}{2}G\left(\frac{\mathrm{d}y}{\mathrm{d}x}\right)^2 S\mathrm{d}x = \frac{1}{2}G\left(\frac{\partial y}{\partial x}\right)^2 \mathrm{d}V, \tag{6.25}$$

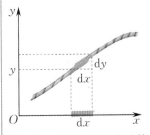

图 6.12 横波中的势能计算

式中 G 为弹性弦的切变模量. 再利用 $u = \sqrt{\dfrac{G}{\rho}}, \dfrac{\partial y}{\partial x} = -\dfrac{\omega A}{u}\sin\left[\omega\left(t - \dfrac{x}{u}\right) + \varphi\right]$ 可以得到

$$dE_p = \frac{1}{2}u^2\rho S dx \left(\frac{\partial y}{\partial x}\right)^2 = \frac{1}{2}(\rho dV)\omega^2 A^2 \sin^2\left[\omega\left(t - \frac{x}{u}\right) + \varphi\right].$$

上面的结论正是式(6.21).

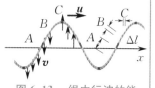

图 6.13　绳中行波的能量分布和变化

从上面的推导可以看到,质元的势能不是取决于它离开平衡位置的位移 y,而是取决于相对形变 $\dfrac{\partial y}{\partial x}$(胁变). 如图 6.13 所示,质元到达最大位移处时,胁变最小,因而动能为零时,势能也为零;而质元通过平衡位置时,动能最大,由于此时胁变最大,势能也最大. 显然,某一确定时刻,介质中能量的分布是不均匀的,能量集中分布在平衡位置附近的那些质元处. 另外,从数学的角度分析,质元在最大位移处时,必有 $\dfrac{\partial y}{\partial x} = 0$,势能为零;质元在平衡位置时,波函数在该点斜率绝对值 $\left|\dfrac{\partial y}{\partial x}\right|$ 最大,势能最大.

思考

1. 在波的传播过程中,每个质元的能量都随时间变化,这是否违反能量守恒定律?波传播能量与运动粒子携带能量,这两种传递能量的方式有什么不同?

2. 拉紧的橡皮绳上传播横波时,在同一时刻,何处动能密度最大?何处弹性势能密度最大?何处总能量密度最大?何处总能量密度最小?

6.3.2　能流和能流密度

1. 能流

随着波形的传播,能量也向前传播,其传播速度等于波速. 为了表征波动能量的这一特性,引入能流(energy flux)的概念. 单位时间内沿波的传播方向通过介质中某一截面积的能量称为通过该截面积的能流,用 P 表示. 在介质中垂直于波传播方向取一截面积 S,如图 6.14 所示,在 dt 时间内流过截面积 S 的能量就是体积为 $Su\,dt$ 的长方体内的能量,则通过 S 的能流为

$$P = \frac{wSu\,dt}{dt} = wuS. \tag{6.26}$$

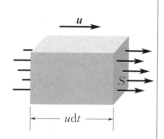

图 6.14　波的能流

因为能量密度 w 随时间做周期性变化,所以能流 P 也随时间做周期性变化. 在一个周期内通过 S 的平均能流为

$$\overline{P} = \overline{w}uS = \frac{1}{2}\rho A^2 \omega^2 uS. \tag{6.27}$$

2. 能流密度

单位时间内通过垂直于波的传播方向的单位面积的平均能量称为平均能流密度,也称为波的强度,简称波强,用 I 表示,即

$$I = \frac{\overline{P}}{S} = \overline{w}u = \frac{1}{2}\rho A^2 \omega^2 u. \tag{6.28}$$

在国际单位制中,平均能流密度的单位为瓦[特]每平方米(W/m^2).

利用式(6.28)和能量守恒定律可以研究波传播时振幅的变化. 对于平面简谐波,如图 6.15(a)所示,沿波线方向波的强度和振幅将保持不变;对于球面简谐波,如图 6.15(b)所示,沿波线方向波的强度和振幅是变化的. 以球面波为例,设球面 S_1 和 S_2 处的波的强度分别为 I_1 和 I_2,振幅分别为 A_1 和 A_2,因为在一个周期时间内,通过球面 S_1 和 S_2 的波的能量是相等的,即

$$I_1 S_1 = I_2 S_2.$$

由于球面面积 $S = 4\pi r^2$,因此

$$\frac{I_1}{I_2} = \frac{S_2}{S_1} = \frac{r_2^2}{r_1^2}, \quad \frac{A_1}{A_2} = \frac{r_2}{r_1}.$$

可见,球面波的波强与球面半径平方成反比. 这个规律在声学中表现为声强与距离平方成反比;在光学中表现为光强与距离平方成反比. 如果取距波源为单位距离处的振幅为 A_0,则球面波在距波源距离为 r 处的振幅为 $A = \dfrac{A_0}{r}$,从而球面简谐波的波函数为

$$y(r,t) = \frac{A_0}{r}\cos\left[\omega\left(t - \frac{r}{u}\right) + \varphi\right].$$

以上讨论都假定介质是均匀且无吸收的理想介质,即介质只传播能量,没有将波的能量变成热能等.

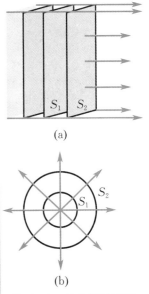

图 6.15　波传播时振幅的变化

思考

一个波源位于 O 点,以 O 为圆心作两个同心球面,它们的半径分别为 R_1 和 R_2,在两个球面上分别取相等的面积 ΔS_1 和 ΔS_2,则通过它们的平均能流之比是多少?

6.3.3　声压　声强　声强级

声波(sound wave)是空气被扰动而传播的机械波,是纵波. 频率在 20 Hz 到 20 000 Hz 范围内的声波在空气中传播时可以引起人的听觉,故称声波.

1. 声压、声强

声波传播时,各处介质时而密集时而稀疏,各点的压强要发生变化. 实际压强与没有声波传播时的静压强之间有一差值,这一差值称为声压(sound pressure). 声压是描述声波的主要物理量之一. 在密集区域,实际压强大于静压强,声压为正值;在稀疏区域,实际压强小于静压强,声压为负值. 随着质元位移的周期性变化,声压也在做周期性变化. 平面简谐声波的波函数为

$$y(x,t) = A\cos\left[\omega\left(t - \frac{x}{u}\right) + \varphi\right].$$

若以 p 表示声压,对平面简谐波,体应变 $\dfrac{\Delta V}{V}=\dfrac{\partial y}{\partial x}$,利用体变下的胡克定律式(4.3),声压可表示为

$$p = K\,\frac{\Delta V}{V} = K\,\frac{\partial y}{\partial x} = -K\,\frac{\omega}{u}A\sin\left[\omega\left(t-\frac{x}{u}\right)+\varphi\right],$$

再利用纵波波速式(6.6),可得

$$p(x,t) = \rho_0 u\,\frac{\partial y}{\partial t} = A\omega\rho_0 u\cos\left[\omega\left(t-\frac{x}{u}\right)+\varphi+\frac{\pi}{2}\right] = \rho_0 u v(x,t),$$

$$(6.29)$$

式中 ρ_0 为空气中没有声波时空气的密度.

声波的平均能流密度叫作声强. $I=\dfrac{1}{2}\rho A^2\omega^2 u$ 对声波也适用,即声波的声强与振幅的平方成正比,与角频率的平方成正比.

人们能够听见的声波不仅受到频率范围的限制,而且声强还要处于一定的范围之内. 听觉能感受到的声强范围的下限称为可闻阈,听觉能感受到的声强范围的上限称为痛觉阈. 可闻阈与痛觉阈还与声波频率有关,如图 6.16 所示,图中上下限两条曲线分别表示痛觉阈和可闻阈随频率的变化,这两条曲线之间的区域就是听觉区域. 能够引起人的听觉的声强范围大约为 $10^{-12}\sim 1\ \mathrm{W/m^2}$.

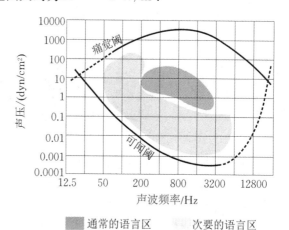

通常的语言区　　　　次要的语言区

$(1\ \mathrm{dyn}=10^{-5}\ \mathrm{N})$

图 6.16　人的正常听域图

由于声强的数量级相差悬殊,通常用声强级来描述声波的强弱.某一声强的声强级用 L 表示,有

$$L = 10\lg\frac{I}{I_0}\,(\mathrm{dB}),\qquad(6.30)$$

L 的单位是分贝(dB),其中 $I_0=10^{-12}\ \mathrm{W/m^2}$ 是声波频率为 $1\,000\ \mathrm{Hz}$ 时的可闻阈.

用声强级来描述声强,不仅是为量度上的方便,而且人耳感受到的声音的响度也近似地与声强级成正比. 日常生活环境的声强级一般不超过 60 dB.

例 6.3 北京春节播报钟声的是一种气流扬声器,它发声的总功率为 2×10^4 W,传到 12 km 远的地方还可以听到. 设空气不吸收声波能量并按球面波计算,声音传到 12 km 处的声强级是多少?

解 在 12 km 处的声强级为

$$L = 10 \lg \frac{I}{I_0} = 10 \lg \frac{P}{I_0 4\pi r^2} = 10 \lg \frac{2 \times 10^4}{10^{-12} \times 4\pi \times (12 \times 10^3)^2} \, \text{dB} \approx 70 \, \text{dB}.$$

2. 超声波

频率在 20 000 Hz 以上的声波称为**超声波**. 由于波的强度正比于频率的平方,在振幅相同的情况下,超声波具有比普通声波大得多的能量,近代超声技术能产生几百乃至几千瓦的超声波功率,压强幅度可达数千大气压. 由于超声波在介质中的波长很短,波的衍射现象不明显,可像光一样沿直线传播,因而具有良好的定向传播的特性;特别是在液体和固体中传播时,波的吸收比在气体中传播时小得多,甚至能穿透几十米厚度的不透明固体. 利用超声波能量高、能成束定向发射、在液体和固体中具有很强穿透能力等特点,可以用它来探测潜艇和鱼群,测量水下障碍、水深、物体厚度、液体位置及流量等. 利用超声波碰到介质或杂质分界面时有显著的反射的特点,可以做成超声显微镜,探测工件内部的缺陷,如裂缝、气孔等. 在医学上超声波还可以用来探测人体内部的病变,如"B 超"仪就是利用超声波来显示人体内部结构的图像.

3. 次声波

次声波一般是指频率在 $10^{-2} \sim 20$ Hz 之间的声波. 次声波虽然不能引起人的听觉,但会引起人生理上的不适,如恶心、头晕、心悸、胃痛、四肢麻木、大脑组织损伤等,这是因为人体内脏固有的振动频率与次声波频率相近,一旦次声波穿过人体,易引起人体内脏的共振,使人体内脏受损甚至可导致死亡. 自然界的许多现象会产生次声波,如火山爆发、地震、海啸、大气湍流、雷暴、磁暴等,工厂机械设备的摩擦,军事上的原子弹氢弹爆炸实验等都可以产生次声波. 次声波的频率低,衰减极小,在大气层传播几百万米后,吸收还不到万分之几分贝,因此它可以传播很远的距离,穿透力也极强. 在远离大陆的海岛上建立"次声定位站"监视海面,一旦船机失事,可以迅速测定方位,进行救助. 利用人工地震波在地壳中传播时发生的反射和折射,可以寻找各种储油构造或研究某种特殊性状的地层. 现在,次声波已成为研究地球、海洋和大气的有力工具.

6.4 波的衍射现象 惠更斯原理

6.4.1 惠更斯原理

观察水面波时会发现,当它遇到障碍物小缺口时,穿过缺口的波是

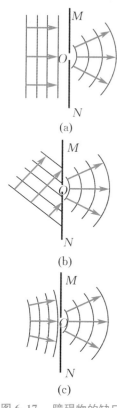

图 6.17 障碍物的缺口
成为新的波源

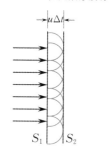

(a) 平面波

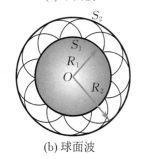

(b) 球面波

图 6.18 利用惠更斯原理几
何作图确定新波面

圆形的波,与原来的波形无关,它们好像就是以缺口为波源产生的,如图 6.17 所示.

1678 年,荷兰科学家惠更斯(Huygens)分析了上述现象,提出了惠更斯原理(Huygens' principle):波动所到达的各点都可以看作发射子波的波源,此后任一时刻,这些子波的包迹(即包络面)就是该时刻的波面. 根据这一原理,如果知道某时刻的波面,就可以用几何作图方法确定此后任一时刻的波面及波的传播方向.

设一平面波以波速 u 在各向同性的均匀介质中传播,平面 S_1 代表 t 时刻的波面,如图 6.18(a) 所示. 根据惠更斯原理,S_1 面上的每一点都可看成是发射球面子波的点波源. 以 S_1 面上的各点为中心、$r = u\Delta t$ 为半径画出一系列球面子波,这些子波在波行进前方的包迹,就是 $t + \Delta t$ 时刻的波面 S_2,显然 S_1 与 S_2 平行. 同理,若已知球面波在 t 时刻的波面 S_1(半径为 R_1 的球面),则 $t + \Delta t$ 时刻的波面 S_2 是以 $R_2 = R_1 + u\Delta t$ 为半径的球面,如图 6.18(b) 所示.

波在各向同性均匀介质中传播时,波面的几何形状保持不变;如果波在各向异性或不均匀介质中传播,仍可用上述作图法求出波面,因沿各个方向的波速不同,波面的几何形状和波的传播方向都可能发生变化.

当波从一种介质传播到另一种介质时,在两种介质的分界面上,波的传播方向会发生改变. 入射波的一部分振动会返回原来介质传播,形成反射波,另一部分则进入另一种介质传播,形成折射波,这就是波的反射和折射现象. 利用惠更斯原理,通过作图法可以说明反射波和折射波传播方向的改变规律,即波的反射和折射定律.

1. 利用惠更斯原理说明波的反射定律

如图 6.19 所示,一平面波以速度 u 自介质 Ⅰ 传播到介质 Ⅰ 和介质 Ⅱ 的分界面上,入射波的波面和介质分界面都与图面垂直. 图中虚线为分界面的法线方向,入射波线与法线的夹角 i 称为入射角. 设在 t 时刻,入射波波面(波前)与图面的交线为直线 AD,A 点在分界面上,AD 上各点的振动依次传播到分界面上. 如果在 AD 上等间距地取 A,B,C,D 四点, 它们的振动传播到分界面所需时间分别为 $0, \Delta t, 2\Delta t$, $3\Delta t \left(\Delta t = \dfrac{BB_1}{u} \right)$,到达位置分别为 A, B_1, C_1 和 D_1,并依次发出半球面子波,A 最先发出子波,D_1 最后发出子波,在 $t + 3\Delta t$ 时刻,A, B_1, C_1 和 D_1 四个子波源发射的半球面子波的半径分别为 $3u\Delta t, 2u\Delta t, u\Delta t$ 和 0,对应子波面的包迹为直线 $A'D_1$ 所表示的平面波面(包含 $A'D_1$ 与图面垂直的平面,其中 A', B', C' 为子波面与包迹的切点). 连接 AA', B_1B', C_1C',它们与反射波波面垂直,为反射波的波线,表示反射波的传播方向,反射波线与法线的夹角 i' 称为反射角. 由于 $AA' = DD_1 = 3u\Delta t$,所以 $\triangle D_1 A'A$ 和 $\triangle ADD_1$ 是两个全等直角三角形,因此有(1) $i = i'$,即反射角等于入射角;(2) 由图 6.19 可知入射线、反射线分居法线两侧,均在同一平面内. 以上两结论称为波的**反射定律**.

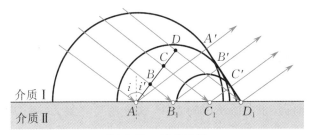

惠更斯

图 6.19　波的反射

2. 利用惠更斯原理说明波的折射定律

如图 6.20 所示,入射平面波的另一部分自介质 Ⅰ 传播进入介质 Ⅱ. 介质 Ⅰ 的折射率为 n_1,波在其中的传播速度为 u_1;介质 Ⅱ 的折射率为 n_2,波在其中的传播速度为 u_2. 设 AD 为 t 时刻入射波面与图面的交线,与反射波的分析类似,在 AD 上取等间距分布的 A,B,C,D 四点,它们的振动传播到分界面所需的时间分别为 $0,\Delta t,2\Delta t,3\Delta t\left(\Delta t=\dfrac{BB_1}{u}\right)$,到达位置分别记为 A,B_1,C_1 和 D_1,并依次发出半球面子波,A 最先发出子波,D_1 最后发出子波. 在 $t+3\Delta t$ 时刻,A,B_1,C_1 和 D_1 四个子波源在介质 Ⅱ 中发射的半球面子波的半径分别为 $3u_2\Delta t,2u_2\Delta t,u_2\Delta t$ 和 0,这些子波面的包迹为直线 $A''D_1$ 所表示的平面(包含 $A''D_1$ 并与图面垂直的平面,其中 A'',B'',C'' 为各子波面与包迹的切点). 图中 AA'',B_1B'',C_1C'' 与折射波波面垂直,为折射波的波线,表示折射波的传播方向,折射波线 AA'' 与法线的夹角 γ 称为**折射角**. 在 $\triangle ADD_1$ 中,$DD_1=AD_1\sin i=3u_1\Delta t$;在 $\triangle A''AD_1$ 中,$AA''=AD_1\sin \gamma=3u_2\Delta t$,故有 $\dfrac{\sin i}{\sin \gamma}=\dfrac{u_1}{u_2}$. 根据 $\dfrac{u_1}{u_2}=\dfrac{n_2}{n_1}$,有(1) $\dfrac{\sin i}{\sin \gamma}=\dfrac{n_2}{n_1}$,即入射角的正弦值与折射角的正弦值的比值等于常数,这一常数又称为介质 Ⅱ 对介质 Ⅰ 的相对折射率;(2) 入射波线和折射波线分居法线两侧,且都在同一平面内. 上述两结论称为波的折射定律.

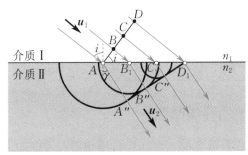

图 6.20　波的折射

由折射定律可得 $\sin \gamma=\dfrac{n_1}{n_2}\sin i$,如果 $n_1>n_2$,当入射角大于某一数

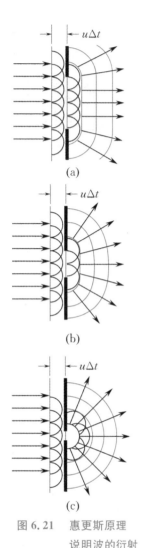

图 6.21 惠更斯原理
说明波的衍射

值时,有可能出现 $\sin \gamma > 1$,即折射角无解的情况,此时将没有折射波产生,入射波被全部反射回介质 I,这种现象称为全反射.产生全反射的最小入射角称为临界角(此时折射角等于 $90°$),显然,波从介质 I 传播到介质 II 表面的临界角为 $i = \arcsin \dfrac{n_2}{n_1} = \arcsin n_{21}$,这里的 n_{21} 即为介质 II 对介质 I 的相对折射率.

现代通信技术中所使用的光纤,就是光波的全反射在实际中应用的重要例证.

6.4.2 波的衍射

日常生活经验表明,当波在传播过程中遇到障碍物时,传播方向会随着障碍物的边缘弯曲,波能绕过障碍物继续前进,这种现象叫作波的衍射(或绕射).衍射是波动的特征之一.

衍射现象可用惠更斯原理解释.以水波为例,如图 6.21 所示,设波面为直线的水波通过一狭缝,缝上各点可看作子波源,作出这些半圆形子波的包迹就得到新的波面:在缝的中部仍为直线,两端有弯曲.可见,在缝的中部,波仍按原方向传播,在狭缝的边缘处传播方向发生改变,波绕过狭缝边缘继续前进,发生了衍射.

从图上可以看出,缝越窄,波面的弯曲越厉害,衍射现象也越显著.研究表明,衍射现象的显著与否取决于波长和障碍物之间的线度关系,只有在两者线度相当的情况下,才会显现明显的衍射现象.如果波长远小于障碍物的线度,将很难观察到衍射现象.

惠更斯原理能定性解释衍射现象的产生,但却无法说明衍射波的强度分布,菲涅耳对此做出补充,形成了惠更斯-菲涅耳原理,有关内容将在光的衍射部分介绍.

思考

试从波的衍射角度分析成语"隔墙有耳".

6.5 波的叠加与干涉 驻波

6.5.1 波的叠加原理

实验表明,几列波在同一介质中传播相遇时遵循如下规律:

(1) 每列波能够保持各自的特征(频率、波长、振幅、振动方向等)不变,并且沿原来传播方向继续前进,好像没有遇到其他波一样;

（2）在相遇的区域内，任一点的振动是同一时刻各列波单独传播时在该点引起的振动的合成.

上述规律称为**波的叠加原理**（superposition principle of waves），又称为波的独立传播原理.

波动遵循叠加原理的现象随处可见. 例如，在乐器合奏或鸟儿争鸣的声音中，我们能分辨出各种乐器或各种鸟的声音；天空中存在各种频率的无线电波，但我们可以选择接收某一电台的广播等.

波的叠加原理仅适用于波的强度较小的情况，当波的强度较大时不成立. 例如，强烈的爆炸声就有明显的相互影响.

6.5.2 波的干涉

一般来说，几列不同特性的波在相遇处的叠加情况较复杂，叠加结果也不稳定. 我们只讨论一种稳定的叠加现象，即在叠加区有的地方强度始终最强，有的地方强度始终最弱，强弱在空间呈稳定交替分布. 这种现象称为**波的干涉**（interference of waves）. 两列能产生干涉的波称为**相干波**，相应的波源称为**相干波源**. 相干波源必须满足频率相同、振动方向相同、相位差恒定的条件. 图 6.22 给出了水波的干涉图样.

图 6.22　水波的干涉

以 S_1 和 S_2 表示图 6.22 中水波的相干波源，如图 6.23 所示，它们发出的波在水面相遇并叠加. 半圆形实线代表单列波的波峰，半圆形虚线代表波谷，波峰与波峰或波谷与波谷相遇处用粗实线绘出，两列波在这些位置的振动相互加强，即振幅最大的各点；波峰与波谷相遇处用粗虚线绘出，振动相互削弱，即振幅最小的各点.

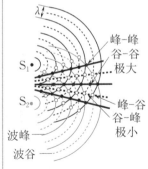

图 6.23　干涉图样示意图

下面分析干涉现象中振动强弱的分布规律. 设相干波源 S_1，S_2 的振动方程分别为

$$y_{10} = A_1\cos(\omega t + \varphi_1), \quad y_{20} = A_2\cos(\omega t + \varphi_2),$$

它们发出的两列波在同一种各向同性的均匀无吸收的介质中传播，分别经过 r_1，r_2 距离到达 P 点相遇，如图 6.24 所示. 两列波在 P 点引起的振动方程分别为

$$y_1 = A_1\cos\left(\omega t - \frac{2\pi r_1}{\lambda} + \varphi_1\right), \quad y_2 = A_2\cos\left(\omega t - \frac{2\pi r_2}{\lambda} + \varphi_2\right).$$

根据波的叠加原理，P 点的合振动应为两个分振动的合成，合振动仍为简谐振动，其振动方程为

$$y = y_1 + y_2 = A\cos(\omega t + \varphi).$$

合振动的振幅为

$$A = \sqrt{A_1^2 + A_2^2 + 2A_1A_2\cos\left(\varphi_2 - \varphi_1 - 2\pi\frac{r_2 - r_1}{\lambda}\right)}. \quad (6.31)$$

令

$$\Delta\varphi = \varphi_2 - \varphi_1 - 2\pi\frac{r_2 - r_1}{\lambda}, \quad (6.32)$$

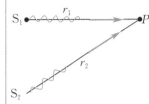

图 6.24　相干波在 P 点相遇叠加

式中 $(\varphi_2 - \varphi_1)$ 为两相干波源的初相位差，$\delta = r_2 - r_1$ 称为波程差，$2\pi\dfrac{r_2 - r_1}{\lambda}$ 是由波程差引起的相位差. 因为相干波源的初相位差 $(\varphi_2 - \varphi_1)$ 恒定，而叠加区内每一点的波程差是确定的，不同点的波程差则一般有所不同，故叠加区内每一处的合振幅不随时间变化，波在空间形成的强度 $I(I \propto A^2)$ 呈稳定分布. 由式 (6.31) 可知，若

$$\Delta\varphi = \varphi_2 - \varphi_1 - 2\pi\frac{r_2 - r_1}{\lambda} = \pm 2k\pi \quad (k = 0, 1, 2, \cdots), \quad (6.33)$$

则对应点的合振幅最大，$A = A_1 + A_2$，称为干涉加强，也称相长干涉；若

$$\Delta\varphi = \varphi_2 - \varphi_1 - 2\pi\frac{r_2 - r_1}{\lambda} = \pm(2k + 1)\pi \quad (k = 0, 1, 2, \cdots),$$

$$(6.34)$$

则对应点的合振幅最小，$A = |A_1 - A_2|$，称为干涉减弱，也称相消干涉.

如果两列波的波源初相位相同，即 $\varphi_2 - \varphi_1 = 0$，则式 (6.33) 和式 (6.34) 可分别简化为

$$\delta = r_2 - r_1 = \pm k\lambda, \quad k = 0, 1, 2, \cdots \quad (\text{干涉加强}), \quad (6.35)$$

$$\delta = r_2 - r_1 = \pm\frac{(2k + 1)\lambda}{2}, \quad k = 0, 1, 2, \cdots \quad (\text{干涉减弱}).$$

$$(6.36)$$

式 (6.35) 和式 (6.36) 说明，若两相干波源初相位相同，所发出的波相遇时，波程差等于波长整数倍的各点，振幅最大，波的强度最大；波程差等于半波长奇数倍的各点，振幅最小，波的强度最小.

例 6.4 如图 6.25 所示，B，C 为处在同一介质中相距 30 m 的两个相干波源，它们产生的相干波频率为 100 Hz，波速为 400 m/s，且振幅相同. 已知某时刻 t，波源 B 为波峰时，波源 C 恰为波谷. 求:

(1) 如果振幅 $A = 1.0 \times 10^{-2}$ m，$\varphi_B = 0$，写出 B，C 连线上 B，C 外侧的合成波方程；

(2) B，C 连线上因干涉而静止的各点的位置.

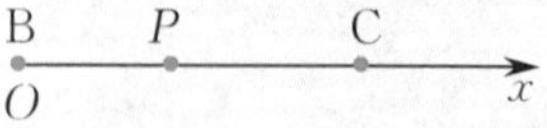

图 6.25 例 6.4 图

解 由题设可知，$\varphi_C - \varphi_B = \pi$，$\lambda = \dfrac{u}{\nu} = 4$ m，利用式 (6.32)，有

$$\Delta\varphi = \varphi_C - \varphi_B - 2\pi\frac{r_C - r_B}{\lambda} = \pi - 2\pi\frac{r_C - r_B}{4}.$$

(1) 如果 P 点在 C 右侧，则 P 点坐标 $x > 30$ m，即 B，C 发出的波均沿 x 轴正方向传播，$r_B = x$，$r_C = x - 30$，$\Delta\varphi = 16\pi$，振动加强，合成波方程为

$$y = 2y_B = 2A\cos 2\pi\left(\nu t - \frac{x}{\lambda}\right) = 2.0 \times 10^{-2}\cos 2\pi\left(100t - \frac{x}{4}\right) \text{ m}.$$

如果 P 点在 B 左侧，则 $x < 0$，B，C 发出的波均沿 x 轴负方向传播，$r_B = -x$，$r_C = 30 - x$，$\Delta\varphi = -14\pi$，振动加强，合成波方程为

$$y = 2y_B = 2A\cos 2\pi\left(\nu t + \frac{x}{\lambda}\right) = 2.0 \times 10^{-2}\cos 2\pi\left(100t + \frac{x}{4}\right) \text{ m}.$$

(2) 如果 P 点在 B，C 之间，则 $0 < x < 30$，B，C 发出的波相向传播，$r_B = x$，$r_C = 30 - x$，

$$\Delta\varphi = \pi - 2\pi\frac{30-2x}{4}. \text{令}$$

$$\Delta\varphi = \pi - \frac{2\pi}{4}(30-2x) = (2k+1)\pi,$$

解得因干涉而静止的各点的位置为

$$x = (15+2k)\,\text{m} \quad (k=0,\pm1,\pm2,\cdots,\pm7),$$

即在 B 右侧,与之相距为 $x=1,3,5,\cdots,29\,\text{m}$ 处各点因干涉而静止.

6.5.3 驻波

在同一介质中,两列振幅相同的相干波沿同一直线相向传播时叠加形成的波,称为驻波(standing wave).驻波是一种特殊的干涉现象.

1. 驻波方程

设两列相干波沿 x 轴相向传播,它们的波函数分别为

$$y_1 = A\cos\left(\omega t - \frac{2\pi}{\lambda}x\right), \quad y_2 = A\cos\left(\omega t + \frac{2\pi}{\lambda}x\right),$$

则其合成波的波函数为

$$y = y_1 + y_2 = A\cos\left(\omega t - \frac{2\pi}{\lambda}x\right) + A\cos\left(\omega t + \frac{2\pi}{\lambda}x\right).$$

利用三角公式可得

$$y = 2A\cos\frac{2\pi}{\lambda}x\cos\omega t. \tag{6.37}$$

驻波

式(6.37)称为驻波方程,也是坐标为 x 的质元的振动方程,其振幅为 $\left|2A\cos\frac{2\pi}{\lambda}x\right|$. 由式(6.37)可知,不同质元的振幅呈空间周期分布.

1)驻波的振幅分布:波腹和波节.

振幅最大的各点称为波腹(antinode)(波腹处,由两列波引起的两振动恰好同相,相互加强),对应于 $\left|2A\cos\frac{2\pi}{\lambda}x\right| = 2A$,即 $\frac{2\pi}{\lambda}x = \pm k\pi(k$ 为整数) 对应的各点.因此,波腹的位置坐标为

$$x = \pm k\frac{\lambda}{2}, \quad k=0,1,2,\cdots.$$

驻波

振幅为零的各点称为波节(wave node)(波节处,由两列波引起的两振动恰好反相,相互抵消,故波节处质元静止不动),对应于 $\left|2A\cos\frac{2\pi}{\lambda}x\right| = 0$,即 $\frac{2\pi}{\lambda}x = \pm(2k+1)\frac{\pi}{2}$ 对应的各点. 因此,波节的位置坐标为

$$x = \pm(2k+1)\frac{\lambda}{4}, \quad k=0,1,2,\cdots.$$

可见,相邻两个波节或相邻两个波腹之间的距离都是 $\frac{\lambda}{2}$. 只要测定相邻两个波节(或波腹)之间的距离,就可以确定原来两列波的波长,因

此,常用驻波来测定波长.

2) 驻波的相位分布.

由式(6.37)可知,各质元尽管具有相同的振荡因子 $\cos \omega t$,但振幅因子 $2A\cos\dfrac{2\pi}{\lambda}x$ 的取值可正可负,取值情况与质元所在位置 x 有关,因此,并不是所有质元都具有相同的相位.当质元所在处 $2A\cos\dfrac{2\pi}{\lambda}x > 0$ 时,其振动方程为 $y = 2A\cos\dfrac{2\pi}{\lambda}x\cos\omega t$,相位是 ωt;而当质元所在处 $2A\cos\dfrac{2\pi}{\lambda}x < 0$ 时,其振动方程为 $y = -2A\cos\dfrac{2\pi}{\lambda}x\cos(\omega t + \pi)$,振幅是 $-2A\cos\dfrac{2\pi}{\lambda}x$,相位是 $\omega t + \pi$,相位分布的转换点在波节位置,$2A\cos\dfrac{2\pi}{\lambda}x$ 的符号与 x 的关系如图 6.26 所示.由图 6.26 可知,驻波的相位分布存在如下特征:① 相邻两个波节之间的质元的振幅因子具有相同的符号,相位相同,各质元偏离平衡位置的位移方向相同,做同步振动;② 同一波节两侧的质元相位相反,各质元偏离平衡位置的位移方向相反,做反向振动.驻波实际上是以波节划分的"分段"振动,没有振动状态的传播,驻波不传播相位.

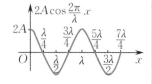

图 6.26 振幅随 x 变化图

3) 驻波的能量分布.

驻波是由两列振幅相同而传播方向相反的相干波叠加形成的,因此,驻波总的平均能流密度为零,没有单向的能量传输.

在相邻的两个波节之间,各质元到达最大位移处时,动能都为零,驻波的能量表现为势能,而波节处相对形变最大,因此,势能主要集中在波节附近;各质元通过平衡位置时,所有质元的形变为零,势能为零,驻波的能量表现为动能,动能主要集中在波腹附近.在相邻波节之间(中间含一波腹),势能和动能相互转化,但能量不能越过波腹和波节传播.驻波的能量被"封闭"在相邻波节和波腹间 $\dfrac{\lambda}{4}$ 的范围内.

图 6.27 画出了驻波的形成过程,图中依次给出了几个特殊时刻质元的位移分布.其中虚线表示向右传播的波,细实线表示向左传播的波,粗实线表示合成波.$t = 0$ 时,两列波相位相同,各质元的合位移最大,经过四分之一周期,即 $t = \dfrac{T}{4}$ 时,两列波又分别向左和向右移动 $\dfrac{\lambda}{4}$ 的距离,它们的相位差为 π,各质元的合位移为零;两列波继续反向传播,再经过四分之一周期,即 $t = \dfrac{T}{2}$ 时,两列波又同相,各质元的合位移又变为最大,但位移方向与 $t = 0$ 时的恰好相反;如此继续进行,形成驻波.驻波波形原地起伏变化.图中用 n 标记的点始终静止不动,为波节;用 a 标记的点振幅最大,为波腹.

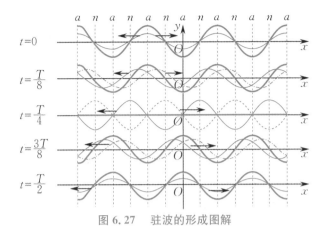

图 6.27　驻波的形成图解

2. 半波损失

图 6.28 是用电动音叉在弦上产生的驻波简图.形成驻波的两列波中,一列是由音叉振动引起的向左传播的波,另一列是经端点 B 反射后向右传播的波,两波相互干涉.移动 B 使弦长为半波长的整数倍时,形成图中所示的驻波波形.固定端 B 点处是波节,说明固定端处入射波和反射波引起的两振动反相(相位差为 π),叠加后相消.由于在波的传播方向上,相位改变 π,对应于半个波长,物理上将这种入射波在反射时相位突变 π 的现象称为半波损失(half-wave loss).在研究声波、光波等反射中常会涉及这一问题.

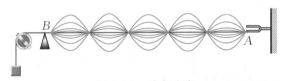

图 6.28　弦上驻波

如图 6.29 所示,描述了端点反射与半波损失的关系.图 6.29(a) 是一个绳中波动脉冲在墙上固定点的反射过程.当波动脉冲到达固定反射点时,固定端点对向上振动的介质质元产生一个向下的作用力,导致在反射波中形成一个翻转的脉冲波形.固定点发射反射波的振动相位与接收到的入射波振动相位相差 π,从而在反射端点形成驻波的波节.图 6.29(b) 呈现了绳中入射脉冲在活动端(也称自由端)的反射过程.入射波到达反射端,由于波动能量的注入,活动端质元不断上升到达的最大位移为入射波峰的 2 倍.活动端拉动绳子上升,活动端产生的反射振动与接收的入射振动同相,没有相位突变.

一般情况下,波在任何两介质的交界处都存在反射,是否存在半波损失,情况复杂,难以给出简单的结论.但若是垂直入射,则半波损失的存在与否,取决于两边介质的波密度(密度 ρ 与波速 u 的乘积 ρu).当波从波疏介质(ρu 较小)入射到波密介质(ρu 较大)界面上发生反射时,有半波损失,形成的驻波在反射点为波节;反之,当波从波密介质入射到波疏介质界面上发生反射时,无半波损失,反射点形成波腹.

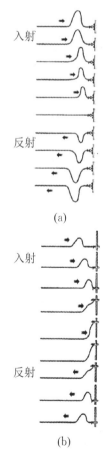

(a)

(b)

图 6.29　端点反射与
半波损失

3. 简正模式

在两端固定的弦线上形成驻波，弦线两端一定是波节，因此，对确定长度的弦线，不是任意波长（或频率）的波都能在其中形成驻波．只有当弦线长度 L 与波长满足

$$L = n\frac{\lambda_n}{2}, \quad n = 1, 2, \cdots \tag{6.38}$$

时才能在弦线上形成驻波．对应的频率为

$$\nu_n = n\frac{u}{2L}, \quad n = 1, 2, \cdots. \tag{6.39}$$

这些"量子化"的频率称为弦线振动的本征频率，对应的振动方式称为弦线振动的简正模式．图 6.30 展现了弦线振动的四种简正模式．各本征频率中，最低的频率 ν_1 称为基频，对应的声音称为基音．其他较高的频率 $\nu_2, \nu_3, \nu_4, \cdots$ 称为二次谐频、三次谐频、四次谐频……对应的声音称为谐音（泛音）．以上的物理原理在乐器中具有广泛应用，管弦乐器都是基于这些原理制成的．

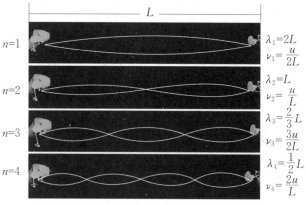

图 6.30　弦线振动的简正模式

除了上述一维空间的驻波，还有二维和三维空间的驻波．一般而言，机械振动在有限大小的物体中传播时，会产生各种各样的驻波，研究物体在一定条件下可能产生的驻波就能确定物体的固有振动频率．这一点对于声波和超声波是很重要的．

例 6.5　如图 6.31 所示，O 为波源，振动方程为 $y = A\cos\left(\omega t + \frac{\pi}{2}\right)$，向右发出平面简谐波，波速为 u，BB' 为波密介质反射面，$OP = 3\lambda$（λ 为波长），求驻波方程及波腹和波节位置．

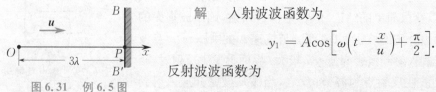

图 6.31　例 6.5 图

解　入射波波函数为

$$y_1 = A\cos\left[\omega\left(t - \frac{x}{u}\right) + \frac{\pi}{2}\right].$$

反射波波函数为

$$y_2 = A\cos\left[\omega\left(t - \frac{3\lambda + 3\lambda - x}{u}\right) + \frac{\pi}{2} + \pi\right]$$

$$= A\cos\left[\omega\left(t + \frac{x}{u}\right) + \frac{3\pi}{2}\right].$$

驻波方程为

$$y = y_1 + y_2 = A\cos\left[\omega\left(t - \frac{x}{u}\right) + \frac{\pi}{2}\right] + A\cos\left[\omega\left(t + \frac{x}{u}\right) + \frac{3\pi}{2}\right]$$

$$= -2A\cos\left(\frac{2\pi x}{\lambda} + \frac{\pi}{2}\right)\cos\omega t.$$

波腹处满足 $\left|\cos\left(\frac{2\pi x}{\lambda} + \frac{\pi}{2}\right)\right| = 1$，即 $\frac{2\pi x}{\lambda} + \frac{\pi}{2} = k\pi$，波腹的位置为

$$x = \frac{\lambda}{4}, \frac{3\lambda}{4}, \frac{5\lambda}{4}, \frac{7\lambda}{4}, \frac{9\lambda}{4}, \frac{11\lambda}{4}.$$

波节处满足 $\cos\left(\frac{2\pi x}{\lambda} + \frac{\pi}{2}\right) = 0$，即 $\frac{2\pi x}{\lambda} + \frac{\pi}{2} = (2k+1)\frac{\pi}{2}$，波节的位置为

$$x = 0, \frac{\lambda}{2}, \lambda, \frac{3\lambda}{2}, 2\lambda, \frac{5\lambda}{2}, 3\lambda.$$

思考

1. 波的相干条件是什么？两振幅相等的相干波在空间中的某些地方振动相互抵消，波好像消失了，这与波传播的独立性是否矛盾？

2. 驻波中各质元的相位有什么关系？为什么说相位没有传播？

3. 在驻波中，波形"驻定"，能量"驻定"，这个现象和波的定义相矛盾吗？应如何解释？驻波不传播能量，是不是说驻波中各点的能量不发生变化？

4. 二胡调音时，要旋动上部的旋杆，演奏时手指压触弦线的不同部位，就能发出各种不同的音调。这是什么原因？

*6.6 相速与群速

与振动合成类似，几个同频率、同波速、振动方向相同的简谐波叠加后，合成波仍然是简谐波。但是不同频率的简谐波叠加后，合成波就不再是简谐波，这种比较复杂的合成波称为复波。复波在介质中传播时，各介质质元的振动不再是简谐振动，波形曲线也不再是简单的正弦或余弦曲线。图 6.32(a)、(b) 中的粗实线分别是振动方向相同、振动频率比为 3∶1，初相位相同和不同时两列简谐波合成得到的复波波形；图 6.33 所示是振动方向相同、振幅相同、频率相近的两列简谐波的合成波形。反之，任何波，不管是周期性的还是非周期性的，都可以通过傅里叶分解的方法分解为若干不同频率的简谐波，这些由分解得到的简谐波又称为成分波。

微课视频

复波的相速和群速

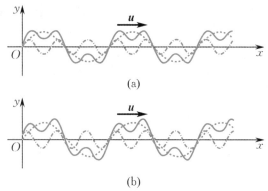

图 6.32　频率比为 3∶1 的两列简谐波的合成

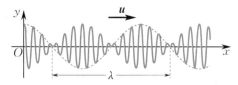

图 6.33　频率相近的两列简谐波的复波

　　简谐波在介质中的速度（相速）取决于传播介质的种类. 在某些介质中, 不同频率简谐波的相速都相等, 这种介质叫作无色散介质; 有些介质中相速与频率有关, 频率不同, 相速不同, 这类介质称为色散介质. 由于不同频率的各简谐波在无色散介质中传播的速度相同, 因此由它们合成的复波也具有相同的传播速度. 在色散介质中, 组成复波的各成分波的传播速度各不相同, 因而复波的传播较为复杂. 下面以传播方向相同、振幅相同、频率相近且相速差别不大的两列简谐波合成的复波为例来分析.

　　设满足上述条件的两列简谐波沿 x 轴正方向传播, 波函数分别为

$$y_1 = A\cos(\omega_1 t - k_1 x), \quad y_2 = A\cos(\omega_2 t - k_2 x),$$

其中两列波的角波数分别为 $k_1 = \dfrac{\omega_1}{u_1}, k_2 = \dfrac{\omega_2}{u_2}; u_1, u_2$ 分别为两列波的相速. 它们合成的复波为

$$
\begin{aligned}
y &= y_1 + y_2 \\
&= 2A\cos\left[\frac{(\omega_1 - \omega_2)t}{2} - \frac{(k_1 - k_2)x}{2}\right]\cos\left[\frac{(\omega_1 + \omega_2)t}{2} - \frac{(k_1 + k_2)x}{2}\right].
\end{aligned} \tag{6.40}
$$

设 $\bar{\omega} = \dfrac{\omega_1 + \omega_2}{2}, \bar{k} = \dfrac{k_1 + k_2}{2}, \omega_g = \dfrac{\omega_1 - \omega_2}{2}, k_g = \dfrac{k_1 - k_2}{2}, A_g = 2A\cos(\omega_g t - k_g x),$

则式 (6.40) 可写成

$$y = 2A\cos(\omega_g t - k_g x)\cos(\bar{\omega}t - \bar{k}x) = 2A_g\cos(\bar{\omega}t - \bar{k}x). \tag{6.41}$$

考虑到 ω_1, ω_2 非常接近, 因此 $\omega_g \ll \omega_1$ 和 $\omega_2, \bar{\omega} \approx \omega_1$ 或 ω_2. 又因为相速 u_1, u_2 接近, 所以 $k_g \ll k_1$ 和 $k_2, \bar{k} \approx k_1$ 和 k_2. 因此, 式 (6.41) 代表的复波可以看成是各质元都以角频率 $\bar{\omega}$ 快速振动的波, 但是这些质元的振幅 A_g 是以角频率 ω_g 缓慢变化的. 复波的波形类似于图 6.33, 图中实线代表高频振动传播的波形, 虚线代表振幅变化的波形. 质元振动的相位 $(\bar{\omega}t - \bar{k}x)$ 也是复波的相位. 选取一个确定相位, 让 $(\bar{\omega}t - \bar{k}x)$ 等于该确定值, 就可以求出该相位在空间的传播速度, 即复波的相速

$$u = \frac{\mathrm{d}x}{\mathrm{d}t} = \frac{\bar{\omega}}{\bar{k}}. \tag{6.42}$$

　　由于振幅的变化, 复波波形的传播显现为一团一团的振动向前传播. 这样的一

团称为波群或波包. 振幅 A_g 的波动行为则表示了波包的运动特征. 波包的运动速度叫作群速,以 u_g 表示,它可以通过让相位($\omega_g t - k_g x$)取确定值求得,即

$$u_g = \frac{dx}{dt} = \frac{\omega_g}{k_g} = \frac{\omega_1 - \omega_2}{k_1 - k_2} = \frac{\Delta\omega}{\Delta k}.$$

在色散介质中,k 随 ω 连续变化,$\lim\limits_{\Delta k \to 0} \frac{\Delta\omega}{\Delta k} = \frac{d\omega}{dk}$,所以

$$u_g = \frac{d\omega}{dk}. \tag{6.43}$$

利用 $u = \frac{\omega}{k} = \nu\lambda$ 和 $k = \frac{2\pi}{\lambda}$,可将式(6.43)进一步写成

$$u_g = u - \lambda\frac{du}{d\lambda}. \tag{6.44}$$

在无色散介质中,相速与频率无关,k 与 ω 呈线性关系,所以 $u_g = \frac{d\omega}{dk} = u$,即群速等于相速.

加载在复波中的信号和能量传播时,它们的传播速度与波包的移动速度相同,即以群速传递. 理想的简谐波的振幅恒定不变,并不能传递信号和能量,简谐波中的相速只表示成分波中各质元间相位的关系,并不是信号和能量的传递速度.

图 6.33 中的波包只是在无色散或色散不大的介质中才能保持形状稳定的传播. 这是因为当介质的色散 $\left(\frac{du}{d\lambda}\right)$ 较大时,波包中各成分波的相速差异明显,波包在传播过程中会逐渐弥散消失. 此种情形下,群速的概念就失去了意义.

*6.7 孤立波

如6.6节所述,实际存在的波往往不是单一频率的,这种波在空间传播时,往往表现为一团一团的(波包)向前传播. 如果介质不存在色散,即各种频率的波有相同的传播速度,则波包在传播过程中将保持形状不变. 如果介质是色散的(相速和频率或波长有关),同时也是线性的(相速与振幅无关),则各种不同频率的成分运动快慢不一致,将导致波包发生扩散,被逐渐拉平以致消散,因此在线性介质中形成的波包一般并不稳定. 如果介质是非线性的,则有可能形成一种不弥散的波包——孤立波.

孤立波又称孤波(solitary wave). 首先观察到孤立波的是科学家罗素(Russell). 1834 年 8 月,他观察到一个奇妙的现象:两匹马拉着的船在狭窄的河道中急速行驶,当船突然停止行驶时,被船所推动的一大团水却不停止,它积聚在船头周围激烈地扰动,然后形成一个滚圆、光滑而又轮廓分明的大水包,高度为 $0.3 \sim 0.5$ m,长约 10 m,以约 13 km/h 的速度沿着河面向前滚动. 罗素骑马沿河道跟踪这个水包时发现,它的大小、形状和速度变化很慢,直到 $3 \sim 4$ km 后,才在河道上渐渐地消失. 罗素马上意识到,他所发现的这个水包绝不是普通的水波. 普通水波由水面的振动形成,振动沿水面上下进行,水波的一半高于水面,另一半低于水面,并且由于能量的衰减会很快消失. 他所看到的这个水包却完全在水面上,能量的衰减也非常缓慢(若水无阻力,则不会衰减并消失). 由于它具有圆润、光滑的波峰,也不是激波,罗素将他发现的这种奇特的波包称为孤立波,并在其后半生专门从事孤立波的研究. 他用大水槽模拟河道,并模拟当时情形给水以适当的推动,再现了他所发现的孤立波. 罗素认为孤立波应是流体运动的一个稳定解,并试图找到

这种解,但没有成功.

1895 年,两位数学家科特维格(Korteweg)和德弗里斯(de Vries)根据流体力学理论导出了著名的浅水波的波动方程,称为 KdV 方程. KdV 方程是非线性方程,而且有色散. KdV 方程存在单峰形式的孤立波稳定解,这就为用解析方法研究孤立波提供了理论基础. 孤立波解只存在于非线性色散方程之中,即非线性与色散是孤立波存在的必要条件.

孤立波是介质在大振幅波的非线性效应和频率的色散效应共同影响下形成的一种特殊的波. 介质的色散效应使叠加脉冲波的各种不同频率的简谐波成分具有不同的传播速度,从而导致孤立的脉冲在传播过程中波包散开;介质的非线性效应使脉冲中的低频成分的能量向高频成分移动,结果又将导致孤立脉冲在传播过程中波面卷缩. 如果在一定条件下,色散效应与非线性效应所产生的影响刚好相互抵消,两者共同作用的结果便使波峰的形状在传播过程中保持不变,这样就形成了孤立波.

如果两孤立波相遇,它们不满足波的叠加原理,在叠加区不能进行简单的叠加,而是发生强烈的相互作用,快的速度会更快,慢的速度会更慢,但分开后,每个孤立波仍保持原有形状,并且按原来速度继续各自传播. 这种性质通常称为完整性.

由于孤立波具有定域性(波形定域在有限的空间)、稳定性(传播过程中波形保持不变)和完整性,与粒子的性质十分相似,通过计算机对孤立波进行研究的结果表明,两个孤立波相互碰撞后,仍然保持原来的形状不变,并与物质粒子的弹性碰撞一样,遵守动量守恒和能量守恒. 孤立波还具有质量特征,甚至在外力作用下其运动还服从牛顿第二定律. 因此,完全可以把孤立波当作原子或分子那样的粒子看待. 人们将这种具有粒子特性的孤立波称为孤立子,有时又简称为孤子.

孤立子的高度稳定性和粒子性引起了人们对孤立子的极大兴趣. 人们还发展了一套研究孤立子的系统方法 —— 反散射方法或逆问题方法,找出了一批非线性方程的普遍解法,并通过计算机实验和解析方法相结合,发现很多非线性偏微分方程都存在孤立子解,这些纯粹数学上的孤立子,很快在流体物理、固体物理、等离子体物理和光学实验中被发现. 更令人振奋的是,这些似乎是纯数学的发现,不仅为实验所证实,而且还找到了实际应用. 例如,光纤通信中传输信息的低强度光脉冲由于色散变形,不仅信息传输量低、质量差,而且必须在线路上每隔一定距离加设波形重复器,花费很大,利用孤立子的非线性特性,可以很好地解决信号传输中的畸变和衰减问题. 因为光孤子可以无能量损耗地传输,且具有很强的抗干扰性,这样人们就可利用光纤中激起的光孤子进行远距离的通信研究.

6.8　多普勒效应

在前面的讨论中,假定波源和观察者都相对于介质静止,观察者所观测到的频率就是波源振动的频率. 当波源或观察者或两者都相对于介质运动时,观察者所观测到的频率就不同于波源的频率,这种现象称为多普勒效应(Doppler effect). 例如,当高速的火车鸣笛而来时,观察者所听到的汽笛声调高而尖,即频率变大;反之,当火车远去时,汽笛声变得低沉,即频率变小,这就是声波的多普勒效应.

波源的频率 ν_s 是波源在单位时间内振动的次数,或在单位时间内发出的完整波的个数；观察者接收到的频率 ν_B 是单位时间内通过观察者的完整波的数目. 下面分三种情况讨论波源和观察者在同一直线上运动时的多普勒效应. 设波源和观察者相对于介质的速度分别为 v_S,v_B.

1. 波源静止而观察者运动

当观察者相对于介质以速度 v_B 朝波源运动时，波动相对于观察者的传播速度为 $u+v_B$(单位时间内通过观察者的波列长度)，如图 6.34 所示. 在单位时间内观察者接收到的完整波的数目为

$$\nu_B = \frac{u+v_B}{\lambda} = \frac{u+v_B}{u}\nu_S, \tag{6.45}$$

即频率变大.

当观察者以速度 v_B 离开波源运动时，只需以减号取代式(6.45)中的加号，这时观察者接收到的频率低于波源的频率.

2. 观察者静止而波源运动

当波源相对于介质以速度 v_S 向着观察者运动时，观察者所观测到的波长 λ 不再等于波源静止时的波长 λ_S. 如图 6.35(a) 所示，当波源向着观察者运动时，它在 A 点发出的波，经过时间 T_S(波源的振动周期)后，"波头"到达 C 点而"波尾"跟着波源前进到 B 点，结果整个波被"挤压"在 BC 之间，观察者所观测到的实际波长为

$$\lambda = \lambda_S - v_S T_S = \frac{u-v_S}{\nu_S},$$

则观察者接收到的频率为

$$\nu_B = \frac{u}{\lambda} = \frac{u}{u-v_S}\nu_S, \tag{6.46}$$

此时观察者接收到的频率大于波源的频率. 图 6.35(b) 给出了运动的波源在水面上产生的圆形波，很明显在不同方向上测得的波长是不同的. 在波源前进方向上，波长被压缩，在背离波源运动方向上，波长被拉长.

当波源远离观察者时，只需以加号取代式(6.46)中的减号，此时观察者接收到的频率将小于波源的频率.

3. 波源和观察者都相对于介质运动

若波源和观察者相向运动，则既要考虑由于观察者以速度 v_B 向着波源运动时，单位时间通过观察者的波列长度变长为 $(u+v_B)$，又要考虑由于波源以速度 v_S 向着观察者运动，波被"挤压"，波长缩短为 $\frac{u-v_S}{\nu_S}$. 因此，观察者接收到的频率将变为

$$\nu_B = \frac{u+v_B}{\dfrac{u-v_S}{\nu_S}} = \frac{u+v_B}{u-v_S}\nu_S. \tag{6.47}$$

若波源和观察者相背运动(彼此离开)，则式(6.47)变为 $\nu_B = \dfrac{u-v_B}{u+v_S}\nu_S$，观察者接收到的频率将变小.

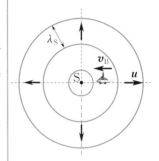

图 6.34　波源静止时的多普勒效应

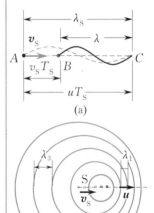

图 6.35　波源运动时的多普勒效应

波源运动时的多普勒效应

对于波源和观察者相对于介质沿同一方向运动的情况，读者可借助 1 和 2 中的分析自行推导.

如果波源或观察者并非沿着它们的连线运动，相应公式中的波源和观察者的速度应是其速度沿两者连线方向的分量.

无论机械波还是电磁波都会产生多普勒效应. 由于电磁波传播不需要介质，观察者接收到的频率取决于观察者和光源的相对速度. 又由于电磁波传播的速度是光速，因此要用相对论来处理这个问题，此时用于计算观察者接收到的频率的表达式将有所不同.

多普勒效应在科学与工程技术、医疗诊断等各个方面都有广泛的应用. 例如，分子、原子和离子由于热运动产生的多普勒效应使其发射和吸收的谱线变宽，已经成为分析恒星大气、等离子体和受控热核聚变物理状态的重要手段. 恒星的可辨认谱线有显著的"红移"（频率变低、波长变长），这说明太空中恒星正远离我们而去，宇宙正在膨胀. 多普勒效应还可用来测量物体的运动速度（如测量车速）等. 利用微波在路旁向过往汽车发射已知频率的波，由回波与发射波频率之差可以测出汽车运行速度，以此监视过往汽车的行驶速度. 利用超声波的多普勒效应可对人体心脏的跳动，其他内脏的活动以及血液流动情况进行测定等.

*6.9　冲击波

式（6.46）说明，当波源朝着观察者运动时，观察者接收到的频率大于波源的频率. 如果波源的运动速度超过波的传播速度，该式将失去物理意义，因为波源将超过它之前发出的波前，在波源的前方不存在任何的波动. 此时，传播介质中的波面分布如图 6.36 所示. 波源 S 发出的球面波波面经过 Δt 时间后，半径变为 $u\Delta t$，与此同时，波源则向右运动了 $v_S\Delta t$ 的距离. 在这个时间段内波源发出的波面到达的前沿形成了一个圆锥面，这一圆锥面称为马赫锥，它对应的半顶角 α 可以由 $\sin\alpha = \dfrac{u}{v_S}$ 得出.

飞行的飞机和炮弹，它们在空气中激起的声波就会形成这种马赫锥，这种波又叫作冲击波. 冲击波到达的地方，空气压强突然变大，过强的冲击波扫过物体时甚至会造成损害，这种现象叫作声爆，如图 6.37 所示. 此外，在水面高速行驶的舰船也可以在船后方激起以船为顶点的 V 形波，称为舰波，如图 6.38 所示，这是由于船速超过了水波的传播速度造成的.

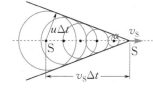

图 6.36　冲击波产生的马赫锥

冲击波

图 6.37　战斗机音爆云

图 6.38　辽宁号航母编队舰波

例6.6 一驱逐舰停在海面上,它的水下声呐向一驶近的潜艇发射频率为1.8×10^4 Hz 的超声波,被该潜艇反射回来的超声波与发射波形成了频率为 220 Hz 的拍频.求该潜艇的速度.已知海水中声速为 $u=1.54\times10^3$ m/s.

解 设驱逐舰水下声呐发射波频率为ν_S,接收到被潜艇反射回来的频率为ν_B,拍频即为两者之差.设潜艇的速度为v,根据式(6.47)有

$$\nu_B=\frac{u+v}{u-v}\nu_S,$$

故

$$\Delta\nu=\nu_B-\nu_S=\frac{u+v}{u-v}\nu_S-\nu_S=\frac{2v}{u-v}\nu_S.$$

因为$v\ll u$,所以 $\Delta\nu=\frac{2v}{u-v}\nu_S=\frac{2v}{u}\nu_S$,则有

$$v=\frac{u\Delta\nu}{2\nu_S}=\frac{1.54\times10^3\times220}{2\times1.8\times10^4}\text{ m/s}\approx9.4\text{ m/s}.$$

思考

1. 在你做操时,如果头顶有飞机飞过,你会发现做向下弯腰和向上直起的动作时听到飞机的声音音调不同,这是为什么? 何时听到的音调高些?

2. 波源向着观察者运动和观察者向着波源运动都产生频率增大的多普勒效应,这两种情况有何区别?

本章小结

1. 平面简谐波的描述

(1) 特征量.

时间特征:周期T描述波的时间周期性,由波源决定;频率$\nu=\dfrac{1}{T}$.

空间特征:波长λ描述波的空间周期性,由波源和介质两方面决定.

传播特征:波速u描述振动相位或振动状态的传播快慢,又称相速,由介质性质决定.

(2) 波函数:

$$y(x,t)=A\cos\left[\omega\left(t\mp\frac{x-x_s}{u}\right)+\varphi\right],$$

其中"$-$"表示平面简谐波沿x轴正方向传播,"$+$"表示沿x轴负方向传播.

(3) 波形曲线:y-x曲线.

2. 波的动力学方程

$$\frac{\partial^2 y}{\partial x^2}=\frac{1}{u^2}\frac{\partial^2 y}{\partial t^2}.$$

3. 平面简谐波的能量

(1) 质元的动能:

$$\Delta E_k=\frac{1}{2}(\rho\Delta V)\omega^2A^2\sin^2\left[\omega\left(t-\frac{x}{u}\right)+\varphi\right].$$

质元的势能:

$$\Delta E_p=\frac{1}{2}(\rho\Delta V)\omega^2A^2\sin^2\left[\omega\left(t-\frac{x}{u}\right)+\varphi\right].$$

(2) 平均能量密度:$\overline{w}=\dfrac{1}{T}\displaystyle\int_0^T w\,dt=\dfrac{1}{2}\rho\omega^2A^2$.

(3) 平均能流密度(波强):

$$I=\frac{\overline{P}}{S}=\overline{w}u=\frac{1}{2}\rho A^2\omega^2 u.$$

(4) 声强级:$L=10\lg\dfrac{I}{I_0}$(dB).

4. 波的传播

(1) 惠更斯原理:在波的传播过程中,波面上的每个质元都可看成发射子波的子波源,之后的某时刻,这些子波面的包迹就构成了新的波面.

(2) 波传播的独立性原理:几列波在同一介质中

传播,每一列波都会保持自身的性质(振幅、频率、波长、振动方向等)不变,按原先的传播方向独立前进,彼此互不影响.

5. 波的叠加原理

几列波在同一介质中相遇,质元的振动相当于各列波单独存在时引起该点振动的合成.

(1) 相干叠加.

相干条件:波源振动同频率、振动方向一致、相位差恒定.

相干相长条件:$\Delta\varphi = \varphi_2 - \varphi_1 - 2\pi\dfrac{r_2 - r_1}{\lambda} = \pm 2k\pi$ $(k = 0,1,2,\cdots)$.

相干相消条件:$\Delta\varphi = \varphi_2 - \varphi_1 - 2\pi\dfrac{r_2 - r_1}{\lambda} = \pm(2k+1)\pi$ $(k = 0,1,2,\cdots)$.

(2) 驻波.

驻波方程:$y = 2A\cos\dfrac{2\pi}{\lambda}x\cos\omega t$.

波节:质元振幅为零处.

波腹:质元振幅最大处.

相位分布:两波节间质元同相振动,波节两侧质元反向振动.

能量分布:在驻波运动的过程中,波节处的势能与波腹处的动能往复转化,但并不会定向传播.

(3) 半波损失.

机械波在从波疏介质传播到波密介质的分界面正入射或掠入射时有半波损失;反之,则没有半波损失.入射波在固定端反射时有半波损失,在活动端反射时没有半波损失.

6. 多普勒效应

当波源、观察者相对传播介质发生运动时,观察者接收频率将不同于波源频率的现象.

$$\nu_B = \dfrac{u \pm v_B}{u \mp v_S}\nu_S.$$

拓展与探究

6.1 超声波应用极其广泛,如超声刀、超声检测、超声清洗、超声捕鱼、超声雾化加湿等.分析超声频率、波速、振幅等因素,了解它们在上述应用中的物理原理.

6.2 高压电力传输通常采用高架长距离的高压线,冬天高压线结冰是个常见问题,但大风季节高压线上的驻波是否也需要重视呢? 如有可能,如何避免高压线的风吹共振?

6.3 在微纳米尺度下如何实现对颗粒的精确操控一直是一个热门的研究领域.通过施加外场(如光场、磁场、声场)来移动或实现颗粒的图案化是更具优势的方式,从而实现所谓的"光镊技术""声镊技术".物理上是利用声波的何种性质实现"声镊技术"的呢?

6.4 自古以来,人们在建造建筑物时都会考虑并利用声音的影响.请结合生活试举几例,说明它们的物理原理.

习题 6

6.1 据报道,1976 年唐山大地震时,当地某居民曾被猛地向上抛起 2 m 高.设地震横波为简谐波,且频率为 1 Hz,波速为 3 km/s,它的波长多大? 振幅多大?

6.2 已知一简谐波的波函数为
$$y = 5\times10^{-2}\sin(10\pi t - 0.6x) \quad (\text{SI}).$$
(1)求波长、频率、波速及传播方向;

(2)说明 $x = 0$ 时波函数的意义,并作图表示.

6.3 已知简谐波的波函数为
$$y = A\cos\pi(4t - 2x) \quad (\text{SI}).$$
(1)写出 $t = 4.2$ s 时各波峰位置的坐标表达式,并计算此时离坐标原点最近的波峰位置,该波峰何时通过坐标原点?

(2)画出 $t = 4.2$ s 时的波形曲线.

6.4 一平面波在介质中以速度 $u = 20$ m/s 沿 x 轴负方向传播(见图 6.39).已知在传播路径上的某点 A 的振动方程为 $y = 0.03\cos 4\pi t$ (SI).

(1)如以 A 点为坐标原点,写出波函数;

(2)如以距 A 点 5 m 处的 B 点为坐标原点,写出波函数;

(3)写出传播方向上 B 点、C 点、D 点的振动方程.

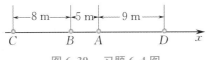

图 6.39 习题 6.4 图

6.5 一列简谐波沿 x 轴正方向传播,在 $t_1 = 0$, $t_2 = 0.25$ s 时刻的波形如图 6.40 所示.

（1）写出 P 点的振动方程；

（2）求波函数；

（3）画出 O 点的振动曲线.

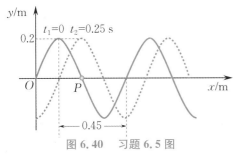

图 6.40 习题 6.5 图

6.6 一平面简谐波沿 x 轴正方向传播,其振幅和角频率分别为 A 和 ω,波速为 u,设 $t = 0$ 时的波形曲线如图 6.41 所示.

（1）写出此波的波函数；

（2）求距 O 点分别为 $\dfrac{\lambda}{8}$ 和 $\dfrac{3\lambda}{8}$ 两处质点的振动方程；

（3）求距 O 点分别为 $\dfrac{\lambda}{8}$ 和 $\dfrac{3\lambda}{8}$ 两处质点在 $t = 0$ 时的振动速度.

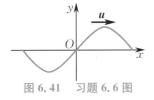

图 6.41 习题 6.6 图

6.7 一平面简谐波沿 x 轴正方向传播,其振幅 $A = 10$ cm,角频率 $\omega = 7\pi$ rad/s,当 $t = 1.0$ s 时,$x = 10$ cm 处的质点正通过其平衡位置向 y 轴负方向运动,而 $x = 20$ cm 处的质点正通过 $y = 5.0$ cm 点向 y 轴正方向运动. 设该波的波长 $\lambda > 10$ cm,求平面波的波函数.

6.8 一简谐波沿 x 轴正方向传播,波长 $\lambda = 4$ m,周期 $T = 4$ s,已知 $x = 0$ 处质点的振动曲线如图 6.42 所示.

（1）写出 $x = 0$ 处质点的振动方程；

（2）写出波函数；

（3）画出 $t = 1$ s 时的波形曲线.

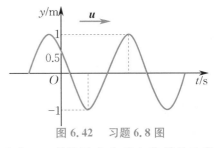

图 6.42 习题 6.8 图

6.9 一弹性波在介质中传播的速度 $u = 10^3$ m/s,振幅 $A = 1.0 \times 10^{-4}$ m,频率 $\nu = 10^3$ Hz. 若该介质的密度为 800 kg/m³,求：

（1）该波的平均能流密度；

（2）一分钟内垂直通过面积 $S = 4 \times 10^{-4}$ m² 的总能量.

6.10 在截面积为 S 的圆管中有一列平面简谐波在传播,其波函数为 $y = A\cos\left(\omega t - \dfrac{2\pi x}{\lambda}\right)$,管中波的平均能量密度为 w,则通过截面积 S 的平均能流是多少？

6.11 一平面简谐声波在空气中传播,波速 $u = 340$ m/s,频率为 500 Hz. 到达人耳时,振幅 $A = 10^{-4}$ cm,试求人耳接收到声波的平均能量密度和声强. 此时声强相当于多少分贝？已知空气密度 $\rho = 1.29$ kg/m³.

6.12 一日本妇女的喊声曾创吉尼斯世界纪录,达到 115 dB. 这一喊声的声强多大？后来一中国女孩破了这个纪录,她的喊声达到了 141 dB,声强又是多大？

6.13 S_1 与 S_2 为两相干光波源,光强均为 I_0,相距四分之一波长,S_1 比 S_2 的相位超前 $\dfrac{\pi}{2}$. 问在 S_1、S_2 连线上且在 S_1 外侧各点的合成波的光强如何？在 S_2 外侧各点的光强如何？

6.14 如图 6.43 所示,S_1 和 S_2 为同振幅的两相干波源,它们的振动方向均垂直于图面,发出波长为 λ 的简谐波,P 点是两列波相遇区域中的一点,已知 P 点距波源 S_1 的距离为 2λ,P 点距波源 S_2 的距离为 2.2λ,两列波在 P 点发生相消干涉. 若 S_1 的振动方程为 $y_1 = A\cos\left(2\pi t + \dfrac{\pi}{2}\right)$,求 S_2 的振动方程.

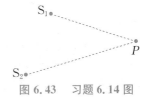

图 6.43 习题 6.14 图

6.15 如图 6.44 所示，一平面简谐波沿 x 轴正方向传播，BC 为波密介质的反射面. 波由 P 点反射，$\overline{OP} = \dfrac{3\lambda}{4}$，$\overline{DP} = \dfrac{\lambda}{6}$. 在 $t = 0$ 时，O 处质点的合振动正经过平衡位置垂直 x 轴向下运动. 求 D 点处入射波与反射波的合振动方程. 设入射波和反射波的振幅均为 A，频率为 ν.

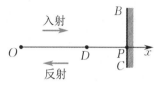

图 6.44　习题 6.15 图

6.16 两列波在一很长的弦线上传播，设其波函数分别为

$$y_1 = 0.06\cos\dfrac{\pi}{2}(2x - 8.0t)\,(\text{SI}),$$

$$y_2 = 0.06\cos\dfrac{\pi}{2}(2x + 8.0t)\,(\text{SI}).$$

（1）求各波的频率、波长、波速；

（2）求波节的位置；

（3）在哪些位置上，振幅最大？

6.17 在固定端 $x = 0$ 处反射的反射波波函数为 $y_2 = A\cos 2\pi\left(\nu t - \dfrac{x}{\lambda}\right)$. 设反射波无能量损失，求入射波的波函数和形成驻波的方程.

6.18 A，B 为两个汽笛，其频率均为 500 Hz，A 静止，B 以 60 m/s 的速率向右运动. 在两个汽笛之间有一观察者以 30 m/s 的速率也向右运动. 空气中的声速为 330 m/s，A，B 一起鸣笛时观察者听到的拍频为多少？

6.19 海面上波浪的波长为 120 m，周期为 10 s. 一艘快艇以 24 m/s 的速度迎浪航行，它撞击海浪的频率是多少？多长时间撞击一次？如果它顺浪航行，它撞击海浪的频率又是多大？多长时间撞击一次？

6.20 一声源的频率为 1 080 Hz，相对地面以 30 m/s 的速率向右运动. 在其右方有一反射面相对地面以 65 m/s 的速率向左运动. 设空气中声速为 331 m/s. 求：

（1）声源在空气中发出的声波波长；

（2）反射回来的声波频率和波长.

6.21 主动脉内血液的流速一般是 0.32 m/s. 今沿血流方向发射 4.0 MHz 的超声波，被红细胞反射回的波与原发射波形成的拍的拍频是多少？已知声波在人体内的传播速度为 1.54×10^3 m/s.

6.22 超音速运动的物体的速度常用马赫数 Ma 表示，马赫数定义为物体速度与介质中声速的比值. 假设我国第五代隐形战机 J20 在珠海航展上以 $Ma = 2.3$ 的速度在 5 000 m 的高空水平飞行通场，声速按 330 m/s 计算.

（1）求空气中马赫锥的半顶角的大小；

（2）飞机从人头顶上飞过后要经过多长时间人才能听到飞机产生的冲击波声.

*6.23 超声电机是利用压电材料的电致伸缩效应制成的. 因为压电材料的工作频率在超声范围，所以称为超声电机. 一种超声电机的基本结构如图 6.45(a) 所示，在薄金属弹性体 M 的下表面黏附上复合压电陶瓷片 P_1，P_2（每一片两边的电极化方向相反，如图中箭头所示），构成电机的"定子". 金属弹性体 M 的上方金属滑块 R 作为电机的"转子". 当交流电信号加在压电陶瓷上时，其电极化方向与信号中电场方向相同的半片略变厚，其电极化方向相反的半片略变薄. 这将导致压电陶瓷片上方的金属弹性体局部发生弯曲振动. 由于输入 P_1，P_2 的信号的相位不同，就有弯曲行波在金属弹性体中产生. 这种波的竖直和水平的两个分量的位移函数分别为

$$\xi_y = A_y\sin(\omega t - ky), \quad \xi_x = A_x\sin(\omega t - kx),$$

其中 ω 为信号角频率（也是波的角频率）. 这样金属弹性体表面每一质元的合运动都将是两个相互垂直的振动的合成（见图 6.45(b)），在其与上面金属滑块接触处的各质元（从左到右）都将依次向左运动. 在接触处涂有摩擦材料，借助摩擦力，金属滑块将被推向左运动，形成电机的基本动作.

如果将金属弹性体做成扁环形状，在其下面沿环的方向黏附压电陶瓷片，在其上压上环形金属滑块，则在输入交流电信号时，金属滑块将被摩擦力带动进行旋转，可做成旋转的超声电机. 超声电机通常可以造得很小，应用到精密设备，如照相机、扫描隧穿显微镜甚至航天设备中. 清华大学 2001 年研制的超声电机，直径为 1 mm，长为 5 mm，质量为 36 g，曾用于 OCT 内窥镜中驱动其中的扫描反射镜.

证明：

（1）薄金属弹性体中各质元的合运动轨迹都是椭圆，其轨迹方程为 $\dfrac{\xi_x^2}{A_x^2} + \dfrac{\xi_y^2}{A_y^2} = 1$；

（2）薄金属弹性体与金属滑块接触时，水平方向的速度都是 $v = -\omega A_x$，负号表示速度方向沿图中 x 轴负方向.

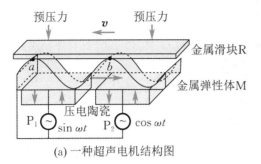

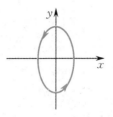

(a) 一种超声电机结构图　　　　　(b) a,b两点的运动

图 6.45　习题 6.23 图

第三篇　光学

光学(optics)是研究光的传播、光与物质的相互作用乃至光的本性的学科,是物理学最古老的分支之一. 对于光学认知的记录最早可追溯到公元前约 400 多年我国的《墨经》中. 虽然光的直线传播、反射和折射等现象很早就被观察到并开展研究,但直到 17 世纪,几何光学才真正建立起来. 这一时期,波动光学开始萌芽,约在 19 世纪初,波动光学初步成型. 1801 年,托马斯·杨完成光的双缝干涉实验;1818 年,菲涅耳提出惠更斯-菲涅耳原理,一系列干涉和衍射实验的成功及其合理解释,宣告了光的波动论的胜利,偏振现象的发现证实光是横波. 麦克斯韦的理论和赫兹的实验进一步证明了光是电磁波,更加深了人们对光的本性的认识. 迈克耳孙-莫雷干涉实验证明了光速不依赖观察者的运动,为相对论的诞生提供了实验旁证. 19 世纪末期,随着光谱学的发展,物理学家积累了大量谱线波长的数据,为玻尔氢原子理论的建立创造了条件. 光电效应等实验证实光除了具有波动性外,还具有粒子性. 光的波粒二象性是量子力学的重要思想基础,并由此形成了从光子的性质出发来研究光的学科即现代量子光学.

20 世纪 50 年代以来形成的傅里叶光学,它所引入的频谱和空间滤波等概念为现代光学信息处理、像质评价、相干光学计算机以及综合孔径雷达技术等奠定了基础. 1960 年,梅曼制成第一台激光器,为人类提供了单色性、方向性、相干性很好的高亮度光源,使光学的理论和技术都有了新的突破,并产生了一系列新的分支学科.

光学分为几何光学、波动光学和量子光学,本篇主要介绍波动光学与几何光学,共分 4 章. 其中波动光学包括光的干涉、光的衍射和光的偏振,这 3 章介绍波动光学中最基本的内容,并用波动理论来分析有关物理现象. 最后简单介绍波动光学的近似理论 —— 几何光学及其典型应用.

第7章

光的干涉

阳光下，飘浮在空气中的肥皂泡呈现五颜六色，肥皂泡各处的颜色是由什么因素决定的？肥皂泡将要破裂时呈现什么颜色？

　　浮在水上的彩色油膜、空气中的彩色肥皂泡、光盘表面呈现出五颜六色，镀膜镜头表面呈现出蓝紫色或绿色等，都是光的干涉的结果.光的干涉理论与方法在光学仪器设计制造、信息处理、精密测量等领域有广泛的应用.

　　本章首先分析普通光源的发光原理、光的相干性，明确获得相干光的方法；按照获取相干光方法的不同，分别讨论了光的杨氏双缝干涉和薄膜干涉.引入光程与光程差的概念，介绍了薄膜干涉（等厚干涉与等倾干涉）的应用，最后介绍了迈克耳孙干涉仪的原理.本章对光的干涉的处理方法和思路与前面波的干涉是一致的，依然是分析两列相干光波在叠加处所引起振动的合成，光学中表现为明暗相间的干涉条纹分布.

■■■ 本章目标

1.理解普通光源的发光原理及获得相干光的方法.
2.掌握杨氏双缝干涉实验的光路图、相干条件及条纹特征的分析，并能够分析劳埃德镜实验与菲涅耳双镜实验的干涉条纹分布.
3.理解光程的概念以及光程差和相位差之间的关系，掌握产生半波损失的条件.
4.掌握薄膜干涉（等厚干涉与等倾干涉）条纹位置和特征的分析及相关问题的定量计算.
5.了解迈克耳孙干涉仪的工作原理.

7.1 光的相干性 杨氏双缝干涉实验

7.1.1 光的相干性

通常意义上的光是指可见光，它是一种能引起人眼视觉效应的电磁波，其频率在 3.9×10^{14} Hz 到 8.6×10^{14} Hz 之间（对应真空中的波长范围是 $400 \sim 760$ nm）. 不同的频率对应于不同的颜色，频率从低到高，对应的颜色从红色到紫色.

光传到的每一点，电场和磁场都随时间做周期性变化，其中能引起光效应的是电场，因此，将光波中电场的周期性变化称为光振动，电场强度矢量称为光矢量.

能发光的物体叫作光源，除了激光光源外，其他光源都称为普通光源，如日光灯、白炽灯、蜡烛、太阳等. 日常生活中，两个普通光源（如照明灯泡）发出的光在空间相遇时不会产生明暗相间的干涉图样，即使是同一个灯泡上不同点发出的光相遇时也不会产生干涉，这说明两个普通光源或同一普通光源上不同部分发出的光波不是相干光. 其根源需要从微观上考察普通光源的发光机理.

普通光源的发光机理是自发辐射（spontaneous radiation）. 光源中众多分子、原子或离子等微观粒子在通常情况下都处于能量较低的状态，从外界吸收能量后可以跃迁到能量较高的状态，高能态的微观粒子是不稳定的，即使没有外界影响，也会自发地向低能态跃迁，在跃迁过程中发出一列光波，每次发出的光都是一段长度有限的正弦波或余弦波，称为光波列，如图 7.1 所示. 这一发光过程称为自发辐射. 自发辐射具有独立性和随机性，不同微观粒子发出的波列，其频率、振动方向和初相位各不相同，因此，同一普通光源上不同地方发出的光不是相干光，两个普通光源发出的光也不是相干光. 另外，一个微观粒子完成一次发光之后，一般需要再次从外界获得能量跃迁至高能态才能再次发光，即微观粒子的发光行为具有间歇性. 由于微观粒子从外界获得能量以及从高能态向低能态跃迁发光的随机性，因此同一微观粒子不同时刻发出的光波列的振动方向、相位和频率一般不同，即同一微观粒子不同时刻发出的光波列一般不相干. 非相干光相遇而叠加时，相遇处的光强为每束光各自产生的光强之和，不会出现明暗相间的干涉条纹.

图 7.1 光波列示意图

要获得相干光，理论上只能是将同一微观粒子发出的同一列光波分为两部分，实验上则是利用干涉仪设法将普通光源上同一点发出的光波分成两部分，使它们通过不同的路径再相遇，从而产生干涉现象. 最初的杨氏双缝干涉实验正是这样做的，这一实验是历史上判断光具有波动性的最早实验.

20 世纪 60 年代出现的激光器是一种很好的相干光源. 激光是通过受激辐射（stimulated radiation）放大的光，光源内的微观粒子在一定频

科学家简介

托马斯·杨

率的外来光子的"诱导"或激发下,发射出一个光子,受激辐射发出的光子在振动方向、振动频率和初相位上都与外来光子相同,是很好的相干光.

思考

1. 同一普通光源上两不同点发出的光波,其频率、相位、振动方向等有什么关系?

2. 相干光必须满足什么条件? 普通光源中同一分子或原子在不同时刻发出的光满足相干条件吗?

7.1.2　杨氏双缝干涉实验

图 7.2 所示是杨氏双缝干涉实验的光路示意图. 三个狭缝 S,S_1 和 S_2 的长度方向彼此平行,单缝 S 被照亮之后相当于一线光源,发出以 S 为轴的柱面波. 由于狭缝 S_1,S_2 相对于 S 对称放置,因而总是处于同一圆柱形波面上,可视作两个同相位的相干光源,这种获得相干光的方法,称为分波面法. S_1 和 S_2 发出的光波在屏上相遇后发生相干叠加,出现了明暗相间的干涉条纹.

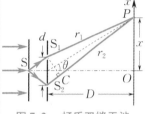

图 7.2　杨氏双缝干涉
实验光路示意图

1. 条纹的位置分布

如图 7.2 所示,S_1 和 S_2 间距为 d,到屏距离为 D. 设屏上一点 P 到 S_1 的距离为 r_1,到 S_2 的距离为 r_2,因一般情况下 $d \ll D$,且干涉条纹只出现在 O 点附近一个不太大的范围内,即 $|x| \ll D$,故两列光波到达相遇点 P 处的波程差为

$$\delta = r_2 - r_1 \approx d\sin\theta, \qquad (7.1)$$

式中 θ 为 S_1,S_2 中点和 P 点的连线与水平方向的夹角. 出现明纹和暗纹的条件为

$$\delta = \begin{cases} \pm k\lambda, & k = 0,1,2,\cdots \text{（明纹）}, & (7.2\text{a}) \\ \pm(2k-1)\dfrac{\lambda}{2}, & k = 1,2,\cdots \text{（暗纹）}, & (7.2\text{b}) \end{cases}$$

式中 k 称为干涉条纹的级次. 由于 $|x| \ll D$,故有 $\sin\theta \approx \tan\theta = \dfrac{x}{D}$,代入式(7.2a)和式(7.2b),可得明纹和暗纹的位置为

$$x_k = \begin{cases} \pm k\dfrac{D\lambda}{d}, & k = 0,1,2,\cdots \text{（明纹）}, & (7.3\text{a}) \\ \pm(2k-1)\dfrac{D\lambda}{2d}, & k = 1,2,\cdots \text{（暗纹）}. & (7.3\text{b}) \end{cases}$$

由式(7.3)可知,相邻明纹或暗纹的间距为

$$\Delta x = \frac{D}{d}\lambda. \qquad (7.4)$$

式(7.4)说明,杨氏双缝干涉实验中相邻明纹或暗纹的间距与干涉条纹的级次无关,即条纹呈等间距排列. 测出 D,d 及相邻条纹的间距,即可

求得入射光的波长,托马斯·杨正是利用这一方法最先测量光波波长的(红光波长约为 750 nm,紫光波长约为 390 nm).

D,d 确定后,波长较长的红光所产生的相邻条纹的间距比波长较短的紫光大,因此用白光进行杨氏双缝干涉实验时,除中央明纹是白色外,其余各级明纹因各色光相互错开而形成由紫到红的彩色条纹.

2. 干涉条纹的强度分布

设 S_1,S_2 发出的光波在 P 点处产生的光振动振幅分别为 A_1,A_2,初相位差为 $\Delta\varphi$,则 P 点处的合成光振动的振幅为

$$A = \sqrt{A_1^2 + A_2^2 + 2A_1A_2 \cos \Delta\varphi}. \tag{7.5}$$

光强即是光波的强度,正比于光振动振幅的平方,故 P 点的光强为

$$I = I_1 + I_2 + 2\sqrt{I_1 I_2} \cos \Delta\varphi. \tag{7.6}$$

在杨氏双缝干涉实验中,$A_1 = A_2$,$I_1 = I_2$,因而有

$$I = 4I_1 \cos^2 \frac{\Delta\varphi}{2}. \tag{7.7}$$

相应的光强分布如图 7.3 所示.

由图 7.3 可看出,明纹中心强度最大,从中心往两边强度逐渐减弱,因而明纹有一定的宽度,通常所指的明纹位置是明纹中心的位置. 另外,由于人眼或感光材料能感觉到的光强都有一最低下限,因而暗纹也不是一条几何线,同样有一定的宽度,暗纹的位置通常是指暗纹的中心位置.

杨氏双缝干涉实验虽然简单,但它却是光学发展史上一个重要的里程碑,正是由于托马斯·杨的工作,波动光学逐渐脱离纯粹臆想和猜测的模式,走上了一条理论与实际相结合、定性与定量相结合的科学发展道路. 尽管杨氏双缝干涉实验设计得非常巧妙,但使用普通光源入射时,干涉图样都比较模糊(原因详见 7.2 节),因而在当时并没有产生应有的影响,在微粒说[1]支持者看来,"模糊图样的产生是光粒子通过狭缝时发生了复杂变化的结果""杨氏双缝干涉实验和理论毫无价值". 然而,真正的科学不会湮灭,继托马斯·杨之后,1818 年菲涅耳利用两块平面反射镜成功地演示了光的干涉,排除了光与狭缝边缘作用的可能性,为光波动说的确立扫清了道路.

菲涅耳双镜实验装置如图 7.4 所示,两块平面镜搭成近 180° 的角度,由狭缝 S 发出的光波分成两部分,一部分经 M_1 反射,另一部分经 M_2 反射,两束反射光在重叠区相遇发生干涉. 由图 7.4 不难看出,经 M_1 和 M_2 反射的光可看作是两个虚光源 S_1 和 S_2(它们是 S 通过 M_1 和 M_2 所成的虚像)发出的,因此菲涅耳双镜实验和杨氏双缝干涉实验是等价的,杨氏双缝干涉实验中关于干涉条纹的讨论完全适用于菲涅耳双镜实验.

菲涅耳双镜实验可进一步简化,只用一块平面镜,并减小光源到镜

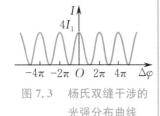

图 7.3　杨氏双缝干涉的光强分布曲线

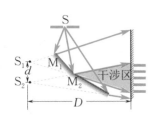

图 7.4　菲涅耳双镜实验

---

① 一种关于光的本性的学说:认为光由许多弹性小球组成.

面的垂直距离,这就成为劳埃德镜实验. 图 7.5 所示是劳埃德镜实验的光路示意图. 线光源 S 发出的光,一部分直接向前传播,另一部分以接近 90° 的角度入射到平面镜 M 上并被反射(这一束光可看作是 S 在 M 中的虚像 S′ 发出的),两束光在重叠区发生干涉,屏幕上可观察到明暗相间的干涉条纹.

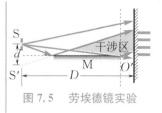

图 7.5　劳埃德镜实验

劳埃德镜实验中揭示了一个很重要的现象 —— 光的半波损失. 实验发现,将光屏紧靠平面镜 M 时,屏镜接触的 O′ 处出现暗纹. 从理论上分析,O′ 处的干涉条纹是 S 发出的两列光波到达该处时产生的光振动叠加而成的,其中一列光波从 S 直接传至 O′,另一列光波先经 M 右端点反射后传至 O′,这两列光波走过相同的几何路程,波程差为零,O′ 处应为明纹,而实际上出现的却是暗纹,这说明 O′ 处入射波和反射波相位相反. 可见,光经平面镜反射时产生了 180° 的相位突变,相当于半个波长的路程,因此将这种现象称为半波损失. S 和 S′ 应看作两个相位差始终为 π 的光源.

菲涅耳双镜与劳埃德镜

理论与实验表明,光波从光疏介质(折射率较小)入射到光密介质(折射率较大)的分界面上发生反射时,若入射角度接近 0° 或 90°,则会产生半波损失. 光波从光密介质射向光疏介质时,反射光不会产生半波损失. 至于其他情况,比较复杂,没有一个简单判据.

例 7.1　如图 7.6 所示的劳埃德镜实验,$D = 1.220$ m,$a = 0.150\ 0$ mm,在观察屏上测得相邻明纹的间距 $\Delta x = 2.360$ mm,求入射光的波长. 若与 P 点对应的张角 θ 的正弦为 $\sin\theta = 1.946\ 3 \times 10^{-3}$,则 P 点处是明纹还是暗纹?

解　劳埃德镜实验与杨氏双缝干涉实验类似,条纹间距公式不变,但由于劳埃德镜实验中 S 和 S′ 是两个反相光源,因此两个实验中出现明暗干涉条纹的条件恰好相反.

S 和 S′ 间距 $d = 2a = 0.300\ 0$ mm,屏缝间距 $D = 1.220$ m,根据杨氏双缝干涉条纹间距公式有

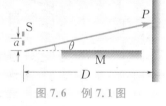

图 7.6　例 7.1 图

$$\lambda = \frac{d}{D}\Delta x = \frac{0.300\ 0 \times 10^{-3}}{1.220} \times 2.360 \times 10^{-3} \text{ m} \approx 580.3 \text{ nm}.$$

P 点处的干涉情况取决于 S 和 S′ 至 P 点的波程差 δ. 根据明暗条纹出现条件

$$\delta = d\sin\theta + \frac{\lambda}{2} = \begin{cases} k\lambda, & k = 0, \pm1, \pm2, \cdots \quad (\text{明纹}), \\ (2k+1)\dfrac{\lambda}{2}, & k = 0, \pm1, \pm2, \cdots \quad (\text{暗纹}), \end{cases}$$

代入相应数据,得 $\delta \approx \dfrac{3}{2}\lambda$,故 P 点处应为暗纹.

思考

1. 杨氏双缝干涉实验中,欲使观察屏上相邻明纹间距变小,可以采用哪些方法? 若使图 7.2 中狭缝 S 沿竖直方向移动少许,干涉条纹将如何变化?

2. 在杨氏双缝干涉实验中，如果 S_1 和 S_2 为两个普通的独立的单色线光源（频率与波长都相同），用照相机能否拍出干涉条纹图样？如果曝光时间比 10^{-8} s 短得多，是否有可能拍到干涉条纹图样？

3. 用白光光源做杨氏双缝干涉实验，若用一个纯红色的滤光片遮盖一条缝，用一个纯蓝色的滤光片遮盖另一条缝，能否产生红光和蓝光的两套彩色干涉条纹？

4. 衬比度可用来描述干涉条纹的相对强弱分布，定义衬比度 $V = \dfrac{I_{max} - I_{min}}{I_{max} + I_{min}}$，式中 I_{max}，I_{min} 分别为干涉极大和极小处的强度。杨氏双缝干涉实验中，双缝 S_1，S_2 的宽度相等，衬比度是多少？衬比度为多少时，实际观察不到明暗相间的干涉条纹？

*7.2　光源对干涉条纹的影响

7.2.1　光源大小对干涉条纹的影响

在分析杨氏双缝干涉实验时，曾强调图 7.2 中的单缝 S 和双缝 S_1，S_2 都非常窄，是狭缝。实际上，这种强调是针对普通光源来说的（如果使用激光光源，因光束输出截面上各点发出的光都是相干的，光源宽度不受以上限制），因为普通光源上不同点发出的光波不是相干光。为了从普通光源中获取相干光，可以将同一点发出的光分成两部分（微观极限情况可理解为将同一原子同一次跃迁过程中发出的光波分成两部分）或将同一直线上每点发出的光波分成两部分（微观极限情况可理解为将同一直线上每一原子每次发出的光波分成两部分），这两部分当然是相干的，故实验中应该使用点光源或线光源。但实际上不可能有真正的"点"光源或"线"光源，光源总是有一定大小，光源大小将对干涉条纹的清晰度产生影响。

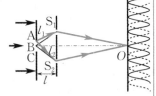

图 7.7　带状光源的双缝干涉

设杨氏双缝干涉实验中用普通光源照亮的单缝 S 是宽度为 b 的带状光源，如图 7.7 所示。带状光源可以看成是许多线光源的集合，每一线光源发出的光经双缝 S_1 和 S_2 后都要在观察屏上产生一套干涉条纹，各线光源的干涉条纹间距 Δx 相等。但是不同线光源与 S_1，S_2 的相对位置不同，它们产生的干涉条纹不会完全重合，导致观察屏上的干涉图样变得模糊不清，带状光源宽度大到一定程度时，干涉条纹将消失。在带状光源上取一对线光源 A 与 B（对应位置分别在带状光源上边沿与中点），它们在观察屏上产生的干涉条纹的强度分布分别用实线和虚线表示，两套干涉条纹相互错开一定距离。以 O 处条纹为例，线光源 B 在 O 处形成零级明纹，而线光源 A 在 O 处产生的干涉条纹由 $l_2 - l_1$ 的大小决定，若 $l_2 - l_1 = \dfrac{\lambda}{2}$，则形成一级暗纹，在这种情况下，两套条纹刚好错开半个条纹间距 $\dfrac{\Delta x}{2}$，两者"峰谷"互补，它们非相干叠加而产生的总光强趋于均匀分布。由于带状光源可以被看作是很多如 A 与 B 一样的成对线光源构成的（设想把带状光源分为两半，分别对应图中的 AB 与 BC），因此观察屏上将看不到干涉条纹。考虑到 $l \gg d$ 及 $l \gg b$，有

$$l_2 - l_1 \approx d\,\frac{b}{2l} = \frac{\lambda}{2},$$

整理得

$$b = \frac{l\lambda}{d}. \tag{7.8}$$

式(7.8)是干涉条纹刚好完全消失时,带状光源的宽度大小,称为临界宽度.式(7.8)又可写成 $d = l\lambda/b$. 可见,用宽度 b 一定的带状光源照射双缝时,要观察到明显的干涉条纹,双缝间距必须小于 $l\lambda/b$. $d = l\lambda/b$ 称为相干间隔,它所反映的是光源大小一定时,能产生干涉的双缝之间的空间距离,即**空间相干性**(spatial coherence),实验上可基于这一原理利用干涉方法测量光源大小.

由上述讨论可知,为保证观察屏上出现清晰可辨的干涉条纹,应尽可能减小光源大小,而光源宽度减小后,总的光能又会减少,观察屏上的明纹实际上并不明亮,因此,用普通光源做干涉实验存在条纹亮度和清晰度的矛盾.现在能用性能优良的激光来做双缝干涉实验,干涉条纹明亮且清晰可辨,效果要好得多.

思考

1. 普通光源两点上发出的光波是不相干的,线光源对应的直线上包含了很多点,却可用来成功地做干涉实验,为什么?

2. 菲涅耳双镜实验中两块平面镜搭成近180°的角度,劳埃德镜实验中光源到镜面的垂直距离要比较小,为什么?

7.2.2 光源的非单色性对干涉条纹的影响

由于分子、原子等微观粒子发光行为的间歇性,光源发出的光都是长度有限的波列,如钠光灯发出的光波列长度约为 5.8×10^{-4} m,太阳发出的光波列长度约为 1.5×10^{-9} m. 一个长度有限的波列,理论上包含了各种不同的波长成分(利用数学中的傅里叶分析可证明),即使是实验室使用的单色光源,它们所发出的光也包含了一定范围的波长成分,其光强-波长分布如图 7.8 所示.由图可见,波长 λ 之外的其他波长成分的光强迅速减弱,一般规定,光强下降到最大光强一半处对应的波长范围 $\Delta\lambda$ 叫作谱线宽度(spectral line width). 显然,$\Delta\lambda$ 越小,光的单色性越好,通常在实验室中使用的单色光源,其谱线宽度约在 $10^{-3} \sim 1$ nm 数量级,激光的谱线宽度可小到 10^{-9} nm 数量级.

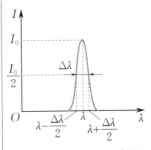

图 7.8 谱线宽度示意图

光源的非单色性也会严重影响干涉图样的清晰度.由于谱线宽度的存在,不同波长成分的光入射到双缝装置后,除零级明纹外,其余各次的条纹将依序错开,如图 7.9 所示.图中下面实线代表波长最短的成分所产生的干涉条纹的光强分布,虚线代表波长最长的成分所产生的干涉条纹的光强分布,其余波长成分对应的干涉条纹光强分布则介于两者之间.图中上面的实线是观察屏上的总光强分布.由图可知,随着 x 的增加,不同级次的条纹会重叠,重叠处的光强是各种波长成分产生的光强的非相干叠加,光强趋于均匀分布,干涉条纹完全消失.这就是在杨氏双缝干涉实验中总是强调小角度范围内观察的原因,因为大角度对应于高级次.干涉条纹完全消失的条件是波长为 $\lambda + \frac{\Delta\lambda}{2}$ 的光产生的 k 级明纹和波长为 $\lambda - \frac{\Delta\lambda}{2}$ 的光产生的 $k+1$ 级明纹重合,即

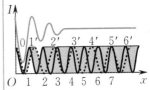

图 7.9 普通光源各波长成分干涉条纹的重叠示意图

$$k\left(\lambda + \frac{\Delta\lambda}{2}\right) = (k+1)\left(\lambda - \frac{\Delta\lambda}{2}\right),$$

整理得

$$k\Delta\lambda = \lambda - \frac{\Delta\lambda}{2}.$$

略去上式右边第 2 项有

$$k = \frac{\lambda}{\Delta\lambda},$$

与之对应的波程差为

$$\delta = k\lambda = \frac{\lambda^2}{\Delta\lambda}. \tag{7.9}$$

式(7.9) 称为光的相干长度,是光源非单色性对干涉条纹影响的定量反映,光源的单色性越好,能观察到的干涉条纹级次越高,允许的波程差越大,反之越小.

相干长度也可以直接从波列长度的角度予以说明. 如图 7.10 所示,将来自单缝 S 的某波列 a 分成两部分 a_1,a_2,经 S_1 和 S_2 后在 P 点相遇. 若 r_1 和 r_2 之差很小(相应于小角度),则在 P 点相遇的是同一波列 a 的两部分 a_1,a_2,它们显然是相干的. 反之,若 r_1 和 r_2 相差太大,超过波列长度(相应于大角度),如观察屏上的 P' 点,当 a_2 经 S_2 到达 P' 点时,a_1 经 S_1 已经先通过 P' 点了,这时与 a_2 在 P' 点叠加的就是 S 发出的另一波列 b 经 S_1 分出的一部分 b_1(图中未画出),两者是不相干波列,不会产生干涉现象,因此在大角度区域观察不到干涉条纹,干涉条纹只能在小角度范围内观察. 从这个角度看,相干长度就是波列的长度,即 $\delta = c\tau$,其中 c 为光速,τ 为波列的持续时间. 波列长度有限源于持续的时间有限,因此,波列持续的时间反映了光波的时间相干性(temporal coherence).

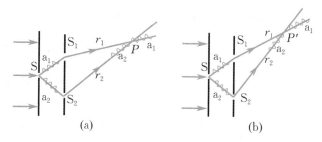

图 7.10　波列长度与相干性

利用傅里叶分析可证明,一个长度有限的波列,实际上总是包含某一波长 λ 附近不同的波长成分,相干长度的两种表述(式(7.9) 和 $\delta = c\tau$)是等价的. 波列长度越大,其他波长所占的分量越小,波的单色性越好. 因此,研究波列长度和干涉条纹之间的关系就是研究光源的非单色性对干涉条纹的影响.

思考

若杨氏双缝干涉实验中使用的入射光包含两种波长成分,波长分别为 500 nm 和 600 nm,则每一级干涉条纹有几条? 若入射光是白光,情况又如何?

7.3　光程与光程差

为定量研究光的干涉,需要计算两列光波在相遇点产生的合振动的振幅,而这一振幅又取决于分振动的相位差. 由于相干光源的初相位差始终恒定不变,故它们在相遇点所引起的分振动的相位差完全由光波从光源传至相遇点的过程中所引起的相位变化决定. 为便于计算光通过不同介质时的相位变化,引入光程(optical path)的概念,定义

$$光程 = 介质的折射率 \times 几何路程. \tag{7.10}$$

如图 7.11 所示,设光源 S 发出的光在真空中传播的路程为 r,若光波在真空中的波长是 λ,则它从光源 S 传至 P 点的过程中所产生的相位变化为 $\frac{2\pi}{\lambda}r$. 如果光源 S 至 P 点的这一段路程 r 上不是真空,而是充满了某种折射为 n 的透明介质(如玻璃),相位变化是否仍为 $\frac{2\pi}{\lambda}r$ 呢? 不是!

因为在折射率为 n 的介质中,光波波长发生了变化,由真空中的 λ 变成了 $\lambda_n = \frac{\lambda}{n}$(见图 7.12),相应的相位变化为 $\frac{2\pi}{\lambda_n}r = \frac{2\pi}{\lambda}nr$. 可见,光在折射率为 n 的介质中走过路程 r 所发生的相位变化相当于同一列光波在真空中走过路程 nr 时所发生的相位变化,我们把 nr 叫作光程. 知道了光程,即可算出对应的相位变化,即

$$相位变化 = \frac{2\pi}{\lambda} \times nr, \tag{7.11}$$

式中 λ 是光在真空中的波长. 引入光程的好处在于:计算光经不同介质传播时对应的相位变化,统一用真空中的波长,不必考虑介质中波长的不同.

两列光波经历不同的路径相遇,对应的光程不同,其差值称为光程差(optical path difference). 由光程差引起的相位差为

$$\Delta\varphi = \frac{2\pi}{\lambda} \times 光程差. \tag{7.12}$$

利用光程与光程差的概念,可将干涉加强与减弱的计算公式改写成光学部分的常见形式. 如图 7.13 所示,设有两相干光源 S_1 和 S_2,其初相位分别为 φ_{10} 和 φ_{20},它们发出的光传到空间 P 处相遇而发生叠加. 若光源 S_1 和 S_2 发出的光到达 P 点的光程分别是 D_1 和 D_2,则两列光波到达 P 点所产生的光振动相位分别为

$$\varphi_1 = \varphi_{10} - \frac{2\pi}{\lambda}D_1, \quad \varphi_2 = \varphi_{20} - \frac{2\pi}{\lambda}D_2.$$

根据式(6.33)及式(6.34),有

$$\varphi_2 - \varphi_1 = \varphi_{20} - \varphi_{10} - \frac{2\pi}{\lambda}(D_2 - D_1)$$

$$= \begin{cases} \pm 2k\pi, & k = 0,1,2,\cdots \quad (干涉加强), \\ \pm(2k+1)\pi, & k = 0,1,2,\cdots \quad (干涉减弱). \end{cases}$$

若两相干光源的初相位相同,即 $\varphi_{20} - \varphi_{10} = 0$,则上式变为

$$\delta = D_2 - D_1$$

$$= \begin{cases} \pm k\lambda, & k = 0,1,2,\cdots \quad (干涉加强), & \tag{7.13a} \\ \pm(2k+1)\dfrac{\lambda}{2}, & k = 0,1,2,\cdots \quad (干涉减弱). & \tag{7.13b} \end{cases}$$

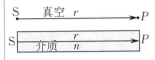

图 7.11　几何路程与光程

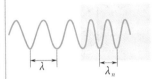

图 7.12　光在真空与介质中的波长

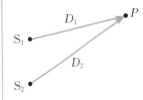

图 7.13　利用光程差分析干涉结果

式(7.13)是波动光学中用于分析干涉加强与干涉减弱的常用公式.

例7.2 如图 7.14 所示,杨氏双缝干涉实验中,O 处为中央明纹,今用折射率 $n = 1.58$ 的云母片盖住其中一缝,发现中央明纹移动到原第 7 级明纹 P 处,若入射光的波长 $\lambda = 550$ nm,求云母片的厚度 a.

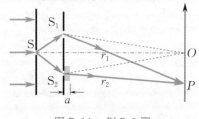

图 7.14 例 7.2 图

解 盖上云母片的这一光路至 P 处的光程为 $r_2 - a + na$,另一光路至 P 处的光程为 r_1,由题意,两列光的光程差满足

$$r_2 - r_1 + (n-1)a = 0.$$

又未盖云母片时,P 处为第 7 级明纹,即

$$r_2 - r_1 = -7\lambda,$$

故必有 $(n-1)a = 7\lambda$,即

$$a = \frac{7\lambda}{n-1} = \frac{7 \times 550 \times 10^{-9}}{1.58 - 1} \text{ m} \approx 6.64 \times 10^{-6} \text{ m}.$$

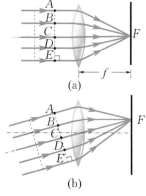

图 7.15 透镜的等光程性

在干涉和衍射实验装置中,通常要用到透镜或望远镜等光学仪器(如后文的等倾干涉),透镜会不会在光线之间产生额外的光程差呢?下面以平行光通过透镜会聚成像为例做简单分析.如图 7.15 所示,平行光通过透镜后会聚在透镜焦面上某处,出现一亮点,说明会聚于该处的光波具有相同的相位.由此推知,$A \to F, B \to F, C \to F, D \to F, E \to F$ 等各列光波光程相同,透镜虽改变了光的传播方向,但并未产生附加的光程差,称这一现象为透镜的等光程性.解释如下:$A \to F, B \to F, C \to F, D \to F, E \to F$ 等光波的几何路程不同,但几何路程短的在透镜中走过较长的距离,而几何路程长的在透镜中走过较短的距离,几何路程与光在透镜中走过的光程互补,使得在 F 点会聚的所有光波都走过相同的光程,因而具有相同的相位.

同样,从物点到像点,沿各条路径传播的光线的光程相等,即物点到像点各光线之间的光程差为零,使用透镜不会产生附加的光程差.这就是物像之间的等光程性.

思考

1. 光程与光程差有何价值和意义?
2. 在光路上如何计入半波损失?是用介质中的半个波长还是真空中的半个波长呢?

7.4 薄膜干涉

日常生活中常见的油膜、皂膜、光盘等在太阳光照射下出现彩色

（见图 7.16），镀膜眼镜的镜片表面呈绿色或紫色等都是光入射薄膜上产生干涉的结果.

薄膜干涉（thin-film interference）有两种情况：光入射到厚度分布不均匀的薄膜产生的干涉，称为 **等厚干涉**（equal thickness interference）；光入射到厚度均匀的薄膜产生的干涉，称为 **等倾干涉**（equal inclination interference）.

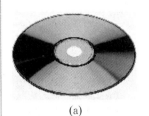

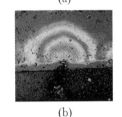

图 7.16　光盘表层薄膜和油膜产生的干涉

7.4.1　等厚干涉

1. 劈尖

设有一劈尖状薄膜（wedge film），由折射率为 n 的透明介质构成，薄膜上、下方介质的折射率分别为 n_1 和 n_2，不妨设 $n_1 < n < n_2$，如图 7.17 所示（截面图，O 点代表劈尖的棱）.波长为 λ（真空中波长）的单色光沿竖直方向入射，在薄膜上表面发生反射和透射，由于 θ 非常小，一般为 $10^{-4} \sim 10^{-5}$ rad，可以近似认为是垂直入射.反射光实际上是逆着入射方向传播的，用 ① 表示；透射光传至薄膜下表面被反射，用 ② 表示.①，② 两列光波是从同一列光波中分出的两部分，是相干光.这两列光波在薄膜上表面相遇后发生相干叠加，产生明暗相间的干涉条纹，明纹和暗纹的位置由两列光波的光程差决定.

计算光程差应考虑两点：一是由于光经过的路程及介质不同而引起的光程差；二是由于光在薄膜上、下两个表面上反射时可能产生的半波损失，若只有一个表面反射有半波损失，则须加 $\dfrac{\lambda}{2}$ 的附加光程差.

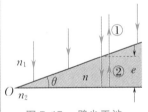

图 7.17　劈尖干涉

图 7.17 中，由于 ①，② 两列光波都是从光疏介质垂直入射到光密介质的分界面上反射回来的，半波损失相互"抵消"，两列光波的光程差仅由透射光在薄膜中一个来回的几何路程 $2e$ 引起，故 ①，② 两列光波的光程差为

$$\delta = 2ne, \tag{7.14}$$

式中的 n 是薄膜的折射率，e 为该处薄膜的厚度.根据干涉加强和干涉减弱的条件，有

等厚干涉

$$\delta = 2ne = \begin{cases} k\lambda, & k = 0,1,2,\cdots \quad （明纹）, & (7.15\text{a}) \\ (2k+1)\dfrac{\lambda}{2}, & k = 0,1,2,\cdots \quad （暗纹）. & (7.15\text{b}) \end{cases}$$

由式(7.15)可知，厚度相同的地方，光程差相同，干涉级次相同，处在同一条纹上，因此这种薄膜干涉称为等厚干涉.由式(7.15)可求得相邻明纹或暗纹处对应的薄膜厚度差为

$$\Delta e = \dfrac{\lambda}{2n}. \tag{7.16}$$

由于干涉条纹分布在薄膜的上表面，若观察到相邻明纹或暗纹沿劈尖薄膜上表面方向的距离为 ΔL（由于劈尖角很小，该距离也是其水平距

离），由三角关系有 $\dfrac{\Delta e}{\Delta L} = \sin\theta \approx \theta$，将式（7.16）代入得条纹间距为

$$\Delta L = \frac{\lambda}{2n\theta}. \tag{7.17}$$

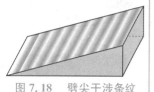

图 7.18　劈尖干涉条纹

式（7.17）表明，劈尖的等厚干涉条纹呈等间距均匀排列，干涉条纹分布如图 7.18 所示．如果入射光不是单色光，而是白光，干涉条纹除零级明纹在棱边处重合外，各色光的其他级干涉条纹不会重合，因而除棱边外，我们观察到的劈尖薄膜上表面的干涉条纹是从紫到红呈梯次分布的彩色条带．

在劈尖干涉中，两束相干光是同一列入射光通过薄膜上、下表面的反射和折射得到的．从能量角度看，入射光能量通过反射与折射被分成两部分，因为能量正比于振幅的平方，所以这种获得相干光的方法称为分振幅法（amplitude division）．后面将介绍的牛顿环及等倾干涉等薄膜干涉中，获得相干光的方法是类似的，都是分振幅法．

劈尖干涉在生产中有许多应用，如测量细丝的直径或薄膜的厚度，在制造半导体元件时，可以利用此原理精确测量硅片上二氧化硅薄膜的厚度；利用条纹变动来测定长度的微小变化，可制成测量材料热膨胀系数的干涉膨胀仪；此外，还可通过观测干涉条纹是否是平行的等距离直线，来检查工件表面的平整度，其精度是常规测量方法难以达到的．

例 7.3　用等厚干涉法测细丝的直径．取两块表面平整的玻璃板，左边棱叠合在一起，将待测细丝塞到右棱边间隙处，形成一空气劈尖，如图 7.19 所示．用波长为 λ 的单色光垂直照射，得等厚干涉条纹，今测得相邻明纹间距为 ΔL，玻璃板长为 L_0，求细丝的直径．

解　垂直入射的单色光在空气劈尖薄膜的上表面（上玻璃板的下表面）发生反射和折射，产生反射光 ① 和折射光，折射光在薄膜的下表面（下玻璃板的上表面）反射后产生反射光 ②，两列光波在空气劈尖薄膜的上表面干涉而形成干涉条纹．

相邻明纹间距为

$$\Delta L = \frac{\lambda}{2n\theta} = \frac{\lambda}{2\theta}.$$

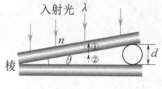

图 7.19　例 7.3 图

设细丝直径为 d，则 $\dfrac{d}{L_0} \approx \theta$，故

$$d = \frac{\lambda L_0}{2\Delta L}.$$

例 7.4　检测工件表面质量．取一平板玻璃使之和工件一起构成一空气劈尖，用波长为 λ 的单色光垂直照射，如图 7.20(a) 所示．从所形成的干涉条纹即可获知工件表面的平整情况．

解　若工件表面非常平整，则玻璃板和工件间形成一理想空气劈尖，干涉条纹是平行于棱边的等间距直条纹．若工件有缺陷，干涉条纹将产生畸变，如图 7.20(b) 所示，条纹 ① 弯向

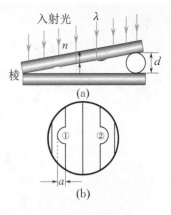

图 7.20　例 7.4 图

棱边,条纹 ② 拐离棱边. 考察条纹 ①,因为同一条纹上各点对应的空气膜厚度相同,所以条纹中直线段和弯向棱边的部分对应相同厚度的空气膜,本来靠近棱边部分的空气膜厚度小,而现在却和离棱边较远的直线段部分对应的空气膜厚度相同,说明该畸变处有"坑".

"坑" 的深度可进行估算. 设条纹畸变程度为 a(参见图 7.20(b)),因相邻明纹间距 b 对应的空气膜厚度差为 $\frac{\lambda}{2}$,则间距 a 对应的厚度差为 $\frac{\lambda a}{2b}$. 无缺陷时,条纹中直线段和畸变处空气膜(弯向棱边的部分)本应有这一厚度差,现在却厚度相同,故条纹 ① 畸变处对应的缺陷("坑")的深度大致为 $\frac{\lambda a}{2b}$.

同理可知,条纹 ② 处对应的缺陷是"刺","刺" 的高度可采用同样的办法进行估算.

例 7.5　用波长为 500 nm 的单色光平行垂直入射到两块光学平板玻璃构成的空气劈尖上,观察反射光的等厚干涉条纹,测得从棱边算起的第 3 条明纹中心出现在距棱边 1.25 cm 某处.(1)求该空气劈尖的劈尖角;(2)若改变劈尖角,测得相邻明纹间距缩小了 1 mm,求劈尖角的改变量.

解　(1)由于是空气劈尖,其上下两边介质都是玻璃,则在劈尖上表面相遇的两列反射光波的光程差为 $\delta = 2ne + \frac{\lambda}{2}$,出现明纹的条件为

$$\delta = 2ne + \frac{\lambda}{2} = k\lambda.$$

因空气薄膜的厚度 $e \geqslant 0$,故上式中 k 的最小值不能为零,只能取 1. 因此,从棱边算起的第 3 条明纹,其干涉级 $k = 3$,由此求得该处薄膜厚度为

$$e = \frac{2.5\lambda}{2n} = \frac{2.5 \times 500}{2 \times 1} \text{ nm} = 625 \text{ nm},$$

劈尖角为

$$\theta \approx \sin\theta = \frac{e}{L} = \frac{625 \text{ nm}}{1.25 \text{ cm}} = 5 \times 10^{-5} \text{ rad}.$$

(2)劈尖角改变前后相邻明纹中心的间距分别为

$$\Delta L_1 = \frac{\lambda}{2n\theta_1} = \frac{\lambda}{2\theta_1}, \quad \Delta L_2 = \frac{\lambda}{2n\theta_2} = \frac{\lambda}{2\theta_2}.$$

由题意,有

$$\Delta L_1 - \Delta L_2 = \frac{\lambda}{2\theta_1} - \frac{\lambda}{2\theta_2} = 1 \text{ mm}.$$

将 $\lambda = 500$ nm 和 $\theta_1 = \theta = 5 \times 10^{-5}$ rad 代入上式得

$$\theta_2 = 6.25 \times 10^{-5} \text{ rad}.$$

劈尖角改变量为

$$\Delta\theta = \theta_2 - \theta_1 = 1.25 \times 10^{-5} \text{ rad}.$$

> ## 思考
>
> 用两块平板玻璃构成的空气劈尖观察等厚条纹时,若将上玻璃板缓缓向上平移,干涉条纹有什么变化? 若使劈尖的劈尖角逐渐增大,干涉条纹又有什么变化?

2. 牛顿环

将一曲率半径很大的平凸透镜的凸面放置在一块表面平整的平板玻璃上,平凸透镜的球形凸面和平板玻璃之间形成一空气薄膜,如图 7.21(a) 所示.用波长为 λ 的单色光垂直照射,可观察到一系列以接触点 O 为中心的明暗相间的同心圆环,如图 7.21(b) 所示.由于这一现象最先被牛顿观察到,故称为**牛顿环**(Newton's rings).

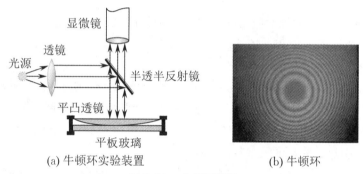

(a) 牛顿环实验装置　　　　　　　　(b) 牛顿环

图 7.21　牛顿环实验

用单色光垂直照射时,入射光经平凸透镜的凸面(空气膜上表面)和平板玻璃的上表面(空气膜下表面)反射产生 ①,② 两束相干光,如图 7.22 所示.在空气薄膜厚度为 e 的地方,①,② 两束光的光程差为

$$\delta = 2e + \frac{\lambda}{2}.$$

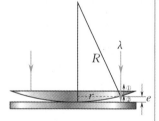

图 7.22　牛顿环干涉条纹分析

由于以 O 为中心的圆环上各处空气膜的厚度相同,故对应的等厚干涉条纹是一系列明暗相间的同心圆环.明环和暗环的位置由光程差决定,即

$$\delta = 2e + \frac{\lambda}{2} = \begin{cases} k\lambda, & k=1,2,\cdots & \text{（明纹）}, \\ (2k+1)\dfrac{\lambda}{2}, & k=0,1,2,\cdots & \text{（暗纹）}. \end{cases}$$

k 越大,要求 e 也越大,偏离中心也越远,因此,在牛顿环实验中,由里向外,圆环形干涉条纹对应的干涉级次是递增的.另外,可将牛顿环实验中的空气薄膜看作是由很多微小"劈尖"构成的,由里向外,空气"劈尖"变得越来越"陡",由式(7.17)可知,相邻条纹的间距变得越来越小,条纹越来越密.

设圆环形干涉条纹的半径为 r,由图 7.22 中的几何关系可知, $r^2 = R^2 - (R-e)^2 \approx 2Re$,根据干涉加强和干涉减弱的条件,第 k 级明环的半径为

$$r_k = \sqrt{\left(k - \frac{1}{2}\right)R\lambda}, \quad k=1,2,\cdots, \tag{7.18}$$

第 k 级暗环的半径为

$$r_k = \sqrt{kR\lambda}, \quad k = 0,1,2,\cdots. \tag{7.19}$$

例 7.6 用钠光灯发出的波长 $\lambda = 589.3$ nm 的光做牛顿环实验,测出第 k 级和第 $(k+5)$ 级暗环的半径分别为 4.0 mm 和 6.0 mm,求透镜的曲率半径.

解 由式(7.19)得

$$r_k^2 = kR\lambda, \quad r_{k+5}^2 = (k+5)R\lambda,$$

因此

$$R = \frac{r_{k+5}^2 - r_k^2}{5\lambda} = \frac{(6.0 \times 10^{-3})^2 - (4.0 \times 10^{-3})^2}{5 \times 589.3 \times 10^{-9}} \text{ m} \approx 6.79 \text{ m}.$$

在实验室里,牛顿环常用来测定光波波长或透镜的曲率半径. 在工业生产中,可利用牛顿环原理检验透镜质量. 当外部压力导致透镜和平板玻璃的间距改变时,其间空气层的厚度也将发生微小的变化,因而可利用条纹的移动确定压力的微小变化.

劈尖干涉和牛顿环干涉是两种典型的等厚干涉,其薄膜厚度分布简单而又有规律. 在很多实际问题中,薄膜厚度分布相对复杂,还可能随时间发生变化,如皂膜和油膜,白光照射时,不同波长的光在不同厚度处各自形成明纹,条纹分布复杂,并呈现出五颜六色. 薄膜厚度为零处,各种波长的光在薄膜上、下表面产生的两列反射光波的光程差为 $\frac{\lambda}{2}$,产生相消干涉,形成暗纹,皂膜将在出现暗纹的位置开始破裂.

思考

1. 劈尖和牛顿环实验中,薄膜的厚度是非均匀分布的,为什么称为等厚干涉?如果一薄膜各处的厚度都不同,薄膜表面还有干涉条纹吗?

2. 牛顿环干涉条纹为同心圆环,间距不等;劈尖干涉条纹为直条纹,间距相等,两者似乎无关,你能找到它们之间的关系吗?

7.4.2 等倾干涉

如图 7.23 所示,折射率为 n、厚度均匀的薄膜,其上表面上方和下表面下方处介质的折射率分别为 n_1 和 n_2,波长为 λ 的单色光从折射率为 n_1 的介质中以角度 i 入射到薄膜上表面,产生反射光 ① 及折射光 ①′,①′ 经薄膜下表面反射后从上表面透出成为光 ②. 显然,①,② 两列光波是相干光(它们是从同一列光波中分出的两部分). 由于 ①,② 两列光波彼此平行,须加一凸透镜,使它们在透镜焦面上相遇,产生干涉,干涉结果由其光程差决定. 过 C 点作反射光线 ① 的垂线 CD,由于透镜不产生附加光程差,①,② 两列光波的光程差为

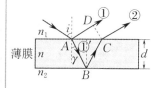

图 7.23 等倾干涉原理

$$\delta = n(AB + BC) - n_1 AD + \delta', \qquad (7.20)$$

式中 δ' 是可能存在的附加光程差. 当入射角 i 较小时, 若 n 大于 n_1, n_2 或 n 小于 n_1, n_2, 总有一个表面上的反射有半波损失, 则 $\delta' = \dfrac{\lambda}{2}$, 否则 $\delta' = 0$. 由图 7.23 中的几何关系有

$$AB = BC = \frac{d}{\cos\gamma}, \quad AD = AC\sin i, \quad AC = 2d\tan\gamma.$$

又根据折射定律有

$$n_1 \sin i = n\sin\gamma.$$

将以上各式代入式(7.20), 得

$$\delta = 2nd\cos\gamma + \delta'. \qquad (7.21)$$

由于入射角相同的光线具有相同的折射角, 通过薄膜表面反射与折射获得的两相干光的光程差相等, 因此倾角相同的光线对应同一干涉条纹 —— 等倾干涉条纹.

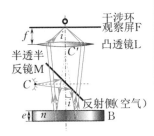

干涉环观察屏 F
凸透镜 L
半透半反镜 M
反射侧(空气)

图 7.24 观察等倾干涉的实验装置

观察等倾干涉的实验装置如图 7.24 所示, B 是置于空气中折射率为 n 的厚度均匀的薄膜, 半透半反镜 M 与水平方向成 $45°$ 角放置, L 是凸透镜, F 是放在透镜焦面上的观察屏. 考察面光源上的一点 C, 它可向空间不同方向发出光线. 以 C 为顶点, 以水平方向为轴线作一圆锥, 锥面上与每一条母线对应的光线先由 M 反射后以相同的角度投射到薄膜 B 上(这些光线可看作是 C 经 M 成的像 C' 发出来的), 再经薄膜表面反射与折射后由薄膜上表面出射, 出射平行光通过透镜 L 后在其焦面上会聚. 显然, 所有与母线相对应的光线经 M 与薄膜 B 后出来的平行光在焦面上的干涉点的轨迹必是一个圆. 因此, 我们观察到的干涉条纹是一系列明暗相间的同心圆环. 考虑整个面光源, 光源上每一点发出的光都会产生相应的干涉圆环. 不管从光源哪一点发出的光, 只要入射角相同, 都将会聚在同一个干涉圆环上(非相干叠加), 因而圆环明暗对比更鲜明. 对于等倾干涉, 由于没有光源宽度和条纹对比度的矛盾, 因此使用宽光源显然是有益的.

根据式(7.21), 出现等倾干涉圆环的条件为

$$\delta = 2nd\cos\gamma + \frac{\lambda}{2} = \begin{cases} k\lambda, & k = 1,2,\cdots & \text{(明环)}, & (7.22a) \\ (2k+1)\dfrac{\lambda}{2}, & k = 0,1,2,\cdots & \text{(暗环)}. & (7.22b) \end{cases}$$

由式(7.22)可知, 倾角越大, $\cos\gamma$ 越小, δ 越小, 相应的干涉级次 k 也越小, 而倾角越大, 干涉圆环离透镜中心的距离也越大, 即干涉圆环的半径越大. 反之, 等倾干涉圆环半径越小, 其级次越高.

利用薄膜干涉中入射光在反射与透射方能量的重新分布, 可制成增反膜, 加强某些波长的光的反射; 也可制成增透膜, 提高透射光强度, 以满足不同光学仪器的需要; 还可制成一种冷光膜, 它能有效地反射可见光而又高效地透过红外光, 这种膜通常用于电影放映机的反射镜上, 用来减少电影胶片的受热, 同时增加银幕上的照度. 干涉滤光片也是利

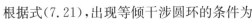

用薄膜干涉原理制成的多层镀膜元件,这种滤光片能从白光中过滤出波段范围很窄(可达 5 nm)的准单色光.

例 7.7 为了减少入射光由于反射而带走的能量,常在照相机和摄像机的玻璃镜面(折射率为 1.50)上镀一层厚度均匀的透明薄膜(如折射率为 1.38 的氟化镁),称为增透膜,为使波长为 552.0 nm 的绿光能全部过去,问增透膜的厚度应为多少?

解 如图 7.25 所示,白光垂直照射到氟化镁薄膜上,在薄膜上、下表面反射后产生①,②两列光波,由于①,②两列光波都是光波从波疏介质垂直入射至波密介质后反射回来的,半波损失相互"抵消",两列光波的光程差为 $2ne$. 要使波长为 552.0 nm 的绿光全部透过去,根据能量守恒,与该波长相应的①,②两列反射光应干涉相消,因而有

$$\delta = 2ne = (2k+1)\frac{\lambda}{2}, \quad k = 0,1,2,\cdots,$$

整理得

$$e = \frac{(2k+1)\lambda}{4n}, \quad k = 0,1,2,\cdots,$$

$k = 0,1,2,\cdots$ 分别对应的厚度为

$$e_0 = \frac{\lambda}{4n} = 100 \text{ nm}, \quad e_1 = \frac{3\lambda}{4n} = 300 \text{ nm}, \quad e_2 = \frac{5\lambda}{4n} = 500 \text{ nm}, \quad \cdots.$$

故增透膜的厚度可取 100 nm,300 nm,500 nm,$\cdots$.

这样,绿光几乎不被反射,而其他波长的光仍有部分剩余反射,这些光混合起来呈蓝紫色或琥珀色,如图 7.26 所示. 我们常常看到照相机镜头呈蓝紫色,就是这个原因.

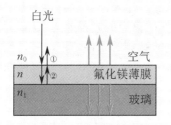

图 7.25　例 7.7 图

图 7.26　照相机镜头表面呈现蓝紫色

思考

1. 隐形飞机很难被敌方雷达发现是由于飞机表面覆盖了一层电介质(如塑料或橡胶),从而使入射的雷达波反射极其微弱. 试说明这层电介质是如何减弱反射波的.

2. 某人为了把眼镜擦干净而弄湿眼镜片,他观察到在水蒸发的过程中,在一段很短的时间内,眼镜片明显变得不反射,这是为什么?

微课视频

迈克耳孙干涉仪

7.5　迈克耳孙干涉仪

迈克耳孙干涉仪是薄膜干涉在光学仪器中的重要应用.

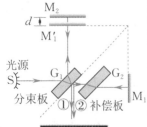

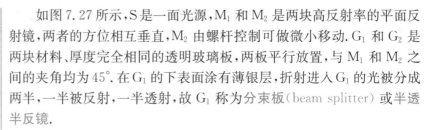

如图 7.27 所示，S 是一面光源，M_1 和 M_2 是两块高反射率的平面反射镜，两者的方位相互垂直，M_2 由螺杆控制可做微小移动. G_1 和 G_2 是两块材料、厚度完全相同的透明玻璃板，两板平行放置，与 M_1 和 M_2 之间的夹角均为 45°. 在 G_1 的下表面涂有薄银层，折射进入 G_1 的光被分成两半，一半被反射，一半透射，故 G_1 称为分束板(beam splitter)或半透半反镜.

干涉板

从面光源 S 上一点发出的光波经分束板分成两半，一半射向平面镜 M_2，经 M_2 反射后通过分束板成为光线 ①；另一半透射出去后经 G_2 射向 M_1，由 M_1 反射回来后通过 G_2，再经过分束板的薄银层反射成为光线 ②. ①，② 两束光相遇后发生相干叠加. G_2 的作用是使光线 ② 也在玻璃板中往返一次，以补偿光线 ① 在玻璃板 G_1 中通过两次的光程，所以称为补偿板.

由于这两束光在玻璃板中的光程相等，且两者在反射镜上的半波损失正好抵消，故 ①，② 两束光的光程差仅由其几何路程差决定. 为了简化这一几何路程差的分析，可设想 M_1 经分束板薄银层成一虚像 M_1'，M_1' 和 M_2 之间构成一虚拟的空气薄膜，从 M_1 反射回来的光可看作是从 M_1' 反射回来的. 这样，从面光源 S 上一点发出的经 M_1 和 M_2 反射回来所产生的干涉，可以等价地看成是经 M_1' 和 M_2 所构成的空气薄膜反射所产生的干涉.

图 7.27 迈克耳孙干涉仪示意图

因 M_1 和 M_2 互相垂直，M_1' 和 M_2 之间为一厚度均匀的空气薄膜，所产生的干涉为等倾干涉，干涉图样为一系列明暗相间的同心圆环，中央条纹是 S 沿水平方向发出的光经 M_1 和 M_2 垂直反射后传播的两束光 ①，② 叠加产生的. 显然，①，② 两束光的光程差为 $2d$(d 是 M_1' 和 M_2 之间的距离)，根据干涉加强和干涉减弱的条件，有

$$\delta = 2d = \begin{cases} k\lambda, & k=0,1,2,\cdots \quad (\text{明纹}), \quad (7.23a) \\ (2k+1)\dfrac{\lambda}{2}, & k=0,1,2,\cdots \quad (\text{暗纹}). \quad (7.23b) \end{cases}$$

由式(7.23)可知，当 M_2 移动 $\dfrac{\lambda}{2}$ 时，相当于 M_1' 和 M_2 之间的距离改变 $\dfrac{\lambda}{2}$，中心条纹的干涉级次 k 变化一级. 由于等倾干涉所产生的圆环形条纹中，外环干涉级次较小，内环干涉级次较大，故增加 d 时 k 变大，干涉图样中将出现条纹"冒出"的现象，减小 d 时 k 变小，干涉图样中将出现条纹"缩入"的现象. 设"冒出"或"缩入"的条纹数为 m，则 M_1' 和 M_2 之间的距离变化为

$$\Delta d = m \frac{\lambda}{2}. \quad (7.24)$$

图 7.28 引力波探测仪 LIGO

由式(7.24)可知，测出 M_1' 和 M_2 的间距变化(M_2 移动的距离)以及条纹变化条数 m，即可求得入射光的波长；反之，已知入射光波长时，又可测得 Δd，因而可用来测量微小伸长量.

图 7.28 是基于迈克耳孙干涉仪原理设计制作的微小长度变化测量仪——引力波探测仪 LIGO(激光干涉引力波天文台). 仪器臂长为

4 km，利用多次反射，激光在真空臂内通过的实际长度为 1 120 km. 此仪器于 2016 年成功观察到双黑洞碰撞与并合所激发的引力波，该引力波通过 LIGO 时产生的长度变化约 10^{-18} m 数量级，只有质子大小的千分之一，但仍被探测出来，体现了光的干涉在精密测量领域的重要价值.

迈克耳孙干涉仪的一个特点是两束相干光的光路是完全分开的，这样可以很方便地在一个光路中放置被测量的样品，由干涉条纹的变化可以判断被测样品的情况，检查样品表面的平整度，测量样品的厚度或折射率等.

思考

1. 在用面光源观察等倾干涉条纹时，入射角相同的光线是否都射到薄膜表面的同一点上？

2. 设有上、下两表面非常平整的玻璃板，厚 1 mm，用单色光垂直照射，能否观察到干涉条纹？由此解释为什么在两玻璃板之间形成的劈尖干涉实验中总强调上玻璃板的下表面和下玻璃板的上表面反射光的干涉，而不是另外两表面光的干涉.

3. 迈克耳孙干涉仪用白光作光源时，可以使其两臂长度严格相等（M_1' 与 M_2 的间距为 0），为什么？

本章小结

1. 光的相干性

(1) 普通光源的发光机理：自发辐射. 微观粒子的发光行为具有间歇性与随机性.

(2) 相干条件：频率相同、振动方向相同、相位差恒定.

(3) 获得相干光的方法：分波面法和分振幅法.

(4) 相干间隔：$b = \dfrac{l\lambda}{d}$；相干长度：$\delta = k\lambda = \dfrac{\lambda^2}{\Delta\lambda}$.

2. 杨氏双缝干涉实验

分波面法获得相干光，干涉条纹是等间距均匀分布的直条纹，相邻明（暗）纹间距为 $\Delta x = \dfrac{D}{d}\lambda$.

3. 光程与光程差

(1) 光程：介质的折射率×几何路程；光程差：两列光波的光程之差.

(2) 相位差与光程差的关系：$\Delta\varphi = \dfrac{2\pi}{\lambda} \times nr$. 透镜不产生附加光程差.

(3) 相位相同的两相干光源发出的光干涉时出现明纹与暗纹的条件为

$$\delta = D_2 - D_1 = \begin{cases} \pm k\lambda, & k = 0,1,2,\cdots(\text{干涉加强}), \\ \pm(2k+1)\dfrac{\lambda}{2}, & k = 0,1,2,\cdots(\text{干涉减弱}). \end{cases}$$

(4) 半波损失：光波以接近 0° 或 90° 角，从光疏介质入射到光密介质的分界面上发生反射时，产生相位 π 的变化.

4. 薄膜干涉

光入射到薄膜上，通过薄膜表面的反射和折射（分振幅）获得相干光，产生干涉.

(1) 等厚干涉：光入射到厚度分布不均匀的薄膜产生的干涉，薄膜厚度相同处干涉结果相同. 出现干涉明纹与暗纹的条件为

$$\delta = 2ne + \dfrac{\lambda}{2} = \begin{cases} k\lambda, & k = 0,1,2,\cdots(\text{明纹}), \\ (2k+1)\dfrac{\lambda}{2}, & k = 0,1,2,\cdots(\text{暗纹}). \end{cases}$$

(2) 劈尖薄膜干涉相邻明纹或暗纹间距：

$$\Delta L = \dfrac{\lambda}{2n\theta}.$$

(3) 牛顿环（空气薄膜）第 k 级明环与第 k 级暗环的半径分别为

$$r_k = \sqrt{\left(k - \dfrac{1}{2}\right)R\lambda}, \quad k = 1,2,\cdots$$

与

$$r_k = \sqrt{kR\lambda}, \quad k = 0,1,2,\cdots.$$

(4) 等倾干涉：光入射到厚度均匀的薄膜产生的干涉. 出现等倾干涉圆环的条件为

$$\delta = 2nd\cos\gamma + \dfrac{\lambda}{2} = \begin{cases} k\lambda, & k = 1,2,\cdots(\text{明环}), \\ (2k+1)\dfrac{\lambda}{2}, & k = 0,1,2,\cdots(\text{暗环}). \end{cases}$$

5. 迈克耳孙干涉仪

薄膜干涉在光学仪器中的应用.两平面镜间可形成劈尖薄膜或厚度均匀分布的薄膜.

拓展与探究

1. 利用光源大小对干涉条纹的影响,可设计出测量光源大小的仪器,如测星干涉仪,其中的原理是什么?

2. 光纤传感器可测量温度、压力、电场、磁场等,试以温度测量为例,介绍有关原理与方案.

3. 光纤陀螺可用于测量转速,确定方位从而实现制导,其所依据的基本原理是什么?

4. 光学相干断层成像（optical coherence tomography,OCT）可提供具有微米数量级分辨率的一维深度、二维截面层析和三维立体的实时扫描图像.目前,OCT 技术已作为诊断视网膜疾病的临床标准,血管及肠胃疾病诊断的重要工具,试查找资料研究其原理与实施方案.

5. 利用两台相距很远的望远镜可精确测定大陆板块的漂移速度和地球的自转速度.试说明如何利用这两台望远镜监视一颗固定的脉冲星所得到的记录来达到这些目的.

习题 7

7.1 在空气中做杨氏双缝干涉实验,缝间距 $d = 0.6$ mm,观察屏至双缝间距 $D = 2.5$ m,今测得第 3 级明纹与零级明纹对双缝中心的张角为 2.724×10^{-3} rad,求入射光波长及相邻明纹间距.

7.2 在双缝干涉实验中,观察屏 E 上的 P 点处是明纹.若将缝 S_2 盖住,并在 S_1,S_2 连线的垂直平分面处放一反射镜 M,如图 7.29 所示,则此时 P 点处明暗程度如何?

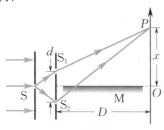

图 7.29　习题 7.2 图

7.3 杨氏双缝干涉实验中,狭缝 S 到 S_1,S_2 的距离分别为 l_1,l_2（见图 7.30）,求第 3 级暗纹在观察屏上的出现位置.

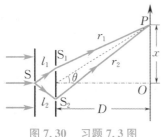

图 7.30　习题 7.3 图

7.4 设想杨氏双缝干涉实验中,双缝后置一凸透镜,透镜焦距为 f,观察屏放在透镜的焦面上,则观察屏上相邻明纹中心间的距离是多少?

7.5 杨氏双缝干涉实验中,单色平行光斜入射到间距为 d 的双缝上,入射光线与双缝所在平面的法线方向间的夹角为 φ.试证明:第 k 级明纹出现的角度 θ 满足 $d \sin \theta \pm d \sin \varphi = \pm k\lambda$.

7.6 氦氖激光器发出的红光波长为 632.8 nm,其谱线宽度为 $\Delta \nu = 1.3 \times 10^9$ Hz,其相干长度或波列长度是多少?

7.7 在地面上观察太阳时的视角约为 10^{-2} rad,太阳光的波长按 500 nm 计,在地面上利用太阳光做干涉实验时,双缝间的距离不能超过多大?

7.8 真空中波长为 λ 的单色光在折射率为 n 的透明介质中从 A 点沿某路径传到 B 点,若 A,B 两点的相位差为 3π,则此路径的光程差为多少?该路径有多长?

7.9 如图 7.31 所示,单色平行光垂直照射到某薄膜上,经上、下两表面反射的两束光发生干涉,设薄膜厚度为 e,$n_1 > n_2 < n_3$,入射光在折射率为 n_1 的介质中波长为 λ,试计算两反射光在上表面相遇时的相位差.

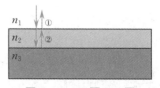

图 7.31　习题 7.9 图

7.10 在杨氏双缝干涉实验中,用波长为 λ 的光垂直照射双缝 S_1 和 S_2,通过空气后在观察屏上形成干涉条纹.已知观察屏上 P 点处为第3级暗纹,若将整个装置放于某种透明液体中,P 点为第4级明纹,求该液体的折射率.

7.11 用一透明介质膜盖住杨氏双缝干涉实验装置中的一条缝,此时观察屏上中央明纹移至原来的第5级明纹处,若入射光波长为589.3 nm,介质折射率为1.58,求此透明介质膜的厚度.

7.12 折射率为1.50的两块标准平板玻璃间形成一个劈尖,用波长 $\lambda = 500$ nm 的单色光垂直入射,产生等厚干涉条纹.若劈尖内充满折射率为1.40的某种液体时,相邻明纹间距比劈尖内是空气时的间距缩小0.1 mm,求劈尖角 θ.

7.13 为测量硅表面保护层 SiO_2 的厚度,可将 SiO_2 的表面磨成劈尖状,如图7.32所示,现用波长 $\lambda = 644.0$ nm 的光垂直照射劈尖,一共观察到8条明纹,求 SiO_2 的厚度.

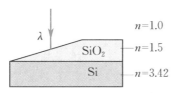

图7.32 习题7.13图

7.14 图7.33所示是测量某材料线膨胀系数的干涉仪.待测样品(一端预先磨出一小倾角)置于台面上,样品外套一石英圆筒,圆筒上盖一玻璃板,在玻璃板和样品的倾斜面之间形成一空气劈尖,单色平行光垂直照射到劈尖上产生干涉条纹.样品受热膨胀时,劈尖下表面位置上升(上表面的位置维持不变,因为石英的线膨胀系数很小,圆筒的膨胀可忽略),可观测到干涉条纹移动,测出视场中某处移动的干涉条纹数目,即可求出劈尖下表面的上升幅度,从而求得样品的线膨胀系数.已知样品的平均高度为 3.0×10^{-2} m,波长 $\lambda = 589.3$ nm 的单色平行光垂直照射,当温度由17 ℃上升至30 ℃时,观察到20条条纹通过某观察点,求样品的热膨胀系数.

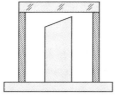

图7.33 习题7.14图

7.15 某平凹柱面镜和平板玻璃之间构成一空气隙(见图7.34),用单色光垂直照射,可得何种形状的干涉条纹?条纹级次的高低大致分布如何?

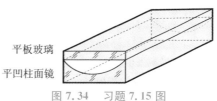

图7.34 习题7.15图

7.16 如图7.35所示,牛顿环实验装置中平凸透镜的顶点 O 和平板玻璃相距 e_0,中间空隙处充以折射率为 n 的某种透明液体,设平凸透镜曲率半径为 R,用波长为 λ_0 的单色光垂直照射,求第 k 级明环的半径.

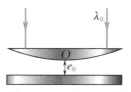

图7.35 习题7.16图

7.17 当牛顿环实验装置中平凸透镜和平板玻璃间的空隙充以某种透明液体时,某级明环直径由1.40 cm 变为1.27 cm,求液体的折射率.

7.18 牛顿环实验装置中各部分折射率如图7.36所示,试分析反射光干涉条纹的分布.

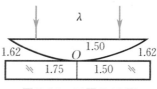

图7.36 习题7.18图

7.19 如图7.37所示,一平凸透镜置于一平凹透镜之上,两者之间形成空气劈尖,单色光垂直照射,形成干涉条纹.已知入射光的波长为 λ,平凸透镜球形凸面半径为 R_1,平凹透镜凹面半径为 R_2,求第 k 级暗环的半径.

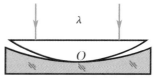

图7.37 习题7.19图

7.20 加工球面透镜时,常用下述方法检测其表面是否达标,并确定接下来该怎么研磨加工.将标准件盖在待测透镜上并施以轻微压力(见图7.38),通过等厚干涉条纹的变化,就可判断需要进一步研磨的是透镜的中央还是边缘,其中的原理是什么?

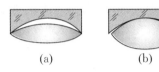

(a)　　　　　　(b)

图 7.38　习题 7.20 图

7.21　光源发出波长可连续变化的单色光,垂直照射玻璃板上的油膜(折射率 $n = 1.30$),观察到波长为 $\lambda_1 = 400$ nm 和波长为 $\lambda_2 = 560$ nm 的光在反射中消失,中间无其他波长的光消失,求油膜的厚度.

7.22　白光垂直照射空气中一厚度为 $e = 380$ nm 的肥皂膜(折射率 $n = 1.33$)上,在可见光范围内(400 ~ 760 nm),哪些波长的光在反射中增强?

7.23　在迈克耳孙干涉仪的一支光路中放入一折射率为 n 的透明介质片,今测得两束光光程差改变为一个波长 λ,求介质片的厚度.

7.24　压电陶瓷的电致伸缩被用在电子显微镜上做微小位移,该位移的标定可以用迈克耳孙干涉仪来实现.把压电陶瓷片固定在迈克耳孙干涉仪可移动反射镜上,用氦氖激光器作为光源($\lambda = 632.8$ nm),如果在压电陶瓷片加电压前后观察到条纹移动了 12 条,那么微小位移是多少?

7.25　钠黄光中包含两条相近的谱线,其波长分别为 $\lambda_1 = 589.0$ nm 和 $\lambda_2 = 589.6$ nm. 用钠黄光照射迈克耳孙干涉仪,当干涉仪的可动反射镜连续移动时,视场中的干涉条纹将周期性地由清晰逐渐变模糊,再逐渐变清晰,再变模糊 …… 求视场中的干涉条纹某一次由最清晰变为最模糊的过程中可动反射镜移动的距离.

7.26　如图 7.39 所示,用波长为 632.8 nm 的单色点光源 S 照射厚度为 1.00×10^{-5} m,折射率 n 为 1.50,半径 R 为 10.0 cm 的圆形薄膜 F,点光源 S 与薄膜 F 的垂直距离为 $d = 10.0$ cm,薄膜放在空气(折射率为 1.00)中,观察透射光的等倾干涉条纹.问最多能看到几个亮纹?(注:亮斑和亮环都是亮纹.)

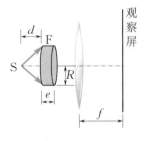

图 7.39　习题 7.26 图

第8章

光的衍射

天文望远镜的口径通常在 50~1000 mm, 我国自主研发的巡天空间望远镜预计于 2024 年发射运行, 其口径为 2 m. 你知道为什么要设计大口径望远镜吗?

　　透过并拢的手指缝看太阳光或者灯光, 可以观察到淡淡的彩色明暗条纹, 这就是肉眼可见的光的衍射现象. 光的衍射理论和技术在物质结构分析 (光谱分析)、波长测量、信息处理等领域有着重要的应用, 设计和制造望远镜与显微镜等光学仪器时也必须考虑衍射的影响.

　　本章首先通过对衍射现象的介绍与分析, 引入以子波及其干涉为核心概念的惠更斯-菲涅耳原理, 作为处理所有衍射问题的基本理论依据. 接着运用 "半波带" 法, 分析了夫琅禾费单缝衍射条纹的形成和条纹特征, 并利用叠加原理讨论了衍射光强度的分布. 在此基础上进一步讨论光栅衍射的形成和条纹特征, 分析了光栅衍射过程中单缝衍射和缝间干涉的相互协同和相互制约; 之后, 以夫琅禾费圆孔衍射为例, 分析了由于光的衍射限制所导致的光学仪器的固有分辨率限制; 最后对X射线衍射做了简单介绍.

■■■ 本章目标

1. 理解惠更斯-菲涅耳原理的含义和意义.
2. 掌握用半波带法分析与研究单缝衍射条纹的特征, 能分析说明几何光学和波动光学的关系.
3. 掌握光栅衍射主极大明纹位置及缺级条件的分析与计算, 能分析说明光栅衍射过程中单缝衍射和缝间干涉的相互协同和相互制约.
4. 理解并掌握光学仪器分辨率的定义及简单计算.
5. 了解X射线衍射, 能够运用布拉格公式做简单计算.

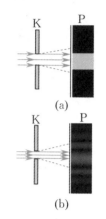

图 8.1 单缝衍射

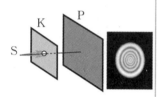

图 8.2 圆孔衍射

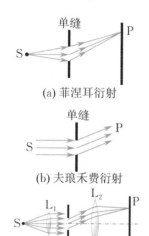

(a) 菲涅耳衍射

(b) 夫琅禾费衍射

(c) 实验室产生的夫琅禾费衍射

图 8.3 衍射的分类

菲涅耳

8.1 光的衍射现象 惠更斯–菲涅耳原理

8.1.1 光的衍射现象

实验发现,光在传播过程中能够绕过障碍物继续传播,并在观察屏上出现明暗相间的条纹,这一现象称为光的衍射. 如图 8.1 所示,平行光垂直入射,透过狭缝(称为单缝)K 后,到达观察屏 P,形成一定的光强分布. 当 K 的宽度比光波波长大得多时,P 上出现一矩形光斑,光斑形状和狭缝一样,光斑内的光强均匀分布,其边界清晰可辨,这一现象体现了光线的直线传播(见图 8.1(a)). 缩小 K 的宽度,P 上光斑的宽度也随之变窄,其边界仍然清晰. 但是,当 K 的宽度缩小到一定程度(约 10^{-4} m)后,P 上光斑的宽度不但不减小,反而开始增加,光绕过障碍物进入了几何阴影区,光斑的上下边界变得模糊不清,内部光强不再均匀分布,同时 P 上形成一系列明暗相间的条纹(见图 8.1(b)),这就是光的衍射现象. 类似的现象还有很多,如将上述实验中的单缝换成圆孔,采用点光源照射,如图 8.2 所示,当圆孔线度和光波波长可比拟时,观察屏上也将出现明暗相间的同心圆环,即圆孔衍射图样. 光的衍射现象进一步证明了光的波动性.

根据光源、观察屏与障碍物之间的距离,可把光的衍射分为两类.

光源 S、观察屏 P 与障碍物之间的距离都为有限远时(见图 8.3(a)) 的衍射,称为菲涅耳衍射. 菲涅耳曾详细地研究过这种衍射,并由此建立了正确的衍射理论,但数学处理较为复杂,故本章不做讨论.

光源 S、观察屏 P 与障碍物之间的距离为无限远时(见图 8.3(b)) 的衍射,称为夫琅禾费衍射. 夫琅禾费衍射实际上是菲涅耳衍射的极限情形,由于这类衍射在数学处理上比较简单,且有重要的实际应用价值,是本章讨论的重点.

在实验室或实际应用中的夫琅禾费衍射,通常是利用透镜来获得平行光,并在透镜的焦面上观察衍射光的分布. 以单缝衍射为例,如图 8.3(c) 所示,点光源 S 位于透镜 L_1 的焦点处,从 S 发出的光经过透镜 L_1 后,变为平行光投射到单缝上(缝的长度方向垂直于图面),平行光入射时,相当于光源在无穷远处. 透镜 L_2 将离开单缝的平行光聚焦在自身的焦面上,这就相当于观察屏在无穷远处,此时置于焦面处的观察屏 P 上将显示衍射图样.

8.1.2 惠更斯–菲涅耳原理

惠更斯原理可以定性说明光遇到障碍物时拐弯的原因,但是不能解释拐弯之后光的强度为什么会重新分布(表现为出现明暗相间的衍射条纹). 受杨氏双缝干涉实验的启发,法国物理学家菲涅耳认为,同一波面上各点发出的子波是彼此相干的,它们在空间相遇后发生相干叠加,使波的强度重新分布,由此而形成衍射图样. 这一经"子波相干叠加"思想补充发展后的惠更斯原理,称为**惠更斯–菲涅耳原理**(Huygens-Fresnel principle). 这个原理能圆满解决光的衍射问题,从而成为处理光波衍射问题的理论依据.

根据惠更斯-菲涅耳原理,若已知光波在某一时刻的波面 S,可通过积分方法求得该波面在前方某点 P 处产生的光振动. 将波面 S 看作是由无穷多个微小面积元构成的,每个面积元就是一个子波源. 任取一面积元 dS,它发出的子波在 P 点处产生的振动的振幅正比于 dS 的大小,反比于 dS 到 P 点的距离 r(见图 8.4). 菲涅耳认为,振幅还和 r 与 dS 的法线之间的夹角 α 有关,可以用一个称为倾斜因子的函数 $k(\alpha)$ 来表示,$k(\alpha)$ 随角度 α 的增大而缓慢减小,当 $\alpha \geqslant \dfrac{\pi}{2}$ 时,$k(\alpha) = 0$(表示没有后退的波). 而子波在 P 点处产生的振动相位则仅取决于 r. 综上所述,可得与面积元 dS 对应的子波源在 P 点处产生的光振动的振动方程为

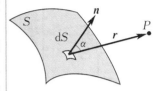

图 8.4　惠更斯–菲涅耳原理

$$dE = \frac{k(\alpha)}{r} E_0 \cos\left(\omega t - \frac{2\pi r}{\lambda}\right) dS,$$

积分可得波面 S 在 P 点处产生的合成振动为

$$E = \iint\limits_{S} \frac{k(\alpha)}{r} E_0 \cos\left(\omega t - \frac{2\pi r}{\lambda}\right) dS. \tag{8.1}$$

利用惠更斯-菲涅耳原理及式(8.1)可以定量计算衍射光的强度分布,但一般情况下积分较为复杂. 在实际处理衍射问题时,往往采用较为简单的方法(如菲涅耳提出的半波带法),以获得衍射光强度分布的主要特征.

思考

1. 在日常生活中,为什么声波的衍射比光波的衍射更加显著?

2. 菲涅耳在哪些方面丰富和发展了惠更斯原理? 根据惠更斯-菲涅耳原理,若已知光在某时刻的波面为 S,则 S 前方某点 P 处的光强取决于波面 S 上所有面积元发出的子波各自传到 P 点处的光强之和,还是振动振幅之和的平方,抑或是振动的相干叠加?

8.2　单缝夫琅禾费衍射

单缝夫琅禾费衍射的实验装置如图 8.3(c) 所示,为了便于分析衍射图样的特点与成因,将图 8.3(c)简化成图 8.5,图中单缝被放大. 波长为 λ 的单色平行光垂直入射到单缝上(缝的宽度为 a,缝的长度方向垂直于图面),单缝上各点都在同一波面上,根据惠更斯-菲涅耳原理,它们是同相位相干子波源,向各个方向发出子波,同一方向的平行光通过透

镜 L 后在观察屏 P 上的某点相遇,发生相干叠加,在观察屏上形成明暗相间的衍射条纹.

8.2.1　衍射条纹的位置

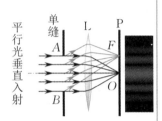

图 8.5　单缝夫琅禾费衍射

　　如图 8.5 所示,从单缝处波面上各点沿水平方向发出的光线经透镜 L 到达 O 点(透镜的焦点),虽然所经过的几何路程不同,但却具有相同的光程,它们在 O 点的相位相同,干涉时相互加强,此时观察屏上可观察到一条通过 O 点且与单缝平行的亮条纹,称为中央明纹,亦称零级明纹.

　　单缝处波面上各点发出的与透镜主光轴成 θ 角(θ 称为衍射角)的平行光线,经透镜 L 后在副焦点 F 相遇(不同衍射角的平行光线会聚在观察屏上不同位置),发生相干叠加,如图 8.6 所示,叠加结果由它们之间的光程差决定.过 A 点(单缝上沿)作平面与光线垂直,并与 B 点(单缝下沿)发出的平行光相交于 C 点,因透镜的等光程性,该平面上各点到达 F 点的光程相同.因此,从单缝处波面上各点发出的光线到达 F 点的光程差就取决于各点到所作平面的距离之差.A,B 两处沿 θ 方向发出的光线的光程差 $\delta = a\sin\theta$ 最大,它决定了 F 点的明暗情况.

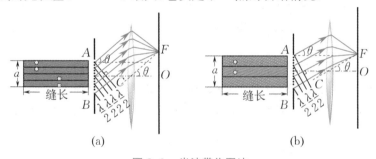

(a)　　　　　　　　　　　(b)

图 8.6　半波带作图法

　　将 BC 分割成许多小段,每小段的长度为 $\frac{\lambda}{2}$,过分割点作垂直于平行光线的平面,这些平面与单缝处波面的交线将单缝处的波面分割成面积相等的许多长条带,每个长条带的上下两个边缘发出的光线到 F 点的光程差均为 $\frac{\lambda}{2}$,因此称这样的长条带为半波带.由图 8.6 可知,相邻的两个半波带的对应点发出的平行光线之间的光程差为 $\frac{\lambda}{2}$,在焦面上的 F 点处所产生的振动相位差为 π,叠加时相互抵消,从而使得相邻的两半波带中所有子波源发出的平行光在观察屏上 F 点干涉相消,这正是半波带的巧妙之处.根据半波带的这一特点可知,若 BC 等于半波长的偶数倍,即

$$BC = a\sin\theta = \pm 2k\frac{\lambda}{2} = \pm k\lambda, \quad k = 1,2,\cdots, \tag{8.2}$$

则单缝上的波面被分割成偶数个半波带(如图 8.6(a) 中有 4 个半波带),相邻半波带中所有子波源发出的平行光到达 F 点所产生的振动两

两干涉相消,F 点处光强必然为零,从而出现暗纹.式(8.2)即为单缝夫琅禾费衍射暗纹中心位置的计算公式,对应于 $k=1,2,\cdots$ 的暗纹分别称为第 1 级暗纹,第 2 级暗纹 …… 式中正、负号表示衍射条纹关于中央明纹呈对称分布.

如果 BC 恰好等于半波长的奇数倍,即

$$BC = a\sin\theta = \pm(2k+1)\frac{\lambda}{2}, \quad k=1,2,\cdots, \tag{8.3}$$

则单缝上的波面将被分割为奇数个半波带(如图 8.6(b) 中有 3 个半波带).偶数个半波带产生的光振动两两相互抵消,还剩一个半波带产生的光振动未被抵消,观察屏上 F 点的光强不为零,相应位置将出现明纹.式(8.3)就是单缝夫琅禾费衍射明纹中心位置的计算公式,对应于 $k=1,2,\cdots$ 的明纹分别称为第 1 级明纹,第 2 级明纹 ……

其他方向上,单缝处波面不能分成整数个半波带,则观察屏上对应位置的光强将介于和它相邻的极大和极小之间,使得明纹有一定宽度.明纹中心位置的光强最大,从中心往两边伸展,光强逐步减小至零.

值得注意的是,式(8.2)和式(8.3)中的 k 不能取零. 因为在式(8.2)中取 $k=0$ 时,则必有 $\theta=0$,观察屏上相应位置是中央明纹的中心;而在式(8.3)中取 $k=0$ 时,它对应中央明纹内光强既不最亮也不为零的地方,是中央明纹的一部分.

基于式(8.2)和式(8.3),可以求得各级条纹的中心位置到中央明纹中心位置的距离.设透镜 L 的焦距为 f,某级条纹中心到中央明纹中心位置 O 的距离为 y(参考图 8.6,图中没有标出 y 方向),由于能观察到的单缝衍射条纹的衍射角一般都较小,而当衍射角 θ 较小时($\theta < 5°$),有 $\tan\theta \approx \sin\theta$,即

$$y = f\tan\theta \approx f\sin\theta = \begin{cases} \pm\dfrac{f}{a}k\lambda, & k=1,2,\cdots \quad (\text{暗纹}),(8.4) \\[2mm] \pm\dfrac{f}{a}(2k+1)\dfrac{\lambda}{2}, & k=1,2,\cdots \quad (\text{明纹}).(8.5) \end{cases}$$

可见,缝宽 a 一定时,入射光的波长越大,其同级条纹中心位置到中央明纹中心的距离也越大. 如果入射光为白光,除了中央明纹仍为白色外,其他各色光的同级明纹都是从紫到红由近及远彼此错开的.

由式(8.4)可求得明纹的宽度,每条明纹的宽度都是该明纹边缘两条暗纹中心之间的距离.因此,中央明纹的宽度为

$$\Delta y_0 = \left(+\frac{f}{a}\lambda\right) - \left(-\frac{f}{a}\lambda\right) = \frac{2f\lambda}{a}; \tag{8.6}$$

其他明纹(如第 k 级明纹)的宽度为

$$\Delta y = \frac{f}{a}(k+1)\lambda - \frac{f}{a}k\lambda = \frac{f\lambda}{a}. \tag{8.7}$$

由此可见,除中央明纹外,单缝衍射其他明纹均有同样的宽度,它们的宽度恰好为中央明纹宽度的一半.

8.2.2　单缝夫琅禾费衍射的光强分布

中央明纹中心处的光振动振幅是单缝处波面上所有子波传播到相应位置所激起的光振动振幅之和（因各子波在该处激起的光振动有相同的相位），故中央明纹中心处的光强最大；其他各级明纹中心的光强是由一个半波带产生的，θ 越大，单缝处波面被分出的半波带个数越多，每个半波带的面积越小，在观察屏上引起的光振动越弱，故明纹级次越高，对应的明纹中心光强越弱.单缝衍射强度随衍射角分布如图8.7所示.

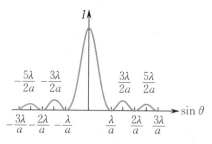

图 8.7　单缝夫琅禾费衍射光强分布图

从图8.7可以看出，当单缝宽度变大时，各级明纹变窄并往中央明纹靠拢；当缝宽 $a \gg \lambda$ 时，各级衍射条纹都密集分布于中央明纹附近，变成一条明纹，这就是被照亮的单缝通过透镜所成的几何光学像，此时光表现为直线传播.可见，几何光学是波动光学在 $\dfrac{\lambda}{a} \to 0$ 时的极限.

*8.2.3　单缝夫琅禾费衍射强度分布的计算（振幅矢量法）

根据惠更斯-菲涅耳原理和振幅矢量法，可求得单缝夫琅禾费衍射光强分布的数学表达式.设单缝面积为 ΔS，将单缝沿宽度方向分割成 N 个宽度相同的条带（N 很大），称为波带，每个波带的面积为 $\dfrac{\Delta S}{N}$，如图8.8所示.每个波带都相当于一个子波源，它们在观察屏上 F 点处产生的光振动合成的结果决定了 F 点处的光强.这 N 个波带发出的平行光在观察屏上 F 点处产生的光振动幅度相同，设为 ΔA；相邻两波带发出的平行光到达 F 点的光程差 $\delta = \dfrac{a\sin\theta}{N}$，相应的相位差 $\Delta\varphi = \dfrac{2\pi a\sin\theta}{N\lambda}$；用振幅矢量求合振动时，这 N 个光振动振幅矢量依次首尾相连，形成某正多边形的一部分.设该正多边形的外接圆的圆心为 C 点，圆心角 $\angle OCB$ 为 α，合振幅矢量为 $\overrightarrow{OB}$，其大小设为 A，如图8.9所示.根据图中的几何关系以及 $\alpha = N\Delta\varphi$，有

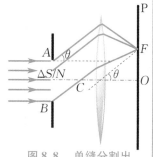

图 8.8　单缝分割出的面积元

$$A = \overline{OB} = \overline{OD}\,\frac{\sin\frac{N\Delta\varphi}{2}}{\sin\frac{\Delta\varphi}{2}} = \Delta A\,\frac{\sin\frac{N\Delta\varphi}{2}}{\sin\frac{\Delta\varphi}{2}}.$$

当 $N \to \infty$ 时，$\Delta\varphi = \dfrac{2\pi a\sin\theta}{N\lambda}$ 很小，$\sin\dfrac{\Delta\varphi}{2} \approx \dfrac{\Delta\varphi}{2}$，于是上式变为

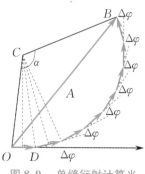

图 8.9　单缝衍射计算光强的振幅矢量图

$$A = N\Delta A\,\frac{\sin\frac{N\Delta\varphi}{2}}{\frac{N\Delta\varphi}{2}}. \qquad (8.8)$$

令 $u = \dfrac{N\Delta\varphi}{2}$，将上式两边平方，得到观察屏上单缝衍射强度分布公式为

$$I = I_0 \left(\frac{\sin u}{u}\right)^2, \tag{8.9}$$

式中 I_0 是 $u = 0(\theta = 0)$ 时观察屏上对应位置的光强,即单缝衍射中央明纹中心的光强.图 8.7 中单缝衍射的光强分布曲线就是基于式(8.9)画出的.

由式(8.9)可得 $u = k\pi(k = \pm1, \pm2, \cdots)$,即 $a\sin\theta = k\lambda$ 时,观察屏上相应位置为单缝衍射暗纹,这与半波带法所得到的结果一致.

为求得观察屏上单缝衍射明纹的位置,令 $\dfrac{\mathrm{d}}{\mathrm{d}u}\left(\dfrac{\sin u}{u}\right)^2 = 0$,因为光强极大时 $\sin u \neq 0$,所以可得 $\tan u = u$.由此可求得除中央明纹外其他各级明纹的 u 值为

$$u \approx \pm1.43\pi, \pm2.46\pi, \pm3.47\pi, \cdots,$$

对应的明纹衍射角满足

$$a\sin\theta = 1.43\lambda, 2.46\lambda, 3.47\lambda, \cdots.$$

由上式求出的明纹中心位置和由半波带法求出的明纹中心位置 $a\sin\theta = \pm(2k+1)\dfrac{\lambda}{2}$ 十分接近,可见半波带法是一个较好的近似方法.

例 8.1 (1)单缝夫琅禾费衍射中,使单缝沿竖直方向做小幅度移动,观察屏上衍射条纹如何变化?要使明纹宽度减小,可采用哪些办法?(2)已知单缝夫琅禾费衍射实验中,缝宽为 0.60 mm,会聚透镜的焦距为 40 cm,在观察屏上测得一明纹中心 F 点至中央明纹中心的距离为 1.40 mm.求该明纹的级次和入射光波长,以及相对于 F 点,单缝处波面分成的半波带个数.

解 (1)由于透镜对平行光的聚焦作用,单缝处波面上各子波源沿同一方向发出的衍射光将在观察屏上同一点相遇,与子波源在单缝处波面上的位置无关,故使单缝沿竖直方向做小幅度移动,观察屏上的衍射条纹将保持不变.根据明纹宽度的计算公式(式(8.6)与式(8.7))可知,要使明纹宽度减小,可减小透镜焦距、减小入射光波长、增加缝宽.

(2)明纹的衍射角由 $a\sin\theta = \pm(2k+1)\dfrac{\lambda}{2}$ 确定,第 k 级明纹中心到中央明纹中心的距离为

$$y = f\tan\theta \approx f\sin\theta = \pm\frac{f}{a}(2k+1)\frac{\lambda}{2}, \quad k = 1, 2, \cdots.$$

将 $a = 0.60$ mm, $f = 40$ cm, $y = 1.40$ mm 代入上式,得

$$\lambda = \frac{2ay}{f(2k+1)} = \frac{2 \times 0.6 \times 10^{-3} \times 1.40 \times 10^{-3}}{40 \times 10^{-2} \times (2k+1)} \text{ m} = \frac{4\,200}{2k+1} \text{ nm}.$$

在可见光范围内,$400 \text{ nm} \leqslant \lambda \leqslant 760 \text{ nm}$,将上式代入可得 $2.26 \leqslant k \leqslant 4.75$.又因为 k 为整数,所以 $k = 3$ 或 $k = 4$,相应的入射光波长分别为 600 nm 和 466.7 nm.对于波长为 600 nm 的光,F 点处出现的是第 3 级明纹,相对于 F 点,单缝处波面可分成 7 个半波带;对于波长为 466.7 nm 的光,F 点处出现的是第 4 级明纹,相对于 F 点,单缝处波面可分成 9 个半波带.

思考

1. 单缝夫琅禾费衍射第 3 级暗纹所对应的单缝处波面可分为几个半波带?若缝宽缩小一半,原来的第 3 级暗纹处是明是暗?单缝能分出的半波带数目是如何确定的?

2. 单缝衍射和双缝干涉都产生明暗相间的条纹,它们的产生原理有何不同?

3. 假设单缝处波面被分为 4 个半波带(参见图 8.6(a)),由半波带的性质可知,第 1 个和第 3 个半波带产生的合振动不为零,第 2 个和第 4 个半波带产生的合振动也不为零,为什么观察屏上相应位置出现暗纹?

光栅衍射

8.3 光栅衍射

对于单缝夫琅禾费衍射,如果单缝较宽,透过的光能量较大,明纹亮度较强,但相邻明纹的间距很小不易分辨;如果单缝很窄,相邻明纹的间隔较大,但由于光强太小相邻明纹也不易分辨.因此,单缝夫琅禾费衍射的实际应用受到了极大的限制.解决这一矛盾的办法是增加缝的条数,即本节要介绍的光栅衍射.

8.3.1 光栅与光栅衍射

假设单色平行光垂直入射到多个平行排列、等距离、等宽度且很窄的单缝,分别打开一个单缝时,每次在观察屏上都得到一个衍射图样,由于缝后透镜的作用,这些单缝衍射图样不仅光强分布相同,而且在观察屏上的位置也完全一样;当所有单缝同时打开时,每个单缝的夫琅禾费衍射图样是完全重叠在一起的,因为各缝所发出的光波是相干光,所以光强不是简单的相加,而是相干叠加,其结果是在单缝衍射亮区出现较为明锐的干涉条纹.

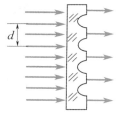

图 8.10 透射光栅

上述多缝器件称为平面透射光栅.透射光栅有多种类型.一类是在平板玻璃片上刻划出许多距离相等、宽度相等的刻痕而制作出来的.刻痕处玻璃变得粗糙,由于漫反射而不透光,透光的是两刻痕间的区域,相当于单缝,如图 8.10 所示.另一类是用薄膜材料在上述原刻光栅上复制出来的凹凸型光栅.实验室常用的光栅,是用激光干涉法在感光底片上形成许多等间距的平行干涉条纹经过显影定影后制成的.除了透射光栅,还有反射光栅.在平整光洁的金属表面刻划出等间距而又互相平行的锯齿状细槽,就成了反射光栅,如图 8.11 所示.透射光栅和反射光栅的衍射机理是相同的,下面以透射光栅为例进行分析.

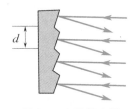

图 8.11 反射光栅

平面透射光栅可看作是许多宽度相同的单缝等间距、平行排列而成的单缝集合.设单缝的宽度为 a,相邻两缝间不透光部分的宽度为 b,则 $(a+b)$ 为相邻两缝中心(或对应位置)之间的距离,称为光栅常数,常用 d 表示,是描述光栅周期性结构的物理量.通常使用的光栅,其光栅常数为 $10^{-5} \sim 10^{-6}$ m 的数量级.光栅衍射实验装置如图 8.12 所示,当一束单色平行光垂直入射到光栅 G 上时,每一单缝都要产生夫琅禾费衍射,而缝与缝之间透过的光又要发生干涉.显然,单缝衍射暗纹处,重叠后的光强仍为零,出现光栅衍射暗纹;而单缝衍射光强不为零的地方(单缝衍射明纹),重叠后可能出现若干明纹和暗纹,进而形成光栅衍射图样.

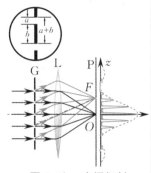

图 8.12 光栅衍射

8.3.2 光栅方程

根据上述分析,光栅衍射条纹是单缝衍射和缝间干涉综合而成的.定量研究观察屏上某点的光振动时,先求出每个单缝产生的光振动(单缝衍射),再将各缝单独产生的光振动叠加(缝间干涉),得到总的光振动,叠加结果是加强还是减弱取决于各单缝产生的光振动相位差. 如图 8.13 所示,可用从单缝某处(如中心处)发出的一条光线(称为等效光线)来代表一个单缝波面上所有与之平行的衍射光的集体行为(物理学中常用的等效方法),当光栅上相邻两条缝沿衍射角 θ 方向发出的等效光线的光程差 $(a+b)\sin\theta$ 恰好等于入射光波长的整数倍时,各缝衍射光在观察屏上会聚点产生的分振动相位差等于 2π 的整数倍,其相干叠加的结果是相互加强而出现明纹. 因此,光栅衍射的明纹位置应满足

$$(a+b)\sin\theta = k\lambda, \quad k = 0, \pm 1, \pm 2, \cdots. \quad (8.10)$$

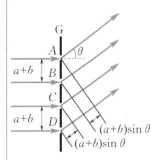

图 8.13　光栅方程的推导

式(8.10)称为光栅方程,式中的 k 称为光栅衍射明纹的级次.

满足光栅方程时,所有单缝在观察屏上相应位置产生的光振动相位相同(或相位差等于 $2k\pi$). 假设每一单缝在明纹处引起的光振动振幅为 A,若光栅有 N 条缝,则明纹所在处光振动的振幅为 NA. 而光强正比于振幅的平方,于是明纹中心处的光强是一个单缝在该处产生的衍射光强的 N^2 倍,因而光栅衍射明纹非常亮,这样的明纹称为主极大.

对于给定光栅,若入射光是复色光,除中央明纹外,不同波长光的同一级衍射条纹因衍射角不同而彼此分开,波长 λ 越大,衍射角越大,于是不同颜色光的同级明纹按波长在观察屏上顺序排列,形成光栅光谱,这就是光栅的分光作用. 据此可制成光栅光谱仪. 将待测样品的光谱与已知的各种元素或化合物的特征光谱相对照,可定性地分析出该物质中所含的元素或化合物. 此外,还可以从谱线的光强大小定量地分析元素含量的多少. 因此,通过对样品的发光光谱的分析,可以了解物质的结构和性质.

光线斜入射时,还需考虑相邻两缝的入射光在到达光栅前已有的光程差. 斜入射的好处在于可以获得高级次的条纹,增大分辨率.

8.3.3　光栅衍射条纹的缺级

满足式(8.10)的 θ 角方向上是否一定会出现明纹呢? 未必! 由于缝间干涉受单缝衍射的制约,只有单缝衍射的有光区域才能发生干涉. 式(8.10)只是从相位角度给出缝间干涉加强的条件,而相位差等于 2π 的整数倍仅为出现明纹的必要条件,最终能否形成明纹还要看各单缝的衍射光在相遇点处产生的光振动幅度. 如果单缝衍射出现暗纹,即每个单缝单独产生的光振动为零,它们叠加的结果也必然为零,在这种情况下,即使所在方向满足光栅方程,按照缝间干涉本应出现明纹,但由于单缝衍射的制约而实际形成暗纹,这一现象称为光栅衍射条纹的缺级. 缺级时满足

$$\begin{cases} a\sin\theta = k'\lambda, & k' = \pm 1, \pm 2, \cdots, \\ (a+b)\sin\theta = k\lambda, & k = 0, \pm 1, \pm 2, \cdots, \end{cases}$$

由此解得

$$k = \frac{a+b}{a}k'. \qquad (8.11)$$

式(8.11)就是光栅衍射缺级的计算公式.需要注意的是,在利用该式计算缺级级次时,求得的 k 必须刚好为整数.

8.3.4 光栅衍射明纹的宽度

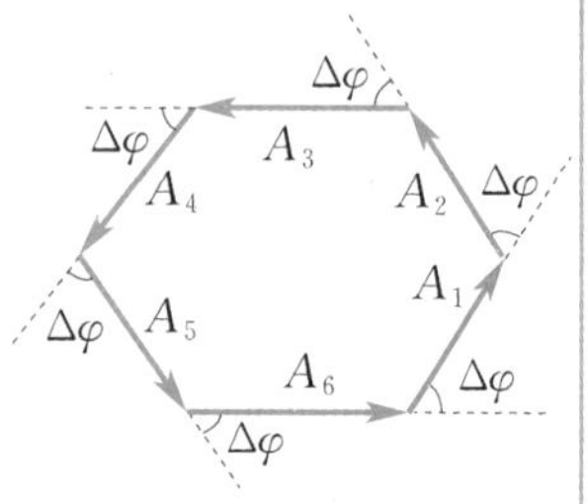

图 8.14 振幅矢量形成闭合正多边形($N=6$)

明纹的宽度是该明纹附近两条暗纹之间的距离.因此,研究明纹宽度首先要分析产生暗纹的条件.设光栅有 N 条缝,由于各单缝在观察屏上同一位置所产生的光振动振幅相同,相邻两缝产生的光振动的相位差也相同(都为 $\Delta\varphi$),故用振幅矢量法求其合振动时,N 个振幅矢量依次首尾相连,合矢量就是合振动.显然,当 N 个振幅矢量形成一完整的闭合正多边形时,其合矢量将为零(见图8.14),观察屏上相应位置将出现暗纹.由于相邻两个振幅矢量间的夹角都是 $\Delta\varphi$,因此出现暗纹的条件为

$$N\Delta\varphi = 2m\pi, \qquad (8.12)$$

与式(8.12)中 $\Delta\varphi$ 对应的光程差为 $(a+b)\sin\theta = \frac{m}{N}\lambda$.式(8.12)中,$m$ 为正整数,但 m 不能为 N 的整数倍,即 $m \neq kN$,因为当 $m = kN$ 时,$\Delta\varphi = 2k\pi$,对应的光程差也变为 $(a+b)\sin\theta = k\lambda$,此时观察屏上相应位置将出现光栅衍射的明纹.由此得到光栅衍射暗纹计算公式为

$$(a+b)\sin\theta = \frac{m}{N}\lambda,$$
$$m = 1,2,\cdots,N-1,N+1,$$
$$N+2,\cdots,2N-1,2N+1,\cdots. \qquad (8.13)$$

可见,在第 k 级主极大明纹与第 $(k+1)$ 级主极大明纹间有 $(N-1)$ 条暗纹;在相邻暗纹之间必定有明纹,称为次极大,相邻主极大之间有 $(N-2)$ 个次极大,但次极大强度很小,且由于 N 很大,$(N-2)$ 个次极大在相邻主极大明纹之间实际形成一片连续背景暗区.由于次极大实际观察不到,能观察到的明纹实际上是主极大,因此通常对光栅衍射主极大和明纹不加区别.

下面以中央明纹为例来说明光栅衍射明纹的宽度.中央明纹中心在 $\theta = 0$ 处,考察中央明纹附近的第 1 级暗纹,设其衍射角为 θ',由式(8.13)可得

$$\sin\theta' = \frac{\lambda}{N(a+b)}.$$

因 $N(a+b)$ 为光栅尺寸,一般在几个厘米以上,故总有 $N(a+b) \gg \lambda$.可见,θ' 实际上很小,中央明纹的角宽度 $2\theta' \approx \frac{2\lambda}{N(a+b)}$ 也必然很小.

光栅衍射明纹宽度也远小于明纹间的距离,下面以中央明纹和第 1 级明纹间的距离为例说明.由式(8.10)可求得第 1 级明纹的衍射角满足

$$\sin\theta_1 = \frac{\lambda}{a+b}.$$

因为$(a+b)$和λ的数量级相当,所以中央明纹至第1级明纹中心的角距离θ_1一般较θ'大很多. 因此,主极大明纹很窄,彼此间分得很开.

*8.3.5 光栅衍射条纹的光强分布

定量分析光栅衍射在观察屏上某处所产生的衍射光,就是计算光栅上所有单缝中的所有子波源沿某一方向发出的平行光在观察屏上相应位置所产生的光振动的合成结果. 首先求出每个单缝单独存在时,缝中各子波源发出的平行光在观察屏上相遇处产生的光振动,然后再求N个单缝产生的光振动合成结果. 相邻单缝在观察屏上相遇处产生的光振动相位差等于$2k\pi$时,它们相互叠加,在观察屏上相应位置将出现光栅衍射主极大明纹,主极大明纹强度是一个单缝在该处产生的衍射光强的N^2倍;因为单缝衍射在不同方向产生的光振动振幅不同,所以不同级次光栅衍射主极大的强度也不一样. 单缝衍射光强大的方向,由缝间干涉而成的光栅衍射条纹强度也大,即干涉主极大的强度将受单缝衍射强度的影响,称为强度调制.

光栅衍射条纹细致的光强分布可由惠更斯-菲涅耳原理的数学表达式通过积分求得;也可联合利用单缝衍射和多光束干涉的有关公式与方法求解,该方法基于光栅衍射的物理机制:缝内叠加(单缝衍射)和缝间叠加(多缝干涉). 由式(8.8)可知,在某个衍射方向上,单缝衍射产生的光振动幅度为

$$A = A_\theta \frac{\sin u}{u}, \tag{8.14}$$

式中A_θ是单缝衍射在中央明纹处产生的光振动振幅,$u = \dfrac{\pi a\sin\theta}{\lambda}$. 如前所述,这一光振动可以看作是单缝中某一点(如单缝中点)的一个等效子波源发出的,相邻两个单缝的等效子波源发出的衍射光的光程差$\delta = d\sin\theta$,在观察屏上相遇点处产生的光振动的相位差

$$\Delta\varphi' = \frac{2\pi d\sin\theta}{\lambda}. \tag{8.15}$$

由于各单缝在观察屏上相遇点处产生的光振动幅度相同,相邻两单缝产生的光振动相位差也相同,这样,根据8.2节中介绍的振幅矢量法可求得观察屏上相遇点处的合振幅

$$A_合 = A \frac{\sin N\beta}{\sin\beta}, \tag{8.16}$$

式中$\beta = \dfrac{\Delta\varphi'}{2} = \dfrac{\pi d\sin\theta}{\lambda}$. 联合式(8.14)和式(8.16)可得

$$A_合 = A_\theta \frac{\sin N\beta}{\sin\beta} \frac{\sin u}{u}.$$

上式两边平方,可得光栅衍射强度分布的计算公式为

$$I = I_0 \left(\frac{\sin N\beta}{\sin\beta}\right)^2 \left(\frac{\sin u}{u}\right)^2, \tag{8.17}$$

式中$I \propto A_合^2$,$I_0 \propto A_\theta^2$. 由式(8.17)画出的光栅衍射光强分布曲线如图8.15所示.

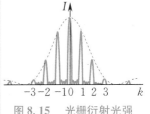

图8.15 光栅衍射光强分布示意图

例8.2 在垂直入射光栅的平行光中,有λ_1和λ_2两种波长. 已知波长为λ_1的光的第3级光谱线与波长为λ_2的光的第4级光谱线恰好重合在离中央明纹5 cm处,并发现波长为λ_1的光的第5级光谱线缺级. 设$\lambda_2 =$

486 nm,透镜的焦距为 0.5 m.(1)λ_1 为多少? 光栅常数$(a+b)$为多少? (2)光栅的最小缝宽 a 为多少? (3)一共能观察到波长为 λ_1 的光的多少条光谱线?

解 (1)由题意和光栅方程可得

$$(a+b)\sin\theta = 4\lambda_2 = 3\lambda_1,$$

所以

$$\lambda_1 = \frac{4}{3}\lambda_2 = 648 \text{ nm}.$$

又因为 $\frac{x}{f} = \tan\theta \approx \sin\theta$,所以光栅常数

$$a+b = \frac{4\lambda_2}{\sin\theta} \approx 4\frac{f}{x}\lambda_2 = 1.944 \times 10^{-3} \text{ cm}.$$

(2)当第 k 级缺级时,第 k 级干涉主极大因落在单缝衍射暗纹处而不出现,故有

$$(a+b)\sin\theta = k\lambda_1, \quad a\sin\theta = k'\lambda_1.$$

两式相除得

$$a = \frac{k'}{k}(a+b), \quad k'=1,2,\cdots,k-1.$$

光栅常数已求得,显然当 $k'=1$ 时,缝宽 a 最小,即

$$a = \frac{1}{5}(a+b) = 3.888 \times 10^{-4} \text{ cm}.$$

(3)能观察到的谱线数目取决于能出现的最高级次和缺级.因为

$$\sin\theta = \frac{k\lambda}{a+b} < 1,$$

所以

$$k < \frac{a+b}{\lambda} = 30,$$

即最高级次为 29.根据谱线缺级的计算公式,有

$$k = \frac{a+b}{a}k' = 5k' < 30,$$

解上面的不等式得

$$k' < 6,$$

故 k' 的值可取 1,2,3,4,5.又因条纹在中央明纹两侧呈对称分布,实际上能观察到明纹数目为

$$2 \times (29-5) + 1 = 49.$$

思考

1. 光栅衍射和单缝衍射有何区别? 为何光栅衍射的明纹亮而窄,而暗区特别宽? 用哪一种衍射测定的波长较准确?

2. 研究光栅衍射时,可分两步操作:首先求出每个单缝单独存在时,缝中各子波源发出的平行光在观察屏上相遇处产生的光振动;然后再求 N 个单缝产生的光振动的合振动.依据是什么?

3. 例 8.2 中,用到近似处理 $\frac{x}{f} = \tan\theta \approx \sin\theta$. 如果 $a+b = 2 \times 10^{-6}$ m,入射光的波长为 500 nm,试计算第 3 级明纹的衍射角.此时,上述近似处理还能用吗?

8.4 光学仪器的分辨本领

8.4.1 圆孔夫琅禾费衍射

将单缝夫琅禾费衍射实验中的单缝换成圆孔,则产生圆孔夫琅禾费衍射.圆孔衍射的条纹的形状是圆环形的,中央是一个光斑(圆孔衍射的中央明纹),称之为艾里斑(以第 1 级暗环为边界),如图 8.16 所示.

研究发现,圆孔衍射的艾里斑集中了观察屏上约 84% 的光能量.设圆孔的直径为 D,入射光波长为 λ,可求得艾里斑的半角宽度 θ(艾里斑中心和边缘对透镜中心的张角,实际上就是圆孔衍射第 1 级暗纹的衍射角)为

$$\theta = 1.22\frac{\lambda}{D}. \tag{8.18}$$

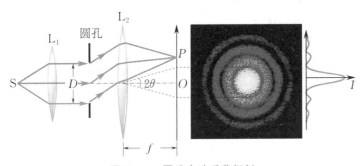

图 8.16 圆孔夫琅禾费衍射

联想到单缝夫琅禾费衍射的中央明纹半角宽度 $\theta_1 \approx \sin\theta_1 = \dfrac{\lambda}{a}$,可见,两种衍射中央明纹的半角宽度与波长及障碍物大小的关系是类似的.圆孔衍射第 1 级暗纹的衍射角与入射光波长成正比,与障碍物线度成反比.只有当 D 与 λ 可比拟时,才有明显的衍射现象;当 $D \gg \lambda$ 时,衍射现象可以忽略不计.

这样的衍射图样在近代物理学中具有更为深刻的物理意义,如高速电子流通过一个圆孔时也能得到类似的衍射图样,从而使人们认识到电子和光一样,也具有波动性.

8.4.2 光学仪器的分辨本领

光学仪器(如显微镜、望远镜等)通常有两个重要参数,一个是放大倍数,另一个是分辨能力,前者决定是否看得见,后者决定是否看得清.大多数光学仪器的透光孔都呈圆形,由于衍射现象的存在,物点的像不是一个几何点,而是圆孔衍射图样,对光学仪器前方较远的物点来说,可认为其发出的光是平行光,通过圆孔时由于衍射而形成衍射图样,其主要部分是艾里斑.假设光学仪器前方较远处有两个物点,则观察屏上的总光强是两个艾里斑强度的非相干叠加,即光强直接相加(因为两物

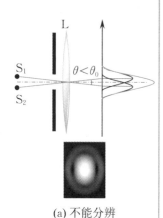

(a) 不能分辨

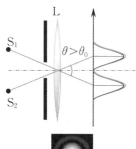

(b) 能够分辨

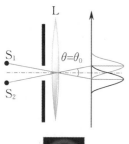

(c) 恰能分辨

图 8.17　圆孔衍射成像的分辨能力

点发出的光不是相干光). 若两个物点的距离太近, 以致对应的艾里斑相互重叠得比较多, 光强相加后, 总光强混成一片, 不能清楚地分辨出两个物点的像, 即不能分辨两个物点. 光学仪器能分辨的距离越小, 它的分辨本领就越高; 反之, 它的分辨本领就越低.

如图 8.17 所示, 远处两个发光点 S_1 和 S_2 发出的光经圆孔衍射与透镜 L 聚焦后形成了两个艾里斑, 当 S_1 与 S_2 相距很近时, 两斑重叠较多以致无法分辨它是由哪个发光点形成的像, 即对应的发光点不能被分辨. 当 S_1 与 S_2 相距较远时, 两个艾里斑完全不重叠或重叠很少, 重叠部分的光强较艾里斑中心处的光强明显要小, 使得两个艾里斑能被分辨, 对应的发光点也能被分辨. 在能清楚分辨和不能清楚分辨之间, 应存在一个恰能分辨的位置. 瑞利(Rayleigh)给出了两物点恰能被光学仪器分辨的判据: 如果两个艾里斑中心的距离恰好等于艾里斑的半径, 即一个艾里斑的中心与另一个艾里斑的边缘重合时, 这两斑恰能被分辨. 这时, 两个艾里斑重叠部分的最小光强与艾里斑中心处的光强相差约 20%, 这恰是人眼所能分辨的极限. 这时两物点 S_1 和 S_2 对透镜光心的张角是光学仪器能分辨的最小张角, 称为最小分辨角 θ_0, 它也是两物点对应的两个艾里斑中心对光心的张角, 即艾里斑的半角宽度 θ.

光学仪器的分辨本领定义为其最小分辨角的倒数 $\left(\dfrac{1}{\theta_0}\right)$. 由式(8.18) 得

$$\frac{1}{\theta_0} = \frac{D}{1.22\lambda}. \tag{8.19}$$

由式(8.19) 可以看出, 分辨本领与光的波长成反比, 与光学仪器的透光孔径成正比. 要提高光学仪器的分辨本领, 可以增大光学仪器的通光孔径, 如天文望远镜的通光孔径可达几米甚至更大. 另一种提高光学仪器分辨本领的途径是减小波长. 由于可见光波长的限制, 普通显微镜分辨极限约为 10^{-5} cm 的数量级. 用波长更短的紫外线照明的紫外线显微镜, 分辨本领也只能提高一倍左右. 利用电子的波动性制成的电子显微镜, 分辨极限可以达到 0.1 nm 或更小, 可用于研究物质的微观结构. 当然电子波的成像不能用普通透镜, 而要用对电子起偏转作用的由电场、磁场组成的所谓电子光学透镜.

在购买照相机或镜头时, 经常会看到这样的技术指标: $f = 50$ mm, $f:2$. 这说明该镜头的焦距为 50 mm, 最大通光孔径为 $D = 50$ mm $\div 2 = 25$ mm, 因此, 它对可见光中心波长 $\lambda = 550$ nm 的分辨本领为

$$\frac{1}{\theta_0} = \frac{D}{1.22\lambda} = \frac{2.5 \times 10^{-3}}{1.22 \times 550 \times 10^{-9}} \approx 3.73 \times 10^3.$$

例 8.3　地球距月球的距离约为 $L = 3.86 \times 10^8$ m, 试问月球表面上相距多远的两点恰好能被直径为 1 m 的天文望远镜所分辨? 选取视觉感受最灵敏的黄绿光(波长 $\lambda = 550$ nm)

来讨论.

解 设恰可分辨的月球表面上两点间的最近距离为 x. 最小分辨角

$$\theta_0 = \frac{1.22\lambda}{D} = \frac{x}{L},$$

故

$$x = \frac{1.22\lambda L}{D} = \frac{1.22 \times 550 \times 10^{-9} \times 3.86 \times 10^8}{1} \, \text{m} \approx 259 \, \text{m}.$$

*8.4.3 光栅的分辨本领

单色光入射到光栅上发生衍射时,每级明纹都只有一条谱线,若入射光是复色光(包含多个波长成分),由于各种波长成分都要产生自己的衍射条纹,因此,每级明纹都不止一条,除中央明纹外,各色光的其他同级明纹都不重合,它们在观察屏上按波长大小依序排列,形成光栅光谱.以白光入射为例,如图 8.18 所示,中央明纹由各色光在同一位置混合,仍为白色,第 1 级光谱为连续分布的彩色光谱带,靠近中央明纹的为紫色,离中央明纹最远的为红色.第 2 级光谱和第 3 级光谱有部分重叠,其他高级次光谱都有重叠现象.

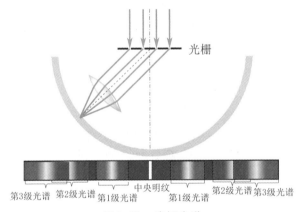

图 8.18 光栅光谱

不同类型的光源发出的光,其光谱有所不同,炽热固体和液体发出的光包含波长连续分布在某一范围内的各色光,其光谱为连续谱;放电管中稀薄气体发出的光,通常只包含若干特定的波长成分,其光谱是分立的线状光谱;而由分子发光产生的光谱,则是有很密集的谱线形成的若干条带,称为带状光谱.

每种元素都有自己的特定光谱,通过分析发光物质的光谱情况,可以知道物体中包含哪些元素,通过对谱线强度的定量分析,还可以测量各元素成分的含量,这一套方法称为光谱分析,在物质结构和材料等研究领域有广泛应用.

测量谱线波长和进行光谱分析时,需要把不同波长的光分开,光栅是否一定能把波长差异很小的两条谱线分开呢? 不一定! 原因是每条谱线总有一定宽度,当两谱线的波长差很小时,它们将有部分重叠,重叠较多时两谱线将不能分辨,恰能分辨的位置由瑞利判据确定,即一条谱线的中心位置与另一条谱线的旁边的暗纹位置重合时恰好能分辨.设入射光包含两种波长成分,其波长分别为 λ 和 $\lambda + \Delta\lambda$,根据式(8.13),波长为 $\lambda + \Delta\lambda$ 的光所产生的第 k 级明纹边沿(暗纹)的衍射角应满足方程

$$(a+b)\sin\theta' = \frac{kN-1}{N}(\lambda + \Delta\lambda).$$

波长为 λ 的光所产生的第 k 级明纹中心的衍射角应满足方程

$$(a+b)\sin\theta = k\lambda.$$

恰能分辨时, $\theta' = \theta$, 因此有

$$k\lambda = \frac{kN-1}{N}(\lambda + \Delta\lambda),$$

整理得

$$\frac{\lambda}{\Delta\lambda} = kN. \tag{8.20}$$

显然, $\frac{\lambda}{\Delta\lambda}$ 越大, 光栅能分辨的两谱线波长差越小, 其分辨能力越大. 因此, $\frac{\lambda}{\Delta\lambda}$ 可以反映和描述光栅的分辨能力, 式 (8.20) 称为光栅的分辨本领. 由式 (8.20) 可见, 光栅的分辨本领和衍射级次有关, 同时还和光栅的总缝数 N 有关, N 越大, 分辨能力越大, 这就是光栅上通常刻有上万条甚至更多刻痕的原因. N 越大, 成本越高, 大型光栅光谱仪往往是较为昂贵的光学仪器.

例 8.4 当平行光垂直照射一个平面透射光栅时, 能在 30° 方向上观察到波长为 $\lambda = 600$ nm 的光的第 2 级谱线, 并能在该处分辨 $\Delta\lambda = 5 \times 10^{-3}$ nm 的两条谱线. 求光栅常数 $a+b$ 和光栅的宽度.

解 光栅常数为

$$a+b = \frac{k\lambda}{\sin\theta} = \frac{2 \times 600}{\sin 30°} \text{ nm} = 2\,400 \text{ nm}.$$

又光栅的分辨本领 $\frac{\lambda}{\Delta\lambda} = kN$, 故

$$N = \frac{\lambda}{k\,\Delta\lambda} = \frac{600}{2 \times 5 \times 10^{-3}} = 60\,000(\text{条}).$$

光栅宽度为

$$L = N(a+b) = 6 \times 10^4 \times 2\,400 \text{ nm} = 14.4 \text{ cm}.$$

8.5 X 射线衍射 布拉格公式

8.5.1 X 射线

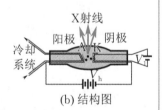

(a) 实物图

(b) 结构图

图 8.19 X 射线管

1895 年, 实验物理学家伦琴 (Röntgen) 在研究稀薄气体放电现象时发现了一种人眼看不见但穿透能力极强的无名射线, 称为 X 射线, 人们也称之为伦琴射线. X 射线能透过许多对可见光不透明的物体 (如纸片、木材等), 它能使一些固体发生荧光、照相底片感光、空气电离.

X 射线可由 X 射线管产生. 如图 8.19 所示, 热阴极 K 和阳极 A 封闭在一个真空的玻璃管内, 用低电压将阴极 K 加热, 逸出的热电子经阳极与阴极之间数万伏以上高压加速而获得很高的能量, 高速电子流撞击由钼、钨或铜等金属制成的阳极 A 时, 便会发出 X 射线. 由于电子动能

转变为 X 射线的能量不到 1%,99% 以上的能量都转变为热能,这会导致阳极温度显著升高,因此阳极中还设有冷却系统,同时选择难熔金属材料作阳极.

X 射线产生的机理主要分为两种.一种是高速电子流到达靶物质的原子核附近时,在原子核的强电场作用下,速度大小和方向都发生变化,入射电子流的一部分动能转化为 X 射线的能量辐射出去(根据电磁理论,速度发生变化,有加速度的带电粒子都要产生电磁辐射).另一种是高速电子流进入靶物质原子内部,使原子的内层电子激发,留下一个空位,外层电子跃迁至该空位,在这种跃迁过程中发出的也是 X 射线.

X 射线是一种电磁波,实验测得其波长在 $0.001 \sim 10$ nm 范围内(一般而言,波长小于 0.01 nm 的称为超硬 X 射线,波长在 $0.01 \sim 0.1$ nm 范围内的称为硬 X 射线,波长大于 0.1 nm 的称为软 X 射线).即使用较为精细的光栅(光栅常数 $d = 1 \times 10^{-6}$ m)来观测 X 射线,由于光栅常数远大于 X 射线波长,各级衍射条纹与中央明纹靠得太近,实际上无法显示出来,因此,用常见的光栅衍射的方法来研究 X 射线或测量它的波长是不可能的.

8.5.2 劳厄实验

1912 年,物理学家劳厄(Laue)认为,晶体内原子排列是规则有序的,形成晶体点阵,原子间的距离很小,晶体可以看成三维光栅,如果 X 射线是电磁波,它通过晶体时将产生衍射.基于这个想法,弗里特里希(Friedrich)和尼平(Knipping)成功地进行了晶体的 X 射线衍射实验,证实了 X 射线是电磁波,也说明晶体内原子排列是规则有序的,形成晶体点阵,X 射线的波长与晶格常数数量级相同,1914 年,劳厄因此获得诺贝尔物理学奖.实验装置如图 8.20 所示.

某一方向的 X 射线透过铅板上的小孔射到 NaCl 晶片上,晶体中各原子做受迫振动发出同频率的子波,这些子波在空间发生相干叠加后,使得某些方向上 X 射线强度较大而在照相底片上相应位置形成亮斑,这些亮斑称为劳厄斑.劳厄斑具有一定的对称性和规律性,反映了晶体结构的对称性和周期性.

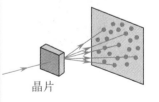

图 8.20 劳厄实验

8.5.3 布拉格公式

1913 年,物理学家布拉格父子(W. H. Bragg 和 W. L. Bragg)对 X 射线衍射进行了进一步研究,实验中 X 射线以某一掠射角(入射 X 射线方向与晶体表面间的夹角)入射到晶体表面,在同侧的反射方向测量衍射条纹,从而研究 X 射线的特性.

如图 8.21(a)所示,晶体中原子的排列规则有序,形成一系列相互平行的原子层,这些原子层称为晶面.按照惠更斯原理,当一束平行的 X 射线以掠射角 θ 照射晶体时,每个原子都是散射子波的子波源.这些子波向空间各处传播形成散射波(也称为衍射波).

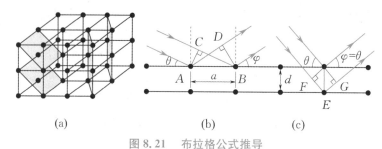

(a)　　　　　　(b)　　　　　(c)

图 8.21　布拉格公式推导

研究这些散射波在空间相遇发生干涉的结果时,可分两步.第一步分析同一层晶面上各原子发出的散射波之间的干涉. 如图 8.21(b) 所示,同一晶面上的相邻原子(距离为 a,散射角为 φ)的散射波之间的光程差为

$$\delta = \overline{AD} - \overline{BC} = a(\cos\varphi - \cos\theta).$$

$\varphi = \theta$ 时,$\delta = 0$,相邻两束光的光程差为零,散射波相互干涉而加强.可见,反射线的方向是散射波干涉后零级主极大的方向,即满足反射定律的方向是 X 射线加强的方向,这时的晶面就像一个平面镜.

第二步是分析各原子层散射波之间的干涉.对于不同晶面上的原子,沿反射方向的散射波还要干涉,设两相邻晶面的距离为 d(见图 8.21(c)),则相邻晶面散射波的光程差为

$$\delta = \overline{FE} + \overline{EG} = 2d\sin\theta.$$

而相互干涉加强的条件是光程差等于波长 λ 的整数倍,即

$$2d\sin\theta = k\lambda, \quad k = 1, 2, \cdots. \tag{8.21}$$

也就是说,从各层晶面上散射的 X 射线,只有在满足式(8.21)的条件下,才能相互干涉而加强.这就是布拉格公式.

对于特定的晶体,可以有很多空间取向不同的晶面簇(相互平行的多个晶面形成一个晶面簇),不同的晶面簇,相邻晶面间的距离不一样.波长和方向一定的入射 X 射线,对于不同晶面簇有不同的掠射角,可能有若干晶面簇满足布拉格公式,就会在相应方向上产生衍射极大.如果入射 X 射线包含有许多不同波长成分,则产生的衍射极大更多.所有这些衍射极大,在照相底片上给出各自的亮斑,综合而成 X 射线衍射图样.如果是透射光,则衍射图样为劳厄斑.

如果用已知晶体结构的晶体作"光栅",X 射线入射时,可转动晶体,找到合适的 θ 角满足布拉格公式,由测定的 θ 角,可根据式(8.21) 计算 X 射线的波长;若入射 X 射线中有不同的波长成分,它们便分别在不同的掠射角 θ 上获得加强,可用于 X 射线谱的分析.若用已知波长的 X 射线入射

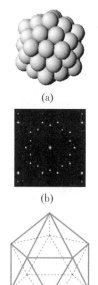

(a)

(b)

(c)

图 8.22　二十面体的 X 射线衍射结构分析

到晶体上,通过测量衍射条纹的掠射角,可求出相应晶面间的距离,从而确定晶体的空间结构,并进一步研究材料的弹性、强度、硬度、热膨胀系数、催化、腐蚀等物理和化学性质.

X射线衍射还能用于研究某些非晶态物质、液态物质和有机分子的结构.如图8.22所示,根据原子团簇的X射线衍射图样,可以确定其为二十面体结构.图8.23是DNA分子的X射线衍射图样,通过对大生物分子成千上万张X射线衍射照片进行分析,科学家发现DNA分子为双螺旋结构.

在医学方面,利用人体内不同组织对X射线的透光(或称吸收)能力不同,可以用X射线对人体内部进行检查,由此生产出医用X射线机.如果加上多极探头和计算机技术的使用,便可以生产出现代高级医疗CT机.

X射线衍射是研究物质结构的十分重要的手段与方法,具有无损试样的优点,在物理、化学、生物、材料、地球科学等领域有广泛应用.

(a)

(b)

图8.23 DNA分子的X射线衍射图样与双螺旋结构

例8.5 以波长为 $\lambda_1 = 0.097$ nm 的X射线照射岩盐晶面,测得X射线与晶面的夹角 $\theta_1 = 60°$ 时在反射方向获得第3级衍射极大,以另一束待测X射线照射在同一晶体同一光滑平面上做实验,测得掠射角 $\theta_2 = 30°$ 时在反射方向获得第1级衍射极大.岩盐晶体原子晶面之间的距离 d 为多大?待测X射线的波长 λ_2 为多少?

解 利用布拉格公式,取 $k=3$,得

$$2d\sin\theta_1 = 3\lambda_1,$$

即

$$d = \frac{3\lambda_1}{2\sin\theta_1} = \frac{3\times0.097}{2\times\sin60°} \text{ nm} \approx 0.168 \text{ nm}.$$

同理,$2d\sin\theta_2 = \lambda_2$,即

$$\lambda_2 = 2d\sin\theta_2 = 2d\sin30° = d = 0.168 \text{ nm}.$$

*8.6 信息光学与光通信

光学信息处理技术是将一个图像所包含的信息加以处理从而获得所需要的图像或其他信息的技术,是现代光学的重要应用之一.它的数学基础是傅里叶变换,物理基础是光的衍射理论,涉及的物理原理有空间频率、夫琅禾费衍射和阿贝成像理论等.

8.6.1 空间频率

光学信息处理的对象是图像.一幅图像必然是各处明暗色彩不同的,这就是一种光的强度和颜色按空间的分布.这种空间分布的特征可以用空间频率来表示.一

一般来说,可以用傅里叶分析的方法求出一幅图像的空间频率及相应的"振幅",也就是"空间频谱".明暗分布具有空间周期性的图像,频谱中各空间频率具有分立的值,而非周期性图像的频谱,频率值是连续的.频谱中相应较大空间周期的成分是"低频"成分,相应较小空间周期的成分是"高频"成分.图像的粗略结构具有较低的空间频率,细微结构具有较高的空间频率.一幅图像的特征就这样可以用它的频谱来表示,频谱中所有的频率成分和相应的振幅就是图像所包含的光学信息.

一只光栅用平行光照射时,各处光透过的强度(或透过率)具有空间周期性,其空间频率 $f = \dfrac{1}{d}$,其中 d 是光栅常数,也是空间周期.较大光栅常数(低频)对应的明纹靠近中央;光栅常数越小(高频),所对应的明纹越靠边.由此可见,不同空间周期的光强分布,其对应的衍射图样不同.衍射图样反映了光强的空间分布特征,是空间频率 f 的记录.

应用傅里叶分析的概念,一幅图像(透明片或反射片)可以认为是由许多光栅常数和缝的取向不相同的正弦光栅(透光率为 $a + b\cos(2\pi f x)$)叠加而成,各分光栅都在观察屏上相应的位置形成各自的明纹,即在观察屏上记录了一幅图像的空间频率.这就是波动光学对一幅图像的结构的认识:图像是一个复杂的"衍射屏".一套夫琅禾费衍射装置就是一套图像傅里叶(空间)频谱分析器,而一个图像的夫琅禾费衍射图样就是它的傅里叶(空间)频谱图.研究光学成像系统对各种空间光强周期分布的遮挡或透射程度,便构成了傅里叶光学的内核.为了正确地评价一个光学系统成像质量的优劣,不能仅使用光学仪器的分辨本领,还必须全面观测光源上各种空间周期成分经过光学系统的传递情况.由此引进的光学传递函数概念和理论,已广泛地用于光学系统的设计、制造和质量评价以及光信息处理等方面.

8.6.2　阿贝成像理论

1874 年,阿贝(Abbe)在研究显微镜成像规律时,对相干光成像过程提出了一种波动论的解释,首次提出了空间频谱以及二次成像的概念,并用傅里叶变换阐明显微镜成像的物理机制.他把物体或画片看作包含一系列空间频率的衍射屏,物体通过透镜成像的过程分两步.第一步是每一通过衍射屏的光发生夫琅禾费衍射,在透镜的后焦面 F 上形成其傅里叶频谱图,后焦面就叫作傅氏面或变换面.第二步是频谱图上各光点(夫琅禾费衍射图样)作为子波源,它们所发出的子波在像平面上相干叠加而形成像.可以说,第一步是信息分解,即将物面光强做傅里叶分解,并在透镜的像方焦面上得到空间频谱;第二步是信息合成,在透镜像平面上将空间频谱相干叠加形成物的像.这一成像原理是光学信息处理的理论基础.

1906 年,波特(Porter)以一系列实验证实了阿贝成像原理.如图 8.24 所示,单色光源 S 发出的光经凸透镜 L₁ 形成平行光束,照亮光栅 G(物体),在透镜 L₂ 的后方一定位置的观察屏 P 上得到光栅的像.根据上面讨论的衍射理论可知,当光栅 G 为正弦光栅时,在透镜 L₂ 的焦面 F 上将得到由三个亮点组成的夫琅禾费衍射图样;当光栅 G 为普通的黑白光栅时,光强分布为"方波",则在 F 上得到一系列亮点,分布在与光栅垂直的方向上,这是由于"方波"函数的傅里叶变换除了空间频率为 f 的基波外,还包含有空间频率为 $2f, 3f, \cdots$ 的高次谐波分量.如果用两个黑白光栅相互垂直重叠成一正交网格,则在 F 上的衍射图样将是规则排列的许多亮点.不同物体的夫琅禾费衍射图样不同,说明衍射图样与物体的空间结构(亮度变化)之间存在某种内在的联系,或者说衍射图样反映了物体的空间结构的某种特性,因此把 F 上的夫琅禾费衍射图样称为物体的空间频谱.在此装置中,如果在 F 处不加任何遮光屏,则物面上所有空间频谱都能参与综合成像,于是像面上的光强分布规律与物面完全相同,叠加成几何上与原物相似的像.

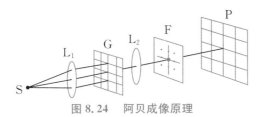

图 8.24 阿贝成像原理

在上述装置中可以在 F 处放置一个遮光屏,只允许某些空间频率的光信号通过,所得到的像中只含有和透过的空间频率相应的光学信息,这样就改变了像的质量,从而可以取得原图像信息中那些人们特别感兴趣的光学信息. 放在 F 处的遮光屏实际上起到了选频的作用,因而叫作空间滤波器. 例如,如果遮光屏只在中央有一个圆洞,则它只允许低频信息通过,这种滤波器叫作低通滤波器;如果遮光屏只是一个较小的不透光圆屏,则只有较高空间频率的光信号可从其周围通过,因而称为高通滤波器. 这种空间滤波是光学信息处理的一种基本方式.用正交网格作为衍射屏,它形成的频谱点阵包含了水平和竖直两套光栅的空间频率 f_x 和 f_y. 如果滤波器是只在中央留有一条缝的遮光屏,则只有中间一竖直列的光斑发出的光可以通过,因而只保留了竖直方向的空间频率. 这样在像平面上只出现原来水平光栅的像. 如果滤波器是中央开有一条水平缝的遮光屏,则保留的水平方向频率的光信号在像平面上将形成原来竖直光栅的像.

空间滤波是光学信息处理中的重要内容之一,应用很广. 例如,用来检测集成电路板的缺陷,先将没有缺陷的标准电路板放在图 8.24 的物平面(G 处)上摄下它的频谱,以它的负片作为空间滤波器放在频谱面(F 处)上,再把待检的电路板放入物平面,如果电路板没有缺陷,则它的频谱完全被空间滤波器滤掉,在像平面上没有任何信息. 如果在某些地方有缺陷,则这些缺陷的频谱不会被空间滤波器挡住而在像平面上成像,这样就可以立即发现电路板上的缺陷. 这种方法也可以用于图像识别和文字的读取,以及用白光照射透明物体而在像平面上得到彩色图像,矫正摄影时抖动所引起的像面模糊及其他因素造成的不良照片. 值得一提的是,利用计算机的数据运算而实现的图形处理或模式识别,与上述空间滤波是完全不同的,计算机中用的更多的是算法.

最后,介绍一个利用空间滤波原理对一张细节和棱角比较模糊的照片进行锐化处理的过程. 利用一个透光率沿半径方向递增的圆形空间滤波板,放在该(透明)照片的空间频谱面上,并令圆滤波板的中心与相干光学处理系统的光轴重合. 于是,频谱中低频部分的光强度(照片灰度变化不明显的部分)被减弱,而高频部分(照片中反差较大的部分)没有衰减或衰减很少. 结果在照片成的像中,景物的细节和棱角的对比度提高了,原来稍模糊的照片变成细节比较清楚的照片. 如果用计算机的名词来描述,则可以看到相干光学计算机的"计算过程"几乎是即时的(实时的),比数字电子计算机快得多而且也十分经济.

8.6.3 光通信

光通信就是以光波作为载波传递信息. 利用光纤传输激光,通信容量比用无线电波要大得多,通常把许多根光纤组成一根光缆,则通信容量就更大了. 此外,光通信还具有抗干扰性好、保密性强、重量轻、能节省金属材料等许多优点.

光通信是我国与发达国家差距最小的高科技领域之一，我国是世界上少数几个掌握光通信核心技术、能够提供光网络全面解决方案的国家之一. 目前，我国掌握了波分复用技术（WDM 传输技术），建立了国产的 WDM 商用系统，拥有世界领先的面向城域网的系列多业务平台、光器件、光模块、系列化数字传输芯片等. 在网络建设上，我国具有世界上最大的光传输网络，1998 年，我国建成了"八纵八横"长途骨干网，覆盖了全国 75％ 以上的县市，使我国光纤网络规模跃居世界前列. 同时，中国电信、中国联通等运营商和专业网络又相继建成了 320 G 高速环中国网、全国骨干智能网、中国有线广播电视网骨干传输网等骨干光纤网络和一批城域网络.

随着网络建设的不断推进，人们对光通信带宽的需求日益增加，增加光路带宽的方法有两种：一是提高光纤的单信道传输速率；二是增加单光纤中传输的波长数，即粗波分复用技术. 利用粗波分复用技术可以实现有线电视、传统语音信号以及 IP 信号的共纤传输，对于城市网的三网合一是一个非常好的解决方案. 朗讯推出打通 1 400 nm 窗口的全波光纤更为粗波分复用的应用打下了很好的基础. 目前应用的光设备主要有：① 光器件，有光耦合器，光复用器，光滤波器，光纤连接器和衰减器，光检测器，光放大器，光调制器与开关等；② 光发射机；③ 光接收机.

密集波分复用（DWDM）的巨大带宽和传输数据的透明性，无疑是当今光纤应用领域的首选技术. 正是由于光纤放大器具有一个较宽的增益谱才使密集波分复用得以实现. 实现密集波分复用的核心器件是复用／解复用滤波器，主要有薄膜干涉型滤波器、平面波导型（AWG）、光纤光栅型、光纤熔融级联 MZ 干涉仪型以及衍射光栅型等.

介质薄膜干涉滤波器是使用最广泛的一种滤波器，主要应用在 400 GHz 到 200 GHz 频率间隔的低通道波分复用系统中. 这种技术十分成熟，可以提供良好的温度稳定性、通道隔离度和很宽的带宽. 主要工作原理是在玻璃衬底上镀膜，多层膜的作用使光产生干涉选频，镀膜的层数越多，选择性越好，一般都要镀 200 层以上. 镀膜后的玻璃经过切割、研磨，再与光纤准直器封装在一起. 这种技术的不足之处在于要实现频率间隔 100 GHz 以下非常困难，限制了通道数只能在 16 以下.

平面波导滤波器主要是一种阵列波导光栅. 制作原理是在硅材料衬底上镀多层玻璃膜（形成光栅），玻璃的成分必须仔细选定以产生合适的折射率. 这些玻璃层按一定形状用光刻，反应离子刻蚀等标准的半导体工艺制备在硅衬底上. 同样地，入射光在光栅中产生干涉滤波. 这种技术的难点在于制作波导光栅，即控制玻璃膜的厚度、成分与缺欠等. 这种器件的优点在于集成性，频率间隔可以达到 100 GHz，50 GHz 的器件也可以做出来. 缺点是温度稳定性不好，插损较大.

基于光纤的滤波器主要是长周期或短周期的光纤光栅以及熔融 MZ 干涉仪型的结构. 这些器件特别是后者可以提供非常窄的频率间隔. 最好可以做到 2.5 GHz(0.04 nm)，理论上在 C 波段就可以容纳 1 600 个通道复用. 插损与一致性也非常好. 光纤光栅是通过紫外线在高掺锗或普通氢载光纤上按一定的掩膜刻制光栅的器件. 长周期光纤光栅还具有宽带滤波的性能，特别适合制作增益平坦的滤波器. 光纤光栅器件的困难在于温度稳定性，由于光栅的中心波长会随温度而变化，因此实用化的器件必须解决这个问题.

为实现 50 GHz 间隔的密集波分系统同时避免器件技术的过分复杂和过高成本，2000 年 3 月，多家公司纷纷提出一种群组滤波器，称为 Interleaver(交叉复用器). 这种器件的基本工作原理还是两束光的干涉，干涉产生了周期性的原来信号波长重复整数倍的输出，通过控制干涉的边缘图案就可以选择合适的频率组输出.

换句话说,通过合适的干涉参数设计可以使Interleaver的通过谱成为类似梳状波的形状.实现Interleaver的技术包括熔融拉锥的干涉仪、液晶、双折射晶体等.最简单的办法可能就是通过熔融拉锥工艺制作Interleaver.在这种设计中,在两个3 dB耦合器中的两段不等长的光纤就可以实现.通过精确控制长度差就可以实现所需要的频率间隔.同时由于是全光纤器件,又具有插损小、一致性好等优点.

滤波器在密集波分复用系统中的第一个主要应用就是构成各种解复用器,把复用在一起的光区分开来.新一代全光网络的关键器件光上下话路器也可以由滤波器构成.正是这些应用使滤波器在全光网络和密集波分复用系统中不可或缺.滤波器的第二个主要应用是实现光纤放大器的增益平坦,前面提到长周期的光纤光栅可以制成宽带滤波器,可以事先按照需要补偿的增益谱来定制增益平坦滤波器.

光通信产品主要有光纤光缆、光传输设备以及光器件.光纤光缆发展比较成熟,我国光纤光缆制造业的规模不断壮大,成为世界第三大光缆生产国.目前我国光传输设备在技术先进性和商品化水平方面,都与世界处于同一水平,但与快速发展的光纤通信相比,我国光器件产业无论规模还是速度,都有不小的差距,在一些高端产品如中大规模的光开关、复用/解复用器以及许多有源器件等产品方面,相对较少.因此,今后几年,密集波分复用设备、光同步数字系列设备等光通信产品将得到大力发展.

思考

1. 通过显微镜对物体进行显微摄影时,用什么颜色的光源照射分辨本领较高?为什么天文望远镜的物镜的直径很大?

2. 晶格常数为 d 的晶体是否能对所有波长的X射线产生布拉格衍射?有何限制?

本章小结

1. 惠更斯-菲涅耳原理

同一波面的各点是相干子波源,它们发出的子波在空间相遇后发生相干叠加,使得光强重新分布,对光波而言,将出现明暗相间的衍射条纹.

2. 单缝夫琅禾费衍射

将单缝分割成很多面积相同的条带,每个条带称为半波带.一个半波带单独产生的光振动不为零;相邻两个半波带对应位置的子波源发出的平行光光程差为半个波长,相邻两个半波带产生的光振动刚好相互抵消.

明纹与暗纹的中心位置对应的衍射角满足

$$\begin{cases} a\sin\theta = \pm 2k\dfrac{\lambda}{2} = k\lambda, & k=1,2,\cdots, \\ a\sin\theta = \pm(2k+1)\dfrac{\lambda}{2}, & k=1,2,\cdots, \\ \theta=0, & \text{中央明纹的中心.} \end{cases}$$

3. 光栅衍射

光栅方程:

$$(a+b)\sin\theta = k\lambda, \quad k=0,\pm1,\pm2,\cdots.$$

缺级: $k = \dfrac{a+b}{a}k'$, $k'=\pm1,\pm2,\cdots.$

暗纹: $(a+b)\sin\theta = \dfrac{m}{N}\lambda$ (m 为整数,但 $m \neq kN$).

4. 光学仪器的分辨本领

艾里斑的半角宽度和光学仪器的最小分辨角:

$$\theta = 1.22\dfrac{\lambda}{D}.$$

瑞利判据:对于圆孔衍射,两个艾里斑中心的距离恰好等于艾里斑的半径,即一个艾里斑的中心与另一艾里斑的边缘重合时,两个斑恰能被分辨;对于光栅衍射,一条谱线的中心位置与另一条谱线的旁边的暗纹位置重合时,恰好能分辨.

光栅的分辨本领: $R = \dfrac{\lambda}{\Delta \lambda} = kN$.

拓展与探究

1. 如何利用衍射方法测量圆柱形工件表面的平整度?能用衍射方法探测生物细胞大小吗?

2. 利用光栅衍射可研究金属材料的应变,试分析其中的原理.

3. 蝴蝶翅膀在显微镜下观察时是没有颜色的,但平时看到的蝴蝶翅膀大都是彩色的,其形成原理是什么?

5. X 射线衍射　　布拉格公式

$2d\sin\theta = k\lambda, \quad k = 1, 2, \cdots$ （θ 为掠射角）.

4. 相控阵雷达比传统雷达优越得多,在现代军事领域有广泛应用,其原理与方案是什么?

5. 有时候看到月亮周围有一光圈,内紫外红,称为月华.月华是怎么形成的?

6. X 射线在医学、材料、生物领域中有哪些应用?

习 题 8

8.1 试证明:一个半波带内所有子波源发出的平行光在焦面上相遇处产生的合振动振幅不为零.

8.2 若在某衍射方向上单缝不能被分割成整数个半波带,则观察屏上对应位置的光强度如何?

8.3 单色平行光垂直入射在缝宽 $a = 0.15$ mm 的单缝上,缝后有焦距 $f = 600$ mm 的凸透镜,在其焦面上放置观察屏.实测得观察屏上第 3 级明纹到中央明纹中心之间的距离为 8 mm,则入射光的波长为多少?中央明纹宽度为多少?

8.4 在某个单缝衍射实验中,光源发出的光含有两种波长 λ_1 和 λ_2,垂直入射到单缝上. 假设波长为 λ_1 的光的第 1 级衍射极小与波长为 λ_2 的光的第 3 级衍射极小重合.

(1) 两种波长之间有什么关系?

(2) 在两种波长的光所形成的衍射图样中,是否还有其他极小相重合?

*8.5 单缝的宽度 $a = 0.40$ mm,以波长 $\lambda = 589$ nm 的单色光垂直照射,设透镜的焦距 $f = 1.0$ m.

(1) 求第 1 级暗纹距中央明纹中心的距离;

(2) 求第 2 级明纹的宽度;

(3) 若单色光以入射角 $i = 30°$ 斜入射到单缝上,则上述结果有何变动?

8.6 波长为 600 nm 的单色光垂直入射到一光栅上,第 2 级和第 3 级主极大明纹分别出现在 $\sin\theta = 0.2$ 及 $\sin\theta = 0.3$ 处,第 4 级缺级.

(1) 求光栅常数;

(2) 求光栅上狭缝的宽度;

(3) 观察屏上一共能观察到多少条主极大明纹?

8.7 氢放电管发出的光垂直照射在某光栅上,在衍射角 $\theta = 41°$ 的方向上看到波长分别为 $\lambda_1 = 656.2$ nm 和 $\lambda_2 = 410.1$ nm 的光的谱线重合,求光栅常数的最小值.

8.8 白光中包含了波长从 400 nm 至 760 nm 之间的所有可见光波,用白光垂直照射一光栅,第 1 级衍射光谱和第 2 级衍射光谱是否有重叠?第 2 级和第 3 级情况又如何?

8.9 一衍射光栅,每厘米有 400 条刻痕,刻痕宽度为 1.5×10^{-5} m,光栅后放一焦距为 1 m 的凸透镜,现以波长为 $\lambda = 500$ nm 的单色光垂直照射光栅.

(1) 透光缝宽为多少?透光缝的单缝衍射中央明纹宽度为多少?

(2) 在该宽度内,有几条光栅衍射主极大明纹?

*8.10 一双缝的缝距 $d = 0.4$ mm,两缝宽度都是 $a = 0.080$ mm,用波长为 $\lambda = 480$ nm 的平行光垂直照射双缝,在双缝后放一焦距 $f = 2.0$ m 的透镜.求:

(1) 在透镜焦面处的观察屏上双缝干涉条纹的间距 Δx;

(2) 在单缝衍射中央明纹范围内的双缝干涉明纹数目 N.

**8.11 北京天文台的米波综合孔径射电望远镜由设置在东西方向上的一列共 28 个抛物面组成. 这些用作天线的抛物面用等长的电缆连到同一个接收

器上(这样各电缆对各天线接收的电磁波信号不会产生附加的相差),接收由空间射电源发射的 232 MHz 电磁波.工作时各天线的作用等效于间距为 6 m、总数为 192 的一维天线阵列.接收器接收到的从正天顶上的一颗射电源发来的电磁波将产生极大强度还是极小强度? 在正天顶东方多大角度的射电源发来的电磁波将产生第 1 级极小强度? 又在正天顶东方多大角度的射电源发来的电磁波将产生下一级极大强度?

*8.12 用一个每毫米有 500 条狭缝的衍射光栅观察钠光谱线(波长为 589 nm).设平行光以入射角 30° 入射到光栅上,问最多能观察到第几级谱线?

*8.13 一光源发射的红双线的波长在 $\lambda = 656.3$ nm 处,两条谱线的波长差 $\Delta\lambda = 0.18$ nm.今有一光栅可在第 1 级衍射条纹中把这两条谱线分辨出来,该光栅上至少有多少条缝?

8.14 有个说法是"从天外观察我们的星球,肉眼可见的仅仅有两个工程,一个是荷兰的围海大堤,另一个是我国的万里长城".航天员离地面的高度为 200 km,他能看到长城吗? 已知人眼瞳孔的直径约为 2.5 mm,白光的平均波长约为 550 nm,设长城高度与宽度为 9 m.

8.15 中国"天眼"望远镜的有效直径是 300 m,工作的主波长为 0.3 m,其最小分辨角是多少? 分辨本领比人眼高吗? 为什么要制造这样的望远镜呢?

*8.16 假设可见光波段不在 400 ~ 760 nm 范围内,而在毫米波段,人眼瞳孔的直径仍在 3 mm 左右,人们看到的外部世界将是什么景象?

8.17 有一种利用太阳能的设想是在 3.5×10^4 km 的高空放置一块大的太阳能电池板,把它收集到的太阳能用微波形式传回地球.设所用微波波长为 10 cm,而发射微波的抛物天线的直径为 1.5 km.此天线发射的微波的中央波束的角宽度是多少? 在地球表面它所覆盖的面积的直径多大?

8.18 迎面开来的汽车,其两车灯相距为 1 m,汽车离人多远时两灯刚能为人眼所分辨? 假定人眼瞳孔直径 d 为 3 mm,光在空气中的有效波长为 500 nm.

8.19 在 X 射线衍射实验中,用波长从 0.095 nm 到 0.130 nm 连续的 X 射线以 30° 角入射到晶体表面.若晶体的晶格常数 $d = 0.275$ nm,则在反射方向上有哪些波长的 X 射线形成衍射极大?

8.20 两种波长混合的 X 射线入射到某晶体上,设某晶面簇的晶面间距为 0.94 nm,用 X 射线衍射仪测得反射方向散射波的强度与散射角间的关系如图 8.25 所示,求入射 X 射线的波长.

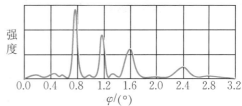

图 8.25 习题 8.20 图

第9章

光的偏振

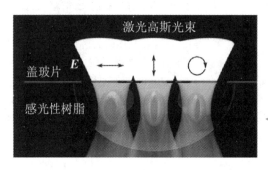

怎样利用偏振效应微调
感光性树脂在形成结构过程中
的特征尺寸?

　　偏振是光的一个重要特征,光经过物质反射、折射、吸收和散射后,偏振态会发生改变.通过偏振现象可获得晶体的光学特性与微观结构信息,制造用于测量的光学器件以及提供激光调制等技术手段.例如,用偏振光干涉仪分析机件内部应力分布情况(光测弹性);量糖计利用物质旋光性测量溶液的浓度;偏光显微镜在生物学、医学、材料学及地质学方面有着重要应用;偏光天文罗盘用于航海航空定位导航.日常生活中应用偏振光的例子也不少,如照相机的滤光镜、偏光眼镜等.研究光的偏振特性可以提高光束质量,改善光的相干性,改善光能量,其实际应用有布儒斯特窗、保偏光纤、磁光隔离器、自相关仪等.
　　本章主要讨论光的5种偏振态,以及偏振光的产生、检验和应用.

■■■ 本章目标

1.理解自然光、偏振光的含义.
2.掌握起偏和检偏的方法.
3.能够利用马吕斯定律和布儒斯特定律进行简单计算.
4.理解单轴晶体中o光和e光偏振的概念.
5.了解偏振光干涉.

9.1　光的偏振态

首先以机械波为例说明偏振性.

如图 9.1(a) 所示,在竖直方向振动的横波(如绳子上的波)的传播方向上放置一带有狭缝的挡板,当狭缝沿竖直方向放置时,横波能顺利通过狭缝;当狭缝沿水平方向放置时,横波的振动方向(竖直方向)和缝方向垂直,由于振动受阻,横波就不能穿过狭缝继续向前传播,说明横波的振动方向对于波的传播方向不具有轴对称性,此即横波的偏振性.

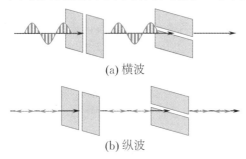

(a) 横波

(b) 纵波

图 9.1　机械波的偏振示意图

图 9.1(b) 为一纵波通过狭缝传播的情况,不管狭缝是沿水平方向还是沿竖直方向放置,纵波总可顺利通过狭缝,因纵波的振动方向(和波的传播方向平行)对于波的传播方向具有轴对称性,无偏振现象.

可见,偏振是横波区别于纵波的一个主要特征.

可见光是波长处于 $400 \sim 760$ nm 波段的电磁波,电磁波是变化的电场和磁场相互激发形成的横波. 对人眼起感光作用的是电场强度 E,称为光振动矢量,简称光矢量.光矢量的空间分布对于光的传播方向失去对称性的现象称为光的偏振(polarization).

在垂直于光传播方向的平面内,E 的各种振动状态使得光有 5 种不同的偏振态:线偏振光、自然光、部分偏振光、椭圆偏振光、圆偏振光. 各种偏振态都能用图像表示出来.

9.1.1　线偏振光

如果在垂直于光传播方向的平面内,光振动始终沿一条直线进行,这种光称为线偏振光(linearly polarized light) 或完全偏振光(completely polarized light). 由光的振动方向和传播方向构成的平面,称为振动面.光振动始终在这一平面上,故线偏振光又称为平面偏振光(planar polarized light).线偏振光用图 9.2 表示,水平向右的箭头表示光的传播方向. 图 9.2(a) 中的短线表示振动方向在纸面内,图 9.2(b) 中的点表示振动方向垂直于纸面.

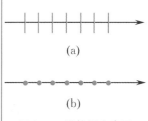

(a)

(b)

图 9.2　线偏振光表示

9.1.2 自然光

普通光源发出的光叫作自然光（natural light）. 由于普通光源内各分子或原子内部运动状态的变化是随机的, 发光过程又是间歇的, 它们所发出的波列是线偏振的且彼此独立. 从统计角度看, 光振动方向在垂直于光传播方向的平面内的各个方向上都有可能. 平均来说, 在垂直于光传播方向的平面内, 光矢量是一种对称均匀分布, 如图 9.3(a) 所示. 值得注意的是, 图中画出的均匀分布是一段"足够长"时间间隔（如 10^{-6} s 便已足够长）内光矢量的平均结果, 不同光矢量之间不存在相位差概念, 不会互相抵消. 可以把自然光中所有取向的光矢量在任意指定的两个相互垂直方向上分解, 分别求这两个方向上光强的时间平均值, 应是相等的, 各占总光强的一半. 因此, 自然光通常可分解为任意两个相互垂直方向上的、振幅相等的独立分振动, 如图 9.3(b) 所示, 它们当然无固定的相位差, 不能把它们叠加成一个具有某一方向的合矢量. 通常用图 9.3(c) 表示自然光, 图中短线和点的疏密一样, 说明两者的光强相等.

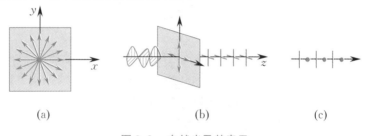

(a)　　　　　　　　(b)　　　　　　　　(c)

图 9.3　自然光及其表示

9.1.3 部分偏振光

如果在垂直于光传播方向的平面内, 各方向上都有光矢量, 但光矢量分布不均匀, 则称这种光为部分偏振光（partially polarized light）, 如图 9.4(a)（图面垂直于光的传播方向）所示. 由于该图仍是一平均结果, 因此不同方向的光振动之间亦无确定相位差. 部分偏振光也可分解为两束振动方向相互垂直的、振幅不等的、无固定相位差的线偏振光, 如图 9.4(b) 所示. 通常用图 9.4(c) 表示平行于纸面方向的光振动比垂直于纸面方向的光振动强, 图 9.4(d) 表示平行于纸面方向的光振动比垂直于纸面方向的光振动弱.

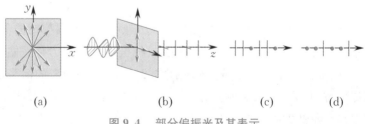

(a)　　　　　　(b)　　　　　(c)　　　　(d)

图 9.4　部分偏振光及其表示

9.1.4 圆偏振光和椭圆偏振光

如果在垂直于光传播方向的平面内,光矢量不是在一条直线上变化,而是围绕光的传播方向做圆周运动,光矢量末端的轨迹为圆,这类偏振光称为圆偏振光(circularly polarized light),如图 9.5(a) 所示;如果光矢量末端的轨迹是椭圆,则称为椭圆偏振光(elliptically polarized light),如图 9.5(b) 所示.

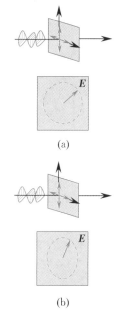

由简谐振动的合成可知,两个振动方向相互垂直、同频率、有固定相位差的简谐振动叠加时,其合振动矢量的方向和大小都可能随时间发生变化,一般情况下合矢量端点的轨迹是一椭圆.椭圆的性质(方位、长短轴、左右旋)由分振动的振幅和它们的相位差决定,某些特殊情况下的轨迹为直线(简谐振动)或圆.

因此,圆偏振光可分解为两束振动方向相互垂直、振幅相等、频率相同、相位差为 $\pm \dfrac{\pi}{2}$ 的线偏振光,椭圆偏振光可分解为两束振动方向相互垂直、频率相同、振幅不等、有固定相位差的线偏振光.

图 9.5 圆偏振光和椭圆偏振光示意图

思考

根据振动分解的概念可以把自然光看成是两个相互垂直的振动的合成,而一个振动的两个分振动又是同相的,那么,为什么说自然光分解成的两个相互垂直的振动之间没有固定相位关系呢?

9.2 偏振片的起偏和检偏

从实用的角度来说必须解决两大问题:一是如何判别光的偏振态,二是如何从普通光源中取得线偏振光.

从自然光等非线偏振光获得线偏振光的过程称为起偏(polarization).

起偏的办法有许多种,其中之一是利用某些晶体的二向色性(dichroism,即只允许某一特殊方向的光振动透过去,而对与之垂直的方向上的光振动有强烈吸收),例如将硫酸碘奎宁的针状粉末定向排在透明的基片上或把富含自由电子的碘附着在拉伸的塑料薄膜上制成偏振片.偏振片上允许通过的光振动方向称为偏振片的偏振化方向(polarization direction).任何光通过偏振片后,都成为线偏振光,且振动方向与偏振片偏振化方向一致.

自然光入射至偏振片,垂直于偏振片偏振化方向的光振动被全部吸收,只有平行于偏振片偏振化方向的光振动射出,自然光通过偏振片

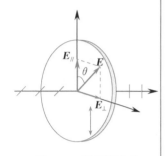

图 9.6　马吕斯定律

后强度减半. 因此,将偏振片以入射光方向为轴转过一周,出射光的强度不会发生变化,总是入射光的一半.

下面分析线偏振光通过偏振片后出射的光强. 设入射光振幅为 E,光振动方向和偏振片的偏振化方向之间的夹角为 θ,如图 9.6 所示,将其分解成与偏振化方向平行的部分 $E_{//}$ 和垂直的部分 $E_{\perp}$:

$$E_{//} = E\cos\theta, \quad E_{\perp} = E\sin\theta.$$

垂直部分 $E_{\perp}$ 被吸收,只有平行部分 $E_{//}$ 能够通过,出射光只剩下与偏振片偏振化方向一致的部分,由于光强 I 正比于振幅的平方,因此出射光强和入射光强的比值为 $\dfrac{I}{I_0} = \dfrac{E_{//}^2}{E^2} = \cos^2\theta$, 即

$$I = I_0\cos^2\theta. \tag{9.1}$$

式(9.1)是马吕斯(Malus)在 1808 年从实验中最先总结出来的,称为马吕斯定律(Malus' law).

由式(9.1)可知,出射光强将随 θ 而变. 将偏振片以入射光方向为轴旋转一周,出射光强会发生变化,当 $\theta = 0$ 或 π 时,出射光最强;当 $\theta = \dfrac{\pi}{2}$ 或 $\theta = \dfrac{3\pi}{2}$ 时,出射光强为零;θ 为其他值时,出射光强介于最强和零之间. 正是基于这一结论,通过观察偏振片绕入射光方向旋转一周的过程中,出射光是否存在两最明亮和两消光位置,可以判断入射光是否为线偏振光.

如果入射光是部分偏振光,可将它看成自然光和线偏振光的组合. 自然光通过偏振片后强度减半,线偏振光通过偏振片后出射的光强按马吕斯定律变化,将偏振片绕入射光方向旋转一周,出射光强也会发生变化,会有较强位置,也会有较弱位置,但较弱位置处,出射光强不为零. 根据这一现象,可以判断入射光是否为部分偏振光. 判断入射光是否为线偏振光或部分偏振光等称为检偏(analysis). 人造偏振片既可以作为起偏器(polarizer),又可以用作检偏器(analyzer).

然而,用上述方法却无法将自然光和圆偏振光以及将部分偏振光和椭圆偏振光区别开. 因为将偏振片绕入射光方向旋转一周,圆偏振光和自然光通过偏振片后其出射光强都没有变化;部分偏振光和椭圆偏振光出射光强都有强弱的变化,都不存在消光现象,它们的鉴别需要采用其他办法(详见 9.4.4 节).

偏振片的应用很广. 例如,汽车夜间行车时为了避免对面汽车灯光晃眼以保证安全行车,可以在所有汽车驾驶室的前挡风玻璃和汽车的前灯装上与水平方向成 45° 角且向同一方向倾斜的人造偏振片(见图 9.7). 这样,当两辆汽车相向行驶时,一辆车的车灯和前挡风玻璃偏振片的偏振化方向与另一辆车的车灯和前挡风玻璃偏振片的偏振化方向正好相互垂直,司机透过前挡风玻璃只能看到己车灯光照亮的前方道路,而看不到对方的灯光.

己车车灯和前挡风玻璃

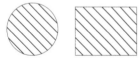

对方车灯和前挡风玻璃

图 9.7　消除车灯眩光的原理

立体电影制作必须用两个带有偏振片(偏振化方向相互垂直)的镜头仿真人眼,从两个不同角度同时摄下景物的像,并将两种图像交替地印在同一电影胶片上,放映时以两台投影机同步放映,通过偏振片后转换成两种相互垂直的线偏振光投放到银幕上.观看立体电影的眼镜的左右两个镜片也是用偏振片做的,它们的偏振化方向相互垂直,如图9.8所示.戴上偏振眼镜观看时,每只眼睛只看到相应的一个图像,这样,就如同直接观看时那样产生视差,有立体感觉.

图9.8 立体电影的原理

例9.1 如图9.9所示,两块偏振化方向正交的偏振片 P_1,P_2 间插入另一块偏振片 P',P' 与 P_1 和 P_2 的偏振化方向间夹角分别是 $30°$ 和 $60°$.自然光垂直入射到第一块偏振片 P_1 上,试分析经 P_2 后出射的光的偏振方向及出射光强.

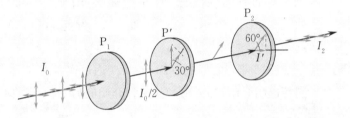

图9.9 例9.1图

解 经 P_2 出射的是线偏振光,光振动方向与 P_2 的偏振化方向一致.

自然光经 P_1 后变成线偏振光,其光强 I_1 只有入射光强的一半,即 $I_1 = \frac{1}{2}I_0$;线偏振光入射到 P' 上,经 P' 出射的亦为线偏振光,由马吕斯定律可知此时的光强 $I' = \frac{I_0}{2}\cos^2 30°$;经 P_2 后,出射线偏振光光强为

$$I_2 = I'\cos^2 60° = \frac{1}{2}I_0\cos^2 30°\cos^2 60° = \frac{3}{32}I_0.$$

讨论:P' 如何放置时,通过 P_2 后的光强最大?最大为多少?

思考

1. 能不能设计一种窗户,不挂窗帘而能调节室内亮度?

2. 在双缝干涉实验中,用单色自然光在观察屏上形成干涉条纹.若按下列方式放上偏振片,探讨干涉条纹强度有何变化:(1)两缝后各分别加上偏振化方向相互平行的偏振片;(2)这两块偏振片的偏振化方向相互垂直;(3)在(2)的情形下,观察屏前再加一块偏振片,其偏振化方向与双缝后两块偏振片的偏振化方向夹角均为 $45°$;(4)在(3)的情形下,在其中一个单缝前再加一块偏振片,其偏振化方向与双缝后的两块偏振片的偏振化方向夹角均为 $45°$.

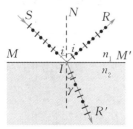

(a)自然光经反射后变成
部分偏振光

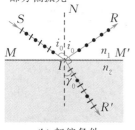

(b) 起偏条件

图 9.10　反射光和折射光
　　　　的偏振

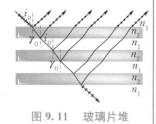

图 9.11　玻璃片堆

9.3　反射和折射的偏振

　　自然光射到两种各向同性介质分界面上发生反射和折射,分别在反射和折射光路上垂直放置偏振片,在以光线为轴旋转偏振片一周的过程中,通过观察出射光光强的变化可以检验反射光和折射光的偏振态.实验表明,反射光和折射光一般都是部分偏振光.反射光中,垂直于入射面(入射光线与分界面法线所在平面)的光振动较强;而折射光则相反,平行于入射面的光振动较强,如图 9.10(a) 所示.改变入射角,反射光和折射光的偏振情况会跟着发生变化,其具体情况与入射角以及两种介质的折射率有关.当入射角为某一角度 i_0 时,反射光中只有垂直于入射面方向的光振动,是线偏振光;而折射光仍是部分偏振光,如图 9.10(b) 所示,入射角度 i_0 称为起偏角,亦称为布儒斯特角(Brewster angle).

　　1812 年,布儒斯特(Brewster)通过实验发现,对于两种给定的各向同性透明介质,当入射光从一种介质向另一种介质以起偏角 i_0 入射时,反射光和折射光相互垂直,即 $i_0 + \gamma_0 = 90°$.由折射定律有 $\frac{\sin i_0}{\sin \gamma_0} = \frac{n_2}{n_1}$,故 $\frac{\sin i_0}{\cos i_0} = \frac{n_2}{n_1}$,即

$$\tan i_0 = \frac{n_2}{n_1}. \tag{9.2}$$

上述结论称为布儒斯特定律(Brewster's law).根据麦克斯韦电磁场方程可以从理论上严格证明这一定律.

　　自然光以布儒斯特角入射到两种各向同性介质的分界面上时,反射光是线偏振光,但入射光中垂直于入射面方向的光振动并没有全部被反射出来,绝大部分都进入折射光中去了,故反射光强度较弱,通常约为入射总光强的 7.5%;为了增强反射光的强度和提高折射光的偏振化程度,可使用由许多平行的玻璃片组成的玻璃片堆,如图 9.11 所示.自然光以布儒斯特角入射到玻璃片堆上,在每一玻璃片上表面(由空气到玻璃)和玻璃片下表面(由玻璃到空气)反射,入射角都是布儒斯特角,垂直于入射面方向的光振动经一次次反射,使得反射光强度不断增强,一般经过 10 片以上玻璃片,最后出来的折射光几乎只剩下平行于入射面方向的光振动,从而最后出射的折射光也是强度较大且偏振性很好的线偏振光.

　　利用玻璃片堆可从普通光源中获得两束线偏振光,玻璃片堆可以作为起偏器,当然也可以用作检偏器.

　　这种反射起偏原理在激光器制作中得到了应用,外腔式激光管两

端各安装一个玻璃制的"布儒斯特窗",如图 9.12(a) 所示,使其法线与管轴的夹角为布儒斯特角,则出射光为线偏振光.

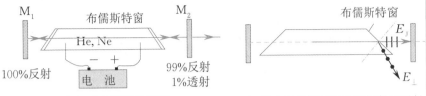

(a) 氦氖激光器结构简图　　　　(b) 光在布儒斯特窗处的反射和透射

图 9.12　激光器布儒斯特窗

激光在两面反射镜 M_1 和 M_2 之间来回反射,光的偏振方向垂直于管轴,一个振动方向垂直于纸面,为 $E_\perp$ 分量,另一个振动方向平行于纸面,为 $E_\parallel$ 分量. 由于布儒斯特窗的法线与管轴的夹角为布儒斯特角,光入射到布儒斯特窗,其反射光中只有 $E_\perp$ 分量,反射光离开管轴方向. 透射光中 $E_\parallel$ 分量大于 $E_\perp$ 分量,如图 9.12(b) 所示. 这样,每次光入射到布儒斯特窗,都会损失一部分 $E_\perp$ 分量. 经过 M_1,M_2 之间的多次反射,沿管轴方向前进的光中 $E_\perp$ 分量就越来越少,最后将 $E_\perp$ 分量全都过滤掉了,出射的激光中只剩下 $E_\parallel$ 分量. 这样射出的光就是线偏振的,其光振动方向平行于纸面.

反射光的部分偏振化现象在日常生活中随处可见. 强烈的阳光从水面、玻璃表面、高速公路路面反射的眩光,影响人们的视线,经检测,这种反射光是光振动大多在水平面内的部分偏振光,因此,如果设计偏光眼镜,由偏振化方向在垂直方向的偏振片制成,戴上它就可以消除或削弱反射的眩光,如图 9.13 所示.

布儒斯特定律也提供了一种测量不透明介质折射率的方法:改变入射光线方向,通过偏振片(偏振片的偏振化方向平行于入射面)观察反射光的强度,当反射光消光时,测得的入射角为布儒斯特角 i_0,从而求得折射率.

天文学上还根据来自行星的反射光的偏振性质,由折射率推断出金星表面覆盖着冰晶或水滴,并确定土星光环是由冰晶所组成.

(a)佩戴偏光太阳镜之前

(b)佩戴偏光太阳镜之后

图 9.13　偏光太阳镜

例 9.2　一束自然光从空气射到玻璃板上,入射角是 $58°$,此时,反射光是线偏振光,求此玻璃的折射率及折射光的折射角.

解　因反射光是线偏振光,故入射角必是布儒斯特角,即 $i_0 = 58°$,由布儒斯特定律 $\tan i_0 = \dfrac{n_2}{n_1}$,得

$$n_2 = \tan 58° = 1.60.$$

又因折射光和反射光相互垂直,故折射角 $\gamma = 32°$.

思考

1. 偏振片的偏振化方向通常是没有标明的,可用什么办法将其确定下来?

2. 戴上普通的眼镜看池中的鱼,鱼几乎被水面反射的眩光遮蔽了.戴上用偏振片做成的眼镜,就可以看清鱼了.这是为什么?偏振片的通光方向如何?

9.4 光的双折射

9.4.1 光的双折射现象

1669 年,巴托林(Bartholin)发现,光入射到各向异性晶体(如方解石晶体,是 $CaCO_3$ 的同素异构体)的表面上,折射光分成了两束,这种现象称为光的**双折射**(double refraction).将透明方解石晶体放在有字的纸上,可观察到双字,如图 9.14(a)所示.说明字所反射出的光波经方解石晶体后一分为二.

通常情况下,自然光入射到各向异性晶体时都会产生两束折射光.出射光也彼此分开.两条折射光中有一条始终遵循折射定律:折射光在入射面内, $\dfrac{\sin i}{\sin \gamma} = $ 常量(i 为入射角,γ 为折射角),这一束光称为**寻常光**(ordinarily refracted light),又称为 o 光.这一常量即是该晶体对 o 光的折射率 n_o;由于折射率和光速有关,因此,n_o 为常量说明 o 光的传播速度沿各个方向都相同.另一束光则不遵循折射定律,折射光也不一定在入射面内,$\dfrac{\sin i}{\sin \gamma}$ 会随入射角 i 发生变化,当 $i = 0$ 时,γ 不一定为零,这一束光称为**非寻常光**(extraordinarily refracted light),又称为 e 光.如图 9.14(b)所示,这时如果将晶体绕入射光线旋转,会发现 o 光不动,而 e 光随着晶体的旋转而转动.e 光的传播速度会随传播方向发生变化.

用偏振片检查 o 光和 e 光,发现它们都是线偏振光,但偏振方向(光振动方向)不一样.为了描述晶体内 o 光和 e 光的偏振情况,需引入几个与晶体有关的概念.

光在晶体内沿某一特殊方向传播时,不发生双折射现象,o 光和 e 光的传播速度相同,这一方向称为晶体的**光轴**(optical axis).需要注意的是,光轴代表的是一个方向,不是一条直线.有些晶体中只有一个这样的方向,称为**单轴晶体**(uniaxial crystal),如方解石(冰洲石)、石英等.另有一些晶体中有两个这样的特殊方向,称为**双轴晶体**(biaxial crystal),如云母、硫黄、蓝宝石等.

以方解石单轴晶体为例,天然方解石晶体是斜平行六面体,如图 9.15 所示.每个表面都是平行四边形,平行四边形的钝角是 102°,锐角是 78°,在相交点 A 处,3 个平行四边形对应的角度都是 102°,通过 A 点作一条直线,若该直线与相交于 A 处的 3 个表面成相等的角度,则该

双折射

(a)

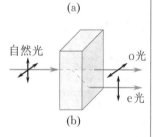

(b)

图 9.14 双折射

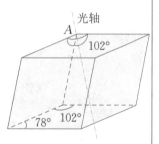

图 9.15 方解石晶体光轴

直线对应的方向便是方解石晶体的光轴.沿这一方向入射的自然光在晶体内传播时始终只有一束,没有双折射现象.

晶体的**主截面**是晶体表面法线和光轴所构成的平面;晶体内光线的传播方向和晶体光轴构成的平面,称为该光线的**主平面**(principal plane). o 光的振动方向与 o 光的主平面垂直;而 e 光的振动方向平行于 e 光的主平面.由于 o 光和 e 光的主平面在一般情况下不重合,故 o 光和 e 光的振动方向也不一定相互垂直.若光轴在入射面内,则 o 光和 e 光的主平面完全重合,可用入射面代替,o 光和 e 光的振动方向也就相互垂直.

9.4.2 光学双折射现象的解释

光学双折射现象的严密分析与计算需用到光的电磁波理论,但也可用惠更斯原理来解释.

实验结果指出,若晶体中有一点光源,其对应的 o 光速度在各个方向上都相等,而 e 光速度大小与传播方向有关(各向异性),在光轴方向 e 光的速度等于 v_o,在垂直光轴方向 e 光与 o 光速度差别最大,记作 v_e.由此,惠更斯假设:若单轴晶体内有一点光源,该光源将发出 o 光和 e 光两组光波,其波面分别是以光轴为旋转轴的球面和旋转椭球面.图 9.16 所示是方解石中 o 光和 e 光的波面,沿着光轴的方向,o 光和 e 光叠在一起,其速度相等,不会分解;沿其他方向,o 光和 e 光的传播速度不同,这正是导致双折射的原因.单轴晶体分为两类,一类如方解石,$v_o < v_e$,称为负晶体,另一类如石英,$v_o > v_e$,称为正晶体.利用惠更斯原理,可以确定 o 光和 e 光在晶体内的传播方向,下面以方解石晶体为例,分析几种典型情况.

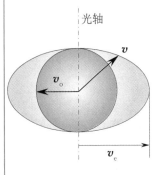

图 9.16 方解石晶体中 o 光和 e 光波面示意图

如图 9.17(a) 所示,光轴在入射面内,入射光垂直射向晶体,入射光波面 AD 上的各点同时到达晶体表面,各点都发出 o 光和 e 光两组子波.某一时刻晶体中 o 光和 e 光的波面分别是其对应子波的包迹 oo' 和 ee'.从传播方向上看,o 光和 e 光没有分开,但从传播距离看,已经分开了,因而仍应认为是发生了双折射.

如图 9.17(b) 所示,将图 9.17(a) 中的垂直入射改成斜入射,入射波面用 AD 标记.由图可知,当 D 点振动传到晶体表面 E 点时,A 点发出的 o 光和 e 光两个子波在晶体中已传播了一段距离,其波面分别是以 A 点为中心的球面和旋转椭球面(图中画出的是其截面).球面半径与椭球面半长、短轴大小取决于入射波从 D 到达 E 的时间,这两个波面在光轴与波面的交点处相切.作平面 EF 和 EG,它们与这两个波面相切,分别对应于 AE 间发出的 o 光和 e 光所有子波波阵面的包迹,即晶体中 o 光和 e 光的波阵面.A 点与两个切点的连线 AF,AG 就是晶体中 o 光和 e 光的传播方向.显然,o 光和 e 光彼此分开,产生了双折射.因为光轴在入射面内,o 光和 e 光的主平面重合,为入射面,o 光和 e 光的振动方向相互垂直.

用类似方法可以分析得出图 9.17(c) 中的 o 光和 e 光也彼此分开.图 9.17(d) 中,光轴方向为晶体表面法线方向,由于入射光沿光轴方向垂直于晶体表面入射,因此 o 光和 e 光并不分开,无双折射现象.

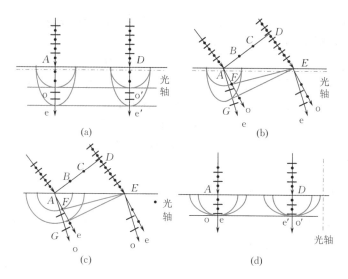

图 9.17　单轴晶体中 o 光和 e 光的传播

需要指出的是,所谓 o 光和 e 光,只是相对于光在晶体中的传播而言,在光射出晶体以后,它们只是振动方向不同的两束线偏振光,再谈 o 光和 e 光就失去了原有的意义.

9.4.3　偏振棱镜

偏振棱镜是利用晶体的双折射和光的全反射原理制成的偏振仪器.图 9.18 所示的格兰-汤姆孙偏振棱镜是由两块直角棱镜黏合而成.

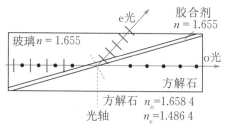

图 9.18　格兰-汤姆孙偏振棱镜

当自然光从左方射入棱镜并到达胶合剂和方解石的分界面时,其中的垂直分量(点)在方解石中为 o 光,平行分量(短线)在方解石中为 e 光.方解石的 o 光折射率非常接近胶合剂的折射率,所以垂直分量几乎无偏折地进入方解石而射出.方解石对于 e 光的主折射率为 $n_e = \dfrac{c}{v_e}$,式中 v_e 是 e 光在垂直光轴方向的速度.n_e 小于胶合剂的折射率,当入射角大于临界角时,平行分量的光线发生全反射,这样就把两种偏振光分开,从而获得了偏振程度很高的线偏振光.棱镜的尺寸正是这样精心设计的.这种偏振棱镜对于所有偏离水平方向角度不超过 $10°$ 的入射光线有很好的适用性.当然,这种棱镜也可以用作检偏器.

至此,我们介绍了产生线偏振光的 3 种方法:人造偏振片利用各向异性物质的二向色性,即利用物质对不同光振动方向显现出吸收系数的不同;玻璃片堆则利用自然光在两个各向同性介质表面上的反射光的偏振性,即物质对不同振动方向的光显现出不同的反射系数;晶体偏振器利用了各向异性晶体的双折射现象,即物质对不同振动方向的光显现出不同的传播速度.

9.4.4 线偏振光的双折射 圆偏振光和椭圆偏振光

如图 9.19 所示,晶体光轴与晶体表面平行,单色线偏振光垂直于晶体表面入射,寻常光 o 光、非寻常光 e 光在方向上不分开,光轴在入射面内,o 光、e 光的振动方向垂直,o 光的振动方向垂直于光轴,e 光的振动方向平行于光轴,o 光和 e 光有一定的光程差.

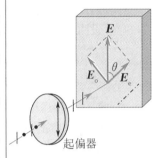

图 9.19 线偏振光的双折射

设入射光振幅为 E,光振动方向和晶体光轴间夹角为 θ,将其按与光轴平行和垂直的方向进行分解,得 e 光和 o 光的振幅分别为 $E\cos\theta$,$E\sin\theta$. 在入射点,o 光和 e 光的相位相同,但两者在晶体中的速度不一样,折射率也不一样,传播一段距离 l 后产生一相位差,设入射光波长为 λ_0(真空中的波长),则 o 光和 e 光的相位差为

$$\Delta\varphi = \frac{2\pi}{\lambda_0}(n_o - n_e)l, \tag{9.3}$$

式中 n_e 是 e 光的主折射率.

若选择厚度为 l 的波晶片使相位差 $\Delta\varphi = 2k\pi$ 或 $(2k+1)\pi$,则出射 o 光和 e 光叠加后产生的仍是线偏振光. 其中,当 $\Delta\varphi = \pi$,即可以使 o 光、e 光的光程差为 $\frac{\lambda}{2}$ 的晶片叫作半波片,它们的合成光仍然是线偏振光,但其偏振方向相对光轴转过了 2θ,即半波片可以改变入射偏振光的偏振方向. 其他厚度对应的一般都是椭圆偏振光,选择厚度为 l 的波晶片使 $\Delta\varphi = (2k+1)\frac{\pi}{2}$,则出射光为长轴与光轴平行或垂直的椭圆偏振光,若再使 $\theta = 45°$,则出射光为圆偏振光,若 $\theta = 0$ 或 $90°$,则出射光为线偏振光. 使得 o 光、e 光的相位差 $\Delta\varphi = \frac{\pi}{2}$,光程差为 $\frac{\lambda}{4}$ 的波晶片叫作四分之一波片,常利用四分之一波片从线偏振光获得椭圆偏振光及圆偏振光(或相反). 注意,半波片、四分之一波片是针对入射偏振光的波长而言的.

判断入射光是否为椭圆或圆偏振光的办法也正是基于上述原理,下面以圆偏振光为例做简要分析.

使圆偏振光垂直入射到晶体表面,晶体的光轴与其表面平行,由于圆偏振光可看作是由两个频率相同、振动方向相互垂直且有固定相位差 $\pm\frac{\pi}{2}$ 的线偏振光合成的,进入晶体后,这两个振动方向相互垂直的线偏振光分别对应 o 光和 e 光,若晶片为四分之一波片,则使得 o 光和 e 光产生附加相位差 $\frac{\pi}{2}$,那么出射的两个相互垂直的光振动(对应于 o 光和 e 光)的相位差为 0 或 π,合成为线偏振光. 因此,用偏振片来检验出射光,可得两明两消光位置.若原入射光是自然光,则从晶片出来的相互垂直的两束光是独立的线偏振光,无固定相位差,因而仍是自然光,用偏振片来检验出射光,光强不变.

例 9.3 在激光冷却技术中,用到一种"偏振梯度效应",它是使强度和频率都相同但偏振方向相互垂直的两束激光相向传播,从而能在叠加区域周期性地产生各种不同偏振态的光.设两束光分别沿 x 轴正方向和负方向传播,光振动方向分别沿 y 轴和 z 轴方向.已知在 $x=0$ 处光的合成偏振态为线偏振态,光振动方向与 y 轴成 $45°$ 角,试说明沿 x 轴正方向每经过 $\frac{\lambda}{8}$ 的距离处的偏振态,并画简图表示之.

解 在相遇区就是两个同频率的振动方向垂直的简谐振动的合成,合成结果一般是椭圆偏振光,特殊情况下是线偏振光或圆偏振光.

两束光在原点合成光是线偏振态,且光振动矢量与 y 轴成 $45°$,说明两束振动方向相互垂直、频率相同的激光在此处是同相位的,并且是同振幅的.

因为沿简谐波的传播方向上各点的振动相位依次落后,且相距一个波长的两点相位差是 2π.在 $\frac{\lambda}{8}$ 处,与原点处相比,沿 x 轴正方向传播的 y 轴方向偏振的光的相位将落后于原点 $\frac{\pi}{4}$,而沿 x 轴负方向传播的 z 轴方向偏振的光的相位又超前了原点 $\frac{\pi}{4}$,因此,在 $\frac{\lambda}{8}$ 处 z 轴方向偏振的光比 y 轴方向偏振的光的相位超前 $\frac{\pi}{2}$,且两振动振幅相等,故合成的结果是右旋的(逆 x 轴望去)圆偏振光.

在 $\frac{\lambda}{4}$ 处,相比原点相位差 $\frac{\pi}{2}$,则沿 x 轴负方向传播的 z 轴方向偏振的光的相位比沿 x 轴正方向传播的 y 轴方向偏振的光超前 π,故合成结果是线偏振的,其振动方向与原点处合成光的振动方向相比较,旋转 $2\times45°=90°$,即与原点处合成光的振动方向垂直.

在 $\frac{3\lambda}{8}$ 处,相比原点相位差 $\frac{3\pi}{4}$,则沿 x 轴负方向传播的 z 轴方向偏振的光比沿 x 轴正方向传播的 y 轴方向偏振的光相位超前 $\frac{3\pi}{2}$,且两振动振幅相等,故合成结果是左旋(逆 x 轴望去)圆偏振光.

在 $\frac{\lambda}{2}$ 处,相比原点相位差 π,则沿 x 轴正方向传播的 y 轴方向偏振的光和沿 x 轴负方向传播的 z 轴方向偏振的光相位差为 2π,故合成结果是线偏振的,振动方向与原点处相同.各偏振态如图 9.20 所示.

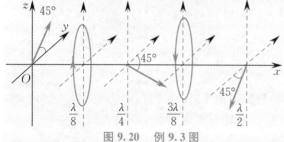

图 9.20 例 9.3 图

思考

1. 透过两块光轴平行放置的方解石观察双像距离,与一块时相比有何变化? 如果转动其中的一块,将出现什么现象?

2. 给你一个四分之一波片和偏振片,如何区别部分偏振光和椭圆偏振光?如何确定入射椭圆偏振光的长轴或短轴?要使椭圆偏振光通过四分之一波片后成为线偏振光,对于入射椭圆偏振光的长轴或短轴与四分之一波片的光轴的方向有何要求?

*9.5 偏振光的干涉

如图 9.21(a) 所示,单色自然光垂直入射,经偏振片 P_1 成为线偏振光,然后通过晶片 C(光轴平行于晶片表面)产生双折射,分成两束线偏振光(o 光和 e 光传播方向相同,但传播速度不同),最后通过偏振片 P_2(P_1,P_2 两偏振片偏振化方向垂直)获得振动方向与其偏振化方向相同的两束线偏振光而产生干涉.

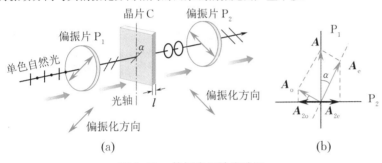

图 9.21 偏振光干涉实验图

单色自然光经 P_1 后变成振幅为 A 的线偏振光,该线偏振光在晶片中产生振动方向相互垂直且有固定相位差的 o 光和 e 光,其对应振幅为 $A_o = A\sin\alpha$ 和 $A_e = A\cos\alpha$;再通过 P_2 时,o 光和 e 光都只剩下与 P_2 偏振化方向一致的分量,其振幅为 $A_{2o} = A\sin\alpha\cos\alpha$,$A_{2e} = A\cos\alpha\sin\alpha$.

显然,从 P_2 出射的两列线偏振光振动方向相同、频率相同、相位差恒定,是相干光,且振幅相等.两束出射线偏振光的干涉情况,取决于它们之间的相位差.

设晶片厚度为 l,对 o 光和 e 光的折射率分别为 n_o 和 n_e.由于从 P_1 出射的线偏振光在晶片上分解成初相位差为零的 o 光和 e 光,因此从 P_2 出射的两相干线偏振光的相位差为

$$\Delta\varphi = \frac{2\pi}{\lambda}(n_o - n_e)l + \pi, \tag{9.4}$$

式中第一项是 o 光和 e 光通过厚度为 l 的晶片所产生的相位差,相位差与晶体、波长、波片厚度有关;第二项是附加相位差 π.由图 9.21(b) 可见,o 光和 e 光经检偏器 P_2 后获得的 A_{2e} 和 A_{2o} 方向相反,即这是振动步调相反所引起的附加相位差.值得注意的是,这一附加相位差和 P_1,P_2 偏振化方向的相对取向有关,两者偏振化方向平行时,附加相位差不存在.干涉加强的条件为

$$\Delta\varphi = 2k\pi, \quad 即 \quad (n_o - n_e)l = (2k-1)\frac{\lambda}{2} \quad (k = 1,2,\cdots); \tag{9.5a}$$

干涉减弱的条件为

$$\Delta\varphi = (2k+1)\pi, \quad 即 \quad (n_o - n_e)l = k\lambda \quad (k = 1,2,\cdots). \tag{9.5b}$$

由上两式不难看出:单色光垂直入射时,若晶片的厚度不均匀,视场中可观察到明暗相间的等厚干涉条纹.

(a)

(b)

图 9.22　偏振光的
干涉图样

图 9.23　光测弹性
干涉图样

若入射光是白光,当晶片的厚度一定时,由于某种波长满足干涉相消而呈现它的互补色,这种现象称为(显)色偏振,例如,红色(656.2 nm)相消,出现绿色(492.1 nm);蓝色(485.4 nm)相消,出现黄色(585.3 nm).晶片厚度不均匀或代之以其他性质不均匀的双折射材料(某些各向同性材料在外力或电磁场作用下也会显示出各向异性,即应力双折射和电致、磁致双折射效应,由于这类双折射和外力及电磁场有关,可受人工控制,因此在工程技术中得到广泛的应用),则可观察到彩色条纹.

如图 9.22 所示,在偏振化方向相互垂直的两偏振片之间放入用不同层数的薄膜叠制而成的蝴蝶、手枪图案(中心厚、四周薄),在白光下观察.双折射产生的 o 光和 e 光的光程差由厚度决定,各种波长的光干涉后的强度随厚度而变化,出现与层数(厚度)分布对应的彩色图案.而如果放入的是透明的三角板、曲线板,由于厚度均匀,双折射产生的 o 光和 e 光的光程差与残余应力分布有关,干涉后产生与残余应力分布对应的不规则彩色条纹,条纹越密的地方,残余应力分布越集中.

厚度均匀透明的 U 形尺受力后的干涉条纹类似于三角板、曲线板,区别在于这里的应力不是残余应力,而是实时动态应力,实验表明,o 光和 e 光的折射率 n_o 和 n_e 之差与应力成正比,比例系数决定于非晶体的性质.用力握 U 形尺开口处,看到彩色条纹,改变握力,条纹的色彩和疏密随之而变,如图 9.23 所示.

由于这种双折射和应力分布有关,通常将机械零件、建筑结构物(如桥梁或水坝坝体)用塑料等做成透明模型,放在偏振化方向相互垂直的两偏振片之间,然后模拟其受力情况对模型施加载荷,观察其偏振光干涉条纹的色彩和形状的分布,经分析和计算即可获知零件内部的应力分布情况,因而成为研究机械工件、桥梁、水坝内部应力分布的有力工具,这种方法称为光测弹性方法,也可应用于地震预报工作所需的地壳应力研究.在地震将发生前,岩层将出现很大的应力集中.在广阔的地区逐点勘测应力集中的区域,工作量是很大的.如果在某一地区的边缘上测得岩层应力的数据,用透明塑料板模拟该地区的形状和岩层构造,然后在板的边缘上按测得的数据模拟实际的应力分布,即可从光测弹性仪中找到应力最集中的地方,于是便可在这些地方进行深入细致的实地勘测和考察.

在普通显微镜内,安装一套起偏和检偏器,再增加些调节部件就成为偏光显微镜.通过偏光显微镜观察各种材料在白光下的色偏振中形成的不同干涉图样,可以分析物质内部的某些结构,研究晶体的性质.纺织厂用它来检验织品纤维,造纸厂用它来检验纸浆的纤维,环境保护单位用它来检查污染物.偏光显微镜也用于生物学,其标本常常显示有趣的各向异性成分.

思考

1. 在偏振光干涉实验图 9.21 中,如果不用偏振片 P_1,而以自然光直接入射晶片以产生振动方向垂直的 o 光和 e 光,再经偏振片 P_2 引到同一方向能不能产生干涉现象? 偏振片 P_1 的作用是什么? 比较两偏振片 P_1, P_2 的偏振化方向平行、垂直两种情况下 o 光和 e 光的振幅,说明为何多在两者垂直的情形下观察偏振光干涉.

2. 有 4 个未标明的光学元件:两个偏振片、一个四分之一波片、一个半波片,如何鉴别?

*9.6　旋光现象

1811 年,物理学家阿拉戈发现线偏振光沿光轴方向通过石英晶体时,其振动面会绕光的传播方向旋转一定的角度,这种现象就是物质的旋光现象. 能使振动面旋转的物质称为旋光物质,或说该物质具有旋光性(optical activity),如石英晶体、松节油、氯酸钠、乳酸、糖的水溶液、酒石酸溶液等都是旋光物质.

观测旋光现象的装置如图 9.24 所示,P_1,P_2 是两个透振方向正交的偏振片,R 是旋光物质. 未插入旋光物质 R 时,由于单色自然光通过 P_1,P_2 后消光,视场是暗的;而插入 R 后,视场由暗变亮. 若将 P_2 以光的传播方向为轴旋转某一角度 θ,视场又重新变暗,这说明线偏振光透过旋光物质 R 后仍为线偏振光,只是振动面旋转了 θ 角.

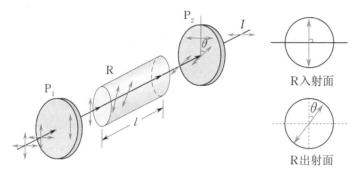

R 入射面

R 出射面

图 9.24　旋光现象

实验表明,对于固体旋光物质,旋光度(振动面转过的角度)正比于光在旋光物质内通过的距离 l,即

$$\theta = \alpha l, \tag{9.6}$$

式中比例系数 α 称为物质的旋光率,与物质性质及入射光的波长有关. 用白光作为入射光,以光的传播方向为轴旋转检偏器 P_2 将会观察到不同颜色. 这是因为不同波长的光其旋光度不同,只有某些波长的光可以通过检偏器 P_2,故透射光呈现一定的颜色,旋转 P_2 时,颜色跟着变化. 这种旋光度随波长而变化的现象称为旋光色散.

单色线偏振光通过液体旋光物质时,旋光度 θ 除了与线偏振光在液体中通过的距离 l 有关外,还与溶液的浓度 c 有关,即

$$\theta = \alpha c l. \tag{9.7}$$

通过测量旋光度,计算得到溶液的浓度,由此可制成量糖计.

实验还表明,迎着光的传播方向看去,有振动面沿顺时针方向旋转的右旋物质和振动面沿逆时针方向旋转的左旋物质. 物质的旋光性和物质原子排列有关,同一种物质可以有左旋体和右旋体,称为同分异构体. 例如,天然石英晶体有的是右旋,也有的是左旋,其旋光率数值相等符号相反. 石英晶体的旋光性是由于其中的原子排列具有螺旋形结构,但螺旋绕行方向不同,结构互为镜像对称. 糖也有右旋和左旋之分,如由甘蔗或甜菜榨出来的蔗糖以及生物体内的葡萄糖为右旋性物质,而果糖为左旋性物质. 人体需要右旋糖,而左旋糖对人体却是无用的. 在制药工业中,氯霉素天然品为左旋,合成品为左右旋各半,称合霉素,其中只有左旋有疗效. 用量糖术可分离出左旋品(左霉素),疗效同天然品.

若透明介质无旋光性,但在磁场的作用下会产生旋光性,这种由磁场引起的振

动面旋转的现象，称为**磁致旋光**，也称为**法拉第旋光效应**. 水、二硫化碳、氯化钠、乙醇都是磁致旋光物质. 实验表明，磁致旋光效应中光振动面的旋转角除了正比于光在介质中通过的距离外，还正比于介质内的磁感应强度.

实验还表明，磁致旋光性与天然旋光性是有差别的. 天然旋光性的右旋和左旋取决于物质的结构，与光的传播方向无关；磁致旋光性的右旋和左旋与光相对于磁场的传播方向有关，沿着与逆着磁感应强度方向，光振动面的旋向相反，若光沿磁场方向传播是右旋的，则逆着磁场方向传播变为左旋.

需要注意的是，这里的左旋和右旋均是指迎着光的传播方向观察.

在高速直接调制、直接检测光纤通信系统中，反向传输光会产生附加噪声，使系统的性能劣化，需要用光隔离器来消除.

如图 9.25 所示，对于正向入射的信号光，通过起偏器后成为线偏振光，法拉第圆筒与外磁场一起使信号光的偏振方向右旋 $45°$，并恰好使光能够低损耗地通过与起偏器成 $45°$ 放置的检偏器. 而反射回来的光逆向通过法拉第圆筒后，其偏振方向也右旋转 $45°$，从而使反射光的偏振方向与起偏器的透振方向正交，进而完全阻断了反射光的传输.

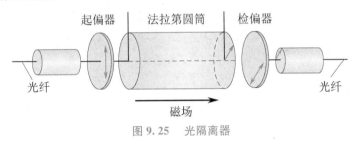

图 9.25 光隔离器

思考

为什么某些物质具有旋光特性？旋光物质有左、右旋之分吗？

*9.7 光的吸收、散射与色散

天空为什么是蓝色的？夕阳为什么是红色的？云为什么是白色的？这是由于天空中的大气分子、水滴以及其他微粒对光有吸收、反射和散射的物理作用，是光与物质相互作用的表现.

9.7.1 光的吸收

光波在物质中传播时，在光的作用下，分子做受迫振动，由于分子间的相互作用，其中一部分振动能量被转变为物质的内能，这种现象就是物质对光的吸收. 让一束单色平行光在某种均匀物质中沿 x 轴方向传播，设其通过厚度为 $\mathrm{d}x$ 的薄层，实验表明，对于普通光源产生的光束，光强的减少量 $\mathrm{d}I$ 与光强 I 成正比，与通过物质的厚度 $\mathrm{d}x$ 成正比，即

$$-\mathrm{d}I = aI\mathrm{d}x,$$

式中比例系数 a 称为该物质对此单色光的吸收系数，对于同一种物质，它一般保持

不变. 如果 $x=0$ 处的光强为 I_0, 那么光通过厚度为 x 的物质后的光强 I 可由上式求出:

$$I = I_0 e^{-ax}. \tag{9.8}$$

式(9.8)表明, 由于物质对光的吸收, 随着光进入物质的深度的增加, 光的强度按指数方式衰减. 这个规律称为朗伯定律. 这种方式下, 光的吸收随波长的变化不大.

另一种情形是某介质对某些波长的光的吸收特别强烈, 且随波长的变化也很大, 这种吸收称为选择吸收. 例如, 红色玻璃对红光以外色光的吸收很强烈, 钠蒸气吸收一定频率的黄光; 又如, 地球的大气层对可见光和波长在 300 nm 以上的紫外线表现为一般吸收, 可以说是透明的, 而对红外线的某些波段和波长小于 300 nm 的紫外线表现为选择吸收. 红外波段的主要吸收气体是水蒸气, 波长小于 300 nm 的紫外线的吸收气体是臭氧.

选择吸收体现了光与物质相互作用的特征, 具有连续谱的光(白光)通过有选择吸收的物质后, 由于原子、分子内部运动所致, 在光谱中产生特征吸收线或吸收带. 太阳内部发出的光具有连续谱, 经过太阳周围的大气层时, 某些波长的光被吸收, 因而在连续谱的背景上出现了多条吸收暗线, 就形成了如图 9.26 所示的暗线吸收光谱. 图中的吸收暗线, 分别对应于太阳大气中含量较多的几种吸收元素, 如氢(C线、F线)、氧(A线、B线)、氦(D_3 线)、钠(D_1 线、D_2 线)、铁(E_2 线、G线)和钙(H线、K线)等. 我们可以根据太阳周围大气层的吸收光谱, 来判断太阳大气中存在何种元素. 原子吸收光谱具有很高的灵敏度, 混合物或化合物中原子含量的极小变化, 都会在吸收光谱中观测到吸收系数的显著变化. 近几十年来, 在定量分析中原子吸收光谱得到了越来越广泛的应用. 不少新元素都是用这种方法发现的.

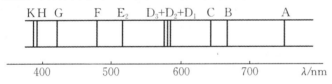

图 9.26 暗线吸收光谱

不同分子有显著不同的红外吸收光谱, 研究固体和液体分子的红外吸收光谱, 可用于鉴别分子的种类, 测定分子的振动频率, 分析分子的结构等. 因此, 红外吸收光谱在有机化学研究和生产方面有着广泛的应用.

9.7.2 光的散射

光通过均匀的透明介质(如玻璃、清水)时, 从侧面是很难看到光的. 如果介质不均匀, 如其中有悬浮微粒的混浊液体, 则很容易从侧面清晰地看到光束的轨迹, 这是由于介质的不均匀性而使得光线朝四面八方射出的结果, 这种现象称为光的散射. 偏离原方向的光称为散射光, 散射光一般为偏振光(线偏振光或部分偏振光). 散射光的能量分布和入射光的波长、强度以及粒子的大小、形状和折射率有关. 散射光的波长不发生变化的有廷德尔散射、分子散射等, 散射光的波长发生变化的有拉曼散射、布里渊散射和康普顿散射等. 廷德尔散射是由均匀介质中的悬浮粒子引起的散射, 如空气中的烟、雾、尘埃, 以及乳浊液、胶体等引起的散射均属此类. 真溶液不会产生廷德尔散射, 故化学中常根据有无廷德尔散射来区别胶体和真溶液. 分子散射是由于物质分子的热运动造成的密度涨落而引起的散射, 如纯净气体或液体中发生的微弱散射.

瑞利研究了线度比波长要小的微粒所引起的散射,并于 1871 年提出了瑞利散射定律:特定方向上的散射光强度与波长 λ 的四次方成反比. 例如,红光波长在 650 nm 左右,蓝光波长在 425 nm 左右,当太阳光进入大气后,空气分子和微粒(如尘埃、水滴、冰晶等)会将太阳光向四周散射,蓝光的散射光强度为红光散射光强度的 5.5 倍,说明太阳光中蓝光成分比红光成分散射得更厉害些,因此,天空看起来呈蓝色. 在早晨和黄昏时太阳及其周围颜色偏红,此时太阳光沿地平线射来,穿过的大气层较厚,其中的蓝光成分大都散射掉了,余下的进入人眼的光主要是频率较低的红色光,这就是朝阳或夕阳看起来发红的原因,如图 9.27 所示.

图 9.27 光的散射

对线度比波长大的微粒,散射不再遵守瑞利散射定律,散射光强度与微粒大小和形状有复杂的关系. 米和德拜分别于 1908 年和 1909 年以球形粒子为模型详细计算了球形粒子对电磁波的散射,米氏散射理论表明,只有当球形粒子的半径 $a < \dfrac{0.3\lambda}{2\pi}$ 时,瑞利散射定律才是正确的,a 较大时,散射光强度与波长的关系就不十分明显了. 因此,用白光照射由大颗粒组成的散射物质时,散射光仍为白光. 例如,天空中有雾或薄云存在时,一部分阳光被反射到空中,一部分被水滴散射,因为水滴的直径比可见光波长大很多,所以不同波长的光被散射时,不会改变原有光的成分,此外还有一部分光直接穿透水滴之间的缝隙. 由于没有发生光强随波长的重新分布,因此看上去天空的云是白色的,如图 9.28 所示. 又如,气体液化时,在临界状态附近,密度涨落的微小区域变得比光波波长要大,类似于大粒子,由大粒子产生的强烈散射使原来透明的物质变混浊,称为临界乳光.

图 9.28 光的散射
与色散

波长发生改变的散射与构成物质的原子或分子本身的微观结构有关,通过对散射光谱的研究可了解原子或分子的结构特性.

9.7.3 光的色散

光线从空气中(精确地说是真空中,传播速度为 c) 进入某一种透明介质,传播速度 v 相比于 c 减少得越多,折射得越厉害. 折射率的定义为

$$n = \frac{c}{v}.$$

光在介质中的传播速度 v 随波长 λ 而改变的现象,或者说物质的折射率 n 随波长的变化称为色散.

光是电磁波,电磁理论证明,光在介质中的速度取决于介质的电磁性质,$v = \dfrac{1}{\sqrt{\varepsilon\mu}}$,其中 ε 是介质的介电常量,μ 是介质的磁导率. 亥姆霍兹认为,由于分子在光作用下受迫振动,ε 将随波长而变化,从而导出介质的折射率 n 可以表示为波长 λ 的函数.

图 9.29 中画出了几种物质在可见光区域附近所表现出的色散曲线. 由图可以看出,这些色散曲线的折射率都随波长的增加而减小,并且它们的色散曲线形式上都很相似,这称为正常色散. 可以用柯西公式来描述:

$$n = A + \frac{B}{\lambda^2} + \frac{C}{\lambda^4}, \tag{9.9}$$

式中 A, B 和 C 都是由物质性质决定的常量.

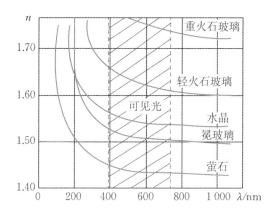

图 9.29　色散曲线

彩虹是太阳光受到雨滴的折射和反射而产生的.

彩虹多是在雨后出现,因为一般在雨后,空气中的水蒸气非常多,这时候太阳出来,照射水蒸气,雨滴像三棱镜那样折射分解阳光形成彩虹.

如图 9.30 所示,阳光射入水滴时会同时以不同角度入射,在水滴内亦以不同的角度反射.当中以 40° 至 42° 的反射最为强烈,形成我们所见到的彩虹.形成这种反射时,阳光进入水滴,先折射一次,然后在水滴的背面反射,最后离开水滴时再折射一次.因为水对光有色散的作用,不同波长的光的折射率有所不同,折射角度不同,观察者看见不同颜色光线的弯曲程度不同,红光在最上方,其他颜色在下.

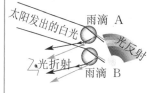

图 9.30　彩虹的形成

在可见光区域表现出正常色散的透明物质(如石英),当把其折射率与波长的关系扩展到红外波段时,可以发现,在选择吸收的波段附近,折射率随波长增加而减小要比由柯西公式预言的快得多,如图 9.31 中曲线的 QR 段所示,虚线 QS 是按照柯西公式推断的结果.在吸收带内由于光强很小,很难测得折射率的数值,所以图中用虚线表示.过了吸收带,又重新表现出正常色散的情形,如图 9.31 中 TU 段所示,不过这时柯西公式中的常量 A,B 和 C 应有新的数值.在吸收波段附近和吸收波段内物质所表现的上述情形的色散,称为反常色散.研究色散现象对于矿物学、气象学等方面的研究有重要作用.把散射、色散和干涉、衍射等结合起来能很好地解释虹、霓、晕、华等大气光学现象.

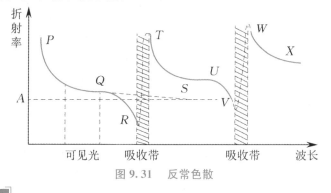

图 9.31　反常色散

思考

从光的吸收、散射说明海水看起来呈蓝色的原因.

本章小结

1. 光的偏振态

线偏振光、自然光、部分偏振光、圆偏振光、椭圆偏振光.

2. 基本定律

（1）马吕斯定律：线偏振光通过偏振片后的出射光强

$$I = I_0 \cos^2\theta.$$

（2）布儒斯特定律：自然光从折射率为 n_1 射到折射率为 n_2 的两种各向同性介质分界面上将发生反射和折射，当入射角满足

$$\tan i_0 = \frac{n_2}{n_1}$$

时，反射光为线偏振光，反射光线与折射光线相互垂直.

3. 光的双折射

线偏振光（真空中的波长为 λ_0）垂直入射到各向异性晶体时产生 o 光（遵循折射定律，振动方向和 o 光的主平面垂直）和 e 光（不遵循折射定律，振动方向平行于 e 光的主平面）.设 o 光和 e 光的主折射率分别为 n_o 和 n_e，从晶体（厚度为 l）出射时它们之间的相位差为

$$\Delta\varphi = \frac{2\pi}{\lambda_0}(n_o - n_e)l.$$

* 偏振光的干涉实为双折射产生的 o 光和 e 光的干涉，这与第 7 章中的干涉无本质上的不同.

* 4. 旋光现象

单色线偏振光通过液体旋光物质时，旋光度 θ 与线偏振光在液体中通过的距离 l、溶液的浓度 c 有关，即

$$\theta = \alpha cl.$$

旋光率 α 与物质性质及入射光的波长有关.

* 5. 光的吸收、散射与色散

（1）朗伯定律：光通过厚度为 x、吸收系数为 α 的物质后的光强

$$I = I_0 e^{-\alpha x}.$$

（2）瑞利散射定律：特定方向上的散射光强度与波长的四次方成反比.

（3）色散：光在介质中的传播速度随波长而改变的现象.

拓展与探究

9.1 在拍摄池中的游鱼或玻璃橱窗内的物体时，由于反射光的干扰，景物往往看不清楚.如果在照相机上加装滤光镜，它由两块玻璃片黏合而成，中间夹一种有极细的杆状结晶体的胶膜或用其他蚀刻等工艺制成的偏振片，调节滤光镜的角度，就可以减弱反射光而使图像变得清晰.这是什么原理？

9.2 人的眼睛对光的偏振状态是不能分辨的，但蜜蜂有五只眼 —— 三只单眼、两只复眼，每只复眼包含 6 300 个小眼，这些小眼能根据太阳的偏振光确定太阳的方位辅助导航.偏光天文罗盘就是科学家从蜜蜂等动物利用偏振光定向的本领中得到启发制成的用于航空和航海的一种定向仪器.使用这种罗盘，即使在磁罗盘失灵的南、北极上空，飞机依然能准确地定向飞行.天空中的大气偏振模式蕴含重要的方向信息，从信息获取和处理角度，研究偏振光导航方法，设计偏振光导航传感器，实现由大气偏振模式到罗盘信息的准确提取.

9.3 图 9.32 是克尔开关（或电光调制器）示意

图.图中 P_1，P_2 是偏振化方向相互垂直的偏振片，且其偏振化方向皆与竖直方向间成 $45°$ 角；克尔盒是一盛有硝基苯液体的两端透光容器，内装长为 l、宽为 d 的两平行电极板.不加电时，液体各向同性，P_2 后无光通过.加电后，两极板间产生竖直方向的电场，板间硝基苯液体呈现单轴晶体的性质，光轴方向平行电场方向.实验表明，液体中 o 光和 e 光的折射率之差与电场强度的平方成正比，即 $n_o - n_e = \lambda_0 kE^2$，式中 λ_0 是入射单色线偏振光在真空中的波长，E 是介质中电场强度，k 称为克尔常数，其值取决于液体的性质.克尔效应是如何用来对光波进行调制的？它有哪些应用？

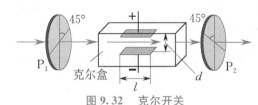

图 9.32　克尔开关

9.4 在两块透振方向相互垂直的偏振片当中插进一个液晶盒,盒内液晶层的上下端是透明的电极板.盒内液晶分子形成一种扭曲结构,如图 9.33(a) 所示.外界的自然光通过第一块偏振片后,成了偏振光.这束光在通过液晶时,光的偏振方向将顺着液晶分子的扭曲方向旋转 $90°$(这种性质叫作液晶的旋光性).电压加到电极上时,液晶具有固定的偶极矩,所施加电场可使液晶分子轴发生移动,于是使液晶分子的排列发生改变,如图 9.33(b) 所示.利用液晶的旋光特性,可以制成液晶显示器用于电子表、万年历之类的产品.它是如何显示数字的呢?

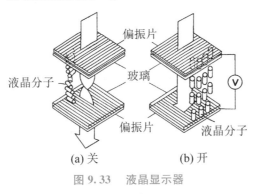

图 9.33 液晶显示器

习题9

9.1 两偏振片组装成起偏和检偏器,在两偏振片的偏振化方向夹角成 $30°$ 时观察一普通光源,夹角成 $60°$ 时观察另一普通光源,两次观察所得的光强相等,求两光源光强之比.

9.2 一束线偏振光和自然光的混合光,当它通过一偏振片后,发现随偏振片的取向不同,透射光的强度可变化 4 倍,求入射光束中两种光的强度各占入射光强度的百分比.

9.3 3 个偏振片堆叠在一起,第 1 块与第 3 块的偏振化方向相互垂直,第 2 块与第 1 块的偏振化方向相互平行,现令第 2 块偏振片以恒定的角速度 ω 绕光传播方向旋转,如图 9.34 所示.设入射自然光的光强为 I_0.试证明:此自然光通过这一系统后,出射光强度

$$I = I_0 \frac{1 - \cos 4\omega t}{16}.$$

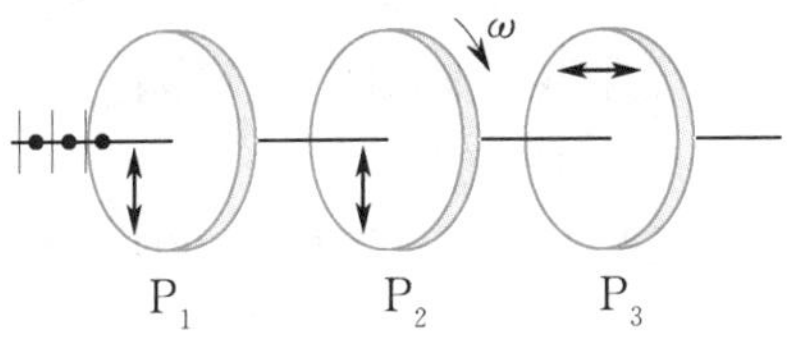

图 9.34 习题 9.3 图

9.4 一光束由强度相同的自然光和线偏振光混合而成.此光束垂直入射到几个叠在一起的偏振片上.

(1) 欲使最后出射光振动方向垂直于原来入射光中线偏振光的振动方向,并且入射光中两种成分的光的出射光强等,至少需要几个偏振片? 它们的偏振化方向应满足什么条件?

(2) 上述情况下最后出射光强与入射光强的比值是多少?

9.5 已知从一池静水的表面反射出来的太阳光是线偏振光,此时,太阳在地平线多大仰角处?设水的折射率为 1.33.

9.6 光在某两种介质的分界面上的临界角是 $45°$,它在分界面同一侧入射到分界面的起偏角是多少?

9.7 一束自然光自空气射向一块平板玻璃,如图 9.35 所示,设入射角等于布儒斯特角 i_0,则在分界面 2 上,

(1) 入射角与 i_0 关系如何?

(2) 反射光偏振性质如何?

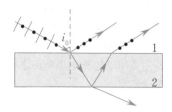

图 9.35　习题 9.7 图

9.8　如图 9.36 所示，自然光以起偏角 i_0 从空气射向水面，水中有一块玻璃板，若经玻璃板反射的光亦为线偏振光，求水面和玻璃平面的夹角（$n_玻 = 1.50$，$n_水 = 1.33$）.

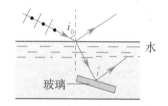

图 9.36　习题 9.8 图

9.9　两个等边直角玻璃棱镜斜面对斜面合在一起，两斜面间夹一多层膜，多层膜由高折射率和低折射率材料交替组合而成. 自然光以 $45°$ 角入射到多层膜上，出射形成两束传播方向相互垂直的偏振光，设高折射率 $n_h = 2.38$，低折射率 $n_l = 1.25$，为使反射光为线偏振光，玻璃棱镜的折射率 n 应取多少？

9.10　某晶体对波长为 632.8 nm 的线偏振光的折射率 $n_o = 1.66$，$n_e = 1.49$（e 光的主折射率）. 设晶体光轴和晶体表面平行，晶体厚 930.6 nm，光波垂直入射，问通过晶体后，o 光和 e 光产生了多大的相位差？

9.11　棱镜 $ABCD$ 由两个 $45°$ 角的方解石直角棱镜组成，棱镜 ABD 的光轴平行于 AD，棱镜 BCD 的光轴垂直于图面，如图 9.37 所示，当自然光垂直于 AD 入射时，试在图中画出 o 光和 e 光的传播方向及光矢量方向.

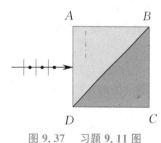

图 9.37　习题 9.11 图

9.12　一方解石晶体置于两平行的且偏振化方向相同的偏振片之间，晶体的主截面与偏振片的偏振化方向成 $30°$，入射光在晶体的主截面内，求以下两种情况的 o 光和 e 光强度之比：

(1) 从晶体出射时；

(2) 从检偏器出射时.

9.13　一束钠黄光以入射角 $45°$ 入射到方解石平板上，设光轴与板表面平行且垂直入射面，问晶体中 o 光和 e 光的夹角是多少？钠光波长 589.3 nm，取 $n_o = 1.658$，$n_e = 1.486$.

9.14　某晶体对波长为 632.8 nm 的光的主折射率为 $n_o = 1.66$，$n_e = 1.49$. 用其制成适于该波长光的四分之一波片，晶片至少要多厚？该波片的光轴方向如何？

9.15　假设石英的主折射率 n_o，n_e 与波长无关，某块石英晶片对波长为 700 nm 的光是四分之一波片，当波长为 350 nm 的线偏振光垂直于晶体表面入射时，光振动方向和晶体光轴间夹角为 $45°$，透射光的偏振状态是怎样的？

9.16　一厚度为 10 μm 的方解石波片，其光轴平行于表面，放置在两偏振化方向正交的偏振片之间，波片的光轴与第一个偏振片的偏振化方向夹角为 $45°$，若使波长为 600 nm 的光通过上述系统后亮度最大，波片厚度至少磨去多少？已知方解石的 $n_o = 1.658$，$n_e = 1.486$.

9.17　一束椭圆偏振光沿 z 轴方向传播，通过一个偏振片，当偏振片偏振化方向沿 x 轴方向时，透射光强度最大，其值为 $1.5I_0$；当偏振片偏振化方向沿 y 轴方向时，透射光强度最小，其值为 I_0.

(1) 当偏振片偏振化方向与 x 轴成 θ 角时，透射光强度为多少？

(2) 使光先通过一个四分之一波片后再通过偏振片，四分之一波片的光轴沿 x 轴，当偏振片偏振化方向与 x 轴成 $30°$ 角时，透射光强度最大，求其最大值并确定入射光中自然光占比多少？

9.18　怎样用偏振光状态演示仪区分入射光是圆偏振光还是椭圆偏振光？

偏振光状态演示仪（见图 9.38）包括光学减震平台一个、半导体激光器（650 nm）及固定架一套、起偏器和检偏器各一个、四分之一波片（650 nm）一个、步进电机控制的调整架三个、光电接收系统及调整架一个、电控箱一个(三路控制输出、两路输入和 USB 接口)、计算机及专用软件.

图 9.38　习题 9.18 图

9.19　在两个偏振化方向正交的偏振片之间插入一块水晶片(光轴方向垂直于水晶片表面),波长为 589.3 nm 的钠黄光垂直于偏振片入射,晶片对此光的旋光率 $\alpha = 21.75\ (°)/mm$,要使出射光强最强,晶片至少要多厚?

9.20　100 cm³ 溶液中含有 30.5 g 的某种糖,用旋光量糖计测出线偏振光通过每分米溶液偏振方向转过的角度是 49.5°,计算其旋光率.

第 10 章

几何光学

光纤通信具有传输容量大，保密性好等优点，是当今最主要的有线通信方式．你知道光纤传输信号的最基本的物理原理吗？

几何光学是以光线为基础，研究光在透明介质中的传播以及光学系统成像规律的实用性学科．光在同一均匀介质中沿直线传播，在两种不同介质的分界面上将发生反射与折射．

本章从光的直线传播、反射、折射定律出发，用几何学方法得到物体所发出的傍轴光线经过单球面、薄透镜等光学元件成像的规律，它们是研究各种实际光学系统（如显微镜、望远镜、照相机等）的基础．几何光学是波动光学在障碍物以及反射、折射界面的线度远大于光波波长的情况下的近似理论．

■■■ 本章目标

1. 能够运用折射定律计算介质折射率、临界角，理解费马原理．
2. 能够利用傍轴条件下单球面反射、折射成像公式或作图方法求解像的性质，了解凸面镜、凹面镜的应用．
3. 理解逐次成像分析法，掌握薄透镜成像公式及相应的作图方法．
4. 理解显微镜、望远镜、照相机的原理．

10.1 几何光学的基本定律

在几何光学中,将物体上的各点看作几何点,将它所发出或反射的光束看作是无数几何光线(带有方向的直线,表示光的传播方向)的集合.光的直线传播、反射和折射都可以用光线及其方向的改变表示.

10.1.1 光的直线传播定律

在同一均匀介质中,光沿直线传播,即光线为直线.例如,清晨在森林里,阳光透过浓密的树丛洒向大地,这时人们会看到直线辐射状的光芒.

光在传播的过程中遇到障碍物时,由于光线被不透明物体所遮挡,在该物体的后面形成一个光线达不到的区域,即所谓的影子,这也是光沿直线传播的结果.

10.1.2 光的反射定律和折射定律

当光线由一种均匀介质入射到另一种均匀介质时,在两种介质的分界面上被分为反射光线和折射光线,由入射光线和入射点处的分界面的法线构成的平面称为入射面.实验表明:反射光线和折射光线都在入射面内.这两条光线的行进方向,分别由反射定律和折射定律来表述.

1. 反射定律

如图 10.1 所示,入射光线和反射光线与法线共面,居于法线的两侧,反射光线与法线间的夹角(反射角 i')等于入射光线与法线间的夹角(入射角 i),即

$$i = i'. \tag{10.1}$$

这一结论称为反射定律(law of reflection).

反射定律常用于镜面反射成像.水中倒影是光的反射现象.水面相当于平面镜,岸边的景物在水中成虚像.每个物点在镜子里都有一个像点,它是物点发出的光线经镜面不同点反射的反射光线(实际上是发散的)的反向延长线的交点.物体上所有物点对应的像点集合就组成整个物体的像,像在反射光线的反向延长线一侧,故为虚像.虚像与物体等大,各对应点到镜面距离相等,像点与相应的物点的连线与镜面垂直,关于镜面对称.利用几何作图很容易求得物体所成的像.

平面镜应用广泛.商场和家庭装饰时,利用平面镜成像增强室内宽敞明亮的空间效果;牙医为了观察牙齿背面的具体情况,将小平面镜放入口腔内,通过观察牙齿在平面镜中的像来观察牙齿.利用平面镜还可

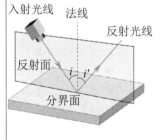

图 10.1 反射定律

图 10.2　潜望镜

以改变光的传播方向,起到控制光路的作用,如制作潜望镜,如图 10.2 所示.最简单的潜望镜是用两块相互平行且与水平方向成 45° 角的平面镜构成,用它可以看到高处被掩蔽物挡住的物体.在挖井、掘山洞时,用平面镜可把太阳光反射到作业区,实现照明.

2. 折射定律

将一根筷子倾斜地插入水中,看到筷子好像折断了一样,这就是光线折射的效果.

设入射光线、折射光线所处介质的折射率分别为 n_1 和 n_2,入射角和折射角(折射光线与法线间的夹角)分别为 i_1 和 i_2,如图 10.3 所示,则折射光线在入射面内,且在法线的另一侧,入射角 i_1 的正弦和折射角 i_2 的正弦之比等于两种介质的折射率 n_2 和 n_1 之比,即

$$\frac{\sin i_1}{\sin i_2} = \frac{n_2}{n_1}. \tag{10.2}$$

这一结论称为折射定律(law of refraction).

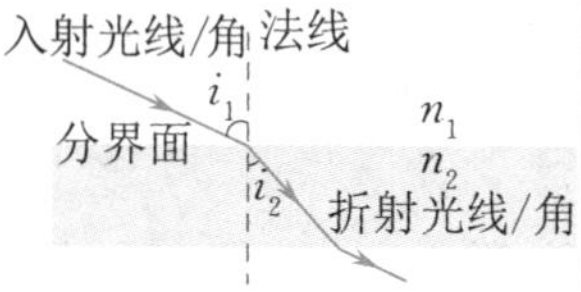

图 10.4 所示的水深陷阱,杯底物体反射的光线从水面折射向空气,传播方向在分界面发生了偏折,折射光线偏向杯子边缘,因为人的视觉总是认为光来自直线方向,所以看到杯底物体位置上升了,水变浅了.

由折射定律 $n_1 \sin i_1 = n_2 \sin i_2$ 可知,折射角随着入射角的增大而增大,当 $n_2 < n_1$,即光由折射率较大的光密介质向折射率较小的光疏介质入射时,折射角始终大于入射角.当入射角达到某一角度时,折射角正好为 90°,此时再增大入射角就没有折射光线,光全部反射回原介质,这种现象称为全反射(total reflection).令式(10.2)中 $i_2 = 90°$,则

$$i_1 = \arcsin \frac{n_2}{n_1}, \tag{10.3}$$

称此时的 i_1 为临界角(critical angle).

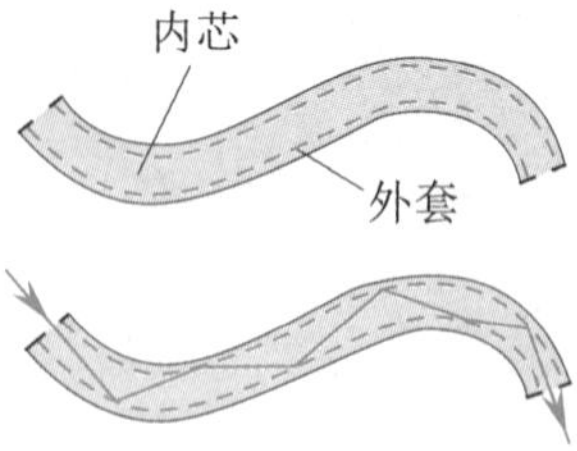

光导纤维是全反射的一个重要应用.如图 10.5 所示,光导纤维由折射率较高的玻璃纤维丝(内芯)和外包的一层折射率较低的介质(外套)构成,光线射到内芯与外套的分界面上,若使其入射角处处大于临界角,则光在均匀透明的玻璃柱的光滑内壁上接连不断地被全反射,能够无损失地从一端传播到另一端.由于光导纤维柔软而不怕震,做成弯曲形状也能传输光能量和光信息,这就为光学窥视(如医学上的胃镜)和光纤通信的实现创造了条件.

由反射和折射定律,光线如果沿反射和折射方向入射,则相应的反射和折射光将沿原来的入射光的方向,即光路是可逆的.如果物点 Q 发出的光线经光学系统后在 Q' 点成像,则 Q' 点发出的光线经同一系统后必然会在 Q 点成像,即物像之间是共轭的.物像共轭是光路可逆原理的必然结果.

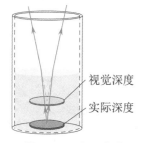

入射光线/角　法线
分界面
折射光线/角

图 10.3　折射定律

视觉深度
实际深度

图 10.4　水深陷阱

内芯

外套

图 10.5　光导纤维

10.1.3 费马原理

1657年,费马(Fermat)将光的直线传播定律、反射定律和折射定律概括为一个统一的物理原理 —— 费马原理.

光在指定的任意两点间的传播,实际的光程总是一个极值,即光沿光程为极大、极小或恒定值的路程传播. 这一结论称为费马原理(Fermat principle),数学表示为

$$\int_A^B n \, \mathrm{d}s = \text{极值(极大、极小或常数).} \tag{10.4}$$

费马原理只涉及光传播的路径,而不管光线朝哪个方向传播,反向传播时,光程为极值的条件是相同的,所以光路是可逆的.

费马原理不是建立在实验基础上的定律,也不是从数学上导出的定理,而是一个基本假设. 由费马原理可导出几何光学的3条实验定律.

(1) 光在同一均匀介质中传播时,因为两点间直线最短,光程最小,所以光沿直线传播.

(2) 光在介质界面的反射定律.

如图10.6所示,入射光线AC与反射光线CB在同一平面Oxy内,反射点为C,介质折射率为n_1,欲使光程$n_1(\overline{AC} + \overline{CB})$最小,必有折线$(\overline{AC} + \overline{CB})$长度最小,取$A$的界面对称点$A'$,显然当$A'$,$C$,$B$三点共线时,$(\overline{A'C} + \overline{CB})$长度最小.因为$2\theta + i + i' = \pi$,其中$\theta + i = \dfrac{\pi}{2}$,所以$\theta + i' = \dfrac{\pi}{2}$,即有$i = i'$.

(3) 光在介质界面的折射定律.

当光线由一种均匀介质入射到另一种均匀介质时,光走最小光程.如图10.7所示,入射光线AC与折射光线CB在同一平面Oxy内,折射点为C,介质折射率分别为n_1,$n_2(n_1 < n_2)$,则光程

$$\begin{aligned} \delta &= n_1 \overline{AC} + n_2 \overline{CB} \\ &= n_1 \sqrt{(x - x_1)^2 + y_1^2} + n_2 \sqrt{(x_2 - x)^2 + y_2^2}. \end{aligned}$$

当$\dfrac{\mathrm{d}\delta}{\mathrm{d}x} = \dfrac{n_1(x - x_1)}{\sqrt{(x - x_1)^2 + y_1^2}} - \dfrac{n_2(x_2 - x)}{\sqrt{(x_2 - x)^2 + y_2^2}} = 0$ 时,有 $n_1 \sin i_1 = n_2 \sin i_2$,即为折射定律.

另外,由费马原理还可以证明理想光学成像系统的一个重要性质:凡是物点Q通过同样的光学系统到达像点Q'的光线,不管光线经何路径,都是等光程的. 此即物像之间的等光程性,它对任何复杂的光学系统都适用,如使用透镜可以改变光波的传播方向,但不会产生附加的光程差.

费马原理对物理学发展的贡献在于开创了以"路径积分、变分原

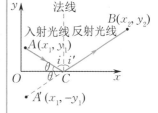

图 10.6 由费马原理导出光的反射定律

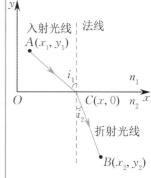

图 10.7 由费马原理导出光的折射定律

理"表述物理学规律的新思路.

思考

1. 在镜子中看表时,哪些时刻表盘上的指针方位与镜子中是一致的?

2. 一折射率为 1.50 的玻璃立方体放在空气中,平行光线从立方体的顶面斜射进去,然后投射到它的一侧面,该光线能否从这一侧面折射出去?

10.2 光在球面上的反射和折射

当两种不同均匀介质的分界面为球面时,光在分界面上的反射和折射具有特殊规律.研究光在球面上的反射和折射成像是研究一般光学仪器成像的基础.

10.2.1 基本概念和符号法则

主光轴(principal optical axis):球心(曲率中心)与顶点(球面的中心点)的连线.实际上,光学系统的光轴是系统的对称轴.

单心光束(concentric light beam):从同一点发出的或会聚到同一点的光线.

实物(real object)与虚物(virtual object),实像(real image)与虚像(virtual image):对入射光线而言,发出单心光束的点,为实物点;单心光束延长后会聚所成的点,为虚物点.对出射光线而言,单心光束会聚所成的点,为实像点;发散的单心光束反向延长后会聚的点,为虚像点.

傍轴条件:一是物必须离主光轴很近(物点到主光轴的距离远小于球面的曲率半径),称为傍轴物;二是由物点射向球面的光线与主光轴的夹角必须很小(这时角的正弦可用角度本身代替),称为傍轴光线.

正负符号法则(假设光线自左向右入射)如下.

(1) 主轴上的点到顶点的距离:点在顶点左方时距离为负,右方时距离为正.

(2) 物点和像点到主轴的距离:以主轴为准,在其上方为正,在其下方为负.

(3) 光线方向的倾斜角度:从主轴(或球面法线)算起,且取小于 $90°$ 的角.由主轴(或球面法线)转向光线时,若沿顺时针方向转动,则角度为正,若沿逆时针方向转动,则角度为负.在讨论主轴与法线构成的角时,则从主轴算起.

(4) 图示中所标的角度和长度均为正值.

实际上,(1),(2)中距离的正、负号法则与直角坐标系中的正、负号规则是一致的,此处的球面顶点和主光轴分别对应直角坐标系中的坐标原点和横轴.

10.2.2 傍轴光在球面上的反射

主轴上一点 P 发出的傍轴光线经球面反射后,反射光线与主轴的交点 P' 的位置计算如下.

如图 10.8 所示,C 点为球面曲率中心,由图中几何关系可知

$$-\theta = -u + i, \quad -\theta = -u' - (-i').$$

反射定律给出 $i = -i'$,则有

$$-2\theta = -u - u'.$$

在傍轴条件下,

$$-u \approx \sin(-u) \approx \frac{AO}{-s},$$

$$-u' \approx \sin(-u') \approx \frac{AO}{-s'},$$

$$-\theta \approx \sin(-\theta) \approx \frac{AO}{-r},$$

于是

$$\frac{2}{r} = \frac{1}{s} + \frac{1}{s'}, \tag{10.5}$$

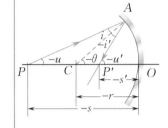

图 10.8　光在单球面上的反射

即在傍轴条件下,P' 的位置只取决于物点 P 的位置,与反射点 A 的位置无关,从 P 点发出的所有傍轴光线经球面反射后都经过 P' 点,P' 为 P 的理想像.s, s' 分别称为物距(object distance)和像距(image distance),r 为球面的曲率半径.

若把物置于主轴上无穷远处,入射光线为平行于主光轴的平行光线,反射后的像点称为反射球面的焦点(focus),顶点到焦点的距离称为焦距(focal distance),分别用 F', f' 表示.

令 $s = -\infty$,则 $s' = \dfrac{r}{2}$,即 $f' = \dfrac{r}{2}$,故傍轴条件下的球面反射物像公式可写为

$$\frac{1}{s} + \frac{1}{s'} = \frac{1}{f'}. \tag{10.6}$$

(10.5)和(10.6)两式是在凹面镜(以球内面作为反射面)的情况下得出的,但对于凸面镜(以球外面作为反射面)也成立.

(10.5)和(10.6)两式可推广到近轴物.如图 10.9 所示,对于近轴物点,可以 C 点(凹面镜球面曲率中心)为中心将物点(Q 点)小角度转动至主轴上 P 点,则相应像点(Q' 点)也将转动至主轴上 P' 点,在满足近轴条件时,这两段圆弧(轨迹)可分别看作是过 P, P' 点且垂直于主光轴的线段,这两条线段上各点横坐标分别与 P, P' 相同,满足同样的物像公式.可见,垂直于主轴的一个小平面内的物点,其对应的像点在垂

直于主轴的另一个小平面内,这两个平面分别称为物平面与像平面,它们互称为共轭面.这两个平面的位置由物像公式(10.5)和(10.6)决定.由于这些点的物距和像距相同,因此像和物具有相似的关系.

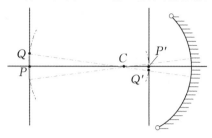

图 10.9　物平面和像平面

表征物像大小关系的物理量称为横向放大率(lateral magnification),用 β 表示:

$$\beta = \frac{y'}{y},\qquad(10.7)$$

其中 y' 为像点到主轴的距离, y 为物点到主轴的距离.

由图 10.10 知

$$\frac{-y'}{y} = \frac{s'}{s},$$

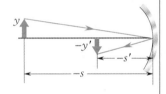

图 10.10　横向放大率

故

$$\beta = \frac{y'}{y} = -\frac{s'}{s}.\qquad(10.8)$$

若 $s'<0$,则近轴光线会聚于球面左方 P',像为实像;若 $s'>0$,则反射光线的反向延长线交于 P' 点, P' 在球面的右方,像为虚像. $|\beta|>1$,像为放大像; $|\beta|<1$,像为缩小像. $\beta>0$,像为正立的像; $\beta<0$,像为倒立的像.

例 10.1　设凸面镜曲率半径为 20 cm,今有一物高 5 mm,置于镜前 25 cm 处,求所成像的位置、大小和虚实.

解　将 $s=-25$ cm, $r=20$ cm 代入物像公式 $\frac{2}{r}=\frac{1}{s}+\frac{1}{s'}$,得

$$s'=\frac{20\times(-25)}{2\times(-25)-20}\ \text{cm}=7.14\ \text{cm}.$$

由式(10.8)得

$$\beta=-\frac{s'}{s}=-\frac{7.14}{-25}=0.29,$$

$$y'=y\beta=0.5\times0.29\ \text{cm}=0.15\ \text{cm}.$$

$|\beta|<1$ 表示像为缩小像; $\beta>0$, $s'>0$ 表示像是正立的虚像,像位于镜面右方 7.14 cm 处.

对于凸面镜，$f' > 0, s < 0$，由式(10.6)可知 $s' > 0$，且 $\beta > 0$，$|\beta| < 1$，不论物体放在镜前何处，在凸面镜中都成正立、缩小的虚像. 因此，通过凸面镜观察景物时可以扩展视野，汽车驾驶室旁的反光镜和超市内的监视镜就是用凸面镜做的，如图10.11所示.

图 10.11　凸面镜成像：正立、缩小的虚像

对于凹面镜，$f' < 0$，因此 s' 可正可负，β 值也可正可负，可大可小，故成像有多种情况，如图10.12所示. 当物体位于凹面镜焦点之内时，所成虚像是正立的；当物体位于凹面镜焦点之外时，所成实像是倒立的.

凹面镜不但能成像，而且能将某些发散的光线变成平行光线朝着一个方向投射，如汽车的车前灯和手电筒以及探照灯等，都是应用放在凹面镜焦点的光源发出的光经凹面镜反射后变为平行光这一原理设计的；凹面镜也能使太阳光反射后聚集到一点，从而把太阳光的能量转变为热能或机械能，太阳灶就利用了这种特性，把需要加热的东西放在焦点处；其他应用还有五官科医生用的反光镜、卫星电视天线、反射式望远镜的物镜等，如图10.13所示.

正立、放大、虚像

倒立、放大、实像

图 10.12　凹面镜成像

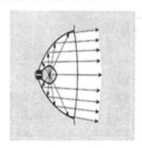

图 10.13　凹面镜的应用

为了方便作图，常采用下列3条特殊光线中的任意两条，由两者的交点来确定像的位置：

① 平行主光轴的傍轴入射光线，经球面反射后通过焦点 F（对凸面镜是其反向延长线通过焦点）.

② 通过焦点的入射光线，经球面反射后，它的反射光线必平行主光轴.

③ 通过球面曲率中心的入射光线经球面反射后沿原路返回.

作图法不仅可以求得像的位置，还可由此求得像的形状和大小. 如图10.14所示的凹面镜成像作图就选用了上述3条特殊光线.

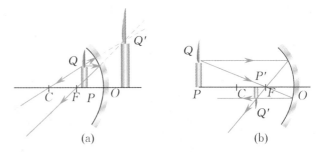

图 10.14 凹面镜成像作图

哈哈镜采用凹或凸柱面镜,带来变形的成像效果.如图 10.15 所示,当人面对着凹柱面镜时,因为镜子在竖直方向上并没有弯曲,所以竖直方向上的像与物长度相同,但在水平方向上由于靠近凹面镜,像是放大的,你会看到一个身材矮胖的人,而且因为鼻子在脸部突出,离镜面更近,放大的倍数更大,结果就照出大鼻子.如果对着凸柱面镜的哈哈镜,由于凸柱面镜在水平方向上像是缩小的,因此,身体在镜中的像就变成细长的了.如果镜面是上凹下凸的,照出来就是头大身体小;如果镜面是上凸下凹的,照出来就是头小身体大.如果镜面各部分凸凹不同,镜面成像的扭曲情况也就千奇百怪了.

2015 年,某国际知名品牌举行时装秀,在巴黎卢浮宫博物馆外的广场上搭起了用多面哈哈镜组成的"镜墙"舞台,卢浮宫博物馆的"扭曲"如图 10.16 所示.该时装秀利用镜墙舞台营造穿梭于过去与未来的跨时空氛围,给人以新奇的感觉.

图 10.15 哈哈镜

图 10.16 卢浮宫广场
的"镜墙"

10.2.3 傍轴光在球面上的折射

大多数光学仪器由若干个透镜所组成,而透镜的表面多为球面,因此了解单球面折射成像的规律对讨论复杂的透镜系统是十分重要的.

如图 10.17 所示,两种介质的分界面为球面,左边介质的折射率为 n,右边介质的折射率为 n',且设 $n' > n$,发光点(物)P 位于主轴上,PA 为一傍轴光线,AP' 为其折射光线,与主轴交于 P' 点.

对 $\triangle ACP$ 及 $\triangle ACP'$ 运用正弦定理,得到

$$\frac{AC}{\sin(-u)} = \frac{PC}{\sin(-i)},$$

$$\frac{AC}{\sin u'} = \frac{CP'}{\sin(-i')}.$$

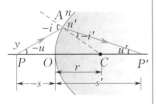

图 10.17 光在球面
上的折射

考虑几何关系:$AC = r, PC = -s + r, CP' = s' - r$,代入上面两式,可得

$$r\sin(-i) = (r-s)\sin(-u),$$

$$r\sin(-i') = (s'-r)\sin u'.$$

结合折射定律:$n\sin(-i) = n'\sin(-i')$,得

$$s' = \frac{n}{n'}(r-s)\frac{\sin(-u)}{\sin u'} + r,$$

可见 s' 随 u 变化,破坏了光束的单心性.傍轴条件下,

$$\sin(-u) \approx \frac{AO}{-s}, \quad \sin u' \approx \frac{AO}{s'},$$

故

$$s' = \frac{n}{n'}(r-s)\left(-\frac{s'}{s}\right) + r,$$

整理得

$$\frac{n'-n}{r} = \frac{n'}{s'} - \frac{n}{s}. \tag{10.9}$$

式(10.9)即为球面折射的物像公式.定义光焦度(focal power)为

$$\Phi = \frac{n'-n}{r}, \tag{10.10}$$

单位为屈光度(diopter),以 D(1 D = 1 m^{-1}) 表示.

由式(10.9)可知,P' 的位置只决定于物点 P 的位置,与折射点 A 的位置无关,从 P 点发出的所有傍轴光线经球面折射后都经过 P' 点,P' 为 P 的理想像.s,s' 分别称为物距与像距.与球面反射物像公式类似,式(10.9)也可推广到傍轴物.

若把物置于主轴上无穷远处,入射光线平行于主光轴,折射后的像点称为折射球面的像方焦点,顶点到像方焦点的距离称为像方焦距,分别用 F',f' 表示.

令 $s = -\infty$,由式(10.9)可得

$$f' = s' = \frac{n'}{n'-n}r = \frac{n'}{\Phi}. \tag{10.11}$$

若把物置于主轴上某一点时,它发出的光线经球面折射后成为平行于主光轴的出射光线,像点将在主轴上无穷远处,这时的物点称为物方焦点,顶点到物方焦点的距离称为物方焦距,分别用 F,f 表示.

令 $s' = \infty$,由式(10.9)可得

$$f = s = -\frac{n}{n'-n}r = -\frac{n}{\Phi}. \tag{10.12}$$

光焦度与焦距都只与介质的折射率及球面的曲率半径有关,当 $n' > n$ 时,对于凸球面,$f' > 0$,有实的像方焦点,球面对光束有会聚作用;对于凹球面,$f' < 0$,有虚的像方焦点,球面对光束有发散作用;f' 的绝对值越小(Φ 的绝对值越大),表示球面的会聚或发散能力越大.

由式(10.11)、式(10.12)可得

$$\frac{f'}{f} = -\frac{n'}{n}. \tag{10.13}$$

由式(10.9)、式(10.12)可得

$$\frac{n'}{s'} - \frac{n}{s} = -\frac{n}{f}.$$

将式(10.13)代入上式,可得

$$\frac{f'}{s'} + \frac{f}{s} = 1. \tag{10.14}$$

式(10.14)称为高斯公式(Gauss formula).

若物距从物方焦点 F 量起，以 x 标记；像距从像方焦点 F' 量起，以 x' 标记，则 $-s = -x - f, s' = x' + f'$，代入高斯公式，得

$$\frac{f'}{x' + f'} + \frac{f}{x + f} = 1,$$

整理得

$$xx' = ff', \tag{10.15}$$

此即**牛顿公式**.

式(10.9)、式(10.14) 和式(10.15) 三者等效，有相同含义，三者都是在凸球面的情况下得出的，但对于凹球面也成立.

由图 10.18 知，物 PQ 高为 $y \approx (-s)i$，像 $P'Q'$ 高为 $-y' \approx s'i'$. 傍轴条件下，折射定律表示为 $ni \approx n'i'$. 横向放大率

$$\beta = \frac{y'}{y} \approx \frac{s'i'}{si} \approx \frac{ns'}{n's}. \tag{10.16}$$

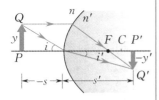

图 10.18　傍轴物经球面折射成像

当 $s' > 0$ 时为实像，$s' < 0$ 则为虚像. $|\beta| > 1$，像为放大像，$|\beta| < 1$，像为缩小像；$\beta > 0$，为正立的像，$\beta < 0$，为倒立的像.

若将式(10.13) 及牛顿公式代入式(10.16)，可得横向放大率的另一表达式

$$\beta = -\frac{f}{x} = -\frac{x'}{f'}. \tag{10.17}$$

例 10.2　用几何光学观点来研究人眼，有几种简化模型，其中之一称为高尔斯特兰(Gullstrand) 简化眼. 它把人眼的成像归结为一个曲率半径为 5.7 mm、介质折射率为 1.333 的单球面折射. 试求这种简化眼的焦点位置和光焦度. 若已知某物在角膜后 24.02 mm 处视网膜上成像，求该物应在何处.

解　已知 $n = 1.0, n' = 1.333, r = 5.7$ mm，代入相应公式，得

$$f' = \frac{n'r}{n' - n} = \frac{1.333 \times 5.7}{1.333 - 1} \text{ mm} = 22.82 \text{ mm},$$

$$f = -\frac{nr}{n' - n} = -\frac{1.0 \times 5.7}{1.333 - 1} \text{ mm} = -17.12 \text{ mm},$$

$$\Phi = \frac{n' - n}{r} = \frac{1.333 - 1}{0.005\,7} \text{ D} = 58.42 \text{ D}.$$

又已知 $s' = 24.02$ mm，代入 $\dfrac{n'}{s'} - \dfrac{n}{s} = \Phi$，即 $\dfrac{1.333}{24.02} - \dfrac{1}{s} = 58.42 \times 10^{-3}$，得

$$s = -343 \text{ mm}.$$

也可由高斯公式 $\dfrac{f'}{s'} + \dfrac{f}{s} = 1$ 计算，即 $\dfrac{22.82}{24.02} + \dfrac{-17.12}{s} = 1$，得

$$s = -343 \text{ mm};$$

或根据牛顿公式计算：

$$x' = s' - f' = (24.02 - 22.82) \text{mm} = 1.20 \text{ mm},$$

$$1.20 x = (-17.12) \times 22.82, \text{即 } x = -326 \text{ mm},$$

$$s = x + f = (-326 - 17.12) \text{mm} = -343 \text{ mm}.$$

3 种计算方法得出同样的结果:物方焦点在角膜前 17.12 mm 处,像方焦点在角膜后 22.82 mm 处;简化眼光焦度为 58.42 D,所求之物应在角膜前 343 mm 处.

思考

1. 若手头只有一盏白炽灯,如何简单地估计一个凹面反射镜的焦距?
2. 球形鱼缸中的金鱼看上去总是比实际的要大些,为什么?
3. 球面反射镜的远轴反射光线是否是单心的?

10.3 薄透镜

将玻璃、水晶等磨成两面为球面(或其中一面为平面)的透明物体,叫作透镜.透镜的透光区域一般做成圆形,圆的直径称为孔径.中间厚、两边薄的透镜叫作凸透镜(convex lens),如图 10.19 所示,也叫作会聚透镜(converging lens),因为它能使通过它的光线经过两次折射后向中间会聚;中间薄、两边厚的透镜叫作凹透镜(concave lens),如图 10.20 所示,也叫作发散透镜(diverging lens),因为它能使通过它的光线经过两次折射后向外发散.

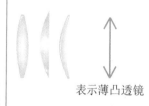

表示薄凸透镜

图 10.19 凸透镜

表示薄凹透镜

图 10.20 凹透镜

如果透镜中央的厚度比两个球面的曲率半径小得多,这种透镜就称为薄透镜.

如图 10.21 所示,透镜两个共轴折射球面曲率半径分别为 r_1 和 r_2,顶点间距 $O_1O_2 = t$,透镜折射率为 n,透镜前后两边的介质的折射率分别为 n_1 和 n_2.下面按逐个球面成像的方法,推导近轴条件下薄透镜的成像公式.

物点 P 经第一球面 O_1 折射成像于 P'':

$$\frac{n}{s_1'} - \frac{n_1}{s_1} = \frac{n - n_1}{r_1},$$

P'' 是后一球面的物点.对后一球面来说,该物点在像空间,应看作虚物,经 O_2 成实像于 P':

$$\frac{n_2}{s_2'} - \frac{n}{s_2} = \frac{n_2 - n}{r_2}.$$

对薄透镜,$t \ll |r_1|$,$|r_2|$,可以将 O_1,O_2 近似看作是重合的,即 $s_2 = s_1'$,并将 s_1,s_2' 标记为 s,s',分别称为薄透镜的物距和像距.将上两式相加,得

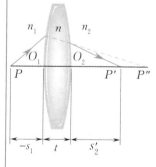

图 10.21 薄透镜

$$\frac{n_2}{s'} - \frac{n_1}{s} = \frac{n - n_1}{r_1} + \frac{n_2 - n}{r_2}. \quad (10.18)$$

式(10.18)即薄透镜成像公式.式中右边

$$\Phi = \frac{n - n_1}{r_1} + \frac{n_2 - n}{r_2} \quad (10.19)$$

是透镜的光焦度,它等于两个折射球面的光焦度之和.

可见,在讨论折射球面的组合或透镜的组合时,光焦度可以直接相

加，这提供了很大方便．例如，在配眼镜时，医生把几片不同度数的镜片插入眼镜架中让你试戴，如感到合适，只要把各镜片的度数相加即可（它的数值是以 D 为单位的数值的 100 倍）．

令 $s = -\infty$，则

$$f' = s' = \frac{n_2}{\dfrac{n-n_1}{r_1} + \dfrac{n_2-n}{r_2}},\tag{10.20}$$

称为像方焦距；令 $s' = \infty$，则

$$f = s = -\frac{n_1}{\dfrac{n-n_1}{r_1} + \dfrac{n_2-n}{r_2}},\tag{10.21}$$

称为物方焦距．

f' 和 Φ 的物理意义与单球面折射中相同，表示透镜会聚或发散光束的能力．透镜的会聚与否不仅决定于透镜的形状，而且与透镜内外的折射率有关，即 f' 的正负由 n_1, n, n_2, r_1, r_2 共同决定．

将焦距公式代入透镜成像公式，得

$$\frac{n_2}{s'} - \frac{n_1}{s} = \frac{n_2}{f'} = -\frac{n_1}{f},$$

即

$$\frac{f'}{s'} + \frac{f}{s} = 1.\tag{10.22}$$

式（10.22）即透镜成像的高斯公式．

若物距从物方焦点 F 量起，以 x 标记；像距从像方焦点 F' 量起，以 x' 标记，则同样可推出牛顿公式

$$xx' = ff'.\tag{10.23}$$

薄透镜成像的横向放大率 $\beta = \dfrac{y'}{y}$ 可由两折射球面的横向放大率相乘得到：

$$\beta_1 = \frac{n_1 s_1'}{n s_1}, \quad \beta_2 = \frac{n s_2'}{n_2 s_2}, \quad s_1' = s_2,$$

$$\beta = \beta_1 \beta_2 = \frac{n_1 s_2'}{n_2 s_1}.$$

将 s_1, s_2' 标记为 s, s'，分别为薄透镜的物距与像距，得

$$\beta = \frac{n_1 s'}{n_2 s}.\tag{10.24}$$

由此可判断像的性质：$|\beta| > 1$，像为放大像，$|\beta| < 1$，像为缩小像；$\beta > 0$，像为正立的像，$\beta < 0$，像为倒立的像．

将 $\dfrac{f'}{f} = -\dfrac{n_2}{n_1}$ 及牛顿公式代入式（10.24），可得横向放大率的另一表达式

$$\beta = -\frac{f}{x} = -\frac{x'}{f'}.\tag{10.25}$$

薄透镜在空气中成像时，$n_2 = n_1 = 1$，$f' = -f$，此情况下凹透镜（$f' < 0$）为发散透镜，生成缩小直立的虚像.

凹透镜主要用于矫正近视眼. 近视眼是由于晶状体的变形，导致光线聚集在视网膜的前面，凹透镜则起到了发散光线的作用，使像距变长，而使像点恰好落在视网膜上.

与凹透镜正好相反，此时凸透镜（$f' > 0$）为会聚透镜，其成像规律如表 10.1 所示.

表 10.1　凸透镜成像规律

物距	像距	像的虚实	像的大小	像的正倒	应用
$-s > 2f'$	$f' < s' < 2f'$	实像	缩小	倒立	照相机
$-s = 2f'$	$s' = 2f'$	实像	等大	倒立	
$f' < -s < 2f'$	$s' > 2f'$	实像	放大	倒立	投影仪
$-s < f'$	与物同侧	虚像	放大	正立	放大镜

例 10.3　两片焦距各为 10 cm 的薄透镜，第一个是会聚透镜，第二个是发散透镜，相隔 35 cm 放置，一物放在第一个透镜前 20 cm 处，求最后像的位置、大小、虚实与横向放大率.

解　首先经会聚透镜成像，以 $f_1' = 10$ cm，$s_1 = -20$ cm 代入高斯公式，得

$$s_1' = \frac{s_1 f_1'}{s_1 + f_1'} = \frac{-20 \times 10}{(-20) + 10} \text{ cm} = 20 \text{ cm}.$$

由横向放大率公式，得

$$\beta_1 = \frac{s_1'}{s_1} = \frac{20}{-20} = -1.$$

再经第二个透镜成像，因 $f_2' = -10$ cm，$s_2 = (20 - 35)\text{cm} = -15$ cm，像距为

$$s_2' = \frac{s_2 f_2'}{s_2 + f_2'} = \frac{-15 \times (-10)}{(-15) + (-10)} \text{ cm} = -6 \text{ cm}.$$

横向放大率

$$\beta_2 = \frac{s_2'}{s_2} = \frac{-6}{-15} = 0.4.$$

总的横向放大率

$$\beta = \beta_1 \times \beta_2 = -0.4.$$

在逐次成像中，像的大小与正倒由总的横向放大率来判断，像的虚实由最后一次像距的符号来判断. 因 $|\beta| < 1$，$\beta < 0$，$s_2' < 0$，故知像是缩小倒立的虚像，最后成像于第二个透镜左边 6 cm 处.

本例也可用牛顿公式求解.

首先经会聚透镜成像，因 $x_1 = s_1 - f_1 = -20 \text{ cm} - (-10) \text{ cm} = -10$ cm，故

$$x_1' = -\frac{f_1'^2}{x_1} = -\frac{10^2}{(-10)} \text{ cm} = 10 \text{ cm}, \quad \beta_1 = -\frac{x_1'}{f_1'} = -\frac{10}{10} = -1.$$

再经第二个透镜成像，因

$$x_2 = s_2 - f_2 = (s_1' - 35 \text{ cm}) - f_2 = (x_1' + f_1' - 35 \text{ cm}) - 10 \text{ cm}$$
$$= (10 + 10 - 35)\text{cm} - 10 \text{ cm} = -25 \text{ cm},$$

故

$$x_2' = -\frac{f_2'^2}{x_2} = -\frac{(-10)^2}{(-25)}\,\mathrm{cm} = 4\,\mathrm{cm}, \qquad \beta_2 = -\frac{x_2'}{f_2'} = -\frac{4}{(-10)} = 0.4.$$

最后成像于第二个透镜像方焦点 F_2' 右边 4 cm 处，即第二个透镜左边 6 cm 处，与用高斯公式求解结果相同.

此外，作图法也是一种重要的求像方法. 在薄透镜成像中常根据"互相不平行的两条直线可相交于一点"的思路来确定像点，即采用下列 3 条特殊光线中的任意两条来确定像的位置：

① 平行主光轴的入射光线，经透镜后会聚于像方焦点 F'（对于发散透镜，反向延长线经过像方焦点）.

② 过光心（透镜几何中心）的光线不改变传播方向.

③ 过物方焦点 F 的入射光线（对于发散透镜，其延长线经过物方焦点），经透镜后平行于主轴.

凹透镜成像光路图涉及的 3 条特殊光线如图 10.22 所示. 需要注意的是，图中凹透镜的像方焦点在左侧，物方焦点在右侧，这与凸透镜的情况正好相反.

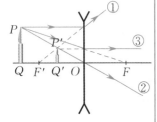

图 10.22　凹透镜成像光路图

如果要求主轴上物点的像，或求任意方向的入射光线的共轭光线，可利用焦面（过焦点垂直于主光轴的平面）和副光轴（过光心与主轴有一定夹角的直线）的性质：

（1）平行于副光轴的入射光线经过透镜折射后会聚于该副光轴与像方焦面的交点（对发散透镜是折射光线的反向延长线会聚于副光轴与像方焦面的交点，如图 10.23 所示）；

（2）过物方焦面上轴外一点发出的入射光线（对于发散透镜，其延长线经过物方焦面上轴外一点，可参考图 10.23 中的逆向光路）经透镜后成为平行于过该点的副光轴的光线.

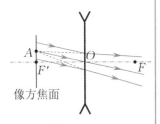

图 10.23　平行于凹透镜副光轴的光线的折射光向

至此，我们已经讨论了单球面反射面、折射面及薄透镜的成像情况，在傍轴条件下这些系统成像是理想的，即物点发出单心光束经过球面反射、折射或透镜折射以后仍为单心光束，形成像点，垂直于主轴的平面物形成仍垂直于主轴的平面像，并且像和物具有相似的关系. 三种光学系统虽然成像情况各不相同，但它们有一些共同的规律，如它们成像都遵循高斯公式与牛顿公式，作图方法也十分相似.

对于共轴的复杂光学系统虽然可以用逐次成像法，但是应用起来非常困难. 1841 年，高斯提出了理想光具组（能保持光束单心性的光学系统）的理论：任何共轴成像系统（含简单的球面反射、折射及透镜构成的系统）都可用一个等效的理想光具组代替，并使用同样的计算公式和作图法. 因为不必考虑光具组的具体结构和光在光具组内的具体光路，这种方法在处理复杂光学系统成像问题时显得至关重要.

思考

1. 有人在旷野需要取火，但身边没有火源，只有一块凹面镜和一块凹透镜，你认为用哪一块能够实现在阳光下取火？

2. 薄透镜的作图求像法的适用范围是什么? 如果薄透镜的一侧为空气, 而另一侧为水, 则 3 条特殊光线的作图法中哪些成立? 哪些不成立?

3. 作图研究厚透镜或远轴光线的聚焦问题.

10.4 显微镜 望远镜 照相机

光学仪器大致可分为三类, 一类如放大镜、显微镜、望远镜等助视光学仪器; 另一类如照相机与投影仪等投影光学仪器; 还有一类是分光仪器, 如分光计、摄谱仪等. 下面利用傍轴光学原理讨论前两类仪器的主要性能.

10.4.1 放大镜 显微镜 望远镜

放大镜、显微镜、望远镜等都是成虚像的光学仪器, 它们的作用都是为了放大物体的视角, 使人眼能够看清小的物体或远距离的物体, 因此称为助视仪器. 为了描述助视仪器的放大本领, 我们引入了视角放大率, 定义为物在助视仪器中所成虚像的视角与物在明视距离 (眼睛可以看得清楚而又不感到疲劳的最近距离) 上的视角之比:

$$M = \frac{\omega}{\omega_e}.$$

注意, 这里定义的是两个不同条件下物体在视网膜上的视角, 与前面讨论的物像横向放大率不同.

放大镜是一个焦距很短的会聚透镜, 如图 10.24 所示, 当物体很小时, 在明视距离上的视角也很小, 很难看清楚, 若物体放在放大镜物方焦点内侧, 经透镜后在明视距离上形成一正立放大的虚像, 再用眼观察这个虚像, 视角增大, 就能看清楚了. 这时虚像对眼的视角近似等于像对放大镜中心所张的角, 因此, 放大镜的视角放大率

$$M = \frac{\omega}{\omega_e} \approx \frac{\dfrac{h}{-f}}{\dfrac{h}{-s_0}} = \frac{s_0}{f} = \frac{25}{f'}, \tag{10.26}$$

式中 $-s_0 = 25$ cm 为明视距离, f' 以 cm 为单位. 由式 (10.26) 可见, 透镜的焦距越小, 视角放大率越大. 一个焦距为 2.5 cm 的放大镜, 其视角放大率为 10, 记为 "$10\times$". 通常的放大镜放大率一般在 2.5 到 5 之间.

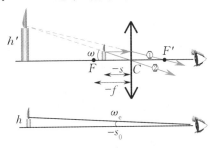

图 10.24 放大镜光路图

　　显微镜用来观察极细小的物体,如动植物的细胞组织、各种细菌、金属的表面组织等.最简单的显微镜由两个会聚透镜系统组成,靠近物体的系统称为物镜,物镜焦距很短,物体放在物镜焦点外非常靠近焦点处,经物镜形成一放大倒立实像,像高为 y_1',该实像位于目镜物方焦点内侧,再经目镜在明视距离处形成一放大的虚像,相对于物体是倒立的.眼睛一般紧贴在目镜处,所以像对目镜光心的张角等于对人眼的张角.由图 10.25 可以得到显微镜的视角放大率

$$M = \frac{\omega}{\omega_e} \approx \frac{-\dfrac{y_1'}{f_e}}{-\dfrac{y}{s_0}} = \frac{y_1'}{y}\frac{s_0}{f_e} = \beta_0 M_e,$$

其中 $M_e = \dfrac{s_0}{f_e}$ 为目镜的视角放大率,而物镜的横向放大率

$$\beta_0 = \frac{y_1'}{y} = \frac{f_o' + \Delta}{f_o} = -\frac{f_o' + \Delta}{f_o'} \approx -\frac{\Delta}{f_o'},$$

故

$$M \approx -\frac{\Delta s_0}{f_o' f_e}, \tag{10.27}$$

式中的量应以 cm 为单位.Δ 为显微镜的光学间隔,因 f_o',f_e' 比镜筒长度小得多,计算时也可用镜筒长代替 Δ.式中的负号表示最后成的像是倒立的.可见,放大本领是由物镜和目镜共同决定的,显微镜的物镜、目镜的焦距越短,镜筒长度越长,其放大率越大.但目镜不能增加通光量,聚光本领是由物镜所决定的.

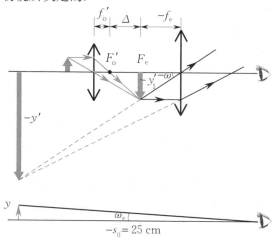

图 10.25　显微镜光路图

　　显微镜物镜的参数标识为 $\beta_0 \times$ N. A.,其中 N. A. 是物镜的数值孔径.物镜的数值孔径越大,其分辨本领越高.

　　望远镜也由物镜与目镜组成,但它的作用是放大远处物体的视角.图 10.26 为开普勒望远镜的光路图,开普勒望远镜主要用于天文观察,是天文学家开普勒(Kepler)于 1611 年发明的,也称为天文望远镜.位于无穷远处的物体的平行光线通过物镜在其像方焦点附近外侧成一倒立

实像. 望远镜的物镜的像方焦点和目镜的物方焦点重合, 故该实像在目镜的焦点内侧, 经目镜后在无穷远处成一放大的虚像. 眼睛靠近目镜, 接收目镜出射的平行光线并将其成像于视网膜上, 这组平行光线对目镜光心的张角 ω 等于对人眼的张角, 物在无穷远处时的视角等于物体射出的平行光线对物镜中心的张角 ω_e, 由图 10.26 可以得到望远镜的视角放大率

$$M = \frac{\omega}{\omega_e} \approx \frac{-\dfrac{y_1'}{f_e}}{-\dfrac{y_1'}{f_o'}} = \frac{f_o'}{f_e} = -\frac{f_o'}{f_e'}, \tag{10.28}$$

式中的负号表示最后成的像是倒立的. 由式 (10.28) 可知, 望远镜的视角放大率是物镜焦距与目镜焦距之比. 为了提高放大率, 就要采用长焦距的物镜, 短焦距的目镜. 望远镜的参数标识为 $M \times D$, 其中 D 为物镜的孔径.

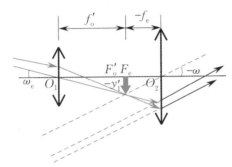

图 10.26 望远镜光路图

双筒望远镜中通常会用到一对组合全反射三棱镜, 即波罗组合棱镜 (见图 10.27), 一方面使镜筒增长, 另一方面使像倒转为正立的像.

伽利略望远镜的目镜是凹透镜, 虚像是正立的, 多用于观察地面上的物体. 望远镜的物镜直径越大, 进入望远镜的光能越多, 能够观察的物体也就越远. 此外, 为了提高望远镜的分辨本领, 也要加大物镜的口径, 但大口径的透镜不论在制造上还是在安装上都有很多困难, 因此现代大型望远镜多采用反射式的, 其物镜为反射镜, 一般呈旋转抛物面形, 也有用旋转椭球面或旋转双曲面的.

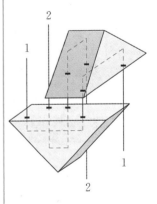

图 10.27 波罗组合棱镜

10.4.2 照相机与投影仪

利用凸透镜能成倒立、缩小 (或放大) 实像的原理, 可制成照相机、投影仪. 实像光学仪器的放大率一般指长度放大率.

照相机的主要部件有: 照相物镜 (也称镜头, 是一个会聚光学系统, 不同镜头的焦距有别, 广角镜头 $28\text{ mm} < f < 50\text{ mm}$, 标准镜头 $f = 50\text{ mm}$, 长焦镜头 $f > 50\text{ mm}$); 暗箱 (用来遮蔽其他光线). 镜头的主要作用是使位于透镜两倍焦距之外的物体在底片 (位于透镜另一侧一到两倍焦距之间) 上形成缩小的倒立实像, 调节镜头与底片的距离, 以使不同远近的被摄物体都能在底片上呈清晰的像. 镜头上附有快门和光

圈，快门用来控制曝光时间，光圈用来改变透光孔径的大小，控制在底片上成像的光照度，还可改变空间成像的景深.

按照成像理论，每次调焦都只能使一个平面上的物成像于底片上，如图 10.28 所示，平面物 PQ 在底片上成像 $P'Q'$，而不在 PQ 平面上的物点将成像于底片的前后，只有在 PQ 平面附近的一个很小的距离内，可以认为像都是清晰的. 该纵深距离被称为景深. 当光圈缩小时，光束变细，距离 PQ 平面较远的物点在底片上仍能得到较小的光斑，因此景深加大，即光圈越小，景深越大. 对于固定的焦距，物距越大，景深越大，因此拍摄近物时，稍远的背景可能模糊，而在拍摄远物时，较远的背景仍很清晰. 此外，镜头的焦距越长，景深越小.

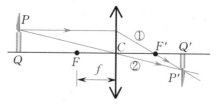

图 10.28　照相机光路图

思考

1. 为什么调节显微镜时镜筒要整体移动而不改变筒长，调节望远镜时则需要调节目镜相对于物镜的距离？

2. 用照相机拍摄远景时为什么要用长焦距的镜头？通常说长焦距镜头把远景拉近了，这个说法对吗？

3. 镜头变焦是如何实现的？手机镜头的变焦又是如何实现的？区别光学变焦和数字变焦.

本章小结

1. 基本定律

（1）光的直线传播定律：在同一均匀介质中，光沿直线传播.

（2）反射定律：反射光线与入射光线都在入射面内，入射角 i 等于反射角 i'，即 $i = i'$.

（3）折射定律：入射光线、折射光线都在入射面内，入射角 i_1、折射角 i_2、介质折射率 n_1，n_2 满足

$$\frac{\sin i_1}{\sin i_2} = \frac{n_2}{n_1}.$$

2. 傍轴条件下成像公式

s，s' 分别为物距与像距，r 为曲率半径，f 表示焦距. y' 为像点到主轴的距离，y 为物点到主轴的距离.

（1）单球面反射的物像公式：

$$\frac{2}{r} = \frac{1}{s} + \frac{1}{s'};$$

横向放大率：

$$\beta = \frac{y'}{y} = \frac{-s'}{s}.$$

（2）单球面折射的物像公式：

$$\frac{n' - n}{r} = \frac{n'}{s'} - \frac{n}{s};$$

横向放大率：

$$\beta = \frac{ns'}{n's} \quad (n, n' \text{ 为左、右介质折射率}).$$

（3）薄透镜成像的高斯公式：

$$\frac{f'}{s} + \frac{f}{s} = 1 \quad (f' = -f);$$

横向放大率:

$$\beta = \frac{n_1 s'}{n_2 s} \quad (n_1, n_2 \text{ 为左、右介质折射率}).$$

3. 作图求像方法

根据"互相不平行的两条直线可相交于一点"的思路来确定像点,常采用 3 条特殊光线中的任意两条来确定像的位置.

4. 应用

(1) 放大镜的视角放大率:

$$M = \frac{25}{f'}.$$

(2) 显微镜的视角放大率:

$$M \approx -\frac{\Delta s_0}{f_o' f_e'}.$$

(3) 望远镜的视角放大率:

$$M = -\frac{f_o'}{f_e'}.$$

拓展与探究

10.1 海市蜃楼是一种光学幻景,是地球上物体反射的光经大气折射而形成的虚像.当不同的空气层具有不同的密度时(光在不同密度的空气中有不同的折射率),光就会沿曲线传播,而人的视觉总是感觉物像是来自直线方向的,因此我们所看到的像就会呈现在实物的上面或下面,即上现蜃景(见图 10.29)或下现蜃景.据此解释海市蜃楼的奇观,说明为什么海市蜃楼只能在无风或风力极其微弱的天气条件下出现.

图 10.29 海市蜃楼

10.2 自行车尾灯本身不能发光,当晚上有灯照到上面的时候,它就能发出光.那个塑料灯是由很多蜂窝状的"小室"构成的,而每一个"小室"又是由 3 个约成 90° 的反射面组成的如图 10.30(a) 所示的角锥,称为角反射器.在图 10.30(b) 中,光线 AB 经相互垂直的 M_1 与 M_2 两块平面镜反射后,沿 CD 方向(AB 的反方向)射出去.由此可见,沿任意方向射向角反射器的光线均可经两次或最多 3 次反射后沿原来的入射方向反向射出,这就是角反射器的原理.1969 年 7 月,阿波罗 11 号航天飞船首次登月时,美国人在月球上放置了一个角反射器,它是由 100 块熔融石英直角锥棱镜排列成的边长为 18 英寸的方阵.据此,我们如何测出月地之间的距离?

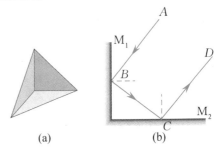

图 10.30 角反射器

10.3 根据费马原理:成像系统的物点和像点之间的光程取恒定值,试由图 10.17 中的 PAP' 光程与 POP' 光程相等导出傍轴条件下球面折射成像公式.

10.4 防盗门的"猫眼"可以使室内的人清楚地看见室外大范围的景物,而室外的人却看不清室内的景物.由光路可逆和透镜成像规律可知,景物经目镜、物镜也能成像,而为什么不能通过物镜看清景物的像?探究"猫眼"的构造,为什么"猫眼"不能如显微镜、望远镜那样由两个凸透镜组成?"猫眼"物镜是凹透镜,目镜是凸透镜,物镜的焦距较短,目镜的焦距较长,且目镜的焦距应等于或大于物镜与目镜的距离("猫眼"的长度)和物镜的焦距之和,试用几何作图方法对此进行说明.

习题 10

10.1 一个截面为等腰直角三角形的棱镜浸没在水中. 如果一光线正入射到此棱镜的一个窄面, 此光线将全反射, 问此棱镜的最小折射率应为多少(水的折射率为 1.333)?

10.2 声波在空气中的速度为 330 m/s, 而在水中为 1 320 m/s, 当声波入射到空气和水的分界面上, 其临界角为多少? 对声波而言, 哪种介质有较高的折射率?

10.3 三棱镜是一种横截面为三角形的透明柱体, 如图 10.31 所示. 光线进、出的面 AB 和 AC 叫作折射面, 这两个折射面的夹角 φ 叫作顶角, 而 BC 面叫作棱镜的底面. 光线 IP 从空气入射到 AB 面上后, 沿 PQ 方向折射进入棱镜, 再沿 QR 方向折射到空气里, 入射光线 IP 和折射光线 QR 所夹的角 δ 叫作偏向角. 试证: 当 $PQ /\!/ BC$ 时, 偏向角为最小, 记为 $\delta_{\min}$. 棱镜的折射率 $n = \dfrac{\sin \dfrac{\delta_{\min} + \varphi}{2}}{\sin \dfrac{\varphi}{2}}$. 若将实心棱镜换成装有液体的空心棱镜, 也可用上式测得该液体的折射率.

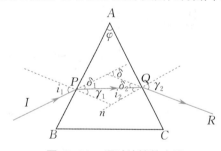

图 10.31 通过棱镜的光线

10.4 一凹面镜的曲率半径为 0.12 m, 物体放在凹面镜顶点前 0.04 m 处, 求:

(1) 像的位置;

(2) 横向放大率.

10.5 一个 5 cm 高的物体放在球面镜前 10 cm 处, 成 1 cm 高的虚像.

(1) 求此镜的曲率中心;

(2) 此镜是凹面镜还是凸面镜?

10.6 要使来自无穷远物的傍轴光线聚焦于与其在透明球的入射点相对称的球面另一顶点, 透明球的折射率应为多少?

10.7 折射率为 1.50、直径为 10 cm 的长玻璃棒, 其左端被研磨抛光成半径为 5 cm 的凸半球面, 一个 1 mm 长的箭矢号垂直于棒轴放置在棒轴上凸面顶点左方 20 cm 处. 求入射到凸面的傍轴光线所成箭矢号的像的位置和放大率.

10.8 一半径为 10 cm, 折射率为 1.5 的玻璃球放在空气中, 有一点光源 P 置于距玻璃球心 25 cm 处. 求点光源像点的位置.

10.9 一折射率为 1.48 的发散弯月形透镜, 其两个球面的半径分别为 2.5 cm 和 4 cm, 如果把物放在透镜前方 15 cm 处, 像的位置应在何处?

10.10 设凸透镜有 10 cm 的焦距, 物距分别为 30 cm, 5 cm 时, 确定像的位置及像的性质.

10.11 一个物体置于离屏幕 18 cm 处, 为了在屏幕上得到一个像, 可把一个焦距为 4 cm 的透镜放在物与屏幕间的哪些点上? 透镜放在这些位置上时, 像的放大率是多少?

10.12 两片焦距均为 10 cm 的薄透镜, 第一个是会聚透镜, 第二个是发散透镜, 相隔 5 cm 放置, 一物放在第一个透镜前 20 cm 处, 求最后像距离第一个透镜的位置及虚实.

10.13 一折射率为 1.5 的薄凹凸透镜, 其凸面的曲率半径为 5 cm, 凹面镀银, 曲率半径为 15 cm. 证明: 当光从凸面入射时, 该透镜的作用相当于一个平面镜.

10.14 一个放大镜的焦距为 10 cm, 可得到的视角放大率为多少? 如果像成在观察者的近点, 即眼前方 25 cm 处, 应把物放在放大镜前方多远处? 假定此放大镜为薄透镜.

10.15 已知一显微镜的光学间隔为 16 cm, 物镜焦距为 1 cm, 目镜焦距为 2.5 cm, 求显微镜的放大率.

10.16 望远镜目镜有 10 cm 的焦距, 物镜与目镜间隔为 2.1 m, 此望远镜的视角放大率是多少?

10.17 月球的直径为 3 480 km, 它到地球的距离为 386 000 km, 求焦距为 4 m 的凹球面望远镜所成的月球像的直径.

第四篇　热学

热学研究与物质冷热有关的现象及其变化规律. 定量且系统地研究冷热现象本质始于热机和温度计诞生之后的 17 世纪. 根据研究方法的不同, 热学可分为热力学 (thermodynamics) 和统计物理学 (statistical physics).

从 17 世纪末到 19 世纪中叶, 迈耶 (Mayer)、焦耳 (Joule) 等人在大量的实验基础之上, 确定了热功当量的数值, 奠定了能量守恒的基础. 之后, 又经亥姆霍兹 (Helmholtz)、克劳修斯 (Clausius) 和开尔文 (Kelvin) 等人的努力, 确定了热量是传热过程中传递的能量这一基本概念, 建立了热力学第一定律. 从巴本锅到瓦特的蒸汽机, 再到卡诺 (Carnot) 提出卡诺循环, 人类在探索如何提高热机效率的过程中发现了自然界中热传递的方向性, 总结出了热力学第二定律. 这些规律是无数经验的总结, 具有高度的普遍性和可靠性, 形成了关于物质热运动的宏观理论, 即热力学.

从 19 世纪中叶到 19 世纪 70 年代末, 热功相当与物质构成微粒说的结合促成了分子运动论的建立. 热力学与分子运动论相结合带来了统计物理学的诞生. 经典统计物理学的建立, 始于 19 世纪中叶麦克斯韦 (Maxwell) 对气体动理论的研究, 后经玻尔兹曼 (Boltzmann)、吉布斯 (Gibbs) 等人在经典热力学的基础上发展而形成. 20 世纪, 随着量子力学的建立和发展, 狄拉克 (Dirac)、费米 (Fermi)、玻色 (Bose) 和爱因斯坦 (Einstein) 等人创立了量子统计物理学. 统计物理学从微观结构出发, 深刻地揭示了热现象及其规律的本质, 是研究物质热运动的微观理论.

热力学和统计物理学是热学中两个独立的物理理论, 它们各自有一套独立的基本假设. 本篇包括两章内容: 气体分子运动论和热力学基础. 其中气体分子运动论主要介绍宏观量的微观本质 (以温度和压强等为例)、微观量分布的统计规律 (麦克斯韦速率与速度分布、玻尔兹曼分布) 以及分子间的碰撞等, 属于统计物理学的基本内容. 而热力学基础主要介绍热力学的基本概念及热力学第一定律、热力学第二定律, 属于热力学的范畴.

第 11 章

气体分子运动论

2020 年，中国和尼泊尔两国领导人共同宣布珠穆朗玛峰最新高程——8 848.86m. 给珠穆朗玛峰测"身高"的原理是什么？

沸水产生水蒸气会烫伤皮肤，源自水蒸气分子剧烈热运动对皮肤的刺激，可见分子的运动决定了气体的宏观性质. 气体分子运动论，又称气体动理论（kinetic theory of gases），就是从微观结构出发建立分子模型，合理假设分子运动所遵循的力学规律，再利用统计的方法揭示宏观热现象的微观本质，属于统计物理学的范畴.

温度是热学中的核心概念，本章首先从宏观角度定义温度、温标，通过实验定律给出理想气体的物态方程. 然后从微观层面建立理想气体分子模型，分析理想气体压强形成的微观机制，推导出宏观状态量压强和温度与微观量统计平均值之间的定量关系；并结合能量均分定理推出理想气体内能的计算公式. 接着考察平衡态下分子按速率和能量的分布规律，分析麦克斯韦速率分布和玻尔兹曼分布的特征. 最后为描述气体分子间的碰撞，引入平均自由程和平均碰撞频率的概念并介绍了输运过程. 另外，本章特别介绍了更接近实际气体的物态方程——范德瓦耳斯方程.

■■■■ 本章目标

1. 理解热平衡的含义及其与温度之间的关系.
2. 准确把握理想气体物态方程的意义并能够运用它分析气体状态和计算状态参量.
3. 能够在理想气体分子模型和统计假设基础上说明压强和温度的统计意义，从而理解宏观热现象的微观本质.
4. 理解能量均分定理及其物理基础，并能够由此推出理想气体的内能公式.
5. 明确速率分布函数的意义、麦克斯韦速率分布的特征和三个特征速率的统计意义.
6. 了解玻尔兹曼分布规律的意义，明确粒子在重力场中按高度分布的公式.
7. 能够推导气体分子平均自由程和平均碰撞频率的计算公式.
*8. 了解实际气体分子大小和相互作用对气体宏观性质的影响，了解范德瓦耳斯方程及其得到的等温线与实际气体等温线的区别.
*9. 了解三种输运过程的物理本质及相关宏观规律.

11.1   热平衡定律   温度

温度的概念源于我们对物体冷热程度的感受. 但是人体的感受通常又是不准确的,如寒冷的冬季手握铁球或一团棉花,即使两者具有相同的温度,由于物体导热性的不同,人体的感受会有极大的差别,因此有必要科学地定义温度. 温度概念的引入和定量测量都是以热平衡定律为基础的.

11.1.1   平衡态

热学中,通常把由大量微观粒子(如分子、原子) 构成的物体称为热力学系统(thermodynamic system),简称系统;与系统发生相互作用的其他物体称为外界. 例如,以封闭容器内的气体作为研究对象,气体就是系统,容器壁和容器壁以外的部分都是外界.

要研究一个系统的性质及其变化规律,首先要对系统的状态加以描述. 对系统从整体上进行的描述叫作宏观描述. 宏观描述所用到的表示系统状态和属性的物理量称为宏观量,如气体的压强、体积、温度等. 宏观量通常都可以直接测量.

从微观角度看,系统都是由大量分子或原子等微观粒子构成的. 例如,标准状态下,空气中一个直径为 $10~\mu m$ 的球形空间内约有 1×10^{10} 个分子. 分子或原子都在不停地运动着,如果给出了系统中所有分子或原子在某个时刻的运动状态,当然就给出了系统在该时刻的状态. 这种通过给出分子、原子等微观粒子的运动状态而对系统状态加以描述的方法称为微观描述. 用于描述分子、原子等微观粒子运动状态的物理量叫作微观量,如分子的质量、速度、动能等. 微观量不可能被人们的感官直接感知,通常也不可能用仪器直接测量.

热力学系统在某时刻所处的状态称为热力学状态,简称状态. 在没有外界影响时,系统的宏观性质不随时间发生变化的状态称为平衡态(equilibrium state). 所谓没有外界影响,是指系统既不与外界交换能量,也不与外界交换物质. 不交换能量意味着系统和外界之间既不存在热传递,也互不做功;不交换物质意味着系统内的物质不会跑到外界,外界的物质也不会进入系统. 例如,一定质量的气体封闭在容积一定的容器中,若容器壁是由绝热材料做成的,则容器中的气体便是一个不受外界影响的系统,不管系统内部各处的初始压强和温度如何,在经历足够长的时间后,系统内部各处的温度和压强必然相同,并且不再随时间变化,即系统处于平衡态.

平衡态是对系统实际情况的近似,是一个理想概念. 系统完全不受外界影响是不可能的,当系统与外界作用十分微弱,相互作用的能量远小于系统本身的能量时,外界对系统的影响可忽略,此时可认为系统不受外界影响. 从微观角度看, 平衡态下组成系统的微观粒子仍在不停地做无规则的热运动, 只不过其平均结果不随时间变化而已, 因此热力学的平衡态是一种动态平衡, 称为热动平衡(thermodynamic equilibrium).

系统由初始的非平衡态过渡到平衡态所经历的时间, 称为弛豫时间(relaxation time). 弛豫时间的长短不仅取决于系统本身的性质, 还和所讨论的物理量有关. 例如, 气缸中的气体, 由于气体分子的碰撞, 气体压强趋于均匀, 弛豫时间为 $10^{-3} \sim 10^{-2}$ s; 而气缸活塞做一次往复运动的时间通常需要几秒钟, 远大于弛豫时间, 因此, 气缸中的气体在每一时刻都可以近似地看作处在平衡态. 但是, 如果考察扩散现象中气体分子浓度的均匀化, 由于涉及分子的宏观位移, 弛豫时间通常需要几分钟甚至更长时间. 弛豫过程中, 系统处在非平衡态, 即使没有外界的影响, 系统的宏观性质也在变化.

思考

什么是热力学平衡态? 其特征是什么?

11.1.2 热平衡定律　温度

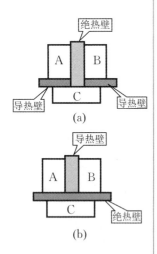

图 11.1　热平衡定律

生活经验表明, 将一杯热水放在一盆冷水中, 在隔绝外部影响的条件下, 冷水温度升高, 热水温度降低, 经过一段时间, 它们的宏观性质不再发生变化, 彼此达到了热平衡状态, 简称热平衡.

假设两个系统 A 和 B 用理想的绝热材料将它们隔开, 并同时和第三个系统 C 接触, 如图 11.1(a) 所示, 经过足够长的时间, A 和 C, B 和 C 将分别达到热平衡. 此时, 再让 A 和 B 热接触, 如图 11.1(b) 所示, 它们也处于热平衡. 上述结果说明, 如果两个系统同时和第三个系统处于热平衡, 则两个系统必然处于热平衡. 这一结论称为热力学第零定律(the zeroth law of thermodynamics), 又称热平衡定律.

热平衡定律表明, 处在同一个热平衡的系统存在共同的宏观特征, 可以用一个状态函数来表征, 这个状态函数称为温度(temperature). 显然, 温度是衡量一个系统是否与其他系统达到热平衡的宏观参量.

热平衡定律不仅定义了温度, 同时也提供了比较温度的方法. 当比较两个系统的温度时, 不再需要两个系统热接触, 只需选取一个标准物体分别与两个系统热接触即可, 这个标准物体就是温度计. 图 11.1 中的物体 C 就相当于温度计.

通常利用物质的某一性质随冷热程度发生单调显著改变的特征制作温度计. 例如, 常用的水银温度计是利用水银的热胀冷缩标示温度, 电阻温度计是利用电阻随温度的变化标示温度.

为了确定温度的数值,必须对物体的冷热程度做定量的标示,即确定温标(scale of temperature). 以具体物质的某一特性确定的温标,是经验温标. 我国生活中常用的是摄氏温标,在摄氏温标下温度的单位是摄氏度(℃). 摄氏温标是把一个标准大气压下水的沸点定义为 100 ℃,水的冰点定义为 0 ℃. 国际上通用的温标是根据热力学第二定律引进的不依赖于任何具体物质特性的温标,称为**热力学温标**(thermodynamic scale of temperature),也称绝对温标. 在热力学温标下,温度被称为热力学温度,在国际单位制中,热力学温度的单位为开[尔文](K). 热力学温度 T 和摄氏温度 t 的关系为

$$T/\text{K} = t/℃ + 273.15.$$

思考

温度计插在水杯中,最后显示的读数是温度计自身的温度还是杯子中水的温度?

11.2 理想气体温标 理想气体物态方程

11.2.1 理想气体温标

热力学系统的平衡状态可以由它的状态参量来描述. 对于简单系统,如气体、液体及各向同性的固体,它们的平衡状态可以用系统的体积 V、压强 p 和温度 T 等来描述,即简单系统的**物态方程**(equation of state) 可以表示为

$$f(p, V, T) = 0.$$

玻意耳定律是关于气体状态变化的实验定律,该定律指出:在一定温度下,一定质量气体的压强和体积的乘积是一个常数,即

$$pV = C,$$

式中常数 C 的数值在不同的温度下有不同的取值. 各种气体在压强不太高时都近似地遵守这一定律,且气体压强越低,与该定律符合得越好. 热力学中把严格遵守玻意耳定律的气体称为**理想气体**(ideal gas). 理想气体是实际气体在压强趋于零时的极限情况,是一个理想模型.

利用玻意耳定律可以定义**理想气体温标**. 这一温标所标示的温度值与该温度下一定质量理想气体的压强和体积的乘积 pV 成正比,用 T 表示理想气体温标下的温度值,则有

$$pV \propto T.$$

上式给出的只是温度的相对数值,要确定温度的特定值,需要定义**标准温度定点**(类似于势能零点的确定). 国际上以水的三相点(气、液、固三相共存且达到平衡态时的温度) 作为固定的标准点,并定义其大小为

$$T_0 \equiv 273.16 \text{ K.}$$

以(p_0, V_0, T_0)表示理想气体在水的三相点时的状态参量,设气体在某一状态下的温度为T,则有

$$T = T_0 \frac{pV}{p_0 V_0} = 273.16 \frac{pV}{p_0 V_0} \text{ K.} \tag{11.1}$$

式(11.1)表明,只要测定了理想气体在某一状态下的压强和体积,就可以定量地确定这一状态的温度.根据式(11.1),实际中通常保持一定量理想气体的压强或体积不变,设计制造成定压气体温度计或定容气体温度计.

图11.2所示是定容气体温度计的示意图.测温泡B内充满气体,通过毛细管和右侧水银压强计的左臂M连接.将待测物体和测温泡接触,上下移动压强计的右臂M′使得左臂中的水银面保持不变,从而保证了测温泡中气体体积不变.温度的改变会引起气体压强的变化,不同温度下的压强可以根据压强计两侧水银面的高度差以及右臂上方的大气压强给出.这样就可以计算出待测物体的温度

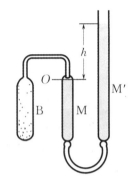

图11.2 定容气体温度计

$$T = 273.16 \frac{p}{p_0} \text{ K.}$$

由于定压气体温度计结构较为复杂,操作麻烦,实际中应用较少,在此不再详细介绍.需要特别指出的是,理想气体温标是将理想气体作为测温物质,但在气体液化温度以下,该温标不再适用.可以证明,在理想气体温标有效的范围内,理想气体温标和热力学温标完全一致,因而都用开[尔文](K)作单位.

11.2.2 理想气体物态方程

利用玻意耳定律,可以得到式(11.1),即

$$\frac{pV}{T} = \text{常量.}$$

将1 mol气体所占的体积定义为气体的摩尔体积,根据阿伏伽德罗定律,在相同的温度和压强下,各种理想气体的摩尔体积都相同.实验表明,在标准状态下,即$p_0 = 1.013 \times 10^5 \text{ Pa}$,$T_0 = 273.15 \text{ K}$时,理想气体的摩尔体积$V_{0,\text{mol}} = 22.4 \times 10^{-3} \text{ m}^3/\text{mol}$.温度和压强一定时,气体的体积和它的质量(或摩尔数)成正比.假设气体的摩尔质量为M,则质量为m的气体在标准状态下所占的体积$V_0 = \frac{m}{M} V_{0,\text{mol}}$,代入上面的公式得

$$\frac{pV}{T} = \frac{m}{M} \frac{p_0 V_{0,\text{mol}}}{T_0}.$$

定义普适气体常量(universal gas constant)

$$R = \frac{p_0 V_{0,\text{mol}}}{T_0} \approx 8.31 \text{ J/(mol \cdot K)},$$

则有

$$pV = \frac{m}{M}RT = \nu RT, \qquad (11.2)$$

式中 $\nu = \frac{m}{M}$ 为理想气体的摩尔数,而式(11.2)给出的是平衡态下理想气体各宏观量之间的关系,称为理想气体物态方程.

考虑到阿伏伽德罗常量(Avogadro constant)$N_A = 6.02214076 \times 10^{23}\ \mathrm{mol}^{-1}$,如果用 N 表示体积为 V 的气体含有的分子数,则此气体的摩尔数 $\nu = \frac{N}{N_A}$,于是式(11.2)又可写为

$$p = \frac{N}{N_A V}RT = \frac{N}{V}\frac{R}{N_A}T = nkT,$$

式中 $k = \frac{R}{N_A} = 1.380649 \times 10^{-23}\ \mathrm{J/K}$,称为玻尔兹曼常量(Boltzmann constant);$n = \frac{N}{V}$ 为单位体积气体内所含的分子数,即气体分子数密度.

思考

1. 理想气体物态方程是怎么推出的?
2. 理想气体温标是利用气体的什么性质建立的?

11.3 理想气体压强和温度的统计意义

系统是由大量微观粒子构成的,其宏观性质必然和微观粒子的整体行为有联系.为了从微观上给出压强和温度的定量解释,以处于平衡态的理想气体作为研究对象,首先建立理想气体分子模型,并对分子集体做出统计假设.

理想气体压强和温度的统计意义

11.3.1 理想气体分子模型和分子运动的统计性假设

实际气体在压强不太高(相对于大气压)和温度不太低(相对于室温)时,都比较准确地遵守理想气体的物态方程,在这种条件下,实际气体的密度都比较小,分子之间的距离较大,分子本身的体积及分子之间的相互作用可忽略不计.在此前提下提出理想气体分子模型:

(1)忽略分子的形状和大小,将分子看作质点.

(2)除碰撞瞬间外,分子之间、分子与容器器壁之间均无相互作用.

(3)分子之间、分子与容器器壁之间的碰撞是完全弹性碰撞,分子的运动遵从经典力学规律.

以上假设是对分子个体而言的.气体是由大量分子构成的,由于分子运动的无规则性,对于大量分子的行为应采用统计方法进行处理,这就需要给出统计性假设.考虑到气体处于平衡态时,容器内各处气体密

度相同,气体分子在容器内呈均匀分布,合理的假设如下:

在平衡态下,气体分子沿空间各个方向运动的机会均等,分子沿空间任一方向的运动不比其他方向的运动更具优势.平均来说,朝空间各个方向运动的分子数相同,分子速度在各个方向上的各种平均值相同,在空间取 x 轴、y 轴、z 轴 3 个独立的互相垂直的方向,则必有

$$\overline{v_x} = \overline{v_y} = \overline{v_z}, \tag{11.3}$$

$$\overline{v_x^2} = \overline{v_y^2} = \overline{v_z^2}, \tag{11.4}$$

式中平均值按下述方法定义:

$$\overline{v_x} = \frac{v_{1x} + v_{2x} + \cdots + v_{Nx}}{N} = \frac{1}{N} \sum_{i=1}^{N} v_{ix}, \tag{11.5}$$

$$\overline{v_x^2} = \frac{v_{1x}^2 + v_{2x}^2 + \cdots + v_{Nx}^2}{N} = \frac{1}{N} \sum_{i=1}^{N} v_{ix}^2. \tag{11.6}$$

11.3.2 理想气体的压强公式

气体施加给容器器壁的压强是大量分子碰撞器壁的结果.就某一个分子来说,它对器壁的碰撞是断续的,什么时候和器壁碰撞、碰在什么地方、给器壁施加了多大冲量都是偶然的,但就大量分子构成的整体来说,时刻都有大量分子和器壁碰撞,在宏观上给器壁施加一个持续的压力,表现为压强.

设容器中某理想气体处于平衡态,单位体积内有 n 个分子,每个分子的质量都是 m,分子可能具有各种不同的速度.为讨论问题的方便,可设想将气体分子按速度分组,单位体积内速度为 $\boldsymbol{v}_1, \boldsymbol{v}_2, \boldsymbol{v}_3, \cdots$ 的分子数分别为 $n_1, n_2, n_3, \cdots$,则 $\sum_i n_i = n$.

平衡态下,器壁各处的压强相等,只需考察器壁一小块面积上的压强.为此,建立直角坐标系 $Oxyz$,在器壁上取一法线方向沿 x 轴方向的面积元 dA,如图 11.3 所示.首先考察单个分子在一次碰撞过程中施加给 dA 的冲量,设某分子速度为 $\boldsymbol{v}_i$,它的三个分量为 v_{ix}, v_{iy}, v_{iz},由于碰撞是完全弹性的,碰撞前后沿 y 轴、z 轴方向的速度分量保持不变,x 轴方向的速度分量由 v_{ix} 变成 $-v_{ix}$,按动量定理,分子受到器壁施加的冲量为 $-mv_{ix} - mv_{ix} = -2mv_{ix}$,而分子施加给器壁的冲量为 $2mv_{ix}$.

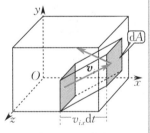

图 11.3　理想气体压强
公式的推导

接下来考察在时间 dt 内所有分子施加给 dA 的总冲量.在速度为 $\boldsymbol{v}_i$ 的全部分子中,dt 时间内能够和 dA 碰撞的那些分子一定处在以 dA 为底面、以 $\boldsymbol{v}_i$ 方向为轴线,高为 $v_{ix}dt$ 的斜柱体内(见图 11.3).dt 时间内能够和 dA 碰撞的速度为 $\boldsymbol{v}_i$ 的分子数为 $n_i dA v_{ix}dt$,这些分子施加给器壁的冲量为 $2mv_{ix}n_i dA v_{ix}dt$.将这一结果对所有不同的速度求和即可得 dt 时间内所有分子施加给 dA 的总冲量 dI,但必须将求和限制在 $v_{ix} > 0$ 的范围内,因为 $v_{ix} < 0$ 的分子背离 dA 运动,dt 时间内不会和 dA 碰撞,故

$$dI = \sum_{i(v_{ix} > 0)} 2mv_{ix}^2 n_i dA dt.$$

由于气体处于平衡态时,气体分子朝 x 轴正方向和负方向运动的机会均

等,平均来说,$v_{ix} > 0$ 和 $v_{ix} < 0$ 的分子各占一半,这样,上式又可以写为

$$dI = \sum_i m v_{ix}^2 n_i dA dt.$$

根据冲量的定义,$\dfrac{dI}{dt}$ 是气体给器壁施加的压力,对应的压强为

$$p = \frac{dI}{dA dt} = m \sum_i n_i v_{ix}^2.$$

注意到气体处于平衡态时,$\overline{v_x^2} = \dfrac{\sum_i n_i v_{ix}^2}{\sum_i n_i} = \dfrac{\sum_i n_i v_{ix}^2}{n}$,代入上式得

$$p = nm \overline{v_x^2}.$$

由于 $\overline{v_x^2} = \overline{v_y^2} = \overline{v_z^2}$,且 $\overline{v_x^2} + \overline{v_y^2} + \overline{v_z^2} = \overline{v^2}$,因此有 $\overline{v_x^2} = \dfrac{1}{3}\overline{v^2}$,于是

$$p = \frac{1}{3} nm \overline{v^2}. \tag{11.7}$$

引入分子的平均平动动能(average translational kinetic energy)

$$\bar{\varepsilon} = \frac{1}{2} m \overline{v^2}, \tag{11.8}$$

则式(11.7)可写成

$$p = \frac{2}{3} n\bar{\varepsilon}. \tag{11.9}$$

式(11.7)和式(11.9)是根据分子运动论导出的理想气体的压强公式. 公式右端的 n 和分子的平均平动动能 $\frac{1}{2}m\overline{v^2}$ 是描述系统微观量的平均值. 可见,气体压强是大量气体分子和容器器壁无规则碰撞的平均结果. 推导过程中选取的微小面积元 dA 和时间 dt 都是宏观上的无限小量,但在微观上是非常大的. 从微观层面考察,在 dt 时间内和面积元 dA 发生碰撞的分子仍然是大量的,由此对器壁产生一持续压力,所以说压强是大量分子集体行为的宏观表现,是一个统计结果. 可以设想,如果面积元 dA 和时间 dt 在微观上就是无限小的,那么能够和面积元碰撞的分子数就会非常少并且有显著的变化,这样就不可能产生稳定的压强. 换言之,对于少数或单个的分子,谈论压强没有意义. 将式(11.9)与理想气体的物态方程 $p = nkT$ 比较,得到

$$\bar{\varepsilon} = \frac{3}{2} kT. \tag{11.10}$$

式(11.10)表明,大量分子的平均平动动能与绝对温度成正比,与气体种类无关. 这一结果揭示了温度的微观本质——气体的温度是大量分子平均平动动能的量度,是大量分子无规则热运动的集体表现,具有统计的意义,对于单个分子或少数几个分子,无温度可言.

由式(11.8)和式(11.10)以及玻尔兹曼常量的定义 $k = \dfrac{R}{N_A}$,可求得气体分子的方均根速率(root-mean-square speed)为

$$\sqrt{\overline{v^2}} = \sqrt{\frac{3kT}{m}} = \sqrt{\frac{3RT}{M}}, \qquad (11.11)$$

式中 $M = N_A m$ 为气体摩尔质量. 又因为

$$p = \frac{1}{3}nm\overline{v^2} = \frac{1}{3}\rho\overline{v^2}, \qquad (11.12)$$

也可将气体分子的方均根速率表示为

$$\sqrt{\overline{v^2}} = \sqrt{\frac{3p}{\rho}}, \qquad (11.13)$$

式中 $\rho = nm$ 为气体的密度. 由式(11.11)可知,同一温度下,不同气体分子的方均根速率与气体摩尔质量的平方根成反比. 利用式(11.11)可算出 0 ℃ 时,氢气分子的方均根速率约为 1845 m/s,二氧化碳分子的方均根速率约为 393 m/s.

例 11.1 地球上温度为 $t_1 = 20$ ℃ 和 $t_2 = 1\,000$ ℃ 的理想气体分子的平均平动动能各是多少? 如果理想气体分子的平均平动动能刚好为 1 eV,则该理想气体的温度是多少?

解 $T_1 = (20 + 273)$ K $= 293$ K,$T_2 = (1\,000 + 273)$ K $= 1\,273$ K. 理想气体分子的平均平动动能分别为

$$\overline{\varepsilon}_1 = \frac{3}{2}kT_1 = \frac{3}{2} \times 1.38 \times 10^{-23} \times 293 \text{ J} \approx 6.07 \times 10^{-21} \text{ J},$$

$$\overline{\varepsilon}_2 = \frac{3}{2}kT_2 = \frac{3}{2} \times 1.38 \times 10^{-23} \times 1\,273 \text{ J} \approx 2.64 \times 10^{-20} \text{ J}.$$

当气体分子的平均平动动能刚好为 1 eV 时,气体温度为

$$T = \frac{2}{3k}\overline{\varepsilon} = \frac{2}{3 \times 1.38 \times 10^{-23}} \times 1.60 \times 10^{-19} \text{ K} \approx 7.73 \times 10^3 \text{ K}.$$

例 11.2 10^{23} 个质量为 5×10^{-26} kg 的分子储存于 1 L 的容器中,气体分子的方均根速率为 400 m/s, 气体的压强是多少? 这些分子的总平均平动动能是多少? 温度是多少?

解 由式(11.9)可知气体的压强为

$$p = \frac{2}{3}n\overline{\varepsilon} = \frac{2}{3}\frac{N}{V}\left(\frac{1}{2}m\overline{v^2}\right) = \frac{2}{3} \times \frac{10^{23}}{10^{-3}} \times \frac{1}{2} \times 5 \times 10^{-26} \times 400^2 \text{ Pa}$$

$$\approx 2.67 \times 10^5 \text{ Pa}.$$

分子的总平均平动动能为

$$E_k = N\left(\frac{1}{2}m\overline{v^2}\right) = 10^{23} \times \frac{1}{2} \times 5 \times 10^{-26} \times 400^2 \text{ J} = 400 \text{ J}.$$

系统的温度为

$$T = \frac{2}{3k}\overline{\varepsilon} = \frac{2}{3k}\left(\frac{1}{2}m\overline{v^2}\right) = \frac{m\overline{v^2}}{3k} = \frac{5 \times 10^{-26} \times 400^2}{3 \times 1.38 \times 10^{-23}} \text{ K} \approx 193 \text{ K}.$$

> **思考**
>
> 1. 如果盛有气体的容器相对于某坐标系做匀速运动,容器内的分子速度相对于此坐标系增大了,温度会因此升高吗?

2. 在讨论压强的统计意义时,引进了分子平均平动动能;分子的运动包括平动、振动和转动. 分子平均振动动能和转动动能对压强有贡献吗? 为什么?

11.4 能量均分定理 理想气体的内能

前面在讨论理想气体的压强和温度时,将分子看作质点,只考虑了分子热运动中的平动动能. 但分子都是有内部结构的(单原子分子除外),一般分子运动并不限于平动,还有转动和振动. 本节讨论能量在各种运动形式之间的分配,为此,需要引入自由度的概念.

11.4.1 自由度

决定一个物体位置所需要的独立坐标数,叫作物体的自由度(degree of freedom).

对于三维空间中自由运动的质点,确定它的位置需要 3 个独立坐标,如直角坐标系中的 x,y,z,因此,三维空间中自由质点的自由度为 3,这 3 个自由度叫作平动自由度,通常用 t 表示,$t=3$. 如果质点被限制在一个平面或曲面上运动,确定其位置只需要 2 个独立坐标,此时质点只有 2 个自由度,$t=2$;如果质点被限制在一条直线或曲线上运动,质点就只有 1 个自由度,$t=1$.

对于自由刚体,一般既有平动又有转动. 确定刚体的空间位置,可首先确定刚体质心 C 的位置,如图 11.4 所示,这需要 3 个独立变量,即 3 个平动自由度. 质心 C 的位置固定后,刚体就只能以 C 点为中心转动. 取刚体上不同于质心的另一点 A,以 AC 作为刚体转动的转轴. 显然,只要确定了 A 点的位置,转轴的空间取向就固定下来了. 确定 A 点的空间位置同样需要 3 个坐标,但由于刚体上 AC 之间的距离固定,A 点的 3 个坐标中只有 2 个是独立的,因此确定 A 点的位置需要 2 个自由度,即确定刚体转轴的空间取向需要 2 个自由度. 最后,只需知道刚体绕转轴转过的角度 φ,即可完全确定刚体的位置,这个独立变量对应的也是转动自由度. 综上所述,自由刚体有 3 个平动、3 个转动共 6 个自由度,转动自由度通常用 r 表示,总的自由度用 i 表示,则 $i=t+r$. 如果刚体的运动受到某些限制,自由度就会降低,如定轴转动的刚体只有 1 个自由度.

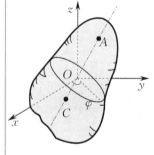

图 11.4 自由度的确定

气体分子自由度的确定正是依据上面的概念. 气体分子由原子构成,把原子看作质点,对于单原子分子(如 He,Ne,Ar 等),只有 3 个平动自由度,$t=3$. 在双原子分子与多原子分子中,如果原子间的距离保持不变,则称之为刚性分子. 对于刚性双原子分子,它的平动自由度 $t=3$;因为将原子看作质点,双原子绕它们连线的转动可忽略不计,只需用 2 个独立坐标确定其连线的方位,即它的转动自由度 $r=2$,于是总自由度 $i=t+r=5$. 对于三个或三个以上原子组成的刚性多原子分子,可看作三维空间中的自由刚体,有 6 个自由度. 若双原子与多原子分子为非刚体,除了平动与转动之外,还会有振动,自由度数目将会增多,情况比较复杂,其分析研究要用到量子力学理论,这里不做讨论.

11.4.2　能量均分定理

理想气体处于平衡态时,一个分子的平均平动动能为

$$\bar{\varepsilon} = \frac{1}{2}m\overline{v^2} = \frac{3}{2}kT,$$

根据统计性假设,$\overline{v_x^2} = \overline{v_y^2} = \overline{v_z^2} = \frac{1}{3}\overline{v^2}$,可得

$$\frac{1}{2}m\overline{v_x^2} = \frac{1}{2}m\overline{v_y^2} = \frac{1}{2}m\overline{v_z^2} = \frac{1}{2}kT.$$

上式揭示了一条统计规律:在平衡态下,分子的各平动自由度的平均平动动能相等.这一结果源于分子的无规则热运动.由于分子间的无规则碰撞,动能不仅仅在分子之间进行交换,而且还可从一个平动自由度转移至另一个平动自由度上;由于各个平动自由度中并没有哪一个具有特别的优势,平均来说,各平动自由度就具有相等的平均动能.

这种能量分配还可以推广到其他运动自由度上.分子在做无规则碰撞时,能量可以在所有平动、转动、振动等自由度之间互相转移,使气体分子在平衡态时可维持动能在所有自由度上的均匀分布.经典统计物理中可以严格证明:在温度为 T 的平衡态下,气体分子每个自由度的平均动能都等于 $\frac{1}{2}kT$,这一结论称为能量按自由度均分定理,简称能量均分定理(equipartition theorem).该结论对液体和固体同样适用.

若气体分子有 i 个自由度,则每个分子的平均总动能 $\bar{\varepsilon}_k = \frac{i}{2}kT$.对于单原子分子,$\bar{\varepsilon}_k = \frac{3}{2}kT$;对于刚性双原子分子,$\bar{\varepsilon}_k = \frac{5}{2}kT$;对于刚性多原子分子,$\bar{\varepsilon}_k = \frac{6}{2}kT = 3kT$.

『思考』

　　能量按自由度均分定理适用于网球吗? 如果适用,为什么躺在地上的网球不像布朗粒子那样飘忽不定?

11.4.3　理想气体的内能

实际气体分子之间存在相互作用,气体分子之间具有相互作用势能.由大量分子组成的气体,所有气体分子的热运动动能与分子之间的相互作用势能之和构成气体的总能量,简称内能.这是从微观角度定义的气体内能.

对于理想气体,分子间的相互作用可以忽略,理想气体的内能只是所有气体分子的各种热运动的动能之和.假设理想气体分子的自由度

为 i,在温度为 T 时,每一个分子总的平均能量为 $\frac{i}{2}kT$,1 mol 理想气体有 N_A 个分子,则质量为 m、摩尔质量为 M 的理想气体的内能为

$$E = \frac{m}{M} N_A \frac{i}{2} kT = \frac{m}{M} \frac{i}{2} RT. \tag{11.14}$$

式(11.14) 表明,一定量某种理想气体的内能是温度 T 的单值函数.在 0 ℃ 时,1 mol 单原子、双原子及多原子刚性分子气体内能分别为

$$E_单 = \frac{3}{2}RT = \frac{3}{2} \times 8.31 \times 273.15 \text{ J} \approx 3.40 \times 10^3 \text{ J},$$

$$E_双 = \frac{5}{2}RT = \frac{5}{2} \times 8.31 \times 273.15 \text{ J} \approx 5.67 \times 10^3 \text{ J},$$

$$E_多 = \frac{6}{2}RT = \frac{6}{2} \times 8.31 \times 273.15 \text{ J} \approx 6.81 \times 10^3 \text{ J}.$$

上述结果在解决具体问题时可供参考.能量按自由度均分定理是经典统计物理的结果,在与室温相差不大的温度范围内和实验结果近似符合;实验结果的准确解释需要用到量子力学理论.

思考

指出下列各量的物理意义:

$$\frac{3}{2}kT, \quad \frac{i}{2}kT, \quad \frac{3}{2}RT, \quad \frac{i}{2}RT, \quad \frac{3}{2}\frac{m}{M}RT.$$

11.5　麦克斯韦速率分布律

由于热运动的无规则性和分子间的频繁碰撞,分子运动的速率不仅千差万别,而且瞬息万变.对于单个分子,在某一时刻,它的速率为多少,完全是偶然的,可取 $0 \sim \infty$ 之间的任何数值,而对处于平衡态的大量分子而言,分子速率在 $0 \sim \infty$ 之间的分布却服从一定的统计规律.1859 年,麦克斯韦首先从理论上证明,在平衡态下,理想气体分子按速率的分布具有确定的规律 —— 麦克斯韦速率分布律.

11.5.1　速率分布函数

研究气体分子速率的分布,就是研究在平衡态下分布在各个速率区间内的分子数占总分子数的百分比,以及在哪个区间分子分布最多等问题.表11.1给出了 0 ℃ 时氧气分子速率分布情况,把速率分成若干相等的区间,N 为总分子数,ΔN 为某一速率区间内的分子数,则 $\frac{\Delta N}{N}$ 为对应分子数占总分子数的百分比,表中速率区间 Δv 取 100 m/s.

表 11.1　0 ℃ 时氧气分子速率分布情况

速率区间 /(m/s)	分子数的百分比 $\frac{\Delta N}{N}$／%
< 100	1.4
100 ~ 200	8.1
200 ~ 300	16.5
300 ~ 400	21.4
400 ~ 500	20.6
500 ~ 600	15.1
600 ~ 700	9.2
700 ~ 800	4.8
800 ~ 900	2.0
900 以上	0.9

由表 11.1 可以看出，在不同的速率 v（如 300 m/s 和 600 m/s）附近取相同大小的速率区间（如 100 m/s），处在该区间内的分子数占总分子数的百分比 $\frac{\Delta N}{N}$ 的数值是不同的；另外，Δv 越大，对应的 $\frac{\Delta N}{N}$ 也越大，即 $\frac{\Delta N}{N}$ 不仅与 v 有关，也与 Δv 有关．$\frac{\Delta N}{N\Delta v}$ 的含义是：处在速率 v 附近，单位速率区间内的分子数占总分子数的百分比，或某分子速率处在 v 附近单位速率区间内的概率．Δv 取得越小，对上述概率的描述也越精确．定义

$$f(v) = \lim_{\Delta v \to 0} \frac{\Delta N}{N\Delta v} = \frac{\mathrm{d}N}{N\mathrm{d}v}, \tag{11.15}$$

称为速率分布函数（distribution function of speed）．对于一定温度下的某一确定气体，$f(v)$ 只是速率 v 的函数，速率分布函数是表征大量分子统计特性的函数，是分子运动统计规律的表现．

若已知 $f(v)$ 的具体表达式，则可用积分求出速率分布在 $v_1 \sim v_2$ 区间内的分子数占总分子数的百分比

$$\frac{\Delta N}{N} = \int_{v_1}^{v_2} f(v)\mathrm{d}v.$$

因为所有分子全部分布在 $0 \sim \infty$ 的速率范围内，所以

$$\int_0^\infty f(v)\mathrm{d}v = 1. \tag{11.16}$$

式(11.16)称为速率分布函数的归一化条件（normalizing condition）．

11.5.2　麦克斯韦速率分布律

1859 年，麦克斯韦从经典统计理论出发，运用分子运动的统计性假设，找到了理想气体分子的速率分布函数．麦克斯韦指出，在平衡态下，当气体分子间的相互作用可以忽略不计时，分布在速率 v 附近单位速率

麦克斯韦速率分布

区间内的分子数占总分子数的百分比(分布函数 $f(v)$)为

$$f(v) = 4\pi \left(\frac{m}{2\pi kT} \right)^{\frac{3}{2}} \mathrm{e}^{-\frac{mv^2}{2kT}} v^2, \tag{11.17}$$

式中 T 是气体的热力学温度,m 是单个分子的质量,k 是玻尔兹曼常量. 根据式(11.17),速率分布在 $v \sim v+\mathrm{d}v$ 区间内的分子数占总分子数的百分比为

$$\frac{\mathrm{d}N}{N} = 4\pi \left(\frac{m}{2\pi kT} \right)^{\frac{3}{2}} \mathrm{e}^{-\frac{mv^2}{2kT}} v^2 \mathrm{d}v. \tag{11.18}$$

速率分布函数可在 $f(v)$-v 图上用一条曲线表示,称为速率分布曲线,如图 11.5 所示. 图中阴影部分的面积 $f(v)\mathrm{d}v$ 表示速率在 $v \sim v+\mathrm{d}v$ 区间内的分子数占总分子数的百分比$\frac{\mathrm{d}N}{N}$. 速率在 $0 \sim \infty$ 之间的分子数占总分子数的百分比等于整条曲线下的面积,根据归一化条件,该面积必定等于 1.

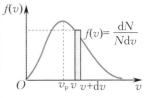

图 11.5 麦克斯韦速率分布曲线

从图 11.5 可以看出,速率很大和速率很小的分子所占的比例很小,具有中等速率的分子所占的比例很大. 与分布函数 $f(v)$ 的极大值对应的速率叫作最概然速率(most probable speed),记为 v_p. v_p 的物理意义是:如果把整个速率范围($0 \sim \infty$)分成许多相等的微小区间,则分布在 v_p 所在区间内的分子数占总分子数的百分比最大. 令 $\frac{\mathrm{d}f(v)}{\mathrm{d}v} = 0$,可求得最概然速率为

$$v_\mathrm{p} = \sqrt{\frac{2kT}{m}} = \sqrt{\frac{2RT}{M}} \approx 1.41 \sqrt{\frac{RT}{M}}. \tag{11.19}$$

与之对应的速率分布函数最大值 $f_{\max} = \frac{4\mathrm{e}^{-1}}{\sqrt{\pi}} \frac{1}{v_\mathrm{p}}$.

对于同一种分子构成的气体,温度越高,其最概然速率 v_p 越大,速率分布曲线越平坦,但是分布曲线下包围的面积恒等于 1;在同一温度下,所有理想气体分子的平均平动动能相同,分子质量越小,最概然速率 v_p 越大,对应的 $f_{\max}$ 越小. 图 11.6 和图 11.7 分别描绘了同一种气体在不同温度下和不同种气体在同一温度下的分子速率分布函数的变化.

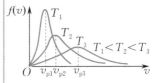

图 11.6 同一种气体分子不同温度下速率分布比较

利用速率分布函数还可求出平均速率(average speed)$\overline{v}$ 和方均根速率$\sqrt{\overline{v^2}}$. 速率分布在区间 $v \sim v+\mathrm{d}v$ 内的分子数 $\mathrm{d}N = Nf(v)\mathrm{d}v$,由于 $\mathrm{d}v$ 很小,可以认为 $\mathrm{d}N$ 个分子的速率相同且都等于 v,这些分子速率的总和为 $v\mathrm{d}N = vNf(v)\mathrm{d}v$,对所有的速率区间求和,就得到所有分子的速率总和,再除以总分子数 N 可得到分子的平均速率,即

$$\overline{v} = \frac{\int_0^\infty vNf(v)\mathrm{d}v}{N} = \int_0^\infty vf(v)\mathrm{d}v$$

$$= 4\pi \left(\frac{m}{2\pi kT} \right)^{\frac{3}{2}} \int_0^\infty \mathrm{e}^{-\frac{mv^2}{2kT}} v^3 \mathrm{d}v$$

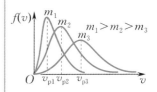

图 11.7 同一温度下不同种气体分子速率分布比较

$$= \sqrt{\frac{8kT}{\pi m}} = \sqrt{\frac{8RT}{\pi M}} \approx 1.60 \sqrt{\frac{RT}{M}}. \tag{11.20}$$

类似地，可以求得分子速率平方的平均值为

$$\overline{v^2} = \int_0^\infty v^2 f(v) \mathrm{d}v = 4\pi \left(\frac{m}{2\pi kT}\right)^{\frac{3}{2}} \int_0^\infty \mathrm{e}^{-\frac{mv^2}{2kT}} v^4 \mathrm{d}v = \frac{3kT}{m},$$

方均根速率为

$$\sqrt{\overline{v^2}} = \sqrt{\frac{3kT}{m}} = \sqrt{\frac{3RT}{M}} \approx 1.73 \sqrt{\frac{RT}{M}}. \tag{11.21}$$

利用速率分布函数求出的三个特征速率是统计意义上的大量分子运动速率的典型值. 由式(11.19)、式(11.20)和式(11.21)可知，气体分子的三种速率都与 $\sqrt{T}$ 成正比，与 $\sqrt{m}$ 或 $\sqrt{M}$ 成反比. $v_\mathrm{p}, \overline{v}, \sqrt{\overline{v^2}}$ 的大小关系为

$$v_\mathrm{p} < \overline{v} < \sqrt{\overline{v^2}}.$$

在室温下，它们的数量级一般为 10^2 m/s. 三种速率各有不同的用途，在讨论分子按速率分布时，要用到最概然速率；在研究分子碰撞时，要用到平均速率；在计算分子的平均平动动能时，要用到方均根速率.

由上述讨论可知，一定温度下气体分子的速率（如方均根速率）与物质的摩尔质量有关，由于一些物质的同位素的摩尔质量有差异（如 ^{238}U 的摩尔质量为 238 g/mol，^{235}U 的摩尔质量为235 g/mol），它们的方均根速率也有差别，因此其蒸气的扩散速率不同，这一现象可以用来分离物质的同位素. 在工业技术上利用气态扩散法分离同位素就是根据这一原理进行的.

例 11.3 利用速率分布函数的定义写出速率分布在 $v_1 \sim v_2$ 区间内的分子的平均速率 $\overline{v}_{1,2}$ 和方均根速率 $\sqrt{\overline{v_{1,2}^2}}$ 的计算式.

解 （1）根据速率分布函数的定义可知，$\mathrm{d}N = Nf(v)\mathrm{d}v$ 是速率分布于 $v \sim v + \mathrm{d}v$ 区间内的分子数；$v\mathrm{d}N = Nvf(v)\mathrm{d}v$ 是上述区间内分子速率的总和，$\int_{v_1}^{v_2} v\mathrm{d}N$ 则是 $v_1 \sim v_2$ 区间内分子速率的总和，$\int_{v_1}^{v_2} \mathrm{d}N$ 为 $v_1 \sim v_2$ 区间内的分子数. 因此，在 $v_1 \sim v_2$ 区间内的分子的平均速率为

$$\overline{v}_{1,2} = \frac{\int_{v_1}^{v_2} v\mathrm{d}N}{\int_{v_1}^{v_2} \mathrm{d}N} = \frac{\int_{v_1}^{v_2} vf(v)\mathrm{d}v}{\int_{v_1}^{v_2} f(v)\mathrm{d}v}.$$

（2）类似地，$\int_{v_1}^{v_2} v^2 \mathrm{d}N$ 是 $v_1 \sim v_2$ 区间内分子速率平方的总和，$\dfrac{\int_{v_1}^{v_2} v^2 \mathrm{d}N}{\int_{v_1}^{v_2} \mathrm{d}N}$ 为同一区间内分子速率平方的平均值. 因此，在 $v_1 \sim v_2$ 区间内分子的方均根速率为

$$\sqrt{\overline{v_{1,2}^2}} = \sqrt{\frac{\int_{v_1}^{v_2} v^2 f(v) \mathrm{d}v}{\int_{v_1}^{v_2} f(v) \mathrm{d}v}}.$$

例 11.4 金属导体中自由电子的运动与气体分子的运动类似(称为电子气). 设导体中共有 N 个自由电子,其中电子的最大速率为 v_m,电子速率分布函数为

$$f(v) = \frac{\mathrm{d}N}{N\mathrm{d}v} = \begin{cases} Av^2, & 0 \leqslant v \leqslant v_m, \\ 0, & v > v_m. \end{cases}$$

(1) 求常数 A;(2) 求电子气中电子的平均速率.

解 (1) 由归一化条件,有

$$\int_0^\infty f(v) \mathrm{d}v = \int_0^{v_m} Av^2 \mathrm{d}v = 1,$$

解得

$$A = \frac{3}{v_m^3}.$$

(2) 电子气中电子的平均速率为

$$\overline{v} = \int_0^\infty v f(v) \mathrm{d}v = \int_0^{v_m} v f(v) \mathrm{d}v = \int_0^{v_m} v(Av^2) \mathrm{d}v = \frac{A}{4} v_m^4 = \frac{3}{4} v_m.$$

例 11.5 试计算 $0\ ℃(T = 273.15\ \mathrm{K})$ 时,H_2,O_2,N_2,He 四种气体分子的方均根速率.

解 将各气体的摩尔质量和普适气体常量代入式(11.21)可得各气体分子的方均根速率分别为

$$\sqrt{\overline{v^2}}(H_2) \approx 1\ 845\ \mathrm{m/s}, \qquad \sqrt{\overline{v^2}}(O_2) \approx 461\ \mathrm{m/s},$$

$$\sqrt{\overline{v^2}}(N_2) \approx 493\ \mathrm{m/s}, \qquad \sqrt{\overline{v^2}}(He) \approx 1\ 305\ \mathrm{m/s}.$$

宇宙学研究表明,宇宙原始大气中含有丰富的氢气和氦气;但现代实验表明,大气中几乎没有氢气和氦气,主要成分是氧和氮.大气分子的热运动促使气体逸散.万有引力阻止气体分子的逃逸.读者可以结合上述数据和分子的逃逸速度,分析大气中几乎不存在氢气和氦气的可能原因.

思考

最概然速率的物理意义是什么?是否为分子可能的最大速率?

11.5.3 麦克斯韦速率分布律的实验验证

麦克斯韦速率分布律的实验验证依赖于真空技术的发展. 19 世纪 20 年代,施特恩(Stern)首先实现了对分子速率的测定;1934 年,我国物理学家葛正权利用铋蒸气首次获得了麦克斯韦速率分布律的精确验证

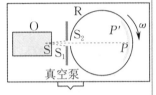

图 11.8　分子速率的测定

结果；1955 年，密勒（Miller）和库什（Kusch）做了较为精确的速率分布测定实验，结果都和麦克斯韦速率分布律相符①.

　　这里简单介绍葛正权实验的基本原理. 实验装置示意图如图 11.8 所示. O 是分子射线源，它是一个贮有铋蒸气的金属容器，在器壁上开一狭缝 S，使铋分子能从容器中逸出. 当狭缝很小时，少量分子逸出不破坏容器内铋蒸气的平衡态. 在铋分子由狭缝 S 射出后的路径上放置狭缝 S_1. R 是一个可绕中心轴线（垂直于纸面）旋转的空心圆筒，筒壁上开狭缝 S_2. P 与 S，S_1 以及 S_2 在一条直线上. 全部装置都放在真空容器内.

　　如果圆筒 R 不转动，铋分子穿过狭缝 S_2 进入圆筒，沿水平方向做匀速直线运动，并沉积在贴于圆筒 R 内壁的弯曲底片上的 P 处. 如果 R 以一定的角速度旋转，铋分子到达底片时将由于 R 的转动而沉积在 P′ 处. 因此，分子射线束中具有不同速率的铋分子将沉积在 R 内壁底片上与 P 相距不同弧长的位置上. 假设圆筒的直径为 D，角速度为 ω，速率为 v 的铋分子落在 P′ 处，弧 $\overset{\frown}{PP'}$ 的长度为 l，因铋分子由 S_2 到达 P′ 所需的时间 $t = \dfrac{D}{v}$，在这段时间内，R 转过的角度 $\theta = \omega t$，弧长 $l = \dfrac{D}{2}\theta = \dfrac{1}{2}D\omega t$，故速率

$$v = \frac{D^2\omega}{2l}.$$

由此可见，铋分子的速率与弧长 l 相对应. 通过分析沉积在圆筒内壁底片上的铋层厚度（该厚度反映沉积在该处的分子数）与 l 的关系就能得到铋分子数按速率分布的规律. 实验结果指出，分布在不同速率区间的分子数是不相等的，当实验条件一定时（如温度、圆筒转速、真空度等），分布在任一速率区间内的分子数与总分子数的比值是确定的，与麦克斯韦速率分布律的理论预测结果极为接近.

思考

分子速率的测定实验中为什么要求容器具有高真空度？

11.6　玻尔兹曼分布律

　　除了研究气体分子按速率的分布，还可进一步研究分子按速度的

---

①　理论上，麦克斯韦速率分布律是对处于平衡态的理想气体建立的. 由于分子速率的概念实际是分子质心的运动速率，而质心运动的动能是作为分子总动能的独立项出现的，因此对于非理想气体，麦克斯韦速率分布律依然成立. 实验中的气体都为非理想气体，实验结果验证了这一推论的合理性.

分布、分子按能量的分布,得到麦克斯韦速度分布律和玻尔兹曼分布律.

11.6.1 麦克斯韦速度分布律

麦克斯韦速率分布律给出了平衡态下理想气体分子按速度大小的分布特征,但没有考虑速度方向,更细致的研究应该指出分子按速度是如何分布的,即研究分布在速度区间 $v \sim v + \mathrm{d}v$ 内的气体分子数或百分比是多少.麦克斯韦指出,在平衡态下,速度分量 v_x 在区间 $v_x \sim v_x + \mathrm{d}v_x$ 内,v_y 在区间 $v_y \sim v_y + \mathrm{d}v_y$ 内,v_z 在区间 $v_z \sim v_z + \mathrm{d}v_z$ 内的气体分子数占总分子数的百分比为

$$f(v_x, v_y, v_z)\mathrm{d}v_x\mathrm{d}v_y\mathrm{d}v_z = \left(\frac{m}{2\pi kT}\right)^{\frac{3}{2}} \mathrm{e}^{-\frac{m(v_x^2+v_y^2+v_z^2)}{2kT}} \mathrm{d}v_x\mathrm{d}v_y\mathrm{d}v_z.$$

(11.22)

这一结论称为麦克斯韦速度分布律.

如图 11.9(a) 所示,在速度空间(以气体分子速度矢量的三个分量 v_x, v_y, v_z 为直角坐标系的坐标轴建立的"空间")中,速度分布在 $v \sim v + \mathrm{d}v$ 内的分子,其速度矢量末端处在速度空间"立方体元"$\mathrm{d}V = \mathrm{d}v_x\mathrm{d}v_y\mathrm{d}v_z$ 内.如果不考虑速度的方向,在速度空间中速率相等的点就构成了以原点为中心、以速率$|v(v_x, v_y, v_z)| = \sqrt{v_x^2 + v_y^2 + v_z^2}$ 为半径的球面,速率分布在 $v \sim v + \mathrm{d}v$ 区间内的分子,其速度矢量末端实际处在薄球壳体积元$\mathrm{d}V = 4\pi v^2 \mathrm{d}v$ 内,如图 11.9(b) 所示. 由此,速率分布在 $v \sim v + \mathrm{d}v$ 区间内气体分子数占总分子数的百分比为

$$f(v) = 4\pi \left(\frac{m}{2\pi kT}\right)^{\frac{3}{2}} \mathrm{e}^{-\frac{mv^2}{2kT}} v^2.$$

11.6.2 玻尔兹曼分布律

麦克斯韦速度分布律没有考虑外力场的影响. 如果存在外力场,气体分子在空间的分布就不再均匀,如大气分子在重力场中的分布,分子密度随高度而变化. 因此,在实际问题中还需要指出分子的空间位置.

麦克斯韦速度分布律实际上反映了分子按动能的分布,因为指数因子中的$\frac{m(v_x^2+v_y^2+v_z^2)}{2} = \frac{1}{2}mv^2 = \varepsilon_k$ 就是分子的平动动能,可见,分子按动能的分布正比于因子 $\mathrm{e}^{-\frac{\varepsilon_k}{kT}}$.玻尔兹曼认为,这一结论可推广用于研究分子在保守力场中按总能量的分布. 在保守力场中,分子有势能,分子的总能量 $\varepsilon = \varepsilon_k + \varepsilon_p$,以总能量 ε 代替式(11.22)中的动能,可以得到下述结论:平衡态下,存在保守力时,分子按总能量的分布与因子 $\mathrm{e}^{-\frac{\varepsilon}{kT}}$ 成正比. 这个结论称为玻尔兹曼分布律,$\mathrm{e}^{-\frac{\varepsilon}{kT}}$ 称为玻尔兹曼因子. 由玻尔兹曼分布律可知,能量越大的状态对应的粒子数越少,并且粒子数随能量按指数规律急剧下降.

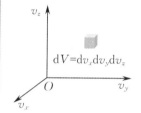

(a) 速度空间体积元

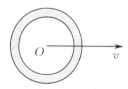

(b) 速率空间体积元

图 11.9 速度空间

下面讨论重力场中处于平衡态的气体分子按能量的分布情况. 当系统在重力场中处于平衡态时,位置处在区间 $x \sim x+\mathrm{d}x, y \sim y+\mathrm{d}y$, $z \sim z+\mathrm{d}z$,同时速度介于 $v_x \sim v_x+\mathrm{d}v_x, v_y \sim v_y+\mathrm{d}v_y, v_z \sim v_z+\mathrm{d}v_z$ 内的分子的总能量

$$\varepsilon = \varepsilon_k + \varepsilon_p = \frac{1}{2}mv^2 + \varepsilon_p.$$

取 $z=0$ 处为重力势能零点,高度 z 处分子的重力势能为 $\varepsilon_p = mgz$,则上述区间内的分子数为

$$\mathrm{d}N = Ce^{-\left(\frac{mv^2}{2}+mgz\right)/kT}\mathrm{d}v_x\mathrm{d}v_y\mathrm{d}v_z\mathrm{d}x\mathrm{d}y\mathrm{d}z. \qquad (11.23)$$

把高度 z 处单位体积内各种速度分子的总数记为 n,有

$$n = \frac{\mathrm{d}N}{\mathrm{d}x\mathrm{d}y\mathrm{d}z} = C\iiint_{-\infty}^{+\infty}e^{-\left(\frac{mv^2}{2}+mgz\right)/kT}\mathrm{d}v_x\mathrm{d}v_y\mathrm{d}v_z. \qquad (11.24)$$

式(11.23)和式(11.24)中的 C 为比例常数. 又因为

$$\iiint_{-\infty}^{+\infty}e^{-\frac{mv^2}{2kT}}\mathrm{d}v_x\mathrm{d}v_y\mathrm{d}v_z = \int_0^{\infty}e^{-\frac{mv^2}{2kT}}4\pi v^2\mathrm{d}v = \left(\frac{2\pi kT}{m}\right)^{\frac{3}{2}},$$

所以 $n = C\left(\frac{2\pi kT}{m}\right)^{\frac{3}{2}}e^{-\frac{mgz}{kT}}$. $z=0$ 时, $C\left(\frac{2\pi kT}{m}\right)^{\frac{3}{2}}$ 代表了 $z=0$ 处单位体积内的分子数,记为 n_0,于是式(11.24)可写为

$$n = n_0 e^{-\frac{mgz}{kT}}. \qquad (11.25)$$

式(11.25)是由玻尔兹曼分布律给出的粒子数按高度分布的规律,图 11.10 所示是重力场中粒子按高度分布的示意图. 如果将大气近似看作理想气体,且不同高度处温度近似相等,结合理想气体物态方程,可得高度 z 处的气体压强为

$$p = nkT = n_0 kTe^{-\frac{mgz}{kT}} = p_0 e^{-\frac{mgz}{kT}}. \qquad (11.26)$$

式(11.26)给出了压强随高度变化的规律,称为等温气压公式,其中 $p_0 = n_0 kT$ 是高度为零处的压强. 计算表明,高度每升高 10 m,大气压约降低 133 Pa. 该结果近似地与实际符合,这种变化关系可作为高度计的一种设计原理.

值得注意的是,玻尔兹曼分布律是一条普遍规律,对于任何粒子(服从经典力学规律的粒子)所构成的系统都成立,因此,玻尔兹曼分布律是经典统计力学的重要规律. 在非经典的量子统计中,处于束缚态的粒子的能量只能取不连续的数值,代替玻尔兹曼分布律的是爱因斯坦-玻色分布和费米-狄拉克分布.

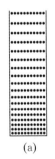

(a)

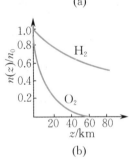

(b)

图 11.10　重力场中粒子
按高度的分布

思考

为什么在高海拔地区很难把食物煮熟?

11.7 气体分子的平均碰撞频率 平均自由程

室温下,气体分子的平均速率和声波在空气中的传播速率具有相同的数量级,即几百米每秒. 如果不小心摔碎一瓶香水,气味的扩散却比声音的传播慢得多. 原因在于气体分子在运动过程中不断发生碰撞,致使其运动轨迹是迂回的折线,如图 11.11 所示. 分子的碰撞是"无规则"的,相隔多长时间碰撞一次,每次运动多远才发生碰撞,都是随机的,为此引入平均碰撞频率和平均自由程的概念,用以描述气体分子碰撞的特征.

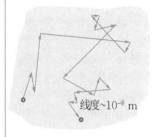

线度 $\sim 10^{-8}$ m

图 11.11 气体分子自由程

平均自由程(mean free path)定义为一个分子连续两次碰撞之间经历的平均路程,用 $\bar{\lambda}$ 表示. 单位时间内一个分子与其他分子碰撞的平均次数叫作平均碰撞频率(mean collision frequency),用 $\bar{z}$ 表示. 显然,两者的关系为

$$\bar{\lambda} = \frac{\bar{v}}{\bar{z}}. \tag{11.27}$$

哪些因素可以影响 $\bar{\lambda}$ 和 $\bar{z}$ 呢? 以同种分子间的碰撞为例来研究. 碰撞源于分子间存在随距离减小而急剧增加的短程排斥力,研究碰撞问题时不妨把分子看作刚性球,其直径用 d 表示,称为分子有效直径. 设想可以"跟踪"气体中某一分子 A 的运动. 对分子碰撞来说重要的是分子之间的相对运动,因此不妨假定其他分子静止不动,而分子 A 以平均相对速率 $\bar{u}$ 运动. 从麦克斯韦速度分布律出发,结合概率统计理论可推导出分子 A 相对其他气体分子的平均相对速率 $\bar{u}$ 和气体分子平均速率 $\bar{v}$ 的关系为

平均碰撞频率
平均自由程

$$\bar{u} = \sqrt{2}\,\bar{v}. \tag{11.28}$$

如图 11.12 所示,以分子 A 几何中心的运动轨迹(图中虚线)为轴线,以分子有效直径 d 为半径作一曲折圆柱体. 凡中心在此圆柱体内的分子都会与分子 A 相碰撞. 圆柱体的横截面 σ 称为分子的碰撞截面(collision cross-section),其面积

$$\sigma = \pi d^2.$$

在 Δt 时间内分子 A 所走过的路程为 $\bar{u}\Delta t$,相应圆柱体的体积为 $\sigma \bar{u} \Delta t$. 设气体分子数密度为 n,则 Δt 时间内与分子 A 相碰撞的分子数为 $n\sigma \bar{u} \Delta t$,于是可得平均碰撞频率为

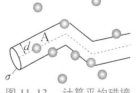

图 11.12 计算平均碰撞
频率 $\bar{z}$

$$\bar{z} = \frac{n\sigma \bar{u} \Delta t}{\Delta t} = n\sigma \bar{u}.$$

将式(11.28)代入上式得

$$\bar{z} = \sqrt{2}\,\sigma \bar{v} n = \sqrt{2}\,\pi \bar{v} n d^2. \tag{11.29}$$

根据式(11.27),平均自由程为

$$\bar{\lambda} = \frac{\bar{v}}{\bar{z}} = \frac{1}{\sqrt{2}\pi n d^2}. \tag{11.30}$$

由式(11.29)可知,分子的平均碰撞频率与分子数密度、分子本身的线度及热运动剧烈程度有关;式(11.30)说明,平均自由程与分子的平均速率无关,仅由分子疏密程度和分子本身线度决定.根据理想气体物态方程,$p = nkT$,式(11.30)又可写为

$$\bar{\lambda} = \frac{kT}{\sqrt{2}\pi p d^2}. \tag{11.31}$$

在标准状态下,多数气体分子的平均自由程 $\bar{\lambda} \sim 10^{-8}$ m,只有氢气分子的平均自由程约为 10^{-7} m.一般情况下,$d \sim 10^{-10}$ m,故 $\bar{\lambda}$ 远大于 d,可求得 $\bar{z} \sim 10^9$ s^{-1},即每秒钟一个分子发生几十亿次碰撞!

例 11.6 求氢气分子在压强为 1.013×10^5 Pa、温度为 273.15 K 时的平均速率、平均自由程及平均碰撞频率.设氢气分子的有效直径为 2.30×10^{-10} m.

解 根据式(11.20),氢气分子的平均速率

$$\bar{v} \approx 1.60\sqrt{\frac{RT}{M}} = 1.60\sqrt{\frac{8.31 \times 273.15}{2.00 \times 10^{-3}}} \text{ m/s} \approx 1.70 \times 10^3 \text{ m/s},$$

由式(11.31)可得氢气分子的平均自由程

$$\bar{\lambda} = \frac{kT}{\sqrt{2}\pi p d^2} = \frac{1.38 \times 10^{-23} \times 273.15}{1.41 \times 3.14 \times 1.013 \times 10^5 \times (2.30 \times 10^{-10})^2} \text{ m} \approx 1.59 \times 10^{-7} \text{ m},$$

由式(11.27)可得氢气分子的平均碰撞频率

$$\bar{z} = \frac{\bar{v}}{\bar{\lambda}} = \frac{1.70 \times 10^3}{1.59 \times 10^{-7}} \text{ s}^{-1} \approx 1.07 \times 10^{10} \text{ s}^{-1}.$$

这就是说,一个氢气分子在温度为 0 ℃、1 个标准大气压下,每秒钟平均要跟周围的其他分子碰撞上百亿次,由此可见分子热运动的复杂程度.

思考

一定质量的理想气体保持体积不变,温度升高时分子运动得更加剧烈,其平均碰撞频率因此增大,平均自由程是否因此减小?为什么?

*11.8 输运过程

当系统处于非平衡态时,由于气体分子间的相互碰撞,系统将过渡到平衡态.系统从非平衡态过渡到平衡态的过程称为输运过程(transport process).输运过程中,系统内各部分之间将交换某一物理量,从而使该物理量在系统内趋于均匀.

输运过程有三种:内摩擦、热传导和扩散.它们的规律都是建立在实验基础上的,本节简单介绍这三种过程的基本规律.

11.8.1 内摩擦

当气体分子的一部分相对于另一部分存在宏观整体定向运动时,这两部分相互给对方施加大小相等、方向相反的摩擦力,这种相邻的气体(或流体)层之间由于速度不同引起的相互作用力称为内摩擦力或黏滞力. 其计算公式和式(4.18)一致[1],即

$$F = \eta \frac{\mathrm{d}v}{\mathrm{d}x}S.$$

气体内摩擦现象的微观实质是通过分子的热运动输运分子定向动量的过程. 根据气体动理论导出的黏滞系数 η 的计算公式为

$$\eta = \frac{1}{3}nm\bar{v}\bar{\lambda}, \tag{11.32}$$

式中 n 为气体分子数密度,m 为分子质量,$\bar{v}$ 为气体分子做热运动的平均速率,$\bar{\lambda}$ 为气体分子的平均自由程. 将式(11.30)和式(11.20)代入式(11.32),可发现在同一温度 T 下 η 与气体压强无关.麦克斯韦曾用实验验证了上述结论,有力地支持了气体动理论.

11.8.2 热传导

气体内各部分温度不均匀时,气体内能将会从温度较高处传递到温度较低处,如图 11.13 所示,这种现象称为热传导(thermal conduction),所传递内能的量称为热量.

设热传导时的温度沿 z 轴分布不均匀,即温度 T 是坐标 z 的函数.若在 z 处有一分界面 dS,实验表明,$\mathrm{d}t$ 时间内通过 dS 的热量为

$$\mathrm{d}Q = -\kappa \frac{\mathrm{d}T}{\mathrm{d}z}\mathrm{d}S\mathrm{d}t,$$

式中 $\frac{\mathrm{d}T}{\mathrm{d}z}$ 为坐标 z 处 z 轴方向的温度梯度,κ 称为导热系数,单位为瓦[特]每米开[尔文](W/(m·K)),等式右边的负号表示热量传导的方向与温度增加的方向相反.

根据分子动理论可以推导出导热系数的计算公式为

$$\kappa = \frac{1}{3}\frac{C_{V,m}}{M}nm\bar{v}\bar{\lambda}, \tag{11.33}$$

式中 $n, m, \bar{v}, \bar{\lambda}$ 的意义与上文相同,$C_{V,m}$ 为气体定容摩尔热容,它表示1 mol 气体体积不变时温度升高 1 K 所吸收的热量,M 为气体摩尔质量.

κ 与 η 相似,在一定温度下与压强无关;但考虑容器线度时,若 $\bar{\lambda}$ 大于容器最小线度,再减小压强,$\bar{\lambda}$ 将维持不变,n 变小导致 κ 减小.因此,用抽真空的方法降低气体的导热系数时,抽真空压强存在一个最大的起始值,只有压强小于这个值时才可达到降低导热系数 κ 的目的.

11.8.3 扩散

如果同一种气体分子在容器中各区域的密度不同,经过一段时间,容器中各区

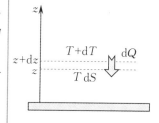

图 11.13　气体中的热传导

---

[1]　该处讨论的气体黏滞现象和4.3.4节中讨论的流体黏滞现象是一致的,前面给出的公式在这里仍然适用.

域内气体分子的密度以及成分都会趋于均匀,这种现象称为扩散(diffusion).

如图 11.14 所示,设某种气体的密度 ρ 是坐标 z 的函数,在 z 处有一分界面 dS,dt 时间内从 dS 两侧中气体密度较大一侧穿过到另一侧的气体的质量为

$$dm = -D\frac{d\rho}{dz}dSdt,$$

式中 $\dfrac{d\rho}{dz}$ 为坐标 z 处 z 轴方向的气体密度梯度,等式右边的负号表示气体分子是从密度高的地方向密度低的地方扩散,D 称为扩散系数,单位是二次方米每秒(m^2/s).根据气体动理论导出的扩散系数 D 的计算公式为

$$D = \frac{1}{3}\bar{v}\bar{\lambda}. \tag{11.34}$$

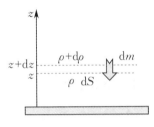

图 11.14　扩散现象

在同一温度下,减小压强 p 可使 D 增大.抽真空的扩散泵就是利用扩散现象进一步将剩余气体分子抽出的.表11.2给出了标况下几种气体的黏滞系数、导热系数和扩散系数.

表 11.2　标况下几种气体的黏滞系数、导热系数和扩散系数

	$\eta/(10^{-5}\ Pa \cdot s)$	$\kappa/(10^{-2}\ W/(m \cdot K))$	$D/(10^{-5}\ m^2/s)$
Ne	2.97	4.60	4.52
Ar	2.10	1.63	1.57
H_2	0.84	16.8	12.8
N_2	1.66	2.37	1.78
O_2	1.89	2.42	1.81
CO_2	1.39	1.49	0.97
CH_4	1.03	3.04	2.06
Xe	2.10	0.52	0.58

11.8.4　从气体动理论角度推导导热系数

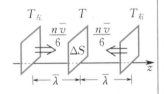

图 11.15　气体分子的
内能迁移

如图 11.15 所示,气体温度随 z 的增大逐渐升高,即 $\dfrac{dT}{dz}>0$.在 z 轴上某处取小面积 ΔS,ΔS 的法线方向与 z 轴方向一致.由于能穿过 ΔS 的分子在穿过 ΔS 前不应和其他分子碰撞,平均来说,其运动距离不能超过平均自由程 $\bar{\lambda}$,因而可认为能穿过 ΔS 的分子应位于 ΔS 两侧厚度均为 $\bar{\lambda}$ 的薄层内.设 ΔS 处温度为 T,则薄层右侧处的温度 $T_{右}=T+\bar{\lambda}\dfrac{dT}{dz}$,薄层左侧处的温度 $T_{左}=T-\bar{\lambda}\dfrac{dT}{dz}$.设小面积 ΔS 附近薄层内气体分子的平均速率为 $\bar{v}$,单位体积内的分子数为 n,考虑到气体处于平衡态时,朝前、后、左、右、上、下六个方向运动的机会均等,平均来说,朝 z 轴正方向或负方向运

动的分子数都应为总分子数的 $\frac{1}{6}$,因此,Δt 时间内,从 ΔS 左侧穿过 ΔS 运动到右侧的分子数以及从 ΔS 右侧穿过 ΔS 运动到左侧的分子数都是 $\frac{1}{6}n\bar{v}\Delta S\Delta t$,此即 ΔS 左右两侧在 Δt 时间内交换的分子对的个数. 由于每交换一对分子,对应有 $\frac{i}{2}k(T_右 - T_左)$ 的内能从右侧穿过 ΔS 流向左侧,因此在 Δt 时间内从右侧经 ΔS 流向左侧的内能为

$$\Delta E = \frac{1}{6}n\bar{v}\Delta S\Delta t \cdot \frac{i}{2}k\left[\left(T + \bar{\lambda}\frac{dT}{dz}\right) - \left(T - \bar{\lambda}\frac{dT}{dz}\right)\right]$$

$$= \frac{dT}{dz}\Delta S\Delta t \cdot \frac{1}{3}\bar{v}\bar{\lambda}n \cdot \frac{i}{2}k$$

$$= \frac{dT}{dz}\Delta S\Delta t \cdot \frac{1}{3}\bar{v}\bar{\lambda}nm \cdot \left(\frac{N_A\frac{i}{2}k}{N_A m}\right)$$

$$= \frac{dT}{dz}\Delta S\Delta t \cdot \frac{1}{3}\frac{C_{V,m}}{M}nm\bar{v}\bar{\lambda}.$$

对比热传导公式中 ΔQ 的表达式,有

$$\kappa = \frac{1}{3}\frac{C_{V,m}}{M}nm\bar{v}\bar{\lambda},$$

式中 $C_{V,m} = \frac{N_A ik}{2}$ 表示气体的定容摩尔热容(详见第 12 章),N_A 为阿伏伽德罗常量.

思考

分子间的碰撞和分子的热运动在输运过程中的作用分别是什么? 哪些物理量体现了这种作用?

---

*11.9 实际气体的等温线 范德瓦耳斯方程

真实气体在温度不太低、压强不太大的条件下可近似看作是理想气体. 但在实际应用中,通常涉及更宽泛的温度和压强条件,此时真实气体的性质和理想气体具有显著差别,这种情况下我们需要对理想气体的模型进行修正,使其更接近真实气体.

11.9.1 实际气体的等温线

1869 年,物理学家安德鲁斯(Andrews)首先研究了 CO_2 的等温线,如图 11.16 所示. 图中的纵坐标代表压强,单位是 atm,横坐标是比体积(单位质量气体所占的体积),单位是 m^3/kg. 分析实验曲线,可以得到以下特点:

(1) 温度较高(如 48.1 ℃)时,CO_2 的等温线与理想气体的等温线(双曲线)接近,此时 CO_2 气体的表现和理想气体相似.

(2) 温度较低(如 13 ℃)时,CO_2 气体的压缩可以分成几个阶段. 初始阶段(EA 段)中,随着体积的减小,压强逐步增大;但压强升高到一定值(如 49 atm)后,气体被压缩时压强不再改变,气体逐步液化(AB 段),在这一过程中,CO_2 蒸气与液体共

存且处于平衡状态,此时的蒸气称为饱和蒸气(saturated vapor),对应的压强叫作饱和蒸气压(saturated vapor pressure).显然,饱和蒸气压在不同温度下有不同的取值,但在同一温度下是确定的.BD 段显示,当气体全部液化后,压强的增加只能引起体积的微小改变,说明液体难以被压缩.

（3）存在临界温度 T_c. 对 CO_2 而言,$T_c = 31.1 \ ℃$. 在这一温度下,气液共存的转变线收缩为一个点 C,称为临界点(critical point). 当温度高于临界温度时,对气体进行等温压缩,气体不再发生液化. 将处于临界温度的等温线称为临界等温线(critical isotherm),对应的压强和比体积分别称为临界压强 p_c 和临界比体积 V_c.

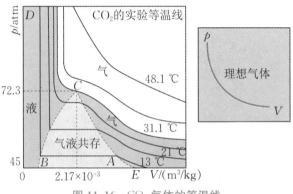

图 11.16　CO_2 气体的等温线

　　总之,CO_2 的等温线显示,只有在临界温度以上时,随着温度的升高,真实气体的行为才会接近于理想气体. 实验表明,有些气体常温下即可液化,如 NH_3 和 H_2O,但有些气体则需要极低的温度,如 N_2 和 He 等,这就对低温技术提出了较高的要求. 从 19 世纪后半叶至 20 世纪初,所有已知气体都已经被液化,最后一个被液化的气体是氦气. 随着低温技术的进步,还可以做到让所有液体变成固体.

思考

临界等温线的意义是什么?

11.9.2　范德瓦耳斯方程

　　真实气体的行为一般会明显偏离理想气体,这源于真实气体分子和理想气体分子之间的差别. 理想气体模型中,分子被认为是没有相互作用的刚性小球,可以被看作质点. 而真实气体分子是由带正电的原子核和带负电的核外电子构成的带电系统,真实气体既要考虑分子间的相互作用又要考虑分子的大小.

　　图 11.17 所示是分子间相互作用力的示意图. 由图可见,分子之间的相互作用力随分子中心之间的距离变化.

（1）当分子中心距离 $r = r_0$ 时,分子之间无相互作用.

（2）当 $r > r_0$ 时,分子力表现为引力;r 大于某一数值 l 时,分子之间的引力几乎为零,l 称为分子引力的作用范围.

（3）当 $r < r_0$ 时,分子力表现为斥力,且随距离 r 的减小迅速增大. 当 r 小到一定距离 d 时,分子间的斥力趋于无限大,分子不能进一步靠近. 因此,可以把分子设想为直径为 d 的刚性球,d 称为分子的有效直径,其数量级一般为 $10^{-10} \ m$.

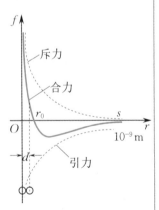

图 11.17　分子力示意图

由于理想气体物态方程是在忽略了气体分子大小和分子间相互作用力的情况下得出的,考虑气体分子间的相互作用力和分子大小之后,气体的物态方程将会有两项修正.

(1) 体积修正.

将 1 mol 气体视为理想气体时,其物态方程为 $p = \dfrac{RT}{V_m}$,式中 V_m 应理解为分子自由活动的空间,由于理想气体模型忽略了分子体积,每个分子自由活动的空间就是容器的容积,当考虑了分子大小之后,每个分子能自由活动的空间将比 V_m 小. 设由分子大小引起的修正量为 b,则有

$$p = \frac{RT}{V_m - b}, \tag{11.35}$$

式中 b 为 1 mol 气体分子本身的体积.

(2) 引力修正.

压强是大量气体分子和器壁碰撞的结果. 对于理想气体,每个分子对器壁的碰撞不受分子之间相互作用的影响,但真实气体必须考虑分子间的引力. 考察气体内部某一分子 α,如图 11.18 所示,以分子 α 为中心,以分子力的有效距离 l 为半径作一球体,凡中心在该球体内的分子都会对分子 α 产生引力. 平衡态时由于分子分布均匀,其他分子对分子 α 作用力分布对称,合力为零. 但气体分子一旦靠近器壁,情况就会大不一样. 考察器壁附近厚度为 l 的薄层内某一分子 β,以 β 为中心、l 为半径作一球体,该球体必有一部分在气体外,即能够对分子 β 产生引力的分子在分子 β 周围的分布不再具备球对称性,分子 β 受到一指向气体内部的拉力 f 的作用. 气体分子和器壁碰撞时必须经过这一区域,在经过该区域时所受的指向气体内部的拉力将使分子在垂直器壁方向的动量减少,导致在碰撞过程中施加给器壁的冲量相应减少,因而器壁受到的压强比按式(11.35) 计算出的要小. 假设减小量为 $\Delta p(\Delta p$ 称为气体的内压强),考虑了分子间引力后,式(11.35) 变为

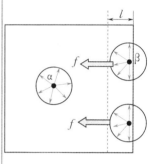

图 11.18 气体内压强的产生

$$p = \frac{RT}{V_m - b} - \Delta p. \tag{11.36}$$

因为压强是单位时间内气体分子施于器壁单位面积的平均冲量,以 ΔI 表示因拉力而引起的分子在垂直器壁方向动量的减少,则

$$\Delta p = (单位时间内与单位面积碰撞的分子数) \times 2\Delta I.$$

显然,$\Delta I \propto f$,而 $f \propto n$,故 $\Delta I \propto n$. 另外,单位时间内与单位面积碰撞的分子数也正比于 n,故 $\Delta p \propto n^2 \propto \dfrac{1}{V_m^2}$,即

$$\Delta p = \frac{a}{V_m^2}, \tag{11.37}$$

式中比例系数 a 由气体性质决定. 将式(11.37) 代入式(11.36),得

$$\left(p + \frac{a}{V_m^2}\right)(V_m - b) = RT. \tag{11.38}$$

若气体的质量为 m,利用 $V = \dfrac{m}{M}V_m$,将其代入式(11.38) 得

$$\left(p + \frac{m^2}{M^2}\frac{a}{V^2}\right)\left(V - \frac{m}{M}b\right) = \frac{m}{M}RT. \tag{11.39}$$

式(11.38) 和式(11.39) 称为气体的范德瓦耳斯方程(van der Waals equation),是物理学家范德瓦耳斯(van der Waals) 在 1873 年首先导出的. 各种气体的 a,b 值可由实验测得,表 11.3 中列出了一些常见气体的 a,b 值.

实际气体在相当大的压强范围内更近似地遵守范德瓦耳斯方程. 此方程形式

比较简单,它是许多近似气体物态方程中物理意义最清晰,形式最简单的一个,同时使用起来也比较方便.

表 11.3　一些常见气体的 a,b 值

气体	$a/(\mathrm{Pa \cdot m^6/mol^2})$	$b/(10^{-5}\ \mathrm{m^3/mol})$
氩	0.136 3	3.219
二氧化碳	0.364 0	4.267
氯	0.657 9	5.622
氦	3.457×10^{-3}	2.370
氢	2.476×10^{-2}	2.611
汞蒸气	0.820 0	1.696
氖	2.135×10^{-2}	1.709
氧	0.137 8	3.183
氮	0.140 8	3.913
水蒸气	0.553 6	3.049

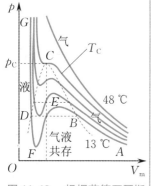

图 11.19　根据范德瓦耳斯方程给出的 CO_2 的等温线

图 11.19 所示是根据范德瓦耳斯方程给出的 CO_2 在不同温度下的等温线,和实际气体的等温线(见图 11.16)相比,两者十分相似,都存在临界点.高于临界温度时,两种等温线趋于一致;低于临界温度时,根据范德瓦耳斯方程给出的等温线在气态和液态时与实际气体能很好地符合.所不同的是,根据范德瓦耳斯方程给出的等温线在气液共存段是曲线,而不是实际气体等温线中的与横轴平行的直线.图 11.19 中气液共存段的压强最高点和最低点之间的 EF 段显示体积随压强增大而增大,这一点在实际中是不可能出现的.这也说明了范德瓦耳斯方程的局限性.

思考

根据范德瓦耳斯方程给出的 CO_2 的等温线和 CO_2 的实际等温线的区别在哪里?

本章小结

1. 平衡态　热平衡定律　温度

平衡态:不受外界影响时,系统宏观性质不随时间发生改变的状态.

热平衡定律:如果两个系统同时和第三个系统处于热平衡,则两个系统必然处于热平衡.

温度:衡量一个系统能否与其他系统达到热平衡的系统宏观状态参量.处于热平衡的各个系统的温度相同.

2. 理想气体物态方程

平衡态下,理想气体状态参量之间的关系:
$$pV = \frac{m}{M}RT,$$
$$p = nkT.$$

3. 理想气体压强与分子平均平动动能

理想气体的压强:
$$p = \frac{2}{3}n\bar{\varepsilon}.$$

理想气体分子的平均平动动能:
$$\bar{\varepsilon} = \frac{3}{2}kT.$$

4. 能量均分定理　理想气体的内能

平衡态下气体分子每个自由度的平均动能:$\frac{1}{2}kT$.

自由度等于 i 的单个气体分子的平均总动能为 $\bar{\varepsilon}_k = \frac{i}{2}kT$.

理想气体的内能:

$$E = \frac{m}{M} \frac{i}{2} RT.$$

5. 气体分子速率分布函数 麦克斯韦速率分布律

麦克斯韦速率分布律:

$$f(v) = 4\pi \left(\frac{m}{2\pi kT} \right)^{\frac{3}{2}} e^{-\frac{mv^2}{2kT}} v^2.$$

最概然速率:$v_p = \sqrt{\dfrac{2RT}{M}}.$

平均速率:$\bar{v} = \sqrt{\dfrac{8RT}{\pi M}}.$

方均根速率:$\sqrt{\bar{v^2}} = \sqrt{\dfrac{3RT}{M}}.$

6. 玻尔兹曼分布律

重力场中粒子数按高度的分布:

$$n = n_0 e^{-\frac{mgz}{kT}}.$$

7. 气体分子的平均自由程和平均碰撞频率

平均自由程:$\bar{\lambda} = \dfrac{1}{\sqrt{2}\pi n d^2} = \dfrac{kT}{\sqrt{2}\pi p d^2}.$

平均碰撞频率:$\bar{z} = \sqrt{2}\pi \bar{v} n d^2.$

8. 输运过程

内摩擦:$F = \eta \dfrac{dv}{dx} S, \eta = \dfrac{1}{3} n m \bar{v} \bar{\lambda}.$

热传导:$dQ = -\kappa \dfrac{dT}{dz} S dt, \kappa = \dfrac{1}{3} \dfrac{C_{V,m}}{M} n m \bar{v} \bar{\lambda}.$

扩散:$dm = -D \dfrac{d\rho}{dz} S dt, D = \dfrac{1}{3} \bar{v} \bar{\lambda}.$

9. 实际气体的等温线 范德瓦耳斯方程

实际气体的等温线:临界点、临界温度、饱和蒸气.

范德瓦耳斯方程:

$$\left(p + \frac{m^2}{M^2} \frac{a}{V^2} \right) \left(V - \frac{m}{M} b \right) = \frac{m}{M} RT.$$

拓展与探究

11.1 如果地球是一个辐射收支平衡的体系,地球表面的温度约为 $-20\ ^\circ\text{C}$;然而地球表面的实际平均温度却在 $15\ ^\circ\text{C}$ 左右,此温度足以维持生命体的生长繁殖,这其中一个重要的因素是大气中存在阻碍地表散热的水蒸气和 CO_2,即所谓的温室效应(greenhouse effect). 随着工业化进程的加速,大气中 CO_2 浓度增高导致全球气候变暖. 至 2020 年 5 月,大气中 CO_2 浓度的平均测量结果为 417.1 ppm(1 ppm 为百万分之一). 请查阅相关资料,估算大气中 CO_2 浓度从 1960 年至今上升的速率是多大? 地表温度平均升高了多少? 由此估算 2050 年会达到什么水平? 可能对人类产生哪些后果? 谈谈你对全球气候变暖问题的看法.

11.2 玻尔兹曼分布律描述了等温条件下气体压强随高度的变化规律. 但实际上大气温度在竖直方向是有梯度的. 大气温度的垂直分布可用准静态的绝热模型来处理. 试推导温度随高度的变化 $\dfrac{dT}{dz}$,并由此说明焚风(发生在山区的一种干热风,见图 11.20)的形成原因.

图 11.20 焚风效应

11.3 化学反应的实现需要分子通过吸收外界能量从基态跃迁到激发态,从而将原有化学键打破,并建立新的化学键. 反应物分子所获得的能够发生化学反应的最低能量称为活化能(激活能). 如果用 N_1, N_2 分别表示处于基态和激发态的分子数,则 $\dfrac{N_1}{N_1 + N_2}$ 称为反应率. 试利用玻尔兹曼分布律分析反应率和温度的关系,并估算温度升高 $1\ ^\circ\text{C}$ 反应率可以提高多少?

11.4 理想气体的压强是由于大量气体分子对器壁碰撞的统计平均效应.

(1) 请简单论证气体压强和器壁的性质无关;

(2) 试说明液体压强产生的机制.

11.5 植物从根部吸收营养,请问植物是通过什么机制将养分输送到顶部的? 树干内存在管径为

10^{-3} cm 数量级的毛细管,水和管壁是完全润湿的.常温下水的黏滞系数可以查看表 4.3,密度取 1 g/cm³.

试对这一问题做出半定量的分析.

习题 11

11.1 假设你嘴里含着一小块冰块,冰块的温度是 0 ℃.几分钟后冰块会和你的口腔达到热平衡.取人体正常体温 37 ℃.分别用摄氏温度和热力学温度表示冰块融化前后的温度差.如果用华氏温度结果又如何 $\left(\text{摄氏温度和华氏温度的转换关系为} t_C/℃ = \dfrac{5}{9}(t_F/℉ - 32)\right)$?

11.2 如图 11.21 所示,定容气体温度计的测温气泡放入水的三相点管的槽内时,气体的压强为 6.65×10^3 Pa.用该温度计测量温度,

(1) 当测量温度为 373.15 K 时,气体的压强多大?

(2) 当气体的压强为 2.20×10^3 Pa 时,待测温度是多少开尔文?

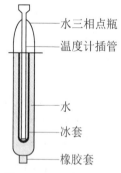

水三相点瓶
温度计插管
水
冰套
橡胶套

图 11.21　习题 11.2 图

11.3 已知温度为 27 ℃ 的气体作用在器壁上的压强为 1×10^5 Pa,求此气体单位体积内的分子数.

11.4 一个温度为 17 ℃、容积为 11.2×10^{-3} m³ 的真空系统已抽到真空度为 1.33×10^{-3} Pa 的状态.为了提高其真空度,将它放在 300 ℃ 的烘箱内烘烤,使吸附于器壁的气体分子也释放出来.烘烤后容器内压强为 1.33 Pa,问器壁原来吸附了多少个分子?

11.5 给半径为 35.56 cm 的自行车轮胎打气.

假设内胎的截面是半径为 1.5 cm 的圆面.在 -3 ℃ 的天气里向空的轮胎打气,打气筒的长度为 30 cm,截面半径亦为 1.5 cm.请问打气 20 下,车胎内的压强是多少个大气压?假设此时胎内温度为 7 ℃,大气压取 1 atm.

11.6 定义温标 t^* 与测温属性 X 之间的关系为 $t^* = \ln(kX)$,式中 k 为常数.

(1) 若 X 为定体的稀薄气体的压强,并假设在水的三相点 $t^* = 273.16°$,请确定温标 t^* 和理想气体温标之间的关系.

(2) 温标 t^* 中的冰点和沸点各为多少度?

(3) 温标 t^* 中是否存在 0°?

11.7 如图 11.22 所示,试推导出球形容器内理想气体压强公式.

图 11.22　习题 11.7 图

11.8 温度为 27 ℃ 时,1 mol 氧气的平均平动动能、平均转动动能和平均总动能分别为多少?

11.9 指出下列各量的物理意义:

$$\frac{3}{2}kT, \quad \frac{i}{2}kT, \quad \frac{3}{2}RT, \quad \frac{i}{2}RT, \quad \frac{3}{2}\frac{m}{M}RT.$$

11.10 一个能量为 1.6×10^{-7} J 的宇宙射线粒子射入氖管中,氖管中含有氖气 0.01 mol,如射线粒子能量全部转变成氖气的内能,氖气温度升高多少?

11.11 在 275 K 和 1.00×10^3 Pa 的条件下,气体的密度 $\rho = 1.24 \times 10^{-5}$ g/cm³.

(1) 求气体的方均根速率 $\sqrt{\overline{v^2}}$;

(2) 气体是何种气体?

11.12 质量为 6.2×10^{-14} g 的微粒悬浮于 27 ℃ 的液体中,其方均根速率为 1.4 cm/s. 由这些结果计算阿伏伽德罗常数 N_A.

11.13 已知 $f(v)$ 是速率分布函数,说明以下各式的物理意义:

(1) $f(v)\mathrm{d}v$;

(2) $nf(v)\mathrm{d}v$,其中 n 为分子数密度;

(3) $\int_0^{v_\mathrm{p}} f(v)\mathrm{d}v$,其中 v_p 为最概然速率.

* **11.14** 导体中自由电子的热运动可类比于气体分子的热运动("电子气"). 设导体中共有 N 个自由电子,某个电子的速率处于 $v \sim v + \mathrm{d}v$ 之间的概率为

$$\frac{\mathrm{d}N}{N} = \begin{cases} \dfrac{4\pi A}{N} v^2 \mathrm{d}v & (v_\mathrm{F} \geqslant v \geqslant 0), \\ 0 & (v > v_\mathrm{F}), \end{cases}$$

式中 v_F 是自由电子的最大速率,称为费米速率.

(1) 根据分布函数应满足的归一化条件用 N 和 v_F 定出常数 A;

(2) 证明自由电子的平均平动动能为 $\bar\varepsilon = \dfrac{3}{10} m v_\mathrm{F}^2$,

式中 m 是电子质量.

11.15 求上升到什么高度时大气压强降低到地面大气压强的75%. 设空气温度为 0 ℃,空气的平均摩尔质量为 0.028 9 kg/mol.

* **11.16** 设海平面上的气温为 273 K,气压 $p_0 = 1.013 \times 10^5$ Pa,忽略气温随高度的变化.

(1) 计算海拔约为 3 600 m 的拉萨的大气压;

(2) 某人在海平面处每分钟呼吸 16 次,则他在拉萨需呼吸多少次才能吸入等量的空气?(空气的摩尔质量为 2.9×10^{-2} kg/mol)

** **11.17** 试利用麦克斯韦速率分布律证明,分子平动动能 ε_k 的分布函数为

$$f(\varepsilon_\mathrm{k}) = \frac{2}{\sqrt{\pi}} (kT)^{-\frac{3}{2}} \mathrm{e}^{-\frac{\varepsilon_\mathrm{k}}{kT}} \sqrt{\varepsilon_\mathrm{k}},$$

其中 $\varepsilon_\mathrm{k} = \dfrac{1}{2} m v^2$. 并由此计算分子平动动能的最概然值.

** **11.18** 在海拔较高的范围内,大气温度 T 与高度 z 近似满足关系

$$T = T_0 - \alpha z,$$

式中 T_0 为地面温度,α 为常数.

(1) 试根据这一关系,推出压强随高度的变化关系,并将结果和式(11.26)比较,说明其中的物理含义.

(2) 通常取 $\alpha = 0.006$ ℃/m,试求珠穆朗玛峰的高度. 假设珠峰顶的压强 $p = 0.29$ atm,地面的压强和温度分别为 $p_0 = 1.00$ atm,$T_0 = 273$ K,大气的摩尔质量为 $M = 0.029$ kg/mol.

11.19 氮气分子的有效直径为 3.8×10^{-10} m,求它在标准状态下的平均自由程和连续碰撞的平均时间间隔.

11.20 真空管的线度为 10^{-2} m,其中真空度为 1.33×10^{-3} Pa,设空气分子的有效直径为 3×10^{-10} m,求 27 ℃ 时单位体积内的空气分子数、平均自由程和平均碰撞频率.

11.21 容器贮有氧气,其压强为 1.013×10^5 Pa,温度为 27 ℃,氧气分子有效直径 $d = 2.9 \times 10^{-10}$ m,求:

(1) 单位体积内的分子数 n;

(2) 氧分子质量 m;

(3) 气体密度 ρ;

(4) 分子间平均距离 l;

(5) 最概然速率 v_p;

(6) 平均速率 $\bar v$;

(7) 方均根速率 $\sqrt{\bar{v^2}}$;

(8) 分子的平均总动能 $\bar\varepsilon$;

(9) 分子平均碰撞频率 $\bar z$;

(10) 分子平均自由程 $\bar\lambda$.

* **11.22** 在标准状态下氦气的内摩擦系数 $\eta = 1.89 \times 10^{-5}$ Pa·s,摩尔质量 $M = 0.004$ kg/mol,氦原子的平均速率 $\bar v = 1.20 \times 10^3$ m/s,求:

(1) 在标准状态下氦原子的平均自由程;

(2) 氦原子的有效直径.

* **11.23** 热水瓶胆的夹层玻璃内有一空气薄层,夹层间距 $l = 0.4$ cm,设温度为 27 ℃,以空气中成分最多的 N_2 为代表,N_2 分子的有效直径 $d = 3.8 \times 10^{-10}$ m,问夹层内气体的压强降低到多大时,夹层内的气体的导热系数才会比它在常压下的数

值小?

*11.24 实验测定,标准状态下氧气的扩散系数为 1.87×10^{-5} m²/s.试计算氧气分子的平均自由程和有效直径.

*11.25 设氢气的范德瓦耳斯常量 b 的值为 1 mol 氢气分子体积总和的 4 倍.将气体分子看作刚性球,试计算氢气分子的直径.（氢气的 $b = 2.66 \times 10^{-5}$ m³/mol）

*11.26 1 mol气体在 0 ℃ 时的体积为 0.55 L,试用范德瓦耳斯方程计算它的压强.再将它看作理想气体,压强又为多少?（$a = 0.364$ Pa·m⁶/mol²,$b = 4.27 \times 10^{-5}$ m³/mol）

第12章

热力学基础

◀ "衰老"是生物进程中无法避免的历程．人类为什么不能返老还童？

日常生活中常见的空调和冰箱，飞机和发电厂中使用的燃气轮机，人类的生命进程等，无一不受热力学规律的支配．

热力学是热运动的宏观理论，通过对热现象的观测、实验和分析，总结出热现象所服从的基本规律，并进一步用于分析和研究各种具体的热现象与热力学过程．本章首先通过分析热力学过程中功、热量与内能变化之间的关系而引入热力学第一定律．作为应用的具体例子，讨论和计算了理想气体几种典型准静态过程（等温、等容、等压、绝热过程）中功、热量与内能变化情况，热机效率的计算则是该部分内容的综合应用．

并非满足能量守恒的过程都能实现，事实说明一切实际的热力学过程都只能按一定的方向进行．本章通过对热变功及热传导两种典型不可逆过程及其相互依存关系的分析，引入反映热力学过程进行方向的基本规律——热力学第二定律；分析热力学第二定律的微观实质，利用理想的可逆过程从宏观上引入了热力学熵，并推导出热力学第二定律的数学表达式——熵增原理．采用统计力学的研究方法，阐明了热力学第二定律的统计意义，介绍了玻尔兹曼熵公式，最后讨论了熵与能量退降的问题．

▰▰▰ 本章目标

1. 理解准静态过程、功、热量和内能的概念．
2. 理解热力学第一定律的意义，能利用热力学第一定律分析理想气体的热力学过程及进行定量计算．
3. 理解热容的概念，掌握定容摩尔热容和定压摩尔热容的计算方法．
4. 明确循环的定义及能量转换特征，能够计算热机效率或致冷系数．
5. 理解宏观实际过程的不可逆性，并能够论证不可逆过程是相互沟通的．
6. 理解热力学第二定律两种表述的含义及其微观意义，明确熵的概念、熵增原理及其适用范围．
7. 能够从热力学概率出发，理解热力学第二定律的统计意义和玻尔兹曼熵．
8. 了解能量退降的含义及其对环境的影响．

12.1　热力学第一定律

热力学从能量的观点出发,分析热力学过程中有关功热转换的关系和条件,总结出热力学系统状态变化所遵循的普遍规律.为此,首先介绍功、热量和内能等概念.

12.1.1　功　准静态过程

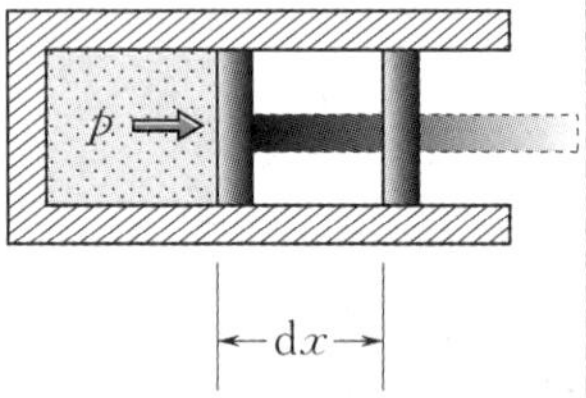

图 12.1　气体做功

热力学系统由一个状态变化为另一个状态,就说系统经历了一个热力学过程.一般情况下,热力学过程进行得较快,中间态不是平衡态.以封闭于气缸中一定量的气体为例,如图 12.1 所示,初始时刻,气缸中的气体处于平衡态,状态参量为(p,V,T),当快速向右拉动活塞时,气体的体积增大,压强和温度随之变化,在快速向右拉动活塞的过程中,气体内部各处的压强和温度是不均匀的.以压强为例,靠近活塞处的压强比远离活塞处的压强小,而使压强在气体内部各处呈均匀分布需要一定的时间,由于活塞拉动很快,压强还来不及均匀分布,下一步的变化又开始了,因而过程中的每一步都不是平衡态.但如果活塞拉动得足够慢,使每移动一微小距离所花的时间(如 0.1 s)都比气体的弛豫时间(设为 10^{-3} s)长得多,则可认为气体变化的每一步都处于平衡态,这样的过程称为准静态过程(quasi-static process).

理想气体的准静态过程可以用状态图(p-V 图、p-T 图或 V-T 图)上的一条曲线表示.状态图上的每一点表示一个平衡态,一条曲线则对应一个准静态过程,这样的曲线叫作过程曲线.准静态过程是实际过程的抽象,是一种理想化的过程,对热力学理论研究和实际应用具有重要意义.

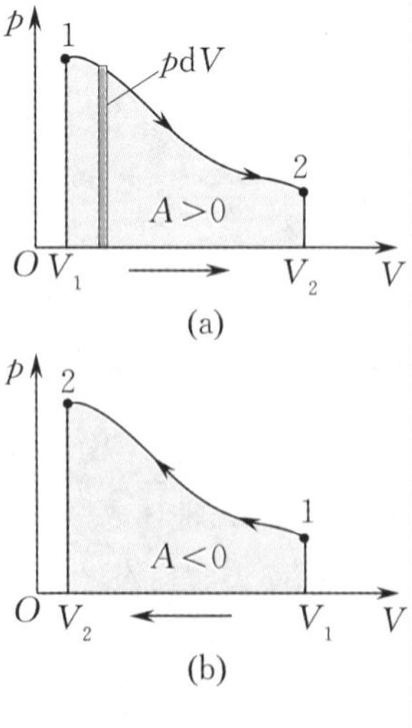

准静态过程中的功可以结合具体过程直接利用系统的状态参量来计算.如图 12.1 所示,设气缸中气体做准静态膨胀,气体的压强为 p,活塞面积为 S,气体对活塞的压力 $f = pS$,活塞移动微小的距离 $\mathrm{d}x$ 时,气体对外所做的功为

$$\mathrm{d}A = f\mathrm{d}x = pS\mathrm{d}x = p\mathrm{d}V,$$

式中 $\mathrm{d}V$ 为气体体积的增量.当气体体积从 V_1 膨胀到 V_2 时,气体对外所做的功为

图 12.2　p-V 图上功的计算

$$A = \int \mathrm{d}A = \int_{V_1}^{V_2} p\mathrm{d}V. \tag{12.1}$$

由式(12.1)可知,气体对外做功的大小与其体积变化直接相关,这样的功又称为体积功.虽然式(12.1)是在图 12.1 所示的特例下推导出的,但适用于系统任意准静态过程中体积功的计算.系统膨胀时,对外做正功,$A > 0$;系统被压缩时,对外做负功,$A < 0$.

在 p-V 图上,式(12.1)对应于图 12.2 中阴影部分的面积.图 12.2(a)中小矩形的面积对应系统做的元功 $\mathrm{d}A$,系统从状态 1 到状态 2 所做的总功等于 $p\text{-}V$ 图中过程曲线与直线 $V=V_1,V=V_2$ 及横轴所围的曲边梯形的面积. 显然,系统对外所做的功依赖于具体的过程曲线,即系统所做的功与所经历的具体过程有关,是过程量.

例 12.1 计算气缸中理想气体从状态 Ⅰ(p_1,V_1) 做准静态膨胀到状态 Ⅱ(p_2,V_2) 的过程中系统对外所做的功. 设气体在膨胀中的过程方程为 $pV^n=C$,式中 C 和 n 均为恒量.

解 由于气体经历的是准静态过程,由式(12.1)可得气体在此过程中对外所做的功为

$$A=\int_{V_1}^{V_2}p\,\mathrm{d}V=\int_{V_1}^{V_2}C\frac{\mathrm{d}V}{V^n}=C\Big(\frac{V_2^{1-n}}{1-n}-\frac{V_1^{1-n}}{1-n}\Big).$$

又根据 $p_1V_1^n=p_2V_2^n=C$,可得

$$A=\frac{p_2V_2^nV_2^{1-n}}{1-n}-\frac{p_1V_1^nV_1^{1-n}}{1-n}=\frac{p_2V_2-p_1V_1}{1-n}=\frac{p_1V_1-p_2V_2}{n-1}.$$

做功的形式是多样的,能改变系统的状态是各种形式的功的共同点,功是能量传递和转化的量度,也是改变系统状态的途径.

思考

$p\text{-}V$ 图上用一条曲线表示的过程是否一定是准静态过程？非准静态过程中的功可以用式(12.1)计算吗？

12.1.2 热量 内能

除了做功能改变系统状态之外,传递热量也能使系统状态发生变化. 当两个温度不同的物体(或系统与外界)相互接触时,它们之间传递的能量称为热量(heat),用 Q 表示,热量也是与过程有关的物理量. 通常规定,$Q>0$ 表示系统从外界吸收热量;$Q<0$ 表示系统向外界放出热量.

做功与传热都是传递能量,但机理有所不同. 做功通常与系统的某种宏观位移相联系,系统发生宏观位移(如图 12.1 中移动活塞压缩气缸中的气体)时,系统内所有分子在整体上产生了一个共同的位移,即所有分子在无规则运动的基础上又有了共同的规则运动. 在做功的过程中,通过分子间的碰撞(包括活塞分子和气体分子的碰撞),规则运动能量转变成无规则运动能量,或者相反(如气体膨胀推动活塞对外做功). 而传热则以系统和外界的温度不同为条件,温度不同说明其分子热运动剧烈程度不同,通过分子之间的碰撞,分子无规则热运动能量在系统和外界间相互转移. 系统内各区域之间存在温差时,则是热运动能量通过碰撞在系统内各区域之间相互转移.

功和热量都是系统能量变化的量度,都与过程有关,是过程量. 历史上,物理学家曾以为热量和功是两种完全不同的东西,并以卡(cal)作

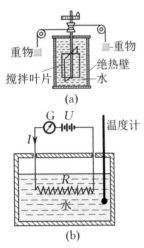

图 12.3　焦耳实验

为热量的单位. 1840 年到 1879 年,焦耳花了近 40 年的时间,进行了大量的独创性实验(见图 12.3),精确地测定了功和热量之间的数值关系 —— 热功当量:1 cal = 4.186 J. 现在,在国际单位制中,功和热量的单位均为焦耳(J).

系统的状态变化通常伴随做功、传热或两者同时进行. 实验证明,系统的状态发生变化时,只要始末状态给定,不论所经历的过程有何不同,外界对系统所做的功与外界对系统所传递的热量的总和,总是恒定不变的. 我们知道,做功和传热都会引起系统能量的改变,这说明热力学系统在一定状态下应该具有一定的某种能量,这种能量称为内能 (internal energy),用 E 表示. 由内能概念的引入过程可知,内能是与状态有关的物理量,内能的改变量只与系统的始、末状态有关,与过程无关.

从微观上看,内能是系统内所有分子的热运动动能及分子间相互作用的势能的总和,通常不包括系统整体运动的动能和在外场中的势能,即内能 E 是温度和体积的函数:$E = E(T,V)$. 由于理想气体不存在分子间相互作用的势能,因此理想气体的内能是温度的单值函数.

焦耳等人对功、热量、能量的定量研究,使原来独自发展的力学和热力学建立起联系,为热力学第一定律的确立打下了基础.

12.1.3　热力学第一定律

系统由状态 1(内能为 E_1)经历某一过程变化到状态 2(内能为 E_2),设过程中系统对外所做的功和从外界吸收的热量分别为 A 和 Q,则它们之间的关系为

$$Q = E_2 - E_1 + A. \tag{12.2}$$

式(12.2)即为热力学第一定律(the first law of thermodynamics)的数学表达式.

热力学第一定律表明,外界向系统传递的热量,一部分使系统的内能增加,一部分用于系统对外做功. 热力学第一定律实质上是关于热现象的能量守恒与转化定律,它体现的是热力学过程中的功能关系.

如果系统经历一无穷小的过程,则式(12.2)可写为

$$dQ = dE + dA. \tag{12.3}$$

式(12.3)为热力学第一定律的微分形式. 需要强调的是,在有限的热力学过程中,热量和功是过程量,在无穷小过程中,dQ,dA 也只是微分式而不是全微分.

历史上,曾有许多人试图研制一种机器,它无须外界提供能量却能不断对外做功,或者消耗较少的能量却能对外输出更多的机械功,这类机器叫作第一类永动机. 数百年的实践证明,第一类永动机是不可能实现的,因为它违背能量守恒定律. 因此,人们也常将热力学第一定律表述为:第一类永动机不可能实现.

思考

1. 从热力学第一定律说明改变系统状态都有哪些方式.请举例分析.

2. 给自行车打气时气筒变热,主要是活塞和筒壁摩擦的结果吗? 请解释这一现象.

12.2 热力学第一定律在理想气体等值过程中的应用

利用功与内能的计算公式及热力学第一定律,可以计算理想气体典型等值过程中的功、热量和内能的变化.

12.2.1 等容过程

理想气体的状态发生变化时,体积始终保持不变的过程称为等容过程(isochoric process).$V =$ 恒量或 $\mathrm{d}V = 0$ 是等容过程的特征.在 $p\text{-}V$ 图上,等容过程可用一条平行于 p 轴的线段来表示,如图 12.4 所示.

在等容过程中,由于 $\mathrm{d}V = 0$,因此气体对外做功为零.根据热力学第一定律,若系统从状态 $1(p_1,V,T_1)$ 经等容过程变化到状态 $2(p_2,V,T_2)$,则系统从外界吸收的热量为

$$Q_V = \Delta E = E_2 - E_1 = \frac{m}{M}\frac{i}{2}R(T_2 - T_1), \qquad (12.4)$$

式中下标 V 表示体积不变,同时式中用到了理想气体系统内能的计算公式 $E = \dfrac{m}{M}\dfrac{i}{2}RT$,即式(11.14).式(12.4)表明,在等容过程中,若气体从外界吸热,则气体吸收的热量全部用来增加系统的内能;反之,则气体放出的热量等于系统减少的内能.

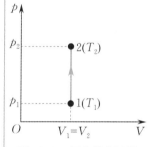

图 12.4 气体等容过程

12.2.2 等压过程

理想气体的状态发生变化时,压强保持不变的过程称为等压过程(isobaric process).$p =$ 恒量或 $\mathrm{d}p = 0$ 是等压过程的特征.在 $p\text{-}V$ 图上,等压过程可用一条平行于 V 轴的线段来表示,如图 12.5 所示.

设质量为 m 的气体由状态 $1(p,V_1,T_1)$ 经等压过程变化到状态 $2(p,V_2,T_2)$,则气体所做的功为

$$A = \int_{V_1}^{V_2} p\mathrm{d}V = p(V_2 - V_1) = \frac{m}{M}R(T_2 - T_1),$$

式中用到了理想气体物态方程.

根据热力学第一定律,等压过程中气体吸收的热量为

$$Q_p = E_2 - E_1 + p(V_2 - V_1) = E_2 - E_1 + \frac{m}{M}R(T_2 - T_1),$$

$$(12.5)$$

式中下标 p 表示压强不变.式(12.5)表明,理想气体在等压过程中吸收的热量,一部分转换为系统的内能,另一部分转换为系统对外界所做的

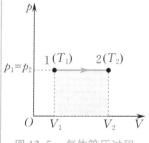

图 12.5 气体等压过程

功.将式(12.5)与式(12.4)比较可以看出,质量相同的同一种理想气体升高相同的温度时,等压过程中气体所吸收的热量大于等容过程中气体所吸收的热量.

思考

如何理解质量相同的同一种理想气体升高相同的温度时,等压过程中气体所吸收的热量大于等容过程中气体所吸收的热量?

12.2.3　等温过程

理想气体的状态发生变化时,温度保持不变的过程称为等温过程(isothermal process).其特征是 $T=$ 恒量或 $\mathrm{d}T=0$.在 $p\text{-}V$ 图上,等温过程可用双曲线的一支来表示,如图 12.6 所示.

由于理想气体内能是温度的单值函数,因此在等温过程中气体的内能保持不变.设质量为 m 的气体从状态 $1(p_1,V_1,T)$ 经等温过程变化到状态 $2(p_2,V_2,T)$,则气体所做的功为

$$A=\int_{V_1}^{V_2} p\mathrm{d}V$$

$$=\int_{V_1}^{V_2}\frac{m}{M}RT\frac{\mathrm{d}V}{V}=\frac{m}{M}RT\ln\frac{V_2}{V_1}=\frac{m}{M}RT\ln\frac{p_1}{p_2}. \tag{12.6}$$

根据热力学第一定律,等温过程中气体吸收的热量为

$$Q_T=A=\frac{m}{M}RT\ln\frac{V_2}{V_1}, \tag{12.7}$$

式中下标 T 表示温度不变.式(12.7)表明,理想气体在等温膨胀过程中从外界吸收的热量全部用于对外做功;在等温压缩过程中,外界对气体所做的功等于气体向外界传递的热量.

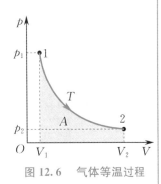

图 12.6　气体等温过程

12.3　热容　绝热过程

12.3.1　热容和摩尔热容

系统和外界之间的热量传递常常会使系统的温度发生变化,为了定量分析热量传递和温度变化之间的关系,引入了热容的概念.

在某一变化过程中,物体温度升高 1 K 所吸收的热量叫作物体在该过程中的热容(heat capacity).1 mol 的物质温度升高 1 K 所吸收的热量称为摩尔热容(molar heat capacity).在国际单位制中,摩尔热容的单位是 J/(mol·K).因热量与过程有关,故同一系统经历不同变化过程,其热容一般也不同,最具理论和实际意义的是等容过程和等压过程中的摩尔热容,物理上分别称之为定容摩尔热容和定压摩尔热容.下面以理想气体为例对这两个热容进行讨论.

微课视频

热容　绝热过程

设 1 mol 理想气体在等容过程中吸收的热量为 $\mathrm{d}Q_V$,相应的温度变化为 $\mathrm{d}T$,则其定容摩尔热容为

$$C_{V,\mathrm{m}} = \frac{\mathrm{d}Q_V}{\mathrm{d}T}.$$

等容过程中系统对外所做的功为零,由热力学第一定律有 $\mathrm{d}Q_V = \mathrm{d}E_\mathrm{m}$,其中 E_m 为 1 mol 理想气体的内能. 又根据理想气体的内能计算公式可得 $\mathrm{d}E_\mathrm{m} = \frac{i}{2}R\mathrm{d}T$,于是上式可变为

$$C_{V,\mathrm{m}} = \frac{\mathrm{d}E_\mathrm{m}}{\mathrm{d}T} = \frac{i}{2}R. \tag{12.8}$$

若已知 $C_{V,\mathrm{m}}$,则可利用 $\mathrm{d}E_\mathrm{m} = C_{V,\mathrm{m}}\mathrm{d}T$ 求得 1 mol 理想气体的内能增量为

$$\Delta E_\mathrm{m} = E_{\mathrm{m}2} - E_{\mathrm{m}1} = \int_{T_1}^{T_2} C_{V,\mathrm{m}}\mathrm{d}T = C_{V,\mathrm{m}}(T_2 - T_1). \tag{12.9}$$

若理想气体的摩尔数为 ν,则其内能增量 $\Delta E = \nu C_{V,\mathrm{m}}(T_2 - T_1)$. 需要特别指出的是,理想气体的内能只与温度有关,对于任意热力学过程,无论过程是否保持体积不变,式(12.9) 都成立.

设 1 mol 理想气体在等压过程中吸收的热量为 $\mathrm{d}Q_p$,相应的温度变化为 $\mathrm{d}T$,则其定压摩尔热容为

$$C_{p,\mathrm{m}} = \frac{\mathrm{d}Q_p}{\mathrm{d}T}.$$

等压过程中气体压强保持不变,对理想气体物态方程 $pV_\mathrm{m} = RT$ 两边求微分有 $p\mathrm{d}V_\mathrm{m} = R\mathrm{d}T$. 又根据热力学第一定律得

$$\mathrm{d}Q_p = \mathrm{d}E_\mathrm{m} + p\mathrm{d}V_\mathrm{m} = C_{V,\mathrm{m}}\mathrm{d}T + R\mathrm{d}T,$$

于是理想气体定压摩尔热容又可写为

$$C_{p,\mathrm{m}} = \frac{\mathrm{d}Q_p}{\mathrm{d}T} = C_{V,\mathrm{m}} + R = \left(\frac{i}{2}+1\right)R. \tag{12.10}$$

式(12.10) 称为**迈耶公式**. 若用 γ 表示定压摩尔热容和定容摩尔热容的比值,则

$$\gamma = \frac{C_{p,\mathrm{m}}}{C_{V,\mathrm{m}}} = \frac{i+2}{i}. \tag{12.11}$$

γ 称为**比热[容]比**. 对只含一种化学成分的理想气体,比热比只与该气体分子的自由度 i 有关. 对单原子分子,

$$i = 3, \quad C_{V,\mathrm{m}} = \frac{3}{2}R, \quad C_{p,\mathrm{m}} = \frac{5}{2}R, \quad \gamma = \frac{5}{3} \approx 1.67;$$

对刚性双原子分子,

$$i = 5, \quad C_{V,\mathrm{m}} = \frac{5}{2}R, \quad C_{p,\mathrm{m}} = \frac{7}{2}R, \quad \gamma = \frac{7}{5} = 1.40;$$

对刚性三原子以上分子,

$$i = 6, \quad C_{V,\mathrm{m}} = 3R, \quad C_{p,\mathrm{m}} = 4R, \quad \gamma = \frac{4}{3} \approx 1.33.$$

理想气体在等温过程中吸收热量或放出热量而温度不发生变化,

对应的摩尔热容为无限大,其他过程的摩尔热容都为有限值.

表 12.1 列举了室温下不同种类气体摩尔热容的实验值与理论值.可以发现:

(1) 对各种气体来说,$C_{p,m}$ 与 $C_{V,m}$ 的差都接近 R;

(2) 对单原子和双原子分子气体来说,$C_{p,m}$,$C_{V,m}$ 和 γ 的实验值都与理论值相近,可见经典理论能近似地反映客观事实;

(3) 对三原子以上的分子气体来说,理论值与实验值相差较大,反映了经典理论的偏差.

表 12.1 室温下不同种类气体摩尔热容的实验值与理论值

原子数	气体的种类	$C_{V,m}/R$		$C_{p,m}/R$		$\gamma = C_{p,m}/C_{V,m}$	
		理论值	实验值	理论值	实验值	理论值	实验值
单原子	氦	1.500	1.502	2.500	2.521	1.667	1.678
	氩	1.500	1.502	2.500	2.556	1.667	1.702
双原子	氢	2.500	2.455	3.500	3.465	1.400	1.411
	氮	2.500	2.501	3.500	3.499	1.400	1.399
	一氧化碳	2.500	2.526	3.500	3.534	1.400	1.399
	氧	2.500	2.516	3.500	3.479	1.400	1.383
三原子以上	水蒸气	3.000	3.535	4.000	4.361	1.333	1.301
	甲烷	3.000	3.283	4.000	4.291	1.333	1.307

表 12.2 $C_{V,m}$ 在不同温度下的实验数据

气体	273 K	373 K	473 K	773 K	1 473 K	2 273 K
N_2,O_2,HCl,CO	20.0	20.6	21.6	22.4	24.1	26.0

气体	50 K		500 K		2 500 K	
H_2	12.5		21.0		29.3	

注:$C_{V,m}$ 的单位为 J/(mol·K).

式(12.8)和式(12.10)表明,气体摩尔热容和温度无关,但是表 12.2 的数据表明,摩尔热容随温度而改变!这是经典理论无法解释的.式(12.8)和式(12.10)的结论是建立在以经典理论为基础的能量均分定理之上的,经典理论认为粒子的能量是连续变化的.而微观粒子的行为遵从量子力学规律,表 12.2 的结果正是量子力学规律的体现,对这一问题只有应用量子理论才能给出圆满的解释.

例 12.2 2 mol 氦气(视为理想气体)从状态 1 经等压过程膨胀到状态 2,再经等容过程变化到状态 3,最后经等温压缩回到状态 1(见图 12.7).求各过程中氦气内能的增量、对外所做的功和吸收的热量.

解　根据理想气体物态方程,可得状态1,2,3的温度分别为

图 12.7　例 12.2 图

$$T_1 = \frac{p_1 V_1}{2R} = \frac{5 \times 1.013 \times 10^5 \times 1.0 \times 10^{-2}}{2 \times 8.31} \text{ K} \approx 305 \text{ K},$$

$$T_2 = \frac{p_2 V_2}{2R} = \frac{5 \times 1.013 \times 10^5 \times 3.0 \times 10^{-2}}{2 \times 8.31} \text{ K} \approx 914 \text{ K},$$

$$T_3 = T_1 = 305 \text{ K}.$$

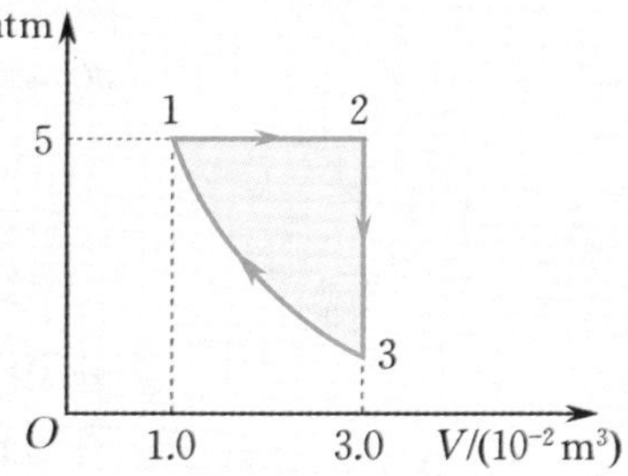

状态 1 → 状态 2 为等压过程,氢气内能的增量为

$$\Delta E_1 = 2 \times \frac{i}{2} R(T_2 - T_1)$$

$$= 2 \times \frac{3}{2} \times 8.31 \times (914 - 305) \text{ J} \approx 1.52 \times 10^4 \text{ J};$$

对外所做的功为

$$A_1 = p_1(V_2 - V_1) = 5 \times 1.013 \times 10^5 \times (3.0 \times 10^{-2} - 1.0 \times 10^{-2}) \text{ J} \approx 1.01 \times 10^4 \text{ J};$$

吸收的热量为

$$Q = \Delta E_1 + A_1 = 2.53 \times 10^4 \text{ J}.$$

状态 2 → 状态 3 为等容过程,氢气内能的增量为

$$\Delta E_2 = 2 \times \frac{i}{2} R(T_3 - T_2) = 2 \times \frac{3}{2} \times 8.31 \times (305 - 914) \text{ J} \approx -1.52 \times 10^4 \text{ J};$$

对外所做的功为

$$A_2 = 0;$$

吸收的热量为

$$Q_2 = \Delta E_2 = -1.52 \times 10^4 \text{ J}.$$

状态 3 → 状态 1 为等温过程,氢气内能的增量为

$$\Delta E_3 = 0;$$

对外所做的功为

$$A_3 = 2 \times RT_3 \ln \frac{V_1}{V_3} = 2 \times 8.31 \times 305 \times \ln \frac{1.0 \times 10^{-2}}{3.0 \times 10^{-2}} \text{ J} \approx -5.57 \times 10^3 \text{ J};$$

吸收的热量为

$$Q_3 = A_3 = -5.57 \times 10^3 \text{ J}.$$

本例的计算再次说明,理想气体的内能只与温度有关.

思考

在 p-V 图上,等温线有可能是水平的吗? 其某点的切线斜率可以是正的吗?

12.3.2　绝热过程

如果系统在状态变化的过程中自始至终不与外界交换热量,则其所经历的过程称为绝热过程. 绝热过程是实际过程的一种近似,当系统处于

隔热良好的容器中或系统状态变化得足够快以至于来不及与外界环境交换热量,则相应的变化过程可近似地看作是绝热过程.

1. 理想气体的准静态绝热过程

在理想气体准静态绝热膨胀过程中,气体体积增大,系统对外做功 $(A > 0)$,内能减少,温度降低,由理想气体物态方程可知,此时其压强必然减小.因此,绝热过程中 p, V, T 三个状态变量都要发生变化,它们之间有何定量关系呢?

设质量为 m、摩尔质量为 M 的理想气体经历准静态绝热过程,考察其中的某一微小变化过程,$\mathrm{d}Q = 0$,内能的增量为

$$\mathrm{d}E = \frac{m}{M} C_{V,\mathrm{m}} \mathrm{d}T,$$

则系统对外所做的功为

$$\mathrm{d}A = p\mathrm{d}V = -\mathrm{d}E = -\frac{m}{M} C_{V,\mathrm{m}} \mathrm{d}T.$$

对理想气体物态方程两边求微分得

$$p\mathrm{d}V + V\mathrm{d}p = \frac{m}{M} R\mathrm{d}T.$$

上面两式联立消去 $\mathrm{d}T$ 得到

$$\frac{\mathrm{d}p}{p} + \gamma \frac{\mathrm{d}V}{V} = 0, \tag{12.12}$$

式中 $\gamma = \dfrac{C_{p,\mathrm{m}}}{C_{V,\mathrm{m}}}$. 对式(12.12)两边积分可得

$$pV^{\gamma} = 常量. \tag{12.13}$$

利用 $pV = \frac{m}{M} RT$,还可以求得

$$V^{\gamma-1} T = 常量, \tag{12.14}$$

$$p^{\gamma-1} T^{-\gamma} = 常量. \tag{12.15}$$

式(12.13)～式(12.15)为理想气体准静态绝热过程的过程方程.根据 $pV^{\gamma} = 恒量$,在 p-V 图上画出的 p 随 V 变化的曲线,称为绝热线,如图 12.8 中实曲线所示.图 12.8 中的虚曲线为等温线,两条曲线相交于点 B.可以看出,绝热线要比等温线陡,在点 B 处,绝热线的斜率为

$$\left(\frac{\mathrm{d}p}{\mathrm{d}V}\right)_S = -\gamma \frac{p}{V},$$

等温线的斜率为

$$\left(\frac{\mathrm{d}p}{\mathrm{d}V}\right)_T = -\frac{p}{V}.$$

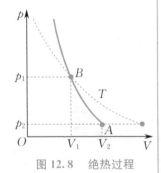

图 12.8　绝热过程

因为 $\gamma > 1$,所以在同一点绝热线斜率的绝对值比等温线斜率的绝对值大,即绝热线要陡一些.这是由于从同一点(同一初始状态,如图 12.8 中的交点 B)出发,膨胀相同体积,其分子数密度的变化 $\mathrm{d}n$ 相同,根据 $p = nkT$ 得到压强的增量 $\mathrm{d}p = nk\mathrm{d}T + kT\mathrm{d}n$,等温过程中压强变化仅由分子数密度的变化 $\mathrm{d}n$ 引起,而绝热过程的压强变化却受 $\mathrm{d}n$ 和 $\mathrm{d}T$ 两个因素影响,因而压强变化更快,绝热线相比等温线更陡些.

计算准静态绝热过程的功有两种方法.一种是根据热力学第一定

律,由内能增量求得

$$A = -\Delta E = -\frac{m}{M}C_{V,m}(T_2 - T_1). \tag{12.16}$$

另一种是根据准静态绝热过程中功的定义并利用准静态绝热过程中 $pV^\gamma =$ 恒量求得. 设理想气体由初态(p_1, V_1)经绝热膨胀到终态 (p_2, V_2),由绝热方程可得

$$pV^\gamma = p_1 V_1^\gamma = p_2 V_2^\gamma.$$

气体对外界所做的功

$$A = \int_{V_1}^{V_2} p\mathrm{d}V = p_1 V_1^\gamma \int_{V_1}^{V_2} \frac{\mathrm{d}V}{V^\gamma} = p_1 V_1^\gamma \left(\frac{V_2^{1-\gamma}}{1-\gamma} - \frac{V_1^{1-\gamma}}{1-\gamma} \right)$$

$$= \frac{1}{\gamma - 1}(p_1 V_1 - p_2 V_2). \tag{12.17}$$

例 12.3 1 mol氢气可视为理想气体,从状态1($V_1 = 0.41\times 10^{-3}\ \mathrm{m}^3$, $T_1 = 300\ \mathrm{K}$)分别经历如图12.9所示的各个过程到达状态2($V_2 = 4.10\times 10^{-3}\ \mathrm{m}^3$),图中曲线 a 为绝热线,其他为一般过程.(1)求状态2的温度 T_2 和压强 p_2;(2)求氢气经历各个过程从状态1到达状态2时相应的内能增量;(3)求氢气从状态1分别经 a,b 过程到达状态2时所做的功和吸收的热量;(4)在 c 和 d 过程中,氢气是吸热还是放热?

解 (1)状态1,2在同一绝热线上,由绝热方程 $V_1^{\gamma-1}T_1 = V_2^{\gamma-1}T_2$ 可求得

$$T_2 = \left(\frac{V_1}{V_2}\right)^{\gamma-1} T_1 = \left(\frac{0.41}{4.10}\right)^{1.4-1} \times 300\ \mathrm{K} \approx 119.4\ \mathrm{K}.$$

由 $p_2 V_2 = RT_2$ 得

$$p_2 = \frac{RT_2}{V_2} = \frac{8.31\times 119.4}{4.10\times 10^{-3}}\ \mathrm{Pa} \approx 2.42\times 10^5\ \mathrm{Pa}.$$

同理可得

$$p_1 = 6.08\times 10^6\ \mathrm{Pa}.$$

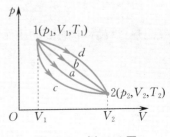

图 12.9 例 12.3 图

(2)由于初态和终态相同,各过程内能增量相同,

$$\Delta E_{12} = \frac{i}{2}R(T_2 - T_1)$$

$$= \frac{5}{2}\times 8.31\times(119.4-300)\ \mathrm{J} \approx -3.75\times 10^3\ \mathrm{J}.$$

(3)a 过程为绝热过程,氢气吸收的热量为

$$Q_a = 0;$$

氢气所做的功为

$$A_a = -\Delta E_{12} = 3.75\times 10^3\ \mathrm{J}.$$

b 过程的 $p\text{-}V$ 变化线为线段,因此氢气所做的功等于图中梯形的面积,即

$$A_b = \frac{1}{2}(p_1 + p_2)(V_2 - V_1)$$

$$= \frac{1}{2}(6.08+0.242)\times 10^6 \times (4.10-0.41)\times 10^{-3}\ \mathrm{J} \approx 1.17\times 10^4\ \mathrm{J};$$

氢气吸收的热量为

$$Q_b = \Delta E_{12} + A_b = 7.95\times 10^3\ \mathrm{J}.$$

（4）在 c 过程中，氢气吸收的热量为

$$Q_c = \Delta E_{12} + A_c;$$

而在绝热过程 a 中，$\Delta E_{12} = -A_a$，因此有

$$Q_c = A_c - A_a.$$

在 $p\text{-}V$ 图上比较相应曲线下的面积，考虑到 a,c 过程均为膨胀过程，因此有 $0 < A_c < A_a$，$Q_c < 0$，即氢气在 c 过程中放热. 同理可证明氢气在 d 过程中吸热.

例 12.4 如图 12.10 所示，容器中有 5 mol 的氢气可看作理想气体，最初的压强为 1.013×10^5 Pa、温度为 293 K，现将氢气的体积压缩为原来的 $\frac{1}{10}$. （1）计算等温过程中系统所做的功；（2）计算绝热过程中系统所做的功；（3）经过上述两过程后，气体的压强各为多少？

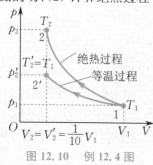

图 12.10　例 12.4 图

解　（1）氢气由状态 1 经等温压缩到状态 $2'$ 对外所做的功为

$$A'_{12} = 5RT \ln \frac{V'_2}{V_1} = 5 \times 8.31 \times 293 \times \ln \frac{1}{10} \text{ J} \approx -2.80 \times 10^4 \text{ J}.$$

（2）氢气是双原子分子气体，$\gamma = 1.4$. 经绝热过程由状态 1 到达状态 2 时的温度为

$$T_2 = T_1 \left(\frac{V_1}{V_2}\right)^{\gamma-1} = 293 \times 10^{0.4} \text{ K} \approx 736 \text{ K}.$$

过程中对外所做的功为

$$A_{12} = -5\frac{i}{2}R(T_2 - T_1) = -\frac{5 \times 5 \times 8.31}{2} \times (736 - 293) \text{ J} \approx -4.60 \times 10^4 \text{ J}.$$

（3）经等温过程后，状态 $2'$ 的压强为

$$p'_2 = p_1 \frac{V_1}{V'_2} = 1.013 \times 10^5 \times 10 \text{ Pa} = 1.013 \times 10^6 \text{ Pa}.$$

经绝热过程后，状态 2 的压强为

$$p_2 = p_1 \left(\frac{V_1}{V_2}\right)^{\gamma} = 1.013 \times 10^5 \times 10^{1.4} \text{ Pa} \approx 2.54 \times 10^6 \text{ Pa}.$$

思考

气缸内为单原子理想气体，若经绝热压缩使体积减半，问气体分子的平均速率变为原来的几倍？若为双原子理想气体，结果又如何？

2. 理想气体的绝热自由膨胀

如图 12.11 所示，绝热容器内部被隔板分为左右相同的两部分，左侧充满一定质量的理想气体，假设气体已经达到平衡态，右侧被抽成真空. 抽去隔板，气体向右扩散，经历一段时间后达到新的平衡态. 这一过程称为绝热自由膨胀.

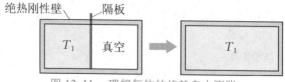

图 12.11　理想气体的绝热自由膨胀

绝热自由膨胀不是准静态过程,但仍然服从热力学第一定律. 由于是绝热自由膨胀,气体不与外界发生热量交换,$Q = 0$;系统对外所做的功 $A = 0$;系统内能不变,温度不变. 由于始、末状态都是平衡态,应用理想气体物态方程,有 $p_1 V_1 = p_2 V_2$,又 $V_2 = 2V_1$,所以

$$p_2 = \frac{1}{2} p_1. \tag{12.18}$$

需要说明的是,绝热自由膨胀过程中"温度和内能不变"是对系统的始、末两个状态而言的,因为不是准静态过程,所以不能认为这是一个等温过程,同时绝热过程的绝热方程对绝热自由膨胀过程也不再适用.

思考

张大嘴对着手臂哈气和鼓着嘴巴对着手臂吹气,皮肤的感觉相同吗? 为什么?

12.4　循环过程　循环效率

12.4.1　循环过程

热机(heat engine)是利用外界所传递的热量而做功的机器,如蒸汽机、内燃机、汽轮机等. 热机工作时用于吸热并对外做功的物质叫作工作物质(简称工质). 各种热机中的工作物质都在重复进行某种过程,通过吸热而不断对外做功. 以蒸汽机为例,如图 12.12(a) 所示,一定质量的水被水泵泵入锅炉,其间水泵做功为 A_2. 水在锅炉中吸收热量 Q_1 后变成高温高压蒸汽进入气缸,推动活塞对外做功(大小为 A_1),之后蒸汽的温度和压强大大降低并被排入冷凝器,在冷凝器里蒸汽放出热量 Q_2 后变为水,回到原来的状态. 在这样的过程中,系统(热机中的工质)从某一状态出发,经过一系列变化之后又回到原来的状态,这样的过程称为循环过程. 下面以理想气体准静态循环过程为例对此进行定量研究.

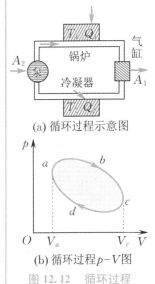

(a) 循环过程示意图

(b) 循环过程 p-V 图

图 12.12　循环过程

在 p-V 图上,理想气体准静态循环过程可用一条封闭曲线表示,如图 12.12(b) 所示. 当状态变化沿顺时针方向进行时,称为正循环;当状态变化沿逆时针方向进行时,称为逆循环. 正循环对应于热机的工作过程,而逆循环则与致冷机(refrigerator)的工作过程相对应.

思考

简述致冷机循环过程中能量的转换.

12.4.2 循环效率

首先讨论正循环. 如图 12.12(b) 所示, 在曲线的 abc 段, 系统对外界做功 A_1, 其数值等于曲线 abc 下所包围的面积, 在曲线的 cda 段, 外界对系统做功 A_2, 其数值等于曲线 cda 下所包围的面积. 在整个循环中, 系统对外所做净功 $A = A_1 - A_2 > 0$, 其数值等于 $abcda$ 所包围的面积. 若用 Q_1 表示正循环一周系统所吸收的热量, Q_2 表示正循环一周系统对外界放出的热量, 因为在完成一次循环后内能保持不变 ($\Delta E = 0$), 所以由热力学第一定律可得

$$A = Q_1 - Q_2.$$

为了衡量热机吸收热量后对外做功的能力, 定义 **热机效率** (efficiency of heat engine) 为

$$\eta = \frac{A}{Q_1} = \frac{Q_1 - Q_2}{Q_1} = 1 - \frac{Q_2}{Q_1}. \tag{12.19}$$

热机效率表示在一次循环过程中工质对外所做的净功 A 占它从高温热源吸收的热量 Q_1 的比例. 需要注意的是, 上文已具体指明 Q_1 代表一次循环中系统从外界吸收的热量, Q_2 代表一次循环中系统对外界放出的热量, 因此式中 Q_1 和 Q_2 均取正值进行计算.

如果工质做逆循环, 在每次循环中, 工质将从低温热源吸收热量 Q_2, 向高温热源放出热量 Q_1, 为此, 外界必须对工质做功 (设为 A, 亦为净功). 衡量致冷机致冷能力的指标是 **致冷系数** (coefficient of refrigerator) ω, 定义为

$$\omega = \frac{Q_2}{A} = \frac{Q_2}{Q_1 - Q_2}. \tag{12.20}$$

同样, 这里的 Q_1 和 Q_2 均取正值进行计算.

图 12.13 所示是常用致冷机——冰箱的构造和原理图, 其工质通常采用较易液化的氨或氟利昂. 冰箱工作时, 氨气在压缩机内被压缩, 压强急剧增大, 温度上升, 沸点升高 (如常压下液氨的沸点为 $-33.5\ ^\circ\mathrm{C}$, 而 20 个大气压下, 液氨的沸点接近 $50\ ^\circ\mathrm{C}$); 高温高压的氨气进入冷凝器后向冷却水或周围空气 (高温热源) 放热, 温度下降到沸点以下进而凝结为液态氨, 同时放出大量热量 (汽化热); 液态氨经过节流阀的小孔通道后, 降压降温并且部分汽化, 再进入蒸发器 (此处压强很低), 由于低压条件下液氨的沸点很低 (低于冷冻室的温度), 此时液态氨将全部汽化为氨气并从冷冻室 (低温热源) 中吸收大量热量 (汽化热), 从而使冷冻室温度降低; 紧接着, 汽化后的氨气又被吸入压缩机并开始下一个循环.

空调也是致冷机应用的一个常见例子, 其工作原理图与图 12.13 类似. 在炎热的夏季, 室外相当于高温热源, 室内作为低温热源, 空调从室内吸收热量, 向室外放出热量, 使室内降温.

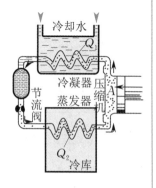

图 12.13　冰箱循环示意图

例 12.5 1 mol 单原子理想气体经历如图 12.14(a) 所示的循环过程. 求:(1) 状态 a 的压强、体积和温度;(2) 循环效率.

解 首先将循环过程从 V-T 图转换到 p-V 图上,如图 12.14(b) 所示.

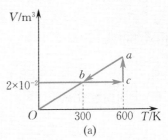

(1) 设 a,b,c 三点状态参量分别为 (p_a, V_a, T_a), (p_b, V_b, T_b), (p_c, V_c, T_c). 由 1 mol 理想气体物态方程 $pV = RT$ 知

$$p_b = \frac{RT_b}{V_b} = \frac{8.31 \times 300}{2 \times 10^{-2}} \text{ Pa} \approx 1.25 \times 10^5 \text{ Pa}.$$

因 $a \rightarrow b$ 是等压过程,故 $p_a = p_b = 1.25 \times 10^5$ Pa;$c \rightarrow a$ 为等温过程,故 $T_a = 600$ K. 利用理想气体物态方程可求得 $V_a = \frac{RT_a}{p_a} = 4 \times 10^{-2}$ m³. 因此,a 点状态参量为

$$p_a = 1.25 \times 10^5 \text{ Pa}, \quad V_a = 4 \times 10^{-2} \text{ m}^3, \quad T_a = 600 \text{ K}.$$

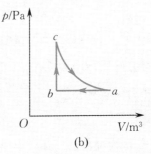

图 12.14　例 12.5 图

(2) $a \rightarrow b$ 为等压压缩过程,所放出的热量大小为

$$Q_{a \rightarrow b} = C_{p,\text{m}}(T_a - T_b).$$

$b \rightarrow c$ 为等容升温过程,所吸收的热量大小为

$$Q_{b \rightarrow c} = C_{V,\text{m}}(T_c - T_b).$$

$c \rightarrow a$ 为等温膨胀过程,所吸收的热量大小为

$$Q_{c \rightarrow a} = RT_c \ln \frac{V_a}{V_c}.$$

在整个循环过程中,吸热总量为 $Q_1 = Q_{b \rightarrow c} + Q_{c \rightarrow a}$,放热总量为 $Q_2 = Q_{a \rightarrow b}$. 由此可得循环效率为

$$\eta = 1 - \frac{Q_2}{Q_1} = 1 - \frac{C_{p,\text{m}}(T_a - T_b)}{C_{V,\text{m}}(T_c - T_b) + RT_c \ln \frac{V_a}{V_c}}.$$

将单原子理想气体的 $C_{p,\text{m}}, C_{V,\text{m}}$ 及其他各量的数值代入上式得

$$\eta = 13\%.$$

例 12.6 常用的四冲程汽油机中的循环过程 —— **奥托循环**由两个等容过程和两个绝热过程组成,如图 12.15 所示. 实际的汽油机循环过程是比较复杂的,为了用热力学理论计算其循环效率,将两个等容过程和两个绝热过程都视为准静态过程,并把工质视为化学成分不变并循环工作的理想气体.

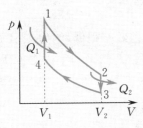

图 12.15　例 12.6 图

解 设理想气体的质量为 m,摩尔质量为 M,定容摩尔热容为 $C_{V,\text{m}}$,则在等容过程 $4 \rightarrow 1$ 中,气体吸收的热量为

$$Q_1 = \frac{m}{M} C_{V,\text{m}}(T_1 - T_4).$$

在等容过程 $2 \rightarrow 3$ 中,气体放出的热量(绝对值)为

$$Q_2 = \frac{m}{M} C_{V,\text{m}}(T_2 - T_3).$$

循环效率为

$$\eta = 1 - \frac{Q_2}{Q_1} = 1 - \frac{T_2 - T_3}{T_1 - T_4}.$$

为简化上式,由绝热过程 $1 \rightarrow 2$ 和 $3 \rightarrow 4$ 可得

$$T_2 V_2^{\gamma-1} = T_1 V_1^{\gamma-1}, \quad T_3 V_2^{\gamma-1} = T_4 V_1^{\gamma-1}.$$

两式相减得 $(T_2 - T_3)V_2^{\gamma-1} = (T_1 - T_4)V_1^{\gamma-1}$,即

$$\frac{T_2 - T_3}{T_1 - T_4} = \left(\frac{V_1}{V_2}\right)^{\gamma-1},$$

代入上面循环效率的计算式,可得

$$\eta = 1 - \frac{1}{\left(\frac{V_2}{V_1}\right)^{\gamma-1}} = 1 - \frac{1}{r^{\gamma-1}},$$

式中 $r = \dfrac{V_2}{V_1}$ 称为压缩比. 理论上,压缩比越大,循环效率越高,但实际使用中压缩比不能任意增加. 例如,汽油内燃机的压缩比不能大于 7,否则空气和汽油的混合气的温度将超过混合气的燃烧点. 若取 $r = 7$,空气的比热比 $\gamma = 1.4$,则

$$\eta = 1 - \frac{1}{7^{0.4}} \approx 54\%.$$

实际的汽油机的循环效率比这小得多,一般只有 25% 左右. 图 12.16 是四冲程发动机的工作原理示意图.

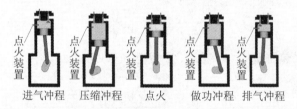

点火装置　点火装置　点火装置　点火装置　点火装置

进气冲程　　压缩冲程　　点火　　做功冲程　排气冲程

图 12.16　四冲程发动机原理示意图

「思考」

在 $p\text{-}V$ 图上,循环曲线所包围的面积越大,表示热机在一次循环中所做的净功就越大. 由此能否说明热机效率就越高?

12.4.3　卡诺循环

19 世纪初期,蒸汽机的使用已相当广泛,但效率很低,约为 4%,如何提高热机的效率,成了当时十分重要的问题. 人们采用了许多方法,如减少热损失以及机器部件的摩擦等,但收效甚微. 1824 年,法国青年工程师卡诺从理论上研究了一种理想循环 —— 卡诺循环(Carnot cycle),为热机效率的提高指明了方向,并为热力学第二定律的建立奠定了基础.

卡诺循环是一种只与两个恒温热源交换热量,不存在漏气和其他

热耗散的循环. 本节只研究理想气体的准静态卡诺循环, 即在一个高温热源和一个低温热源之间工作的准静态循环, 此循环由两个等温过程和两个绝热过程组成. 图 12.17(a) 所示是以理想气体为工质的卡诺正循环的 p-V 图, 图中曲线 $1 \rightarrow 2$ 和 $3 \rightarrow 4$ 代表两条温度分别为 T_1 和 T_2 的等温线, 曲线 $2 \rightarrow 3$ 和 $4 \rightarrow 1$ 是两条绝热线. 图 12.17(b) 中的卡诺正循环能量流动简图描绘出了该循环过程中的能量交换与转化关系.

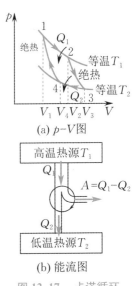

(a) p-V 图

(b) 能流图

图 12.17 卡诺循环

在图 12.17(a) 所示的卡诺正循环中, 理想气体在 $1 \rightarrow 2$ 的等温过程中从高温热源 T_1 吸收热量 Q_1, 其中一部分热量 Q_2(取绝对值) 在 $3 \rightarrow 4$ 的等温过程中向低温热源 T_2 放出, 其余部分则用于对外做功, 所做功的大小 $A = Q_1 - Q_2$. 在由状态 1 到状态 2 的等温膨胀过程中, 气体从高温热源 T_1 吸收的热量

$$Q_1 = \frac{m}{M} R T_1 \ln \frac{V_2}{V_1}.$$

由状态 3 到状态 4 的等温压缩过程中, 系统向低温热源放出的热量

$$Q_2 = \frac{m}{M} R T_2 \ln \frac{V_3}{V_4}.$$

因此, 卡诺正循环的效率为

$$\eta_{\text{卡}} = \frac{Q_1 - Q_2}{Q_1} = \frac{T_1 \ln \dfrac{V_2}{V_1} - T_2 \ln \dfrac{V_3}{V_4}}{T_1 \ln \dfrac{V_2}{V_1}}.$$

因状态 1 和 4 在同一条绝热线上, 状态 2 和 3 同在另一条绝热线上, 故

$$T_1 V_1^{\gamma-1} = T_2 V_4^{\gamma-1}, \quad T_1 V_2^{\gamma-1} = T_2 V_3^{\gamma-1}.$$

将上两式两边分别相除可得 $\dfrac{V_2}{V_1} = \dfrac{V_3}{V_4}$, 于是

$$\eta_{\text{卡}} = 1 - \frac{T_2}{T_1}. \tag{12.21}$$

从上面的讨论可以得到以下结论:

(1) 高温热源温度越高, 低温热源温度越低, 卡诺循环的效率就越高. 提高两个热源温度差是提高热机效率的途径之一.

(2) 由于 T_1 不可能无限大, T_2 不可能为零, 因此卡诺热机的效率总是小于 1.

实际工作的热机, 一般是以周围的环境(如大气) 作为低温热源, 因此降低低温热源的温度不可行. 实际中一般采用提高高温热源温度的方法来提升热机效率, 如蒸汽机的锅炉温度通常为 $200 \sim 300 \, ℃$, 其效率只有 $12\% \sim 15\%$; 而内燃机(如柴油机) 的燃料在气缸内燃烧时的温度高达 $1\,000 \sim 2\,000 \, ℃$, 效率一般在 $30\% \sim 40\%$, 可见内燃机的效率比蒸汽机的效率要高得多. 从蒸汽机到柴油机、汽油机再到燃气轮机, 高温热源的温度越来越高.

对于卡诺致冷机，根据前面的分析可以得到致冷系数

$$\omega_卡 = \frac{Q_2}{A} = \frac{Q_2}{Q_1 - Q_2} = \frac{T_2}{T_1 - T_2}. \tag{12.22}$$

可见，T_1 一定时，T_2 越小，ω 越小，说明吸收相同的热量时，低温热源的温度越低，消耗的功就越多，因此为了节能，夏日空调的温度不宜调得太低.

例 12.7 一台卡诺机在温度分别为 27 ℃ 和 127 ℃ 的两个热源之间运转.（1）在正循环中若高温热源向热机工质输送的热量为 5 016 J，问热机工质向低温热源放出的热量为多少？对外做功又为多少？（2）若使该机反向运转（致冷机），当低温热源向工质传递的热量为 5 016 J 时，该机将向高温热源放出多少热量？外界对系统做功又为多少？

解 （1）对于卡诺热机，其效率

$$\eta = \frac{T_1 - T_2}{T_1} = 1 - \frac{300}{400} = 25\%.$$

设 Q_1 是高温热源向工质传递的热量，Q_2 是工质向低温热源放出的热量，A 是系统对外做的功. 由题意可知

$$Q_2 = Q_1(1 - \eta) = 5\ 016 \times (1 - 0.25)\ \text{J} = 3\ 762\ \text{J},$$
$$A = \eta Q_1 = 0.25 \times 5\ 016\ \text{J} = 1\ 254\ \text{J}.$$

（2）对于卡诺致冷机，其致冷系数

$$\omega = \frac{T_2}{T_1 - T_2} = \frac{300}{400 - 300} = 3.$$

设 Q_2 是工质从低温热源吸收的热量，则外界对系统所做的净功

$$A = \frac{Q_2}{\omega} = \frac{5\ 016}{3}\ \text{J} = 1\ 672\ \text{J},$$

工质向高温热源放出的热量

$$Q_1 = Q_2 + A = (5\ 016 + 1\ 672)\ \text{J} = 6\ 688\ \text{J}.$$

现代热电厂里水蒸气的温度可达 600 ℃ 左右，冷凝水的温度为 30 ℃ 左右，按照卡诺循环计算，其效率在 66% 左右. 但实际循环效率最高在 40% 左右，其中一个主要原因是实际循环并非卡诺循环，热源并不是恒温，过程也不是准静态过程. 实际中，热机效率即使是提高 1%，都是科技上的一个巨大飞跃. 1% 的效率提升意味着更少的燃料消耗，更低的排放，这将带来巨大的社会和经济效益.

燃气轮机（gas turbine）是以连续流动的气体为工质带动叶轮高速旋转，将燃料的能量转变为有用功的内燃式动力机械，其本质是通过燃料（主要为天然气）与空气燃烧产生高温气体推动叶片. 按照燃烧室温度，燃气轮机分为 E 级、F 级和最先进的 H 级. 图 12.18 所示是最新型的 HL 级燃气轮机.

图 12.18　HL 级燃气轮机

思考

1. 在炎热的夏季,有人打开冰箱门以期给室内降温. 这样做合理吗?
2. 在寒冷的冬季,空调制暖和电炉两种取暖方式,哪种更有效?

12.5 热力学第二定律 熵

热力学第一定律是热力学过程中的能量守恒与转换定律,但并不是所有符合能量守恒定律的过程都能实现. 事实说明,自然界中一切实际的热力学过程都只按某一方向进行,反方向的热力学过程不可能自发进行,除非外界提供能量或引起环境的某些变化.

12.5.1 自然现象的方向性

首先讨论几个典型的实际热力学过程.

1. 热传导

温度不同的两个物体接触,热量总是自动地从高温物体传向低温物体,从而使两个物体的温度相同而达到热平衡. 热传导过程的逆过程,即热量由低温物体自发地向高温物体传递的过程是不可能发生的. 这说明热传导的过程具有方向性.

热量可以从低温物体传向高温物体,如空调和冰箱的制冷过程. 但这个过程不是自发实现的,需要外界做功.

2. 功热转换

焦耳实验(见图 12.3)中,重物下降带动叶片旋转,叶片和水发生摩擦从而使水温升高,这是机械能自动转变为内能的过程. 反过来,水温自动降低,产生水流使叶片转动、重物上升的过程却从未发生过. 可见,摩擦力做功变为热的过程具有方向性.

历史上,热功转换的过程由于直接涉及热机效率的提高而被广泛深入研究,在效率大于 1 的热机被发现不可能实现之后(违背能量守恒和转化定律),人们转而寻求研制效率等于 1 的热机,在经历了无数的失败之后,人们不得不承认热机效率不可能达到 1. 这意味着在循环过程中将从单一高温热源吸收的热量全部转化为功而不向低温热源放热是不可能的. 换个说法,不可能从单一高温热源吸热全部变成功而不产生热功转换之外的其他变化. 应当注意,"单一热源"是温度均匀且恒定不变的热源,"其他变化"是指除热功转换外的其他一切变化. 若热源温度不均匀或温度随时间变化,则实际上是多个热源,而不是"单一热源";另外,从"单一热源"吸热并将其完全变成有用功是可以的,如理想气体的等温膨胀,但气体的体积发生了变化,即产生了其他影响.

进一步分析效率为 1 的循环过程,若抛开系统而只考虑外界(实际上,系统已恢复初态,没有变化,相当于系统不存在一样,只需考虑外界),则一定的热量自动地全部变成了功.因而热机效率不可能达到1的结论又可表述为:"热量自动地全部变成功是不可能的".可见,任何功变热的过程都是有方向性的.功可以自动地全部变为热,而热却不可以自动地全部变为功.

3. 气体的绝热自由膨胀

对于理想气体的绝热自由膨胀(见图12.11),抽开隔板,理想气体自由膨胀充满整个容器,最后达到热平衡.而相反的过程,即充满容器的气体自动地收缩到原来状态(只占容积的一半,而另一半变为真空)的过程是不可能自发实现的.这说明气体绝热自由膨胀的过程也具有方向性.

关于自然过程具有方向性的例子还有很多,如盐能自动溶于水,但却不能自动从水中分离出来;洒出去的水不能自动聚拢变回到原来的状态,即所谓的"覆水难收";把两种不同气体放在同一容器中,它们会自动混合,但却不能自动分离,尽管这样的过程都不违背能量守恒定律.

12.5.2 可逆过程与不可逆过程

为便于区分和研究各种不同过程,引入可逆过程与不可逆过程的概念.设系统从状态 A 出发经历了一系列中间态后到达状态 B,若存在一相反的过程,使系统从状态 B 出发沿着与原来过程相反的方向经历原来经历过的每一个中间态回到状态 A,同时,外界也恢复原状,即完全消除了原来过程的一切影响,则该过程称为可逆过程(reversible process),否则,称为不可逆过程(irreversible process).

考虑绝热气缸内用绝热活塞封闭的一定量气体所进行的某准静态绝热压缩过程,设气缸与活塞之间无摩擦.要使过程为准静态,过程必须进行得很慢,外界对活塞的推力在任何时候都只比气体的压力大一无穷小量,否则,活塞将加速运动,过程将不再是准静态的,不难想到,对这样无摩擦的准静态压缩过程,若压缩到某一状态时使外界对活塞的推力减小一无穷小量以致外界的推力小于气体的压力,并且此后逐渐减小这一推力,则气体将准静态缓慢膨胀,依相反的次序逐一经历被压缩时所经历的原中间各态而回到压缩前的初始状态.由于在有限变化过程中,外界推力的无穷小变化完全可以忽略不计,因而连外界也一起恢复了原状,这一过程便是可逆过程.显然,若气缸和活塞间存在摩擦,摩擦生热将导致能量耗散,系统虽可复原,但外界不可能复原,这样的压缩过程将不再可逆,是不可逆过程.另外,若过程不是准静态的,则逆过程将不可能经历原过程曾经历的每一个中间态,系统和外界将不可能复原.由此可见,可逆过程必须具备如下两个特征:一是过程必须是准静态的,保证过程的每一个中间态都是平衡态;二是过程中不能有能量耗散等因素.对于任何实际的热力学过程来说,往往存在有限压强差、有限温度差、有限密度差和浓度差等导致平衡态破坏的因素,同时又存在摩擦、黏滞、非弹性、电阻等耗散因素,因而实际的热力学过程都是不可逆的.

不可逆过程在自然界中是普遍存在的,而可逆过程则是理想的,是实际过程的近似.前文提及的热传导、功热转换、气体绝热自由膨胀等过程都是不可逆过程.通过对大量不可逆过程进行研究与分析,人们发现不可逆过程有一个重要规律 —— 相互关联和相互依存,即一个实际热力学过程的不可逆性保证了其他实际热力学过程的不可逆性,反之,若一个实际热力学过程的不可逆性消失了,则其他实际热力学过程的不可逆性也将随之消失.下面以三个典型例子进行说明.

(1) 若功变热的过程可逆,则热传导过程亦可逆.

假设热量能自动地全部变为功,即在一循环过程中可以把从单一高温热源吸收的热量全部变为功而不向低温热源放热,则可利用其制作一热机 K,如图 12.19(a) 所示.热机 K 经历一个循环过程,从高温热源吸热 Q_1,全部用来对外做功 $A = Q_1$,利用这个功 A 带动卡诺致冷机 C 从低温热源吸热 Q_2,向高温热源放热 $Q = Q_1 + Q_2$,K 和 C 联合循环作用,其总效果是使热量 Q_2 自动地从低温热源传向高温热源,即热传导过程将变为可逆.

(2) 若热传导过程可逆,则功变热的过程将变得可逆.

如图 12.19(b) 所示,设热量 Q_2 可自动由低温热源传向高温热源,一卡诺热机从高温热源吸收热量 Q_1,对外做功 $A = Q_1 - Q_2$,向低温热源放热 Q_2.这两者共同作用的净效果是,在一循环过程中从单一高温热源吸收的热量 $(Q_1 - Q_2)$,完全变成功而没有向低温热源放出热源,即热量能自动地全部变为功,功变热的过程可逆.

(3) 若气体膨胀的过程可逆,则功变热的过程也将可逆.

设理想气体向真空自由膨胀的过程是可逆的,因为自由膨胀过程中系统不和外界交换任何能量,故这一过程的可逆将意味着存在一个不需外界提供任何能量的"特殊过程"使系统在膨胀后自动复原.设想在等温膨胀过程中,系统以体积膨胀为代价将吸收的热量全部变成了有用功,然后应用上述"特殊过程",系统将自动复原.等温膨胀过程和"特殊过程"联合作用的结果是:从单一热源吸收的热量全部变成了有用功而没有产生任何其他影响,即功变热的过程将变得可逆.

对于其他不可逆过程,原则上总可以想办法将它们与某种典型不可逆过程联系起来并证明它们在不可逆性上互相等价,在此不再一一赘述.

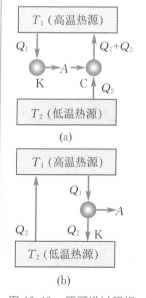

图 12.19　不可逆过程相互依存的证明

12.5.3 热力学第二定律的两种表述

微课视频

热力学第二定律的两种表述

科学家简介

开尔文

前面讨论了热力学过程进行的方向性,指出自然界中一切与热现象有关的宏观物理过程都是不可逆的.由此可见,并不是所有符合能量守恒定律的过程都能实现,有些过程虽然不违背能量守恒,但在自然界中却是不可能发生的,热力学第二定律(the second law of thermodynamics)正是这样一条阐述热力学过程进行方向的基本定律.

在物理学发展的历史上,热力学第二定律是在对热机及各种热力学过程的研究中发展起来的,其最初的表述形式有两种,分别称为克劳修斯表述和开尔文表述.

(1) 克劳修斯表述(Clausius statement).热量不可能自动地从低温物体传向高温物体.

(2) 开尔文表述(Kelvin statement).不可能从单一热源吸热使之完全变成功而不引起其他变化.

结合前面的分析可知,克劳修斯表述实际上是说热传导过程不可逆,而开尔文表述则指出功变热过程不可逆(两种表述相互等价,参见12.5.2节中的证明).克劳修斯和开尔文分别选择了一个典型的不可逆过程来阐述自然界宏观热力学过程进行的方向性.由于不可逆过程相互关联和相互依存,即在不可逆性上是相互等价的,因而热力学第二定律在形式上可以有多种不同的表述形式,但它们所表达的是同一个规律:自然界中一切与热现象有关的实际的宏观物理过程都是不可逆的.

与热现象有关的自然宏观过程在形式上可以千差万别,但在其不可逆性上却又互相等价,这说明有某种不可逆转的深层因素制约着所有与热现象有关的实际宏观物理过程.下面通过功变热和气体向真空自由膨胀这两个典型的例子来说明热力学第二定律的微观本质.

功变热是机械功或电功转变为内能的过程,是大量分子或带电粒子规则运动能量和无规则运动能量之间的转换,是从有序到无序的变化过程,这是可能的,而相反的过程即从无序自动变化为有序的过程则是不可能的.功变热过程的不可逆性隐示着自然宏观过程的进行方向只能是从有序走向无序.

气体向真空自由膨胀(参见图12.11),膨胀之后,气体体积变大,分子分布在更大的空间范围内,相对于原来全部集中在容器内某一侧的状态而言,变得更加无序了,原来都在一侧的时候,分子运动虽然无序,但尚可肯定分子是在哪一侧,膨胀之后,分子在两侧的可能性都有,到底在哪一侧已很难肯定,无序性有所增加.因此,气体向真空自由膨胀的不可逆性也说明了自然宏观过程的进行方向只能是从有序走向无序.

一切与热现象有关的自然宏观过程总是沿着无序性增大的方向进

行. 这就是不可逆性的微观本质, 它说明了热力学第二定律的微观意义.

思考

1. 可逆过程都是准静态过程, 反之, 准静态过程都是可逆的吗?

2. 一条绝热线和一条等温线能否有两个交点? 两条绝热线和一条等温线能否构成一个循环?

12.5.4 熵 熵增原理

熵的概念是克劳修斯于 1854 年在卡诺定理的基础上提出来的.

运用热力学第二定律可以证明下述**卡诺定理**(Carnot's theorem).

(1) 在相同高温热源 T_1 和相同低温热源 T_2 之间工作的一切可逆热机, 其效率都相同, 都等于 $1 - \dfrac{T_2}{T_1}$, 与工质无关.

(2) 在相同高温热源和相同低温热源之间工作的一切不可逆热机, 其效率都小于可逆热机的效率.

所谓可逆热机是指工质所经历的循环是可逆循环的热机, 若热机中的工质所经历的循环是不可逆循环, 则称为不可逆热机.

由卡诺定理可以得到

$$\eta = 1 - \frac{Q_2}{Q_1} \leqslant 1 - \frac{T_2}{T_1}, \tag{12.23}$$

式中 Q_1 和 Q_2 是吸热和放热的大小. 对于可逆热机, 式(12.23)中取等号; 对于不可逆热机, 取不等号.

考虑到 Q_2 是低温热源放出的热量, 若沿用吸热为正、放热为负的符号规定, 则式(12.23)可以写为 $1 + \dfrac{Q_2}{Q_1} \leqslant 1 - \dfrac{T_2}{T_1}$, 即

$$\frac{Q_1}{T_1} + \frac{Q_2}{T_2} \leqslant 0. \tag{12.24}$$

式(12.24)的结论可以推广到有 n 个热源的情况. 假设系统在循环过程中和 n 个热源接触, 温度分别为 $T_1, T_2, \cdots, T_n$, 从这 n 个热源所吸收的热量分别为 $Q_1, Q_2, \cdots, Q_n$, 则有

$$\sum_{i=1}^{n} \frac{Q_i}{T_i} \leqslant 0. \tag{12.25}$$

对温度连续可变的循环过程, $n \to \infty$, 式(12.25)变为

$$\oint \frac{\mathrm{d}Q}{T} \leqslant 0, \tag{12.26}$$

其中等式对应于可逆循环, 不等式对应于不可逆循环. 式(12.26)称为克劳修斯等式和不等式.

下面考察一个可逆循环. 如图 12.20 所示, 设系统是从状态 1 经可

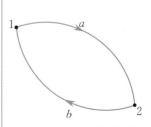

图 12.20　任意可逆循环

逆过程 a 到状态 2 再经可逆过程 b 又回到状态 1，构成可逆循环 $1a2b1$. 因为是可逆循环，式（12.26）取等号，可以得到

$$\oint \frac{\mathrm{d}Q}{T} = \int_{1}^{2} \frac{\mathrm{d}Q}{T} + \int_{2}^{1} \frac{\mathrm{d}Q}{T} = 0,$$

即

$$\int_{\substack{1\\(a)}}^{2} \frac{\mathrm{d}Q}{T} = \int_{\substack{1\\(b)}}^{2} \frac{\mathrm{d}Q}{T}.$$

上式表明，可逆过程中热温比 $\frac{\mathrm{d}Q}{T}$ 的积分 $\displaystyle\int_{(可逆过程)} \frac{\mathrm{d}Q}{T}$ 与路径无关. 力学中根据保守力做功与积分路径无关的特点引入了力学系统的态函数 —— 势能，类似地，对热力学系统，可以根据热温比沿可逆过程的积分，引入一个态函数 —— 熵（entropy），并定义状态 1，2 之间的熵变等于从状态 1 沿可逆过程至状态 2 的 $\frac{\mathrm{d}Q}{T}$ 的积分，即

$$S_2 - S_1 = \int_{\substack{1\\(可逆过程)}}^{2} \frac{\mathrm{d}Q}{T}, \tag{12.27}$$

式中 S_1，S_2 分别表示系统处于平衡态 1 和平衡态 2 时的熵值. 这里定义的熵是热力学熵，又称为克劳修斯熵. 在国际单位制中，熵的单位是焦[耳]每开[尔文]（J/K）.

对任意的不可逆过程，如图 12.21 所示，其初态为 1，终态为 2，初态和终态都是平衡态. 假设有一个任意的可逆过程使系统从 2 态回到 1 态，这样就完成了一个不可逆的循环过程. 根据克劳修斯不等式，有

$$\int_{\substack{1\\(a)}}^{2} \frac{\mathrm{d}Q}{T} + \int_{\substack{2\\(b)}}^{1} \frac{\mathrm{d}Q}{T} < 0.$$

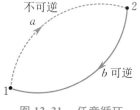

图 12.21　任意循环

利用式（12.27），有 $\displaystyle\int_{\substack{2\\(b)}}^{1} \frac{\mathrm{d}Q}{T} = S_1 - S_2$，代入上式，得

$$\int_{\substack{1\\(a)}}^{2} \frac{\mathrm{d}Q}{T} < S_2 - S_1.$$

将式（12.27）和上式结合起来，便有

$$S_2 - S_1 \geqslant \int_{1}^{2} \frac{\mathrm{d}Q}{T}, \tag{12.28}$$

式中等号对应于可逆过程. 式（12.28）表明，对始、末两态均为平衡态的不可逆过程，积分 $\displaystyle\int_{\substack{1\\(a)}}^{2} \frac{\mathrm{d}Q}{T}$ 总不大于始、末两态熵的差值，这一结果从宏观上定量地指出了不可逆过程始、末两态之间的根本区别，是热力学第二定律的数学表述形式. 如果把式（12.28）应用于无限小的过程，则有

$$\mathrm{d}S \geqslant \frac{\mathrm{d}Q}{T}. \tag{12.29}$$

如果过程是绝热的，即 $\mathrm{d}Q = 0$，则由式（12.29）可得

$$\mathrm{d}S \geqslant 0. \tag{12.30}$$

式（12.30）表明，孤立系统内部进行的任意过程熵永不减少，这个结论

称为熵增原理(principle of entropy increase).

为获知熵的物理意义,考察理想气体向真空绝热自由膨胀这一典型不可逆过程(见图12.11).设容器中有 ν 摩尔理想气体,初始压强和体积分别为 p_1 和 V_1,温度为 T_1,膨胀之后的体积 $V_2 = 2V_1$,因该自由膨胀过程与外界无能量交换,故 $T_2 = T_1$.为计算熵变,可设想一可逆等温过程,使系统由初态变化至末态(对于始、末两个确定的状态,其熵变与过程无关,但为了计算熵变,则必须借助于两个状态之间的某个合适的可逆过程).由式(12.27)有

$$S_2 - S_1 = \int_{\substack{1 \\ (可逆过程)}}^{2} \frac{dQ}{T} = \int_{V_1}^{V_2} \frac{p\,dV}{T} = \int_{V_1}^{V_2} \frac{\nu R\,dV}{V}$$
$$= \nu R \ln \frac{V_2}{V_1} = \nu R \ln 2 > 0, \qquad (12.31)$$

即绝热自由膨胀过程中,熵增加了.前述分析已指出,理想气体向真空绝热自由膨胀的过程是从有序走向无序的过程,由此可见,熵是描述系统无序程度的物理量,系统的熵越大,其无序程度也越大,这就是熵的物理意义.

例 12.8 1 kg 0 ℃ 的冰吸热变成 1 kg 同温度的水,求这一过程的熵变.已知冰的熔化热为 334.86 J/g.

解 冰在 0 ℃ 时等温熔化,设想在熔化的过程中,系统和一个 0 ℃ 的恒温热源接触进行可逆吸热,则系统的熵变为

$$S_水 - S_冰 = \int_1^2 \frac{dQ}{T} = \frac{Q}{T} = \frac{334.86 \times 10^3}{273} \text{ J/K} \approx 1.23 \times 10^3 \text{ J/K},$$

即 $S_水 > S_冰$,说明冰的熔化过程是一个不可逆过程,系统的熵增加了.

思考

1. 式(12.27)是对可逆过程而言的,如何计算不可逆过程系统始、末两态的熵变?

2. 一定质量的气体经历绝热自由膨胀过程,既然是绝热的,即 $dQ = 0$,那么熵变也应该为零.这种说法对吗?为什么?

12.5.5　热力学第二定律的统计意义

前面指出,各种宏观自然过程的不可逆性都是相互关联的,各种不可逆过程一定存在微观上的共性.

下面以理想气体绝热自由膨胀过程为例进行分析.如图12.22所示,容器由隔板分成容积相等的A,B两室.A室中含有 N 个理想气体分子,B室保持真空.抽掉隔板后,气体膨胀并充满整个容器.

为了描述气体绝热自由膨胀前后的状态,引入宏观态与微观态概念.只说明在A,B两室各有几个分子而不指出具体是哪些分子,称为确

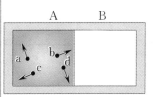

图 12.22　容器中包含 4 个分子的情形

定了一个宏观态；而微观态则需要指出究竟是哪些分子分别在 A 室和 B 室（严格说来，只有当系统内所有微观粒子的位置坐标和速度都确定之后，才能说确定了系统的一个微观态，本处为讨论问题的方便而做了简化）.

表 12.3 给出了 $N = 4$ 时微观态和宏观态的分布. 由该表可看出，一个宏观态可包含多个微观态，不同的宏观态所包含的微观态数目 (Ω_i) 一般不同，统计物理中将宏观态包含的微观态数目称为该宏观态的热力学概率，并用希腊字母 Ω 表示. 由于各微观态出现的概率相同，因而一个宏观态包含的微观态数目 (Ω_i) 越多，该宏观态出现的概率便越大. 在只有 4 个分子的情况下，系统总的微观态数目是 $\sum_i \Omega_i = 16 = 2^4$，系统回到初态（气体膨胀完之后，4 个分子又全部回到原 A 室空间）的概率是 $\frac{1}{2^4}$.

表 12.3　$N = 4$ 的系统的宏观态与微观态的分布

分子位置的分布（微观态）		分子数的分配（宏观态）		Ω_i	宏观态出现概率
A	B	A	B		
abcd		4	0	$\Omega_1 = C_4^0 = 1$	$\frac{1}{16}$
	abcd	0	4	$\Omega_2 = C_4^4 = 1$	$\frac{1}{16}$
abc abd acd bcd	d c b a	3	1	$\Omega_3 = C_4^1 = 4$	$\frac{4}{16}$
d c b a	abc abd acd bcd	1	3	$\Omega_4 = C_4^3 = 4$	$\frac{4}{16}$
ab cd ac ad bc bd	cd ab bd bc ad ac	2	2	$\Omega_5 = C_4^2 = 6$	$\frac{6}{16}$

如果容器中有 N 个分子，系统总的微观态数目是 2^N，系统回到初态（N 个分子全部又回到原 A 室空间）的概率是 $\frac{1}{2^N}$. 通常情况下，系统中所包含的分子原子数的数量级约为 10^{23}，则全部分子都退回到原 A 室空间

的概率只有 $\dfrac{1}{2^{10^{23}}}$. 系统的终态是 A,B 两室的分子数相等(或差不多相等,即分子在整个容器中呈现均匀分布),这样的宏观态所包含的微观态数目最多,出现的概率最大,即通常所观察到的平衡态. 气体自由膨胀的过程,是由包含微观态数目少的宏观态向包含微观态数目多的宏观态演化的过程. 而其逆过程,即气体自动收缩的过程,从统计的角度来看,在原则上也是可能的,只是对于大量分子组成的系统来说,这种可能性非常小,实际上观察不到. 这就是气体自由膨胀的不可逆性.

从上面的分析看出,在系统不受外界影响的条件下,实际过程总是由包含微观态数目少的宏观态向包含微观态数目多的宏观态演化,或者说,总是由热力学概率小的宏观态向热力学概率大的宏观态过渡. 这正是热力学第二定律的统计意义.

气体绝热自由膨胀过程中,系统宏观态的热力学概率取最大值时对应的微观态数目

$$\Omega_{\max} = C_N^{N/2} = \dfrac{N!}{\left(\dfrac{N}{2}\right)!\left(\dfrac{N}{2}\right)!}.$$

可以证明[1],

$$\lim_{N\to\infty}\dfrac{\dfrac{N!}{(N/2)!(N/2)!}}{2^N} = 1. \tag{12.32}$$

可见,均匀的宏观分布为最概然分布,因为它包含的微观态数目最多(见图 12.23),这种分布实际上也是一种平均分布. 式(12.32) 表明,最概然分布所包含的微观态数目几乎是系统全部可能的微观态数目.

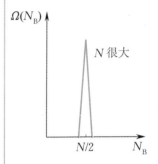

图 12.23 宏观态的热力学概率分布

*12.5.6 玻尔兹曼熵公式

根据前面的分析可知,气体向真空绝热自由膨胀的过程是由热力学概率小的宏观态向热力学概率大的宏观态进行的过程,在这一过程中,熵是增加的,因此熵 S 与热力学概率 Ω 之间应该存在某种关系. 1877 年,玻尔兹曼提出 $S \propto \ln\Omega$, 1900 年,普朗克引进了比例系数 k(玻尔兹曼常量),给出玻尔兹曼熵公式

$$S = k\ln\Omega. \tag{12.33}$$

式(12.33) 表明,系统的每一个宏观态都有对应的微观态数目 Ω, 因而也就有一个

玻尔兹曼

---

[1] 等式(12.32) 的证明:利用 $n\to\infty$ 时,

$$\ln n! = \ln 1 + \ln 2 + \cdots + \ln n \approx \int_1^n \ln x\,\mathrm{d}x = n\ln n - n \quad \left(\int \ln x\,\mathrm{d}x = x\ln x - x + C\right),$$

可得

$$n! \approx \left(\dfrac{n}{\mathrm{e}}\right)^n,$$

则

$$\dfrac{N!}{\left(\dfrac{N}{2}\right)!\left(\dfrac{N}{2}\right)!} \approx \dfrac{(N/\mathrm{e})^N}{\left[\left(\dfrac{N/2}{\mathrm{e}}\right)^{N/2}\right]^2} = \dfrac{(N/\mathrm{e})^N}{\left(\dfrac{N}{2\mathrm{e}}\right)^N} = 2^N.$$

熵 S 与其相对应. 热力学概率 Ω 刻画了系统内分子热运动的无序程度, 是系统所处的一种状态, 因此由它定义的熵依然是状态函数.

普朗克得到式(12.33)的过程如下.

由式(12.33)定义的熵具有可加性, 若一热力学系统由两个独立的子系统组成, 则该系统总的熵是两子系统的熵之和,

$$S = S_1 + S_2.$$

由热力学概率知道, 系统总的热力学概率是两子系统热力学概率之积,

$$\Omega = \Omega_1 \Omega_2.$$

设熵是热力学概率的函数, 即 $S = f(\Omega)$, 则

$$S_1 = f(\Omega_1), \quad S_2 = f(\Omega_2), \quad S = f(\Omega),$$

故

$$f(\Omega_1 \Omega_2) = f(\Omega_1) + f(\Omega_2).$$

这个关系式对任意两个系统都是适合的. 上式对 Ω_1 求微分, 得

$$\Omega_2 f'(\Omega_1 \Omega_2) = f'(\Omega_1).$$

将上式再对 Ω_2 求微分, 得

$$\Omega_1 \Omega_2 f''(\Omega_1 \Omega_2) + f'(\Omega_1 \Omega_2) = 0,$$

即

$$\Omega f''(\Omega) + f'(\Omega) = 0.$$

对上式求积分得

$$f'(\Omega) = \frac{k}{\Omega},$$

式中 k 为积分常数. 再求一次积分得

$$f(\Omega) = k\ln \Omega + C,$$

式中 C 为另一积分常数. 把积分结果代入 $f(\Omega_1 \Omega_2) = f(\Omega_1) + f(\Omega_2)$, 可得 $C = 0$, 因此有

$$f(\Omega) = k\ln \Omega.$$

现在利用玻尔兹曼熵公式(式(12.33))重新计算理想气体绝热自由膨胀过程的熵变. 初态的热力学概率 $\Omega_i = 1$, 初态的熵

$$S_i = k\ln 1 = 0.$$

终态的热力学概率 $\Omega_f = 2^N$, 终态的熵

$$S_f = k\ln 2^N = Nk\ln 2 = \nu R\ln 2,$$

其中 ν 为气体的摩尔数, R 为普适气体常量. 系统的熵变

$$\Delta S = S_f - S_i = \nu R\ln 2 > 0.$$

与式(12.31)计算的结果相同. 上述结果表明, 从微观角度定义的玻尔兹曼熵和宏观上给出的热力学熵结果是一样的.

玻尔兹曼熵公式犹如一座横跨宏观与微观、热力学与统计力学之间的桥梁, 将宏观量熵与热力学概率联系起来, 指出系统所处状态的热力学概率越大, 则该状态的熵也越大.

信息熵

什么是信息? 如何定量描述信息? 比如一栋有 100 间教室的教学楼, 如果你要找一位同学, 告诉你, 他在这栋楼里, 在某间教室找到他的概率是 $\frac{1}{100}$; 但如果告诉你, 他在某一层楼, 假设一层楼有 10 间教室, 你

在这层楼的某间教室找到他的概率就是 $\frac{1}{10}$；如果你知道具体教室，你找到他的概率就是 1. 因此，信息的获得就是各种可能性中概率分布的集中. 1948 年，信息论创始人香农（Shannon）从概率论的角度给出了信息量的定义，从两种可能性中做出判断所需的信息量叫作 1 比特（bit），这就是信息量的单位. 计算机的二进制中，非 0 即 1，就是两种可能性. 没有信息的情况下，每种可能性的概率就是 $\frac{1}{2}$. 我们不禁会问，如果有 4 种或更多的可能性，要做出判断所需的信息量是多大呢？

例如扑克牌的游戏，如果甲随机抽出一张，请乙猜它的花色. 游戏规则是，乙可以提问，甲的回答只能是肯定或否定. 乙如何提最少的问题即可获得准确的信息呢？乙可以首先问"是黑的吗？"，无论是否，可以接着问"是桃吗？"，这样两个问题就可以获得全部信息. 因此 4 种可能性，需要的信息量是 2 bit. 以此类推，8 种可能性就需要 3 bit，16 种可能性就需要 4 bit，等等. 一般地，从 N 种可能性中做出判断的比特数为 $n = \log_2 N$，换成自然对数为底，则有

$$n = K \ln N \quad \left(K = \frac{1}{\ln 2} \approx 1.442\ 7 \right).$$

如果用 P 来表示每种可能性出现的概率，由于在信息完全不知道的情况下，只能假定 $P = \frac{1}{N}$，因此做出完全判断所缺的信息量

$$S = -K \ln P.$$

香农把上式定义为信息熵，它意味着信息量的缺失. 信息熵的定义是基于各种可能性概率相等的情况. 如果各种可能性的概率不相等，则信息熵的定义为

$$S = -K \sum_{i=1}^{N} P_i \ln P_i,$$

其中 P_i 是各种可能性的概率.

*12.5.7　熵增与能量退降

熵增的直接后果是能量的利用率下降. 熵增总是使一定的能量从能做功的形式变为不能做功的形式，这称为能量退降（energy degradation）. 退降的能量和熵增的定量关系是

$$E_d = T_0 \Delta S, \tag{12.34}$$

式中 T_0 为低温热源的温度，ΔS 是不可逆过程中的熵增.

下面以热传导为例来说明能量退降和熵增的关系.

设两物体 A，B 的温度分别为 T_A 和 T_B，且 $T_A > T_B$. 当它们接触后将产生不可逆热传导，使热量 $|\Delta Q|$ 由 A 传到 B. 热传导之前，这部分热量 $|\Delta Q|$ 以内能的形式存在于 A 内. 利用这部分热量对外做功的最有效方式是借助卡诺热机. 设低温热源的温度为 T_0，则工质从 A 中吸收热量 $|\Delta Q|$ 可以对外做功的最大值为

$$A_i = |\Delta Q| \left(1 - \frac{T_0}{T_A} \right).$$

经历热传导过程后，$|\Delta Q|$ 传给了 B. 此时,通过卡诺循环再利用 $|\Delta Q|$ 做功的最大值为

$$A_{\mathrm{f}} = |\Delta Q| \left(1 - \frac{T_0}{T_{\mathrm{B}}}\right).$$

显然,可转化为功的能量减少了,其数值即为退降的能量

$$E_{\mathrm{d}} = A_{\mathrm{i}} - A_{\mathrm{f}} = T_0 |\Delta Q| \left(\frac{1}{T_{\mathrm{B}}} - \frac{1}{T_{\mathrm{A}}}\right).$$

由熵的定义式可知,经历热传导过程后,A,B 构成的系统的熵增为

$$\Delta S = \Delta S_{\mathrm{A}} + \Delta S_{\mathrm{B}} = |\Delta Q| \left(\frac{1}{T_{\mathrm{B}}} - \frac{1}{T_{\mathrm{A}}}\right).$$

比较上面两式得

$$E_{\mathrm{d}} = T_0 \Delta S.$$

这个例子说明,退降的能量和系统的熵增成正比,换言之,熵增是能量退降的量度.

由于自然界中所有的实际过程都是不可逆的,这些不可逆过程的不断进行使得更多的能量转变为不能做功的能量,也就是说,能量的"品质"降低了.能量虽然是守恒的,但是不能被用来做功的部分越来越多,这是自然过程的不可逆性,也是熵增的一个直接后果.

思考

地球每天吸收一定的太阳热量,同时也向太空排放一定的热量.平均而言,地球吸热和放热量是相等的.请问这个过程可逆吗?整个过程使得地球的熵增加还是减少?是否违背熵增原理?

本章小结

1. 准静态过程　功

(1) 准静态过程:过程中的每一时刻,系统的状态都无限接近平衡态.

(2) 准静态过程的功:$A = \int_{V_1}^{V_2} p\,\mathrm{d}V.$

2. 热力学第一定律

$$Q = (E_2 - E_1) + A, \quad \mathrm{d}Q = \mathrm{d}E + \mathrm{d}A.$$

3. 热力学第一定律在理想气体等值过程中的应用

(1) 等容过程:$\mathrm{d}V = 0.$

定容摩尔热容:$C_{V,\mathrm{m}} = \dfrac{\mathrm{d}Q_V}{\mathrm{d}T} = \dfrac{\mathrm{d}E_{\mathrm{m}}}{\mathrm{d}T} = \dfrac{i}{2}R.$

理想气体的内能增量:$\Delta E = \nu C_{V,\mathrm{m}}(T_2 - T_1).$

(2) 等压过程:$\mathrm{d}p = 0.$

定压摩尔热容:

$$C_{p,\mathrm{m}} = \frac{\mathrm{d}Q_p}{\mathrm{d}T} = C_{V,\mathrm{m}} + R = \left(\frac{i}{2} + 1\right)R.$$

比热比:$\gamma = \dfrac{C_{p,\mathrm{m}}}{C_{V,\mathrm{m}}} = \dfrac{i+2}{i}.$

4. 理想气体的绝热过程

(1) 准静态绝热过程:

$$pV^\gamma = C_1, \quad V^{\gamma-1}T = C_2, \quad p^{\gamma-1}T^{-\gamma} = C_3.$$

(2) 绝热自由膨胀:始、末两态温度和内能相等.

5. 循环过程　循环效率

(1) 热机效率:$\eta = \dfrac{A}{Q_1} = 1 - \dfrac{Q_2}{Q_1}.$

(2) 致冷系数:$\omega = \dfrac{Q_2}{A} = \dfrac{Q_2}{Q_1 - Q_2}.$

(3) 卡诺热机效率:$\eta_{\text{卡}} = 1 - \dfrac{T_2}{T_1}.$

(4) 卡诺致冷机致冷系数:$\omega_{\text{卡}} = \dfrac{T_2}{T_1 - T_2}.$

6. 热力学第二定律　熵和熵增原理

(1) 自然过程的方向性:所有自然宏观过程都是

不可逆的;各种不可逆过程都是相互关联的.

(2) 热力学第二定律的两种表述:开尔文表述(功变热不可逆),克劳修斯表述(热传导不可逆).

(3) 热力学第二定律的微观意义:一切与热现象有关的自然宏观过程总是沿着无序性增大的方向进行.

(4) 克劳修斯熵:$S_2 - S_1 = \int_{\substack{1 \\ (可逆过程)}}^{2} \dfrac{\mathrm{d}Q}{T}$.

(5) 熵增加原理:孤立系统中的熵永不减少.

7. 热力学第二定律的统计意义　玻尔兹曼熵公式

(1) 热力学概率 Ω:某一宏观态所包含的微观状态数目.

(2) 玻尔兹曼熵公式:$S = k \ln \Omega$.

(3) 热力学第二定律的统计意义:孤立系统内部自发进行的过程,总是由热力学概率小的宏观态向热力学概率大的宏观态过渡.

(4) 能量退化:$E_\mathrm{d} = T_0 \Delta S$.

拓展与探究

12.1 伽利略在《关于两门新科学的对话》中说道:"一只小狗也许能够在它的背上携带和它一样大的两只或三只小狗,但是我相信一匹马甚至驮不起和它大小一样的一匹马."这给你何种物理启示?

12.2 一名学生考试能否及格,可以有不同的预测:该生会及格(1)或者不会及格(2),这里给出了 1 bit 的信息量. 如果该生及格的概率是 80%,即 $P_1 = 0.80, P_2 = 0.20$,则信息熵

$$S = -K(P_1 \ln P_1 + P_2 \ln P_2) \approx 0.722.$$

也就是说,这个预测给出的信息量比全部所需信息少 0.722 bit,即这个预测所包含的信息量为 0.278 bit. 基于信息熵的概念,请回答以下问题:

(1) 如果上面对学生及格的预测概率为 50% 或者 90%,信息熵分别是多大? 增加了还是减少了? 为什么说信息量相当于负熵?

(2) 将信息熵的公式和玻尔兹曼熵公式比较,1 bit 相当于多少热力学熵?需要付出多少环境的熵为代价?

12.3 热机效率公式(12.19)中的 Q_1, Q_2 能否理解为膨胀和压缩过程中的吸热和放热?请做出论证.

12.4 宇宙是由物质构成的,而物质间有万有引力. 那么宇宙最后一定会由于万有引力而收缩到一个很小的范围内吗?

习题 12

12.1 0.02 kg 的氢气的温度从 17 ℃ 升高到 27 ℃.

(1) 如果过程中保持压强不变,气体内能的改变是多少?吸收多少热量?外界对气体所做的功是多大?

(2) 如果系统不和外界交换热量,结果又如何?

12.2 1 mol 范德瓦耳斯气体通过准静态等温过程体积由 V_1 膨胀至 V_2,求气体在此过程中所做的功.

12.3 1 mol 单原子理想气体分别经等容和等压过程从 300 K 升温至 350 K. 问在这两过程中各吸收了多少热量? 增加了多少内能? 气体对外做了多少功?

12.4 将 1×10^3 J 的热量传递给标准状态下的 4 mol 氧气.

(1) 若体积不变,氧气的压强变为多少?

(2) 若压强不变,氧气的内能改变多少?

(3) 若温度不变,氧气的体积变为多少?

(4) 在上述过程中,哪一过程的内能增加最多?哪一过程对外做功最多?

12.5 系统由如图 12.24 所示的 a 状态沿 acb 到达 b 状态,中间有 320 J 的热量传入系统,而系统对外做功 126 J.

(1) 若 adb 过程系统对外做功 42 J,有多少热量传入系统?

(2) 当系统由 b 状态沿曲线 ba 返回 a 状态时,外界对系统做功 84 J,试问系统是吸热还是放热?传递的热量是多少?

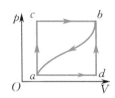

图 12.24　习题 12.5 图

12.6　1 mol 氧气由状态 1 变化到状态 2，所经历的过程如图 12.25 所示，一次沿 $1 \rightarrow m \rightarrow 2$ 路径，另一次沿 $1 \rightarrow 2$ 直线路径. 试分别求出这两个过程系统吸收的热量，对外所做的功以及内能的增量.

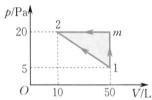

图 12.25　习题 12.6 图

12.7　如图 12.26 所示，体积为 30 L 的圆柱形容器内，有一个可以上下自由活动的活塞，忽略活塞的质量和厚度. 容器内盛有 1 mol 单原子理想气体，温度为 127 ℃. 容器外大气压强为 1 atm，温度为 27 ℃. 当容器内气体与周围环境达到热平衡时，需要向外放出多少热量？

图 12.26　习题 12.7 图

12.8　为了测定气体的比热比 γ，可用如下方法. 一定质量气体的初始温度、体积和压强分别为 T_0，V_0 和 p_0，用一根通电铂丝对它加热，设两次加热电流和时间相同，使气体吸收热量保持一样. 第一次保持气体体积 V_0 不变，而温度和压强变为 T_1，p_1；第二次保持压强 p_0 不变，而温度和体积则变为 T_2，V_2. 试证明：

$$\gamma = \frac{(p_1 - p_0)V_0}{(V_2 - V_0)p_0}.$$

12.9　试验用的大炮，其炮筒长为 3.66 m，内膛直径为 0.152 m，炮弹质量为 45.4 kg，击发后火药爆燃完全时炮弹已被推行 0.98 m，速度为 311 m/s，这时膛内气体压强为 2.43×10^8 Pa. 设此后膛内气体做绝热膨胀，直到炮弹出口. 求：

（1）在这一绝热膨胀过程中气体对炮弹做的功

（设 $\gamma = 1.2$）；

（2）炮弹的出口速度（忽略摩擦）.

12.10　理想气体的一般过程方程可表示为 $pV^n = $ 常数，这样的过程称为多方过程，n 称为多方指数.

（1）说明 $n = 0, 1, \gamma$ 和 ∞ 时各是什么过程？

（2）试证明多方过程中理想气体对外做功为 $A = \dfrac{p_1 V_1 - p_2 V_2}{n - 1}$.

（3）证明多方过程中理想气体的摩尔热容为 $C_m = C_{V,m}\left(\dfrac{\gamma - n}{1 - n}\right)$，并就此说明 (1) 中各过程的 C_m 值.

12.11　如图 12.27 所示，A，B 两室内各有 1 mol 理想气体（N_2）. 初始时刻，$V_A = V_B$，$T_A = T_B$. 有 335 J 的热量缓慢地传给气缸，活塞上方的压强始终是 1 atm（忽略导热隔板的吸热、活塞重量及摩擦）.

（1）求 A，B 两室内气体温度的增量；

（2）若将中间的导热隔板换成可自由滑动的绝热隔板，结果又如何？

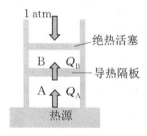

图 12.27　习题 12.11 图

12.12　如图 12.28 所示，有一个两端封闭的气缸，其中充满空气. 活塞把气缸分成左右相等的两部分，此时两侧的空气压强均为 $p_0 = 1.01 \times 10^5$ Pa. 令活塞稍稍偏离平衡位置，活塞开始振动，求振动周期. 假设空气的比热比 $\gamma = 1.4$，过程可以看作是绝热的. 已知活塞的质量 $m = 1.5$ kg，活塞平衡时距左右两侧壁的距离均为 $l_0 = 0.2$ m，活塞面积 $S = 0.01$ m² $\Big($提示：$\left(1 + \dfrac{x}{l_0}\right)^{-\gamma} \approx 1 - \dfrac{\gamma x}{l_0}$，其中 x 为活塞偏离平衡位置的位移$\Big)$.

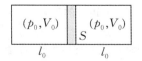

图 12.28　习题 12.12 图

12.13 如图 12.29 所示,理想气体所经历的循环过程由两个等温过程和两个等容过程所组成,设气体分子自由度为 i,压强 p_1,p_2,p_3,p_4 已知,求循环效率.

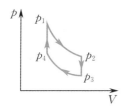

图 12.29　习题 12.13 图

12.14 1 mol 理想气体在 400 K 和 300 K 之间的高、低温热源完成一个卡诺循环. 在 400 K 等温线上,初始体积为 $1×10^{-3}$ m³,最后体积为 $5×10^{-3}$ m³. 试计算气体在此循环中所做的功以及从高温热源吸收的热量和传给低温热源的热量.

12.15 如图 12.30 所示的循环称为布瑞顿循环(Brayton cycle),它是现代热电站和喷气式飞机所用燃气轮机进行的循环. 一定质量的空气经过绝热压缩($a→b$)后进入燃烧室燃烧做等压膨胀($b→c$),然后高温高压的气体被导入叶轮机内绝热膨胀($c→d$)推动叶轮做功,最后将废气排入交换器做等压压缩($d→a$),对冷却剂放热.

(1) 试证明此循环的效率为

$$\eta = 1 - \frac{T_d - T_a}{T_c - T_b};$$

(2) 如果用 $r = \dfrac{p_{max}}{p_{min}}$ 表示此循环的压缩比,试证明 $\eta = 1 - \dfrac{1}{r^{(\gamma-1)/\gamma}}$,若取 $\gamma = 1.4$,当 $r = 10$ 时,此循环的效率为多少?

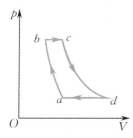

图 12.30　习题 12.15 图

12.16 一定质量的某单原子分子理想气体装在封闭的汽缸里. 此汽缸有可活动的活塞(活塞与气缸壁之间无摩擦且无漏气). 已知气体的初始压强 $p_1 = 1$ atm,体积 $V_1 = 1$ L,现将该气体在等压条件下加热直到体积变为原来的两倍,然后在等容条件下加热直到压强变为原来的 2 倍,最后做绝热膨胀,直至温度下降到初温为止.

(1) 在 p-V 图上将整个过程表示出来;

(2) 试求在整个过程中气体内能的增量;

(3) 试求在整个过程中气体所吸收的热量;

(4) 试求在整个过程中气体对外所做的功.

12.17 致冷机工作时,其冷藏室中的温度为 -10 ℃,其放出的冷却水的温度为 11 ℃,若按理想卡诺致冷循环计算,则此致冷机每消耗 $1×10^3$ J 的功,可以从冷藏室中吸收多少热量?

12.18 可利用表层海水和深层海水的温差来制成热机,若已知热带水域表层水温约为 25 ℃,300 m 深处的水温约为 5 ℃(见图 12.31).

(1) 在这两个温度之间工作的卡诺热机的效率多大?

(2) 如果一电站在此最大理论效率下工作时获得的机械功率是 1 MW,它将以何速率排出废热?

(3) 此电站获得的机械功和排出的废热均来自 25 ℃ 的水冷却到 5 ℃ 时所放出的热量,问此电站以何速率取用 25 ℃ 的表层水(海水的比热为 $4.2×10^3$ J/(kg·K))?

图 12.31　习题 12.18 图

12.19 (1) 什么是第一类永动机? 什么是第二类永动机?

(2) 把热力学第二定律理解为"功化热易""热化功难""功可全部转化成热,但热不能全部转化为功"或"热量能从高温物体传到低温物体,但不能从低温物体传向高温物体". 这些理解对不对?

12.20 人体一天大约向周围环境放出 $8×10^6$ J 的热量,若环境温度为 273 K,人体体温为 36.5 ℃,求人体一天产生的熵变.

12.21 证明理想气体等压过程的熵变是等容过程的熵变的 γ 倍.

12.22 质量为 1 kg 的 0 ℃ 的水与 100 ℃ 的恒温热源热接触后,水温达到 100 ℃. 试求水、热源和整个系统的熵变(水的比热为 $4.18×10^3$ J/(kg·K)).

12.23 实际致冷机工作于两个恒温热源之间,

高温热源为 T_1，低温热源为 T_2。假设工质在每一循环中从低温热源吸收热量 Q_2，向高温热源放出热量 Q_1。

（1）每一循环中，外界对致冷机做功为多少？

（2）致冷机经过一个循环后，热源和工质的总的熵变是多少？

*12.24 2 100 kg 的汽车以 80 km/h 的速率行驶时突然刹车。停止时闸瓦升温到 60 ℃，环境温度为 20 ℃。

（1）在闸瓦处机械能耗散为热后熵变为多少？

（2）闸瓦处热量散布到空气中后产生多少附加熵？

习题参考答案

习题 1

1.1 (1) 5 m/s; (2) 1.25 m/s;
(3) -2.5 m/s; (4) -3.33 m/s; (5) 0

1.2 (1) 略;
(2) 5 s 至 15 s 内:1.6 m/s², 0 至 20 s 内:0.8 m/s²

1.3 (1) 4 m, 4 m/s; (2) 6 m/s, 0, 4 m;
(3) 0, -6 m/s²

1.4 41.25 m, 56 m/s, 45 m/s²

1.5 略

1.6 6.6×10^{15} Hz, 9.1×10^{22} m/s²

1.7 (1) 3.37×10^{-2} m/s², 3.4×10^{-3};
(2) 1.4 h

1.8 (1) 3.5 m/s², 竖直向上;
(2) 3.5 m/s², 竖直向下;
(3) 12.6 s

1.9 (1) 466.67 m; (2) 109.90 m/s

1.10 (1) 21.34 m/s; (2) 0.25 m;
(3) 22.80 m/s

1.11 (1) 318.5 m, 5.3 s;
(2) 66.3 m/s, 25.0°, 方向斜向下

1.12 (1) 230.4 m/s², 4.8 m/s²; (2) 3.154 rad;
(3) 0.55 s

1.13 0.2 m/s², 0.36 m/s²

1.14 (1) 0.705 s; (2) 0.716 m

1.15 略

1.16 36 km/h

习题 2

2.1 $\pm \arctan \dfrac{\omega^2 R}{g}$

2.2 (1) 物体与平板之间的压力和支持力为19.6 N, 平板与物体之间的摩擦力为 2 N, 平板与桌面之间的压力和支持力为 29.4 N, 平板与桌面之间的摩擦力为 7.35 N;
(2) 16.17 N

2.3 略.

2.4 $\sqrt{2gh}$

2.5 (1) 2.21 m/s, 1.96 N;
(2) $v = \sqrt{gl(2\cos\theta - 1)}$, $a_\tau = g\sin\theta$, $a_n = g(2\cos\theta - 1)$, $T = mg(3\cos\theta - 1)$;
(3) $a_\tau = 8.49$ m/s², $a_n = 0$, $T = 0.49$ N

2.6 (1) $\dfrac{m_2\sqrt{a^2+g^2} + m_1 a}{m_1 + m_2}$, $\dfrac{m_1 m_2(\sqrt{a^2+g^2} - a)}{m_1 + m_2}$;
(2) $\dfrac{m_2\sqrt{a^2+g^2} - m_1 a}{m_1 + m_2}$, $\dfrac{m_1 m_2(\sqrt{a^2+g^2} + a)}{m_1 + m_2}$

2.7 $-\dfrac{kA}{\omega}$

2.8 7.3 N·s, 366.2 N

2.9 0.4 s, 1.33 m/s

2.10 小车的速率为 70.3 km/h, 货车的速率为 78.9 km/h, 两车均超速

2.11 $(2, 1.4)$

2.12 O 点正上方 $r/6$ 处

2.13 (1) 9 J; (2) $-9\sqrt{6}$ W

2.14 (1) $-\dfrac{3mv_0^2}{8}$; (2) $\dfrac{3v_0^2}{16\pi gr}$; (3) $\dfrac{4}{3}$ 圈

2.15 $F(x) = \dfrac{12A}{x^{13}} - \dfrac{6B}{x^7}$, $\left(\dfrac{2A}{B}\right)^{\frac{1}{6}}$

2.16 (1) 4 076.8 J; (2) 3 166.8 J

2.17 0.24 m

2.18 (1) $\sqrt{\dfrac{2MgR}{M+m}}$, $-m\sqrt{\dfrac{2gR}{M(M+m)}}$;
(2) $\dfrac{m^2 gR}{M+m}$; (3) $\left(3 + \dfrac{2m}{M}\right)mg$

2.19 120 kg·m²/s

2.20 略

2.21 6 320 m/s

2.22 (1) 不守恒; (2) 会改变; (3) $mgl\sin\theta$

2.23 (1) 1.3 rad/s; (2) 13 m/s; (3) 4 732 N

习题 3

3.1 (1) 41.9 rad/s²；　(2) 1.17×10³ rad,186 圈；
(3) 8.38 m/s²,1.97×10⁴ m/s²,1.97×10⁴ m/s²,
加速度与切向夹角为 89°59′

3.2 7.3×10⁻⁵ rad/s,2×10⁻⁷ rad/s;4.6×10² m/s,
3.4×10⁻² m/s;5.0×10² m/s,4.0×10⁻³ m/s

3.3 (1) $s(\theta)=r_0\theta+\dfrac{k}{2}\theta^2$,

$\theta(t)=\dfrac{1}{k}(\sqrt{r_0^2+2kvt}-r_0)$;

(2) $\omega=\dfrac{v}{\sqrt{r_0^2+2kvt}}$,$\beta=\dfrac{kv^2}{\sqrt{(r_0^2+2kvt)^3}}$;

(3) 0.247 mm/rad;　(4) 略

3.4 $\dfrac{1}{2}mR^2$

3.5 $\dfrac{1}{3}ml^2+\dfrac{1}{2}MR^2+M(l+R)^2$

3.6 $\dfrac{1}{2}m(r_1^2+r_2^2)$

3.7 $\dfrac{M}{2}\left(R^2-r^2-\dfrac{2r^4}{R^2}\right)$

3.8 (1) 7.07 s,53 圈;　(2) 177 N

3.9 (1) 39.2 rad/s²;　(2) 44.3 rad/s,490 J;
(3) 21.8 rad/s²,33 rad/s,272.5 J

3.10 $a_C=\dfrac{mr^2g}{I_C+mr^2}$,$T=\dfrac{I_Cmg}{2(I_C+mr^2)}$

3.11 $\dfrac{3R\omega_0^2}{16\pi\mu g}$

3.12 $\dfrac{4m}{3ka^2b\omega_0}$

3.13 1.48 m/s

3.14 37.5 r/min,机械能不守恒,臂力做功,3.70 J

3.15 $\dfrac{2}{3}\mu_k mgR$,$\dfrac{3}{4}\dfrac{R\omega}{\mu_k g}$,$\dfrac{1}{2}mR^2\omega^2$,$\dfrac{1}{4}mR^2\omega^2$

3.16 (1) 4.95 m/s;　(2) 8.67×10⁻³ rad/s;
(3) 19 圈

3.17 2.14×10²⁹ J,2.6×10⁹ kW,大约 11 倍,3.5×10¹⁶ N·m

3.18 (1) 1.09×10³⁸ kg·m²;
(2) 1.88×10⁶ m/s,6.27×10⁻³c;
(3) 6.88×10¹⁷ kg/m³,是岩石密度的 2.29×10¹⁴ 倍,是原子核密度的 6.88 倍

3.19 (1) 6.30×10² kg·m²/s;
(2) 8.67 rad/s;
(3) 动能不守恒,总能量守恒

3.20 $\dfrac{12v_0}{7l}$ rad/s

3.21 $\dfrac{I_0\omega_0}{I_0+mR^2}$,$\sqrt{2gR+\dfrac{I_0\omega_0^2R^2}{mR^2+I_0}}$;$\omega_0$,$\sqrt{4gR}$

3.22 $\Omega=\dfrac{mgl}{\omega I_C}$

3.23 (1) 7.27×10⁻¹² rad/s;
(2) 1.31×10¹⁸ kg·m²/s²;
(3) 1.31×10¹⁸ N·m

习题 4

4.1 2.08×10¹⁰,1.63×10⁻⁸ m²

4.2 (1) 39.92 cm;　(2) 0.020 J;
(3) 62.83 N

4.3 $\dfrac{pD}{2d}$

4.4 (1) 7.8×10⁷ N/m²,9.7×10⁻⁴;
(2) 4.9×10⁻⁴ cm

4.5 (1) 长变、切变;
(2) 线应变为 $\dfrac{f}{ES\mu}$,线应力为 $\dfrac{f}{\mu S}$,切应变为 $\dfrac{f}{GS}$,
切应力为 $\dfrac{f}{S}$

4.6 7.3×10⁸ N

4.7 略

4.8 9.5 m/s

4.9 (1) $\dfrac{1}{3}\rho gH\pi R^2$;
(2) $\rho gH+p_0$,$(\rho gH+p_0)\pi R^2$

4.10 4.3 cm²

4.11 略

4.12 16.8 cm

4.13 (1) $\dfrac{2S}{a\sqrt{2g}}(\sqrt{H}-\sqrt{h})$;　(2) $\dfrac{2S}{a}\sqrt{\dfrac{H}{2g}}$

4.14 $\dfrac{H}{2}$

4.15 0.85×10⁵ Pa,1.71×10⁻³ m³/s

4.16 (1) 71.3 cm;　(2) 9.6×10⁴ Pa

4.17 0.82 Pa·s

4.18 1.43×10⁻² m/s

4.19 不会落向地面

4.20 略

习题 5

5.1 (1) $x = 0.12\cos\left(\pi t - \frac{\pi}{3}\right)$ (SI)；

(2) 0.104 m，-0.18 m/s，-1.03 m/s^2；

(3) 0.83 s

5.2 (1) $0, \frac{T}{6}; \frac{\pi}{3}, \frac{T}{3}; \frac{\pi}{2}, \frac{5T}{12}; \frac{2\pi}{3}, \frac{T}{2}; \pi, \frac{2T}{3}$

(2) $x = A\cos\left(2\pi\frac{t}{T} - \frac{\pi}{3}\right)$

(3) 略

5.3 (1) 5×10^{-2} m；

(2) $x = 5 \times 10^{-2}\cos\left(40t - \frac{\pi}{2}\right)$ (SI)

5.4 $\sqrt{\frac{k_1 k_2 g}{(k_1+k_2)P}}, \sqrt{\frac{2kg}{P}}$

5.5 $2\pi\sqrt{\frac{2R}{g}}$

5.6 $\sqrt{\frac{2g}{L}}$

5.7 (1) 8π rad/s，0.25 s，0.1 m，$\frac{2\pi}{3}$；

(2) 2.51 m/s，63.2 m/s^2；

(3) 0.63 N，3.16×10^{-2} J，1.58×10^{-2} J，1.58×10^{-2} J；

(4) 略

5.8 (1) 6.28×10^3 m/s；　(2) 3.31×10^{-20} J

5.9 (1) 0.253 m；

(2) ± 0.179 m；

(3) ± 2.53 m/s

5.10 2.23 m/s

5.11 $\frac{2\pi}{3}$ 或 $\frac{4\pi}{3}$，旋转矢量图略

5.12 (1) $\frac{\pi}{2}$；　(2) $x = 0.07\cos\left(\frac{\pi}{2}t - \frac{\pi}{4}\right)$ (SI)

5.13 (1) 8.92×10^{-2} m，$68.22°$；

(2) $0.6\pi, 1.2\pi$；

(3) 略

5.14 (1) 314 rad/s，0.16 m，$\frac{\pi}{2}$，

$x = 0.16\cos\left(314t + \frac{\pi}{2}\right)$ (SI)；

(2) 12.5 ms

5.15 387 Hz

5.16 $x = y, x^2 + y^2 - \sqrt{3}xy = \frac{A^2}{4}, x^2 + y^2 = A^2$

5.17 (1) $\frac{x^2}{0.08^2} + \frac{y^2}{0.06^2} = 1$；　(2) 略；

(3) $\boldsymbol{F} = -0.035\cos\left(\frac{\pi}{3}t + \frac{\pi}{6}\right)\boldsymbol{i}$

$\quad -0.026\cos\left(\frac{\pi}{3}t - \frac{\pi}{3}\right)\boldsymbol{j}$ (SI)

5.18 (1) 7 Hz；　(2) 2%；　(3) 10.6 s

5.19 (1) 18.5 Hz；　(2) 0.03 m

5.20 2.05×10^5 N/m

5.21 $x = A\cos(\omega t + \varphi)$，

其中 $A = \frac{mg}{k}\sqrt{1 + \frac{2kh}{(M+m)g}}$，

$\varphi = \arctan\sqrt{\frac{2kh}{(M+m)g}}, \omega = \sqrt{\frac{k}{M+m}}$

5.22 (1) 1.1×10^{14} Hz；　(2) 1.7×10^{-11} m

5.23 (1) 22.88 N/m；　(2) 0.6 Hz；　(3) 219 s

习题 6

6.1 3 km，1 m

6.2 (1) 10.5 m，5 Hz，52.5 m/s，沿 x 轴正方向传播；

(2) 当 $x=0$ 时，波函数就成为该处质点的振动方程，图略

6.3 (1) $x = 8.4 - k, k = 0, \pm 1, \pm 2, \cdots, 0.4$ m，4 s；

(2) 略

6.4 (1) $y = 0.03\cos\left(4\pi t + \frac{\pi x}{5}\right)$ (SI)；

(2) $y = 0.03\cos\left(4\pi t + \frac{\pi x}{5} - \pi\right)$ (SI)；

(3) $y_B = 0.03\cos(4\pi t - \pi)$ (SI)，

$y_C = 0.03\cos\left(4\pi t - \frac{13\pi}{5}\right)$ (SI)，

$y_D = 0.03\cos\left(4\pi t + \frac{9\pi}{5}\right)$ (SI)

6.5 (1) $y_P = 0.2\cos\left(2\pi t - \frac{\pi}{2}\right)$ (SI)；

(2) $y = 0.2\cos\left(2\pi t - \frac{10\pi}{3}x + \frac{\pi}{2}\right)$ (SI)；

(3) $y_O = 0.2\cos\left(2\pi t + \frac{\pi}{2}\right)$ (SI)

6.6 (1) $y = A\cos\left[\omega\left(t - \frac{x}{u}\right) + \frac{\pi}{2}\right]$；

(2) $y_1 = A\cos\left(\omega t + \frac{\pi}{4}\right)$，

$y_2 = A\cos\left(\omega t - \frac{\pi}{4}\right)$；

(3) $-\frac{\sqrt{2}A\omega}{2}, \frac{\sqrt{2}A\omega}{2}$

6.7　$y = 0.1\cos\left(7\pi t - \dfrac{\pi}{0.12}x - \dfrac{17\pi}{3}\right)$ (SI)

6.8　(1) $y = \cos\left(\dfrac{\pi}{2}t + \dfrac{\pi}{3}\right)$ (SI)；

　　(2) $y = \cos\left[\dfrac{\pi}{2}(t - x) + \dfrac{\pi}{3}\right]$ (SI)；

　　(3) 略

6.9　(1) 1.58×10^5 W/m²；

　　(2) 3.79×10^3 J

6.10　$\dfrac{\omega\lambda}{2\pi}Sw$

6.11　6.37×10^{-6} J/m³，2.16×10^{-3} W/m²，93.4 dB

6.12　0.316 W/m²，126 W/m²

6.13　$0, 4I_0$

6.14　$y_2 = A\cos(2\pi t - 0.1\pi)$

6.15　$y = \sqrt{3}A\cos 2\pi\nu t$

6.16　(1) 2.0 Hz，2 m，4 m/s；

　　(2) $(2k+1) \times 0.5$ m，$k = 0, 1, 2, \cdots$；

　　(3) k m，$k = 0, 1, 2, \cdots$

6.17　$y = A\cos\left[2\pi\left(\nu t + \dfrac{x}{\lambda}\right) + \pi\right]$，

　　$y = 2A\cos\left(2\pi\dfrac{x}{\lambda} + \pi\right)\cos\left(2\pi\nu t + \dfrac{\pi}{2}\right)$

6.18　7 Hz

6.19　0.30 Hz，3.3 s，0.10 Hz，10 s

6.20　(1) 0.279 m(声源运动的前方)，

　　　0.334 m(声源运动的后方)；

　　(2) 1 768 Hz，0.187 m

6.21　1.66×10^3 Hz

6.22　(1) 25.8°；　(2) 13.6 s

6.23　略

习题 7

7.1　544.8 nm，$\Delta x = 2.27$ mm

7.2　P 点处为暗纹

7.3　$\left(\dfrac{5\lambda}{2} + l_1 - l_2\right)\dfrac{D}{d}$

7.4　$\dfrac{f\lambda}{d}$

7.5　略

7.6　23 cm

7.7　55 μm

7.8　$1.5\lambda, 1.5\dfrac{\lambda}{n}$

7.9　$2\pi\left(2n_2 e + \dfrac{1}{2}n_1\lambda\right)/(n_1\lambda)$

7.10　1.6

7.11　5.08 μm

7.12　7.14×10^{-4} rad

7.13　1.50 μm

7.14　1.51×10^{-5} K⁻¹

7.15　直条纹，两边级次低，越往中间，级次越高，条纹越稀疏

7.16　$\sqrt{\left[\left(k - \dfrac{1}{2}\right)\dfrac{\lambda_0}{n} - 2e_0\right]R}$

7.17　1.21

7.18　中央左半圆为明斑，右半圆为暗斑；左右两边其他级条纹为明暗相间的半圆环，明暗刚好互补

7.19　$\sqrt{k\lambda\dfrac{R_1 R_2}{R_2 - R_1}}$

7.20　干涉条纹都为同心圆，轻按时条纹往里陷入为图 7.38(a) 所示情况；轻按时条纹外冒为图 7.38(b) 所示情况

7.21　538.5 nm

7.22　673.9 nm，404.3 nm

7.23　$\dfrac{\lambda}{2(n-1)}$

7.24　3 796.8 nm

7.25　1.45×10^{-4} m

7.26　最多能看到 6 个亮纹(第 42,43,44,45,46,47 级)

习题 8

8.1　略

8.2　略

8.3　571.4 nm，4.57 mm

8.4　(1) $\lambda_1 = 3\lambda_2$；　(2) $k_2 = 3k_1$

8.5　(1) 1.473 mm；　(2) 1.473 mm；

　　(3) 2.27 mm，2.28 mm

8.6　(1) 6×10^{-6} m；

　　(2) 1.5×10^{-6} m；

　　(3) 15

8.7　5×10^{-6} m

8.8　否；波长在 600～760 nm 范围内的光的第 2 级光谱和波长在 400～507 nm 范围内的光的第 3 级光谱有重叠

8.9　(1) 0.01 mm，100 mm；　(2) 5

8.10　(1) 2.4×10^{-6} mm；　(2) 9

8.11 极大强度,1.12×10^{-3} rad,0.217 rad

8.12 5

8.13 3 646

8.14 看不到

8.15 1.22×10^{-3} rad,分辨本领比人眼低,理由略

8.16 略

8.17 1.63×10^{-4} rad,5.75 m

8.18 4 900 m

8.19 0.119 nm,0.095 nm

8.20 $\lambda_1 = 0.025$ nm,$\lambda_2 = 0.038$ nm

习题 9

9.1 $\dfrac{1}{3}$

9.2 自然光40%,线偏振光60%

9.3 略

9.4 (1) 只要两个偏振片,两个偏振片的偏振化方向夹角为45°,且第二个偏振片偏振化方向与入射线偏振光振动方向垂直; (2) $\dfrac{1}{4}$

9.5 36°56′

9.6 35°16′

9.7 (1) 互余;
(2) 振动方向垂直入射面的线偏振光

9.8 11°30′

9.9 1.57

9.10 $\dfrac{\pi}{2}$

9.11 略

9.12 (1) 1:3; (2) 1:9

9.13 3°11′

9.14 930.6 nm,光轴平行于晶体表面

9.15 振动方向相对原线偏振光旋转90°的线偏振光

9.16 1.28 μm

9.17 (1) $1.5 I_0 \cos^2\theta + I_0 \sin^2\theta$;
(2) $I_m = 1.75 I_0$,自然光占总光强的60%

9.18 检偏器转动一周,通过检偏器的光强不变即为圆偏振光;出射光强按余弦曲线变化,但曲线最低点的光强不等于零,存在两明两暗无消光的是椭圆偏振光

9.19 4.14 mm

9.20 162.30 cm³/(dm·g)

习题 10

10.1 1.89

10.2 14.48°,空气

10.3 略

10.4 (1) 0.12 m; (2) 3

10.5 (1) 5 cm; (2) 凸面镜

10.6 2

10.7 30 cm,-1

10.8 37.5 cm

10.9 $s' = -7.2$ cm

10.10 $s' = 15$ cm,$\beta = -0.5$,缩小倒立实像;
$s' = -10$ cm,$\beta = 2$,放大正立虚像

10.11 $s = -12$ cm,$s = -6$ cm;$\beta = -0.5$,$\beta = -2$

10.12 最后像在第一透镜左侧25 cm处,虚像

10.13 略

10.14 2.5,7.14 cm

10.15 -160

10.16 -20

10.17 3.6 cm

习题 11

11.1 37 ℃,37 K,66.6 ℉

11.2 (1) 9.08×10^3 Pa; (2) 90.4 K

11.3 2.42×10^{25} m⁻³

11.4 1.88×10^{18}

11.5 2.8 atm

11.6 (1) $\lim\limits_{p \to 0} t^* / (°) = 273.16 + \ln\left(\dfrac{T}{273.16 \text{ K}}\right)$;
(2) 273.16°,273.47°; (3) 不存在

11.7 $p = \dfrac{1}{3} nm \overline{v^2}$

11.8 3.74×10^3 J,2.49×10^3 J,6.23×10^3 J

11.9 略

11.10 1.28×10^{-6} K

11.11 (1) 491.87 m/s; (2) 氮气

11.12 6.154×10^{23} mol⁻¹

11.13 略

11.14 (1) $A = \dfrac{3N}{4\pi v_p^3}$; (2) 略

11.15 2.3×10^3 m

11.16 (1) 6.45×10^4 Pa; (2) 25

11.17 证明略,$\dfrac{1}{2} kT$

11.18 (1) $p = p_0\exp\left[\dfrac{Mg}{\alpha R}\ln\left(1-\dfrac{\alpha z}{T_0}\right)\right]$, 物理含义略；

　　　(2) 8 873 m

11.19　5.80×10^{-8} m, 1.276×10^{-10} s

11.20　3.21×10^{17} m^{-3}, 10^{-2} m, 4.68×10^4 s^{-1}

11.21 (1) 2.45×10^{-25} m^{-3}; (2) 5.31×10^{-26} kg;

　　　(3) 1.30 kg/m^3; (4) 3.445×10^{-9} m;

　　　(5) 394.7 m/s; (6) 445.4 m/s;

　　　(7) 483.5 m/s; (8) 1.035×10^{-20} J;

　　　(9) 4.07×10^9 s^{-1}; (10) 1.09×10^{-7} m

11.22 (1) 2.65×10^{-7} m; (2) 1.78×10^{-10} m

11.23　1.61 Pa

11.24　1.32×10^{-7} m, 2.52×10^{-10} m

11.25　2.76×10^{-10} m

11.26　3.27×10^6 Pa, 4.12×10^6 Pa

习题 12

12.1 (1) $75R,125R,-50R$; (2) $75R,0,75R$

12.2　$RT\ln\left(\dfrac{V_2-b}{V_1-b}\right)+a\left(\dfrac{1}{V_2}-\dfrac{1}{V_1}\right)$

12.3　等容：623 J,623 J,0;

　　　等压：1 039 J,623 J,416 J

12.4 (1) 1.06×10^5 Pa; (2) 7.14×10^2 J;

　　　(3) 0.1 m^3; (4) 等容过程内能增加最多,等温过程做功最多

12.5 (1) 236 J; (2) 放热,278 J

12.6 　-0.925 J, -0.8 J, -0.125 J; -0.625 J, -0.5 J, -0.125 J

12.7　1.79×10^3 J

12.8　略

12.9 (1) 5.00×10^6 J; (2) 563 m/s

12.10 (1) $n=0$ 时是等压过程,$n=1$ 时是等温过程,$n=\gamma$ 时是绝热过程,$n=\infty$ 时是等容过程;

　　　(2) 略; (3) 略

12.11 (1) 6.72 K; (2) 11.5 K

12.12　0.065 s

12.13　$\dfrac{p_1\ln\frac{p_1}{p_2}-p_4\ln\frac{p_4}{p_3}}{p_1\ln\frac{p_1}{p_2}+\frac{i}{2}(p_1-p_4)}$

12.14　1.34×10^3 J, 5.35×10^3 J, 4.01×10^3 J

12.15 (1) 略; (2) 48%

12.16 (1) 略; (2) 0; (3) 5.6×10^2 J; (4) 5.6×10^2 J

12.17　1.25×10^4 J

12.18 (1) 6.7%; (2) 1.4×10^7 W; (3) 1.8×10^2 kg/s

12.19　略

12.20　3.5×10^3 J/K

12.21　略

12.22　1 304.6 J/K, -1 120.6 J/K, 184 J/K

12.23 (1) Q_1-Q_2; (2) $\dfrac{Q_1}{T_1}-\dfrac{Q_2}{T_2}$

12.24 (1) 1 556 J/K; (2) 0.21 J/K

图书在版编目（CIP）数据

大学物理学. 上/文双春，王鑫主编. — 2 版. —北京：北京大学出版社，2023.1
ISBN 978-7-301-33698-4

Ⅰ．①大… Ⅱ．①文… ②王… Ⅲ．①物理学—高等学校—教材 Ⅳ．①O4

中国国家版本馆 CIP 数据核字（2023）第 007976 号

书　　　名	大学物理学（第二版）（上）
	DAXUE WULIXUE（DI-ER BAN）（SHANG）
著作责任者	文双春　王　鑫主编
责任编辑	顾卫宇
标准书号	ISBN 978-7-301-33698-4
出版发行	北京大学出版社
地　　　址	北京市海淀区成府路 205 号　100871
网　　　址	http://www.pup.cn
电子信箱	zpup@pup.cn
新浪微博	@北京大学出版社
电　　　话	邮购部 010-62752015　发行部 010-62750672　编辑部 010-62754271
印　刷　者	长沙雅佳印刷有限公司
经　销　者	新华书店
	787 毫米×1092 毫米　16 开本　20.5 印张　538 千字
	2019 年 1 月第 1 版
	2023 年 1 月第 2 版　2023 年 1 月第 1 次印刷
定　　　价	59.00 元